中国高等教育学会工程教育专业委员会新工科"十四五"规划教材
——人工智能与大数据系列

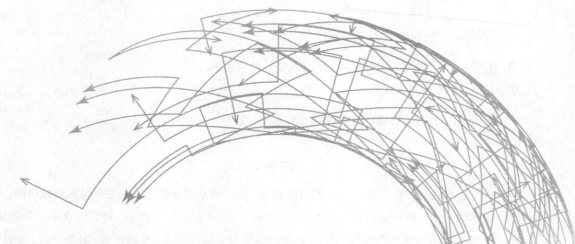

数据分析的统计方法
——基于 R 的应用

韩明　王延新　◎编著

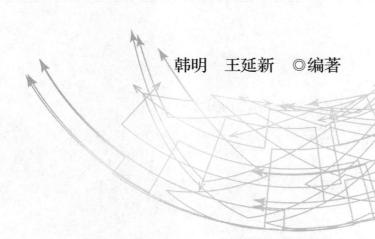

ZHEJIANG UNIVERSITY PRESS
浙江大学出版社
·杭州·

图书在版编目（CIP）数据

数据分析的统计方法:基于R的应用/韩明,王延新编著.—杭州:浙江大学出版社,2024.4

ISBN 978-7-308-24779-5

I.①数···II.①韩···②王···III.①数据处理–统计方法IV.①TP274–32

中国国家版本馆CIP数据核字(2024)第065663号

内容简介

本书在介绍数据分析的统计方法的有关概念、相关背景的基础上,通过应用案例并借助R软件,着重讲解常用统计方法在数据分析中的应用。全书由13章组成:绪论、数据的表示及可视化、线性回归分析、逐步回归与回归诊断、广义线性模型与非线性模型、方差分析、聚类分析、判别分析、主成分分析、因子分析、对应分析、典型相关分析、高维数据分析简介。本书注重可读性,力求图文并茂;与同类书籍相比,本书的最大特点是用R软件学习数据分析的统计方法,容易入门。

数据分析的统计方法——基于R的应用

SHUJU FENXI DE TONGJI FANGFA——JIYU R DE YINGYONG

韩明　王延新　编著

策划编辑	吴昌雷
责任编辑	吴昌雷
责任校对	傅宏梁
封面设计	北京春天
出版发行	浙江大学出版社
	（杭州市天目山路 148 号　邮政编码 310007）
	（网址:http://www.zjupress.com）
排　版	杭州晨特广告有限公司
印　刷	杭州宏雅印刷有限公司
开　本	787mm×1092mm　1/16
印　张	22.25
字　数	604千
版 印 次	2024年4月第1版　2024年4月第1次印刷
书　号	ISBN 978-7-308-24779-5
定　价	69.00元

前　言

　　数据已经成为人们日常生活的一部分，数据分析的需求也在日益增加。数据分析的统计方法（或相关内容）已经被越来越多的将来需要与"数据分析"打交道的相关专业列为的本科生、研究生必修课或选修课。随着我国高等教育普及化，特别是相关软件的普及，学习数据分析的统计方法的人会越来越多，人们不再只满足于学习一些理论知识，它更重要的是作为掌握工具借助计算机和相关软件进行数据分析的方法。

　　我们所处的时代是一个大数据时代，数据无处不在。统计学是研究数据的科学，在数据分析中扮演了非常重要的角色。当下人工智能的主流技术（如机器学习、深度学习等）是以对大数据的加工处理为基础的，它的模型、分析、计算基础都根植于统计学。

　　传统的统计方法与机器学习（machine learning）相结合，特别是与统计机器学习（statistical machine learning）相结合，是大数据时代统计学发展的一个重要方向。本书中涉及的统计方法主要包括"回归分析""多元统计分析""高维数据分析"等，因此本书可以作为"数据分析的统计方法""多元统计分析"等相关课程的教材或参考书。

　　新工科"十四五"规划教材立项，给我们提供了一个与时俱进的机遇，使我们有机会在编写本教材时思考"如何体现新工科教育要求"。作者结合多年来的教学实践，深感一本既有特色又实用的"数据分析的统计方法"教材的重要性。本书在介绍"数据分析的统计方法"的有关概念、相关背景的基础上，突出统计思想，通过应用案例并借助R软件，着重讲解常用统计方法在数据分析中的应用。

　　本书所有的数据分析都是使用R软件来实现的。R软件是一个自由、免费、源代码开放的软件，它提供了强大的数据分析功能和丰富的数据可视化手段。R软件具有丰富的资源、良好的扩展性和完备的帮助系统，并且还有下载安装方便、容易入门等优点。很多商业软件无法比拟的是，R网站（https://cran.r-project.org/）拥有世界各地统计学家贡献的大量最新软件包（package），并且这些软件包正在不断快速增加和更新，它们代表了统计学家创造的各种统计方法，而且这些软件包的代码是公开的。

　　本书汲取了国内外相关教材中流行的直观、灵活的方式，以及通过图表和应用案例进行教学的长处。共有插图127幅（用R软件实现）、表83个、应用案例65个（用R软件实现）。对于常用统计方法，介绍有关概念、相关背景等，重在用R软件学习统计方法在数据分析中的应用。与同类书籍相比，本书的最大特点是：用R软件学习"数据分析的统计方法"，容易入门。对于同一个数据集，有时会从不同角度（用不同方法）进行分析，这是本书的另外一个特点。

    本书于2023年1月入选"中国高等教育学会工程教育专业委员会新工科'十四五'规划教材建设项目"(https://mp.weixin.qq.com/s/FaRgu2WGh8Mb_dqr5MEgPg)。作者结合多年的教学实践,把一些教学经验、教学研究成果、教学体会等写进了本书,希望能和广大读者一起分享。虽然作者努力将本书写成一本既有特色又便于教学(或自学)的教材,但由于水平有限,书中难免还存在一些疏漏甚至是错误,恳请专家和读者批评指正,以便再版时修改。

韩明

2023年2月

目　录

第1章　绪　论　　　　　　　　　　　　　　　　　　　　　　1

1.1　数据分析概述 1

1.2　数据分析案例 4

　　1.2.1　沃尔玛经典营销案例：啤酒与尿布 4

　　1.2.2　Suncorp-Metway使用数据分析实现智慧营销 4

　　1.2.3　《红楼梦》成书新说 5

1.3　R语言/软件简介 5

　　1.3.1　R语言及其发展情况 6

　　1.3.2　R软件的下载和安装 8

　　1.3.3　基本命令和基本操作 8

1.4　用于数据分析的数据集 11

1.5　本书各项数据统计表 12

1.6　思考与练习题 13

第2章　数据的表示及可视化　　　　　　　　　　　　　　　15

2.1　数据的矩阵表示 16

　　2.1.1　数据的一般格式 16

　　2.1.2　数据的数字特征 17

2.2　用R语言展示和描述数据 19

　　2.2.1　中学生身高和体重数据的展示和描述 19

　　2.2.2　iris数据集的展示和描述 20

2.3　用R语言对数据进行可视化 22

　　2.3.1　中学生年龄、身高和体重数据的可视化 23

　　2.3.2　城镇居民生活消费情况的可视化 30

　　2.3.3　iris数据集的可视化 36

　　2.3.4　mtcars数据集的展示和可视化 42

2.4　思考与练习题 47

第3章　线性回归分析　　　　　　　　　　　　　　　　　　　　**49**

　3.1　一元线性回归 49

　　　3.1.1　一个例子 50

　　　3.1.2　数学模型 51

　　　3.1.3　回归参数的估计 51

　　　3.1.4　回归方程的显著性检验 52

　　　3.1.5　women数据集的回归分析 56

　　　3.1.6　预测 57

　3.2　多元线性回归 58

　　　3.2.1　多元线性回归模型 59

　　　3.2.2　回归参数的估计 59

　　　3.2.3　回归方程的显著性检验 60

　　　3.2.4　血压、体重和年龄数据的回归分析 60

　　　3.2.5　预测 62

　　　3.2.6　血压、年龄以及体质指数问题 64

　3.3　思考与练习题 66

第4章　逐步回归与回归诊断　　　　　　　　　　　　　　　　　**70**

　4.1　逐步回归 70

　　　4.1.1　变量的选择 70

　　　4.1.2　Hald 水泥问题的逐步回归 71

　4.2　回归诊断 74

　　　4.2.1　什么是回归诊断 74

　　　4.2.2　Anscombe问题 75

　　　4.2.3　儿童智力测试问题的回归诊断 78

　4.3　Box-Cox变换 83

　　　4.3.1　异方差与Box-Cox变换 83

　　　4.3.2　家庭人均收入与人均购买量数据分析 84

　4.4　思考与练习题 87

第5章　广义线性模型与非线性模型　　　　　　　　　　　　　　**90**

　5.1　广义线性模型 90

　　　5.1.1　广义线性模型概述 90

　　　5.1.2　Logistic模型 92

　　　5.1.3　电击强度实验数据的Logistic回归 93

5.1.4　驾驶员调查数据的Logistic回归 96

5.1.5　对数线性模型 99

5.1.6　顾客对产品满意度的对数线性回归 100

5.1.7　"挑战者号"航天飞机O形环损坏数据的广义线性模型 101

5.2　一元非线性回归模型 105

5.2.1　电压和时间数据的非线性回归 105

5.2.2　销售额与流通费率数据的非线性回归 106

5.3　多元非线性回归模型 111

5.3.1　多元非线性回归模型简介 112

5.3.2　销售公司各季度数据的多元非线性回归 113

5.4　思考与练习题 115

第6章　方差分析　　　　　　　　　　　　　　　　　　　　　　　　**119**

6.1　单因素方差分析 119

6.1.1　数学模型 120

6.1.2　方差分析 120

6.1.3　元件使用寿命的方差分析 122

6.1.4　小白鼠试验数据的方差分析 124

6.1.5　均值的多重比较 124

6.1.6　小白鼠试验数据的方差分析——均值的多重比较 125

6.1.7　cholesterol数据集的方差分析 127

6.2　双因素方差分析 131

6.2.1　不考虑交互作用 131

6.2.2　种子与施肥问题的双因素方差分析 133

6.2.3　考虑交互作用 134

6.2.4　树种与地理位置问题的双因素方差分析 135

6.2.5　老鼠存活时间的方差分析 137

6.3　多元方差分析 140

6.3.1　多个正态总体均值向量的检验 140

6.3.2　多个正态总体协方差矩阵的检验 144

6.3.3　UScereal数据集的方差分析 146

6.4　本章附录 149

6.5　思考与练习题 151

第7章 聚类分析   **153**

7.1 聚类分析的基本思想与意义 153

7.2 Q型聚类分析 154

   7.2.1 两点之间的距离 155

   7.2.2 两类之间的距离 157

   7.2.3 系统聚类法 158

   7.2.4 城镇居民消费性支出的聚类分析 159

   7.2.5 k均值聚类 163

   7.2.6 城镇居民消费性支出的k均值聚类 163

7.3 R型聚类分析 165

   7.3.1 变量相似性度量 165

   7.3.2 变量聚类法 166

   7.3.3 女中学生测量8个体型指标的聚类分析 166

   7.3.4 城镇居民消费性支出中8个变量的聚类分析 . . . 169

7.4 聚类分析要注意的问题 172

7.5 思考与练习题 172

第8章 判别分析   **175**

8.1 距离判别 176

   8.1.1 马氏距离 176

   8.1.2 判别准则与判别函数 176

   8.1.3 多总体情形 178

   8.1.4 R软件中的判别函数介绍 179

   8.1.5 电视机销售情况的判别分析I——畅销和滞销 . . . 179

   8.1.6 电视机销售情况的判别分析II——畅销、平销和滞销 . . 183

   8.1.7 气象站有无春旱的判别分析I——距离判别 . . . 187

   8.1.8 iris数据集的判别分析 190

8.2 Fisher判别 192

   8.2.1 判别准则 192

   8.2.2 判别函数中系数的确定 192

   8.2.3 确定判别函数 194

   8.2.4 明天是雨天还是晴天的判别分析 194

   8.2.5 气象站有无春旱的判别分析II——Fisher判别 . . 197

   8.2.6 气象站有无春旱的判别分析III——距离判别（续） . . . 199

8.3 Bayes判别 200

8.3.1　误判概率与误判损失 200
8.3.2　两总体的 Bayes判别 201
8.3.3　电视机销售情况的判别分析III—— Bayes判别 . . . 203
8.3.4　气象站有无春旱的判别分析IV—— Bayes判别 . . . 207
8.3.5　根据人文发展指数的判别分析 211
8.4　判别分析中需要注意的几个问题 215
8.5　思考与练习题 215

第9章　主成分分析 **217**
9.1　主成分分析的基本思想及方法 218
9.2　特征值因子的筛选 219
9.3　成年男子16项身体指标的主成分分析 221
9.4　学生身体四项指标的主成分分析 223
9.5　贷款客户信用程度的主成分分析 226
9.6　首批14个沿海开放城市评价指标的主成分分析 229
9.7　USJudgeRatings数据集的主成分分析 235
9.8　swiss数据集的主成分分析 241
9.9　主成分分析中需要注意的几个问题 249
9.10　思考与练习题 250

第10章　因子分析 **251**
10.1　因子分析模型 252
10.1.1　数学模型 252
10.1.2　因子分析模型的性质 253
10.1.3　因子载荷矩阵中的几个统计性质 253
10.2　因子载荷矩阵的估计方法 254
10.2.1　主成分分析法 254
10.2.2　男子径赛成绩的因子分析 254
10.2.3　主因子法 258
10.2.4　求因子载荷矩阵的例子 258
10.3　因子旋转 260
10.4　因子得分 261
10.4.1　因子得分的概念 261
10.4.2　加权最小二乘法 262
10.5　因子分析的步骤 263

10.6 学生六门课程的因子分析 263

10.7 ability.cov数据集的因子分析 266

    10.7.1 查看ability.cov数据集中的信息 266

    10.7.2 求相关系数矩阵 267

    10.7.3 判断需提取的公共因子数 267

    10.7.4 提取公共因子——未旋转 268

    10.7.5 提取公共因子——正交旋转 269

    10.7.6 正交旋转效果图 270

    10.7.7 提取公共因子——斜交旋转 271

    10.7.8 斜交旋转效果图 273

10.8 Harman74.cor数据集的因子分析 274

    10.8.1 查看Harman74数据集中(前面)部分信息 274

    10.8.2 利用相关系数矩阵数据画相关系数图 276

    10.8.3 因子个数的确定 276

    10.8.4 取公共因子——未旋转 277

    10.8.5 取公共因子——正交旋转 278

    10.8.6 取公共因子——斜交旋转 280

    10.8.7 斜交旋转效果图 283

10.9 思考与练习题 284

第11章 对应分析   **286**

11.1 对应分析简介 286

11.2 对应分析的原理 287

    11.2.1 对应分析的数据变换方法 287

    11.2.2 对应分析的原理和依据 289

    11.2.3 对应分析的计算步骤 290

11.3 文化程度和就业观点的对应分析 293

11.4 美国授予哲学博士学位的对应分析 294

    11.4.1 对应分析——方法1 294

    11.4.2 对应分析——方法2 296

11.5 汉字读写能力与数学成绩的对应分析 297

    11.5.1 行变量和列变量的检验 298

    11.5.2 行变量和列变量的对应分析 298

    11.5.3 对应分析的散点图 299

11.6 smoke数据集的对应分析 300

　　　11.6.1　查看smoke数据集的信息 300
　　　11.6.2　对数据集smoke进行对应分析 300
　　　11.6.3　行的标准坐标 301
　　　11.6.4　提取有关计算结果 301
　　　11.6.5　绘制对应分析的散点图 302
　　　11.6.6　行作为主坐标列作为标准坐标的情形 302
　　11.7　思考与练习题 303

第12章　典型相关分析　　　　　　　　　　　　　　　304
　　12.1　典型相关分析的基本思想 304
　　12.2　典型相关的数学描述 305
　　12.3　原始变量与典型变量之间的相关性 307
　　12.4　典型相关系数的检验 309
　　12.5　康复俱乐部数据的典型相关分析 310
　　　12.5.1　典型相关系数、典型载荷的计算 311
　　　12.5.2　计算样本在典型变量下的得分 312
　　　12.5.3　相关变量为坐标的散点图 313
　　12.6　投资性变量与国民经济变量的典型相关分析 314
　　　12.6.1　典型相关系数、典型载荷的计算 315
　　　12.6.2　典型相关系数的显著性检验 317
　　　12.6.3　计算得分并画得分平面图 317
　　12.7　科学研究、开发投入与产出的典型相关分析 319
　　　12.7.1　典型相关系数、典型载荷的计算 319
　　　12.7.2　相关系数的检验 320
　　　12.7.3　得分平面图 322
　　12.8　思考与练习题 322

第13章　高维数据分析简介　　　　　　　　　　　　　　324
　　13.1　基于罚函数的正则化方法 324
　　　13.1.1　经典回归模型 325
　　　13.1.2　罚函数 326
　　　13.1.3　算法 329
　　　13.1.4　正则化参数选择 330
　　13.2　Dantzig selector方法及算法 331
　　　13.2.1　Dantzig selector方法 331

    13.2.2　DASSO算法 332

13.3　超高维数据的特征筛选 332

13.4　案例分析 333

    13.4.1　前列腺癌数据—— Lasso方法 333

    13.4.2　前列腺癌数据—— 自适应Lasso方法 335

    13.4.3　糖尿病数据 —— SCAD方法 337

    13.4.4　白血病数据集—— Elastic net方法 338

13.5　思考与练习题 340

参考文献　　　　　　　　　　　　　　　　　　　　　　　　　　**342**

第1章 绪 论

数据分析是指用适当的统计分析方法对收集来的大量数据进行分析,将它们汇总和理解并消化,以求最大化地开发数据的功能,发挥数据的作用。数据分析是为了提取有用信息和形成结论而对数据加以详细研究和概括总结的过程(陶皖,2017)。

我们所处的时代是一个大数据时代,数据无处不在,统计学是研究数据的科学,在数据分析中扮演了非常重要的角色。

1.1 数据分析概述

数据分析的数学基础在20世纪早期就已确立,但直到计算机的出现才使得实际操作成为可能,并使得数据分析得以推广。

徐宗本院士在"人工智能的10个重大数理基础问题"中提出并阐述人工智能研究与应用中亟待解决的10个重大数理基础问题,其中第一个问题就是"大数据的统计学基础"(徐宗本,2021)。当下人工智能的主流技术(如深度学习)是以对大数据的加工处理为基础的,它的模型、分析、计算基础都根植于统计学。

统计学一直被认为是主导和引导人们分析和利用数据的学科。传统上,它根据问题需要,先通过抽样调查获得数据,然后对数据进行建模、分析,获得结论,最后对结论进行检验。所以,传统统计学是以抽样数据为研究对象的,遵循了"先问题,后数据"的模式。当今"拥有大数据是时代特征,解读大数据是时代任务,应用大数据是时代机遇",呼唤了"先数据,后问题"的新模式。这一新模式从根本上改变了传统统计学的研究对象和研究方法,更是动摇了传统统计学的基础。要解决人工智能的基础问题,就必须首先解决大数据统计学基础问题(徐宗本,2021)。

随着科学技术的发展,利用数据库技术来存储、管理数据,利用机器学习的方法来分析数据,从而挖掘出大量的隐藏在数据背后的知识,这种思想的结合形成了深受人们关注的非常热门的研究领域:数据库中的知识发现(knowledge discovery in databases)。数据挖掘(datamining)技术便是其中的一个最为关键的环节。数据挖掘、机器学习(machine learning)等为统计学提供了一个新的应用领域,同时也提出了很多挑战。数据挖掘是一个交叉学科,它涉及数据库、人工智能、统计学、并行计算等不同学科和领域,近年来受到各界的广泛关注。数据挖掘与统计学有着密切的关系,那么统计学如何为数据挖掘服务呢？现在可以从统计学在数据挖掘领域里的研究与应用情况看到对这个问题的各种回答。数据挖掘给统计学带来的挑战，无疑将推动统计学的发展。关于统计分析与数据挖掘，感兴趣的读者可参考相关研究文献，如张尧庭等（2001）、韩明（2001）、薛薇（2014）等的研究。

数据也称为观测值，是实验、测量、观察、调查等的结果。数据分析中所处理的数据分为定性数据和定量数据。只能归入某一类而不能用数值进行测度的数据称为定性数据。定性数据中表现为类别，但不区分顺序的，是定类数据，如性别、品牌等；定性数据中表现为类别，但区分顺序的，是定序数据，如学历、商品的质量等级等（陶皖，2017）。

数据分析的目的是把隐藏在一大批看来杂乱无章的数据中的信息集中和提炼出来，从而找出所研究对象的内在规律。在实际应用中，数据分析可帮助人们做出判断，以便采取适当行动。数据分析是有组织有目的地收集数据、分析数据，使之成为信息的过程。例如，在产品的整个寿命周期，包括从市场调研到售后服务和最终处置的各个过程都需要适当运用数据分析过程，以提升有效性。例如设计人员在开始一个新的设计以前，要通过广泛的设计调查，分析所得数据以判定设计方向，因此数据分析在工业设计中具有极其重要的地位。

在统计学领域，有些人将数据分析划分为描述性统计分析、探索性数据分析以及验证性数据分析。其中，探索性数据分析侧重于在数据之中发现新的特征，而验证性数据分析则侧重于已有假设的证实或证伪。

探索性数据分析是指为了形成值得假设的检验而对数据进行分析的一种方法，是对传统统计学假设检验手段的补充。该方法由美国著名统计学家John Tukey命名。

定性数据分析又称为"定性资料分析""定性研究"或者"质性研究资料分析"，是指对诸如词语、照片、观察结果之类的非数值型数据（或者说资料）的分析。

离线数据分析用于较复杂和耗时的数据分析和处理，一般通常构建在云计算平台之上，如开源的HDFS文件系统和MapReduce运算框架。Hadoop机群包含数百台乃至数千台服务器，存储了数PB乃至数十PB的数据，每天运行着成千上万的离线数据分析作业，每个作业处理几百MB到几百TB甚至更多的数据，运行时间为几分钟、几小时、几天甚至更长。

在线数据分析也称为联机分析处理，用来处理用户的在线请求，它对响应时间的要求比较高（通常不超过若干秒）。与离线数据分析相比，在线数据分析能够实时处理用户的请求，允许用户随时更改分析的约束和限制条件。与离线数据分析相比，在线数据分析能够处理的数据量要小得多，但随着技术的发展，当前的在线分析系统已经能够实时地处理数千万条甚至数亿条记录。传统的在线数据分析系统构建在以关系数据库为核心的数据仓库之上，而在线大数据分析系统构建在云计算平台的NoSQL系统上。如果没有大数据的在线分析和处理，则无法存储和索引数量庞大的互联网网页，就不会有当今的高效搜索引擎，也不会有构建在大数据处理基础上的微博、博客、社交网络等的蓬勃发展

（边馥苓等，2016）。

表和图形的生成方式主要有两种：手动和用程序自动生成，其中用程序自动生成是通过相应的软件进行的。将调查的数据输入程序中，通过对这些软件进行操作，得出最后结果，结果可以用表或者图形的方式表现出来。图形和表可以直接反映出调研结果，这样大大节省了设计师的时间，帮助设计者们更好地分析和预测市场所需要的产品，为进一步的设计做铺垫。同时这些分析形式也运用在产品销售统计中，这样可以直观地给出最近的产品销售情况，并可以及时地分析和预测未来的市场销售情况等。所以，数据分析法在工业设计中运用非常广泛，而且是极为重要的（李娟莉等，2015）。

分析数据是将收集的数据通过加工、整理和分析，使其转化为信息。数据分析过程的主要活动由识别信息需求、收集数据、分析数据、评价并改进数据分析的有效性组成（赵凯、李玮瑶，2016）。

识别信息需求是确保数据分析过程有效性的首要条件，可以为收集数据、分析数据提供清晰的目标。识别信息需求是管理者的职责，管理者应根据决策和过程控制的需求，提出对信息的需求。就过程控制而言，管理者应识别需求要利用哪些信息支持对过程输入、过程输出、资源配置的合理性、过程活动的优化方案和过程异常变异的发现的评审。

有目的地收集数据，是确保数据分析过程有效的基础。组织需要对收集数据的内容、渠道、方法进行策划。策划时应考虑：将识别的需求转化为具体的要求，如评价供方时，需要收集的数据可能包括其过程能力、测量系统不确定度等相关数据；明确由谁在何时何处，通过何种渠道和方法收集数据；记录表应便于使用；采取有效措施，防止数据丢失和虚假数据对系统的干扰。

数据分析的组织、管理者应在适当时，通过对以下问题的分析，评估其有效性：

（1）提供决策的信息是否充分、可信？是否存在由信息不足、失准、滞后导致决策失误的问题；

（2）信息对持续改进质量管理体系、过程、产品所发挥的作用是否与期望值一致？是否能在产品实现过程中有效运用数据分析？

（3）收集数据的目的是否明确，收集的数据是否真实和充分，信息渠道是否畅通；

（4）数据分析方法是否合理，是否能将风险控制在可接受的范围；

（5）数据分析所需资源是否得到保障。

数据是从业务中产生的，数据本身没有价值。只有当我们利用一定的科技手段，从中挖掘出有效信息，才能体现出其重要的价值。

《马云：未来已来》（阿里巴巴集团，2017）谈到：如今的社会，我们已经从IT（information technology）时代转型到DT（data technology）时代，也就是从信息技术时代过渡到数据技术时代……驱动未来制造业的最大能源不是石油，而是数据。

在《经济学人 ● 商论》（《经济学人》旗下中英双语App）中也有过类似的结论：如果说石油是工业时代最重要的大宗产品，那么数据将是后工业时代，也就是数字经济时代数一数二的大宗商品。

数据来源于业务,但数据只有服务于业务才能体现出其价值。数据分析正是将数据和业务联结起来的有力手段。

1.2 数据分析案例

以下将分别介绍三个数据分析案例。

1.2.1 沃尔玛经典营销案例:啤酒与尿布

"啤酒与尿布"的故事发生于20世纪90年代的美国沃尔玛超市中。当时沃尔玛超市的管理人员在分析销售数据时发现了一个令人难以理解的现象:在某些特定的情况下,啤酒与尿布这两件看上去毫无关系的商品会经常出现在同一个购物篮中。这种独特的销售现象引起了管理人员的注意。经过后续调查发现,这种现象较多出现在年轻的父亲身上(杨旭、汤海京,2014)。

在美国有婴儿的家庭中,一般是母亲在家中照看婴儿,年轻的父亲前去超市购买尿布。父亲在购买尿布的同时,往往会顺便为自己购买啤酒,这样就会出现啤酒与尿布这两种看上去不相干的商品经常会出现在同一个购物篮的现象。如果这个年轻的父亲在卖场只能买到两重商品之一,则他很有可能会放弃购物而到另一家商店,直到可以一次同时买到啤酒与尿布为止。沃尔玛发现了这一独特的现象,开始在卖场尝试将啤酒与尿布摆放在相同的区域,让年轻的父亲可以同时找到这两件商品,并很快地完成购物;而沃尔玛超市也可以让这些客户一次购买两种商品,而不是一种,从而获得了很好的商品销售收入,这就是"啤酒与尿布"故事的由来。

当然"啤酒与尿布"的故事必须具有技术方面的支持。1993年美国学者艾格拉沃(Agrawal)提出,通过分析购物篮中的商品集合,找出商品之间关联关系的关联算法,并根据商品之间的关系,找出客户的购买行为。艾格拉沃从数学及计算机算法角度提出了商品关联关系的计算方法——Aprior算法。沃尔玛从20世纪90年代尝试将Aprior算法引入POS机数据分析中,并获得了成功,于是产生了"啤酒与尿布"的故事。

1.2.2 Suncorp-Metway使用数据分析实现智慧营销

Suncorp-Metway是澳大利亚的一家提供普通保险、银行业、寿险和理财服务的多元化金融服务集团,旗下拥有5个业务部门,管理着14类商品,由公司及其共享服务部门提供支持,其在澳大利亚和新西兰的运营业务与900多万名客户有合作关系。

该公司通过过去十年间的合并与收购,使客户群增长了200%,这极大增加了客户群数据管理的复杂性,如果解决不好,必将对公司利润产生负面影响。为此,IBM公司为其提供了一套解决方案,组件包括IBM Cognos 8 BI、IBMInitiate Master Data Service与

IBM Unica(赵守香等,2015)。

采用该方案后,Suncorp-Metway公司至少在以下三项业务方面取得显著成效:

(1)显著增加了市场份额,但没有增加营销开支;

(2)每年大约能够节省1000万美元的集成与相关成本;

(3)避免向同一户家庭重复邮寄相同信函并且消除冗余系统,从而同时降低直接邮寄与运营成本。

由此可见,Suncorp-Metway公司通过该方案将此前多个孤立来源的数据集成起来,实现了智慧营销,对控制成本、增加利润起到非常积极的作用。

1.2.3 《红楼梦》成书新说

《复旦学报》1987年第5期刊载了数学家李贤平先生的红学论文《〈红楼梦〉成书新说》。该文发表以后,引起了国内外红学界的关注,许多报刊做了报道和介绍,作者李贤平本人也收到了不少表示支持和寻求帮助的读者来信。1987年11月5日,《复旦学报》和上海红学会联合举办讨论会,邀请有关专家、学者30余人就李贤平的文章进行座谈。

复旦大学李贤平教授对我国名著《红楼梦》的著作权进行了研究。他先选定数十个与情节无关的虚词作为变量,把《红楼梦》一书中的120回作为120个样品,统计每一回(即每个样品)选定的这些虚词(即变量)出现的频数,由此得到的数据矩阵作为数据分析的依据。

在《红楼梦》著作权的研究中使用较多的统计方法是聚类分析、主成分分析、典型相关分析等方法。由数据分析结果可以得出以下结论:

(1)前80回和后40回截然地分为两类,证实了前80回和后40回不是出于一个人的手笔;

(2)前80回是否为曹雪芹所写?通过曹雪芹的另一著作,做类似的分析,结果证实了用词手法完全相同,断定为曹雪芹一人手笔;

(3)而后40回是否为高鹗写的?分析结果发现后40回依回目的先后可分为几类,得出的结论推翻了后40回是高鹗一人所写的说法。后40回的成书比较复杂,既有残稿也有外人笔墨,不是高鹗一人所写。

以上结论在红学界引起了轰动,提出了《红楼梦》作者和成书新说。

1.3 R语言/软件简介

数据分析相关软件的种类很多,如SAS、SPSS、Excel、S-plus、Python、R、MAT-LAB等。其中有些功能齐全,有些容易操作,有些需要更多的实践才能掌握。

以下简要介绍R语言及其发展情况,以及R软件的下载和安装、基本命令和基本操作。

1.3.1　R语言及其发展情况

由于R语言具备出众的扩展性，其使用者越来越多，同时也吸引了大量的开发者编写自定义函数包供更多人使用。自2004年开始，R语言基金会几乎每年都支持R语言社区成员组织的会议，世界各地的R语言开发者和用户齐聚一堂，讨论R语言的应用与科研方面的成果。此外，自2008年开始，国内也定期举行中国R语言会议，以推动R语言在我国的普及。"统计之都"（Capital of Statistics，简称COS，网站https://cosx.org/），是一家旨在推广与应用统计学知识的网站和社区，其口号是"中国统计学门户网站，免费统计学服务平台"。在其网站上专门有一个栏目"中国R会议"，感兴趣者可以查阅相关内容。截至2023年2月，R语言在TIOBE指数（TIOBE Index for February 2023，TIOBE指数每个月更新一次）中排名为第12位（https://www.tiobe.com/tiobe-index/）（与一年前相比略有波动），反映了R语言的流行程度。

R是一款优秀的统计软件，同时也是一门统计计算与作图的语言，它最初由奥克兰大学统计学系的Ross Ihaka 和Robert Gentleman 编写；自1997年起R开始由一个核心团队（RCore Team）开发，这个团队的成员大部分来自大学（统计及相关院系），包括牛津大学、华盛顿大学、威斯康星大学、爱荷华大学、奥克兰大学等。除了这些作者之外，R还拥有一大批贡献者（来自哈佛大学、加州大学洛杉矶分校、麻省理工学院等），他们为R编写代码、修正程序缺陷和撰写文档。迄今为止，R中的程序包（package）已经数以千计，各种统计前沿理论方法的相应计算机程序都会在短时间内以软件包的形式得以实现，这种速度是其他统计软件无法比拟的。除此之外，R还有一个重要的特点，那就是它是自由、开源的。

R的功能概括起来可以分为两方面：一是统计计算（statistical computation）；二是统计图示（graphics）。关于统计图形，这里推荐用R写的《现代统计图形》（赵鹏等，2021）。

从技术上来讲，R是一套用于统计计算和图示的综合系统，它由一个语言系统（R语言）和运行环境构成，后者包括图形、调试器（debugger）、对某些系统函数的调用和运行脚本文件的能力。R的设计原型是基于两种已有的语言，S语言以及Sussman的Scheme，因此它在外观上很像S，而背后的执行方式和语义是来自Scheme。

R的核心是一种解释性计算机语言，大部分用户可见的函数都是用R语言编写的，而用户也可以调用C、C++或者FORTRAN程序以提高运算效率。正式发行的R版本中默认包括了 base（R基础包）、stats（统计函数包）、graphics（图形包）、grdevices（图形设备包）、datasets（数据集包）等基础程序包，其中包含了大量的统计模型函数，如线性模型/广义线性模型、非线性回归模型、时间序列分析、经典的参数/非参数检验、聚类和光滑方法等，还有大批灵活的作图程序。此外，附加程序包（add-on packages）中也提供了各式各样的程序用于特殊的统计学方法，但这些附加包都必须先安装到R的系统中才能够使用。当我们需要调用附加包时，可以使用library()函数。

在R的官方网站（https://www.R-project.org）中对R有详细介绍，我们也可以从它在世界各地的镜像（CRAN：https://CRAN.R-project.org，全称Comprehensive R Archive Network）下载R的安装程序和附加包，通常我们可以在R中用函数install.packages()安装附加包，Windows用户也可以从菜单中点击安装：Packages？ Install Package(s)。注意，附加包都是从镜像上下载的，因此安装时要保证网络连接正常。当然我们也可以先将程序包下载到本地计算机上然后安装。

计算机科学家Nikiklaus Wirth曾经提出，程序语言的经典构成是"数据结构+算法"：数据结构是程序要处理的对象，算法则是程序的灵魂。R也不例外，它有自己独特的数据结构，这些数据结构尤其适应统计分析的需要，它们包括向量（vector）、矩阵（matrix）、数据框（data frame）、列表（list）、数组（array）、因子（factor）和时间序列（ts）等。当然，数值、文本和逻辑数据都可以在R中灵活使用。至于算法，我们暂时可以不去过多了解，因为R中已经包含了大量设计好的函数，对于一般的用户来讲都不必自行设计算法，除非有特殊或者自定义的算法，才需要根据R的语法规则编写程序代码。

我们现在来看看R的发展，可以体会到这种思路：菜单不可能无限增加，但是程序、函数都是可以无限增加的，因为它们不受计算机屏幕的限制。迄今为止，R的仓库（repository）中附加包的数量已经超过14800个，这还只是CRAN上的仓库，不算另外两个站点Bioconductor、R-Forge和Omegahat，以及Github上处于开发状态的。在这样的大仓库中，我们可以找到最前沿的统计理论方法的实现，所需做的仅仅就是下载一个通常在几十KB到几百KB的一个附加包。值得注意的是，R的主安装程序大小约为70MB。相比之下，SPSS的安装程序已达六七百MB，而SAS的基本安装程序也有数百MB，从程序大小角度便可知R语言的精练。

R拥有一套完善而便利的帮助系统，这对于初学者也是很好的资源。若已知函数名称，我们可以简单用问号（?）来获取该函数的帮助，比如查询计算均值的函数帮助，只需要在命令行中敲入"?mean"，则会弹出一个窗口显示该函数的详细说明。大多数情况下"?"等价于help()函数；但有少数特殊的函数在查询其帮助时需要在函数名上加引号，比如"? +"就查不到加法的帮助信息，而"?'+'"或者"help('+')"则可顺利查到加法的帮助信息，类似的还有if、for等。

一般来说，帮助窗口会显示一个函数所属的包、用途、用法、参数说明、返回值、参考文献、相关函数以及示例，这些信息是相当丰富的。当然，更多情况下是我们并不知道函数名称是什么，此时也可以使用搜索功能，即函数help.search()（几乎等价于双问号"??"）。例如我们想知道方差分析的函数名称，则可输入命令help.search('analysis of variance')，弹出的信息窗口会显示与搜索关键词相关的所有函数，如aov()等。

知道名称以后，接下来我们就可以通过前面讲到的"?"来查询具体函数的帮助信息。函数help.start()可以打开一个网页浏览器用来浏览帮助。如果这些帮助功能还不够用，例如有时候需要的函数在已经安装的包中找不到，那么可以到官方网站上搜索：https://www.r-project.org/search.html，网站上的邮件列表导航（Mailing List Archives）也是很有用的资源，其中有大批统计相关学科的著名教授以及世界各地的统计研究者和R爱好者在那里用邮件的方式公开回答各种关于R的问题。

R语言是一个自由、免费、源代码开放的编程语言和环境，它提供了强大的数据分析功能和丰富的数据可视化手段。随着数据科学的快速发展，R语言已经成为数据分析领域炙手可热的通用语言。

1.3.2　R软件的下载和安装

在进入下一章学习之前，可以先将R安装在自己的计算机上，以便阅读时可以随时打开R进行实际操作。R软件可以在多种操作系统上运行，包括Windows、Linux以及MacOS等，进入官方网站主页(https://cran.r-project.org/) 会发现中间有Download and Install R一项，此时只需要根据自己的操作系统选择相应的链接进入下载即可。例如Windows用户应该选择链接Windows进入，按照提示安装即可，非常简便。

由于R是完全开放源代码的，所以我们可以自由修改代码以构建符合自己需要的程序，但是一方面这需要一定的其他程序语言技能（典型的如C语言），因为R的很多基础函数都是用C写的；另一方面，对于绝大多数用户，其实没有必要对基础包进行修改——既然R是开源软件，其代码必然受到很多用户监视，这样就会最大限度减少程序错误，优化程序代码，而且我们也可以在R里面自定义函数，这些函数可以保存起来，以后同样还能继续使用，或者自行编写R包。对比起来，现今的商业统计软件都将源代码和计算过程封闭在用户完全不知道的黑匣子中，而在用户界面上花大量的工夫，这对统计来说，毫无疑问并非长久之计。随着读者对R的深入了解，一定能体会到这个软件的真正强大之处。

该软件由志愿者管理，其编程语言与S-plus所基于的S语言一样，很方便。还有不断加入的从事各个方向研究者编写的软件包和程序。在这个意义上可以说，其函数的数量和更新远远超过其他软件。它的所有计算过程和代码都是公开的，它的函数还可以被用户按需要改写。它的语言结构和C++、FORTRAN、MATLAB、Pascal、Basic等很相似，容易举一反三。对于一般非统计工作者来说，主要问题是它没有"傻瓜化"。注意，R语言一直在开发更新中，通常每隔三个月会发布一次新版本。

"R语言手册"可以在网址https://cran.r-project.org/manuals.html下载：

```
R:A Language and Environment for Statistical Computing
              Reference Index
              The R Core Team
        Version 4.2.2 (2022-10-31)
```

1.3.3　基本命令和基本操作

前面已经介绍了R的下载和安装，现在简要介绍基本命令和基本操作。学习一种新的语言最好的方法就是不断尝试操作这些命令。

R用函数执行操作,假设运行一个名为funcname的函数,我们输入funcname(input1,input2),其中输入input1和input2 告诉R如何运行一个函数。一个函数可以允许多个输入。

例如建立一个向量,我们用函数c()。这个圆括号里的数将被连接在一起。R中下面的命令是将数字1、3、5、7连在一起,并将它们保存在一个名为x的向量中。

```
>x<-c(1,3,5,7)
>x
[1] 1 3 5 7
```

输入?"funcname"可以在R的窗口里打开一个帮助文件,其中有关于funcname的更多信息。

matrix()函数可以建立一个数值矩阵。在使用这个matrix()函数时,可以了解更多关于它的信息,例如:

```
>?matrix
```

这个命令展开一个帮助文件,文件中显示matrix()函数括号里可以设置多个输入参数。如果我们现在只关心三个方面:data(这个矩阵中的所有元素)、nrow(行数)、ncol(列数)。例如建立一个简单的矩阵:

```
> x=matrix(data=c(1,2,3,4),  nrow=2,ncol=2)
> x
     [,1] [,2]
[1,]   1    3
[2,]   2    4
```

注意,可以省略matrix()函数中的data=、nrow=、ncol=等参数名,可以输入如下:

```
> x=matrix(c(1,2,3,4),2,2)
```

省略matrix()函数中的data=,nrow=,ncol=等参数名,与不省略的结果是相同的。

sqrt()函数可以对一个向量或矩阵中的每一个元素"开方"。例如:

```
> sqrt(x)
          [,1]      [,2]
[1,] 1.000000 1.732051
[2,] 1.414214 2.000000
```

rnorm()函数产生一个正态随机变量的向量,此函数中的第一个参数n是样本容量,例如:

```
> rnorm(10)
 [1]  0.1478280 -0.3947633  0.8187781  1.2462939 -0.1531476  0.3111626
 [7] -0.8173440  0.5399475 -0.2857331  0.2938365
```

创建两个相关的数值变量x和y,然后用cor()函数计算它们的相关系数,例如:

```
> x=rnorm(20)
> y=x+rnorm(20,mean=20,sd=0.1)
> cor(x,y)
[1] 0.9969534
```

在默认的情况下rnorm()创建的是标准正态随机变量,在一般情况下,均值和标准差用 mean 和 sd 参数调整设置。

mean()函数和var()函数用来计算一个向量的均值和方差,sd()函数用来计算一个向量的标准差,例如:

```
> y=rnorm(30)
> mean(y)
[1] 0.04515122
> var(y)
[1] 0.7747223
> sd(y)
[1] 0.8801831
```

如果数据保存在一个矩阵A里,例如:

```
> A=matrix(1:9,3,3)
> A
     [,1] [,2] [,3]
[1,]    1    4    7
[2,]    2    5    8
[3,]    3    6    9
```

然后输入命令:

```
> A[2,2]
[1] 5
```

以上代码选择的是第2行第2列元素,中括号里的第一个数指示的是行,第二个数指示的是列。还可以选择多行多列,通过设置向量作为选择的指标集,例如:

```
> A[c(1,3),c(2,3)]
     [,1] [,2]
[1,]    4    7
[2,]    6    9

> A[c(1:3),c(2:3)]
     [,1] [,2]
[1,]    4    7
[2,]    5    8
[3,]    6    9
```

```
> A[1:2,]
     [,1] [,2] [,3]
[1,]    1    4    7
[2,]    2    5    8

> A[, 1:2]
     [,1] [,2]
[1,]    1    4
[2,]    2    5
[3,]    3    6
```

上述的最后两个例子，表示只有行没有列，或只有列没有行，在R中这样的设置表示包含所有的列，或所有的行。

在R中把一个单行或单列称为一个向量，例如：

```
> A[1,]
[1] 1 4 7
```

dim()函数输出一个矩阵的行数和列数，例如：

```
> dim(A)
[1] 3 3
```

当R完成操作时，可以输入q()关闭它，或者退出。当退出R时，可以选择保存当前工作区，这样就可以在下次使用本次会话里创建的所有对象（如数据集），缺点是占用空间。如果你点击了"保存"，又没有输入文件名，这些结果会放在所设或默认的工作目录下的名为RData的文件中，你可以随时找到并删除它。

以上只介绍了R中几个基本的命令和基本的操作。关于本书中涉及的R函数等内容，可以结合各章（从第2章开始）的具体内容来学习。吴喜之（2015）给出了一个附录"练习：熟练使用R软件"，包括实践1～实践21，对于学习和使用R软件很有帮助。

另外，关于R软件的相关内容，读者可以参考薛毅和陈立萍（2007），Cryer和Chan（2008），汤银才（2008），Kabacoff（2013），吴喜之（2015，2016），贾俊平（2019，2021），程乾、刘永、高博（2020），李仁钟（2021），赵鹏、谢益辉、黄湘云（2021）等文献，还有网上的相关资源等。

1.4　用于数据分析的数据集

在表1-1中所列的数据集中，一部分包含在R的基础包（成功启动R意味着基础包的默认加载包已经成功加载到R的工作空间，用户可以直接调用），用函数data()可以查询基础包中的数据集（Data sets in package' datasets'）名称（列表）。除基础包外，其他包的数据集需要加载后才能调用。另外,本书用于数据分析的数据,除表1-1所列数据集外,还有一些数据需要导入(详见后面各章中的具体内容)。

本书中用于数据分析的数据集,如表1-1所示。

表1-1 用于数据分析的数据集

数据集名称	所在的章节
trees	1.7
Boston	1.7, 3.3, 13.5
iris	2.2.2, 2.3.3, 8.1.8
mtcars	2.3.4, 3.3
Smarket	2.4
state.x77	2.4, 3.3, 4.4
women	3.1.5
stackloss	4.4
USPop	5.4
cholesterol	6.1.7
UScereal	6.3.3
UScereal	6.3.3
USJudgeRatings	9.7
swiss	9.8
ability.cov	10.7
Harman74	10.8
smoke	11.6
caith	11.7

1.5 本书各项数据统计表

以下按照每章把本书中"插图、表、例题、应用案例、思考与练习题"等各项数据进行统计,如表1-2所示。

说明:在本书中,"例题"是为了说明有关理论或方法的一些简单问题,"应用案例"是为了解决一些相对复杂一些的应用问题。

表1-2 本书各项数据统计表

章序号	插图	表	例题	应用案例	思考与练习题
1	0	2	0	3	5
2	38	6	2	6	5

章序号	插图	表	例题	应用案例	思考与练习题
3	4	6	5	2	7
4	10	7	0	4	7
5	9	13	0	7	6
6	10	17	4	8	6
7	10	6	2	4	5
8	11	8	0	10	7
9	7	7	2	6	6
10	10	5	4	4	4
11	6	3	0	4	7
12	4	3	0	3	5
13	8	0	0	4	4
小计	127	83	19	65	74

1.6　思考与练习题

1. 根据你感兴趣的领域,查阅有关资料并说明数据分析在该领域中的应用情况。

2. 请到R网站(https://cran.r-project.org/)下载并安装最新版本的R软件(或已安装该软件),为配合本书(课程)后面的学习请熟悉该软件的基本操作。

3. 你以前做过数据分析吗?如果做过,你用的是什么软件?该软件与R软件有什么区别?

4. 请用R软件进行如下操作:

(1)用函数data()查询基础包中的数据集名称:

```
> data()
```

(2)在完成(1)后,请在"基础包中的数据集"中查找trees(数据集),然后读trees数据集:

```
> trees
```

问:trees数据集有多少行?多少列?每一列分别代表什么?

5. 本题是关于Boston数据集(是R自带的),该数据集是MASS包中的一部分。请用R软件进行如下操作:

(1)开始载入MASS包:

```
> library(MASS)
```

（2）查library()函数，展开一个关于library()函数的帮助文件：

```
> ? library
```

（3）读Boston数据集：

```
> Boston
```

（4）展开一个关于Boston数据集的帮助文件：

```
> ? Boston
```

问：Boston数据集有多少行？多少列？行和列分别代表什么？

第 2 章 数据的表示及可视化

当我们用手机、电脑上网时，就可以看到各种数据。比如物价指数、股票行情、外汇牌价、犯罪率、房价、流行病的有关数据，当然还有国家统计局定期发布的各种国家经济数据、海关发布的进出口贸易数据，等等。从这些数据中，各有关方面可以提取对自己有用的信息。

某些企业每年都要投入数目可观的经费来收集和分析数据。它们调查其产品目前在市场中的状况和地位并确定其竞争对手的态势；它们调查不同地区、不同阶层的民众对其产品的认知程度和购买意愿，并改进产品或推出新品种以争取新顾客；它们还收集各地方的经济交通等信息，以决定如何保住现有市场和开发新市场。市场信息数据对企业是至关重要的。面对一堆数据，我们该如何简洁明了地反映出其中规律性的东西或所谓的信息呢？一般首先对收集来的数据进行描述性分析，以发现其内在的规律性，然后再选择进一步分析的方法。

数据作为信息的载体，当然要分析数据中包含的主要信息，也就是分析数据的主要特征——数字特征。一元数据，即样本数据（或观测值）$x_1, x_2, \cdots, x_n$ 是从一元总体中抽取的。一元数据的数字特征主要有：均值 $\overline{x} = \frac{1}{n} \sum\limits_{i=1}^{n} x_i$、方差 $s^2 = \frac{1}{n-1} \sum\limits_{i=1}^{n} (x_i - \overline{x})^2$、标准差 $s = \sqrt{\frac{1}{n-1} \sum\limits_{i=1}^{n} (x_i - \overline{x})^2}$ 等。对于多元数据，除分析各分量的取值特征外，还要分析各分量之间的相关性。

由于本书中的符号多而杂，因此需要说明：在一元统计学中一般用大写和小写字母来区分随机变量及其观测值，在本书中，由于符号众多，我们不再遵守此约定[Anderson 在 *An Introduction to Multivariate Statistical Analysis*(Anderson, 2003)中也采用了类似的做法]，请读者注意一个符号在每一部分中的意义。

对于多元数据，通常要研究其分量指标的相关性，图形表示——可视化就显得尤其重要。将数据显示在一个平面图上，可以非常直观地了解、认识数据，发现其中的可能分布规律。数据的可视化——图形表示方法主要有：直方图、散点图（二维和三维）、QQ散点图、散点图矩阵、条形图、饼图、尾箱图、小提琴图、星相图等。

2.1 数据的矩阵表示

2.1.1 数据的一般格式

当人们要研究一个社会现象或自然现象时，通常要选择一些变量的特征来进行记录，从而形成数据。对于每个项目，这些变量的值被记录下来。

我们用x_{ij}表示第j个变量$X_j(j=1,2,\cdots,p)$在第i项或第$i(i=1,2,\cdots,n)$次试验中的观测值，因此p个变量的n个观测值的表示如表2-1所示。

表2-1 p个变量的n个观测值

	变量X_1	变量X_2	$\cdots$	变量X_p
记录1	x_{11}	x_{12}	$\cdots$	x_{1p}
记录2	x_{21}	x_{12}	$\cdots$	x_{2p}
$\cdots$	$\cdots$	$\cdots$	$\cdots$	$\cdots$
记录n	x_{n1}	x_{n2}	$\cdots$	x_{np}

可以用一个有n行p列的矩阵来表示这些数据，称为**数据矩阵**，记为

$$\begin{pmatrix} x_{11} & x_{12} & \cdots & x_{1p} \\ x_{21} & x_{22} & \cdots & x_{2p} \\ \vdots & \vdots & \ddots & \vdots \\ x_{n1} & x_{n2} & \cdots & x_{np} \end{pmatrix} = (x_{ij})_{n\times p}$$

以上数据矩阵包含了全部变量的所有观测值。

当这些变量处于同等地位时，就是聚类分析、主成分分析、因子分析、对应分析等模型的数据格式；当其中一个变量是因变量，而其他变量为自变量时，就是回归分析等模型的数据格式；若此时因变量还是分类变量，则为方差分析、判别分析等模型的数据格式。

例2.1.1 从一个大学的书店收集到4张收据来了解书的销售情况。每张收据提供了售书数量以及总金额。用第一个变量来表示总销售金额，用第二个变量来表示售出书的数量。然后我们可以把收据上的相关数据看作是这两个变量的四个观测值，假定数据如表2-2所示。

表2-2 2个变量的4个观测值

	变量X_1	变量X_2
记录1	42	4
记录2	52	5
记录3	48	4
记录4	58	3

而数据矩阵由4行2列组成,即

$$\begin{pmatrix} 42 & 4 \\ 52 & 5 \\ 48 & 4 \\ 58 & 3 \end{pmatrix}.$$

以矩阵形式表示数据,简化了对问题的说明。用矩阵形式表示多元数据至少有以下两个作用:

(1)用矩阵运算描述数字运算;

(2)用计算机为实现计算的工具,在计算机上可以用多种语言及软件包来进行矩阵计算等。

2.1.2　数据的数字特征

把p个随机变量放在一起,就是一个p维随机向量$\boldsymbol{X} = (X_1, X_2, \cdots, X_p)^{\mathrm{T}}$,如果同时对$p$个变量做一次观测,得到观测值$(x_{11}, x_{12}, \cdots, x_{1p}) = \boldsymbol{X}_{(1)}^{\mathrm{T}}$,它是一个样品。观测$n$次就得到$n$个样品 $\boldsymbol{X}_{(i)}^{\mathrm{T}} = (x_{i1}, x_{i2}, \cdots, x_{ip}), i = 1, 2, \cdots, n$,而$n$个样品就构成一个样本。

常把n个样品排成一个$n \times p$矩阵(数据矩阵),记为

$$\boldsymbol{X} = \begin{pmatrix} x_{11} & x_{12} & \cdots & x_{1p} \\ x_{21} & x_{22} & \cdots & x_{2p} \\ \vdots & \vdots & \ddots & \vdots \\ x_{n1} & x_{n2} & \cdots & x_{np} \end{pmatrix} = \begin{pmatrix} \boldsymbol{X}_{(1)}^{\mathrm{T}} \\ \boldsymbol{X}_{(2)}^{\mathrm{T}} \\ \vdots \\ \boldsymbol{X}_{(n)}^{\mathrm{T}} \end{pmatrix}$$

矩阵$\boldsymbol{X}$的第i行$\boldsymbol{X}_{(i)}^{\mathrm{T}} = (x_{i1}, x_{i2}, \cdots, x_{ip})(i = 1, 2, \cdots, n)$是一个$p$维向量,矩阵$\boldsymbol{X}$的

第j列 $\boldsymbol{X}_j = \begin{pmatrix} x_{1j} \\ x_{2j} \\ \vdots \\ x_{nj} \end{pmatrix} (j = 1, 2, \cdots, p)$ 表示对第j个变量的n次观测。

以下是数据的一些数字特征。

(1)样本均值向量

$$\overline{\boldsymbol{X}} = \frac{1}{n} \sum_{i=1}^{n} \boldsymbol{X}_{(i)} = (\overline{x}_1, \overline{x}_2, \cdots, \overline{x}_p)^{\mathrm{T}}$$

其中$\overline{x}_i = \frac{1}{n} \sum_{j=1}^{n} x_{ij}(i = 1, 2, \cdots, p)$称为**样本均值**。

(2)样本离差矩阵(又称交叉乘积矩阵)

$$\boldsymbol{A} = \sum_{k=1}^{n} (\boldsymbol{X}_{(k)} - \overline{\boldsymbol{X}})(\boldsymbol{X}_{(k)} - \overline{\boldsymbol{X}})^{\mathrm{T}} = (a_{ij})_{p \times p}$$

其中 $a_{ij} = \sum\limits_{k=1}^{n}(x_{ki} - \overline{x}_i)(x_{kj} - \overline{x}_j)(i,j = 1,2,\cdots,p)$。

（3）样本协方差矩阵

$$\boldsymbol{S} = \frac{1}{n-1}\boldsymbol{A} = \begin{pmatrix} s_{11} & s_{12} & \cdots & s_{1p} \\ s_{21} & s_{22} & \cdots & s_{2p} \\ \vdots & \vdots & \ddots & \vdots \\ s_{p1} & s_{p2} & \cdots & s_{pp} \end{pmatrix} = (s_{ij})_{p \times p}$$

或 $\boldsymbol{S}^* = \dfrac{1}{n}\boldsymbol{A}$，其中 $s_{ij} = \dfrac{1}{n-1}\sum\limits_{k=1}^{n}(x_{ki} - \overline{x}_i)(x_{kj} - \overline{x}_j)(i,j = 1,2,\cdots,p)$ 称为**样本协方差**，$s_{ii} = \dfrac{1}{n-1}\sum\limits_{k=1}^{n}(x_{ki} - \overline{x}_i)^2(i = 1,2,\cdots,p)$ 称为**样本方差**，$\sqrt{s_{ii}}$ 称为**样本标准差**。

对于任意的 i、j，有 $s_{ij} = s_{ji}$，因此样本协方差矩阵是对称矩阵。

（4）样本相关矩阵

$$\boldsymbol{R} = \begin{pmatrix} 1 & r_{12} & \cdots & r_{1p} \\ r_{21} & 1 & \cdots & r_{2p} \\ \vdots & \vdots & \ddots & \vdots \\ r_{p1} & r_{p2} & \cdots & 1 \end{pmatrix} = (r_{ij})_{p \times p}$$

其中 $r_{ij} = \dfrac{s_{ij}}{\sqrt{s_{ii}}\sqrt{s_{jj}}} = \dfrac{a_{ij}}{\sqrt{a_{ii}}\sqrt{a_{jj}}}(i,j = 1,2,\cdots,p)$ 称为**样本相关系数**。

对于任意的 i、j，有 $r_{ij} = r_{ji}$，因此样本相关矩阵是对称矩阵。

例2.1.2 （续例2.1.1）对例2.1.1中的数据，求：（1）样本均值向量 $\overline{\boldsymbol{X}}$；（2）样本方差、样本协方差、样本协方差矩阵 $\boldsymbol{S}^*$；（3）样本相关系数、样本相关矩阵 $\boldsymbol{R}$。

（1）根据例2.1.1中的数据，有2个变量，对每个变量有4个观测值。

样本均值为：$\overline{x}_1 = \dfrac{1}{4}\sum\limits_{j=1}^{4} x_{j1} = 50$，$\overline{x}_2 = \dfrac{1}{4}\sum\limits_{j=1}^{4} x_{j2} = 4$。

样本均值向量为 $\overline{\boldsymbol{X}} = \begin{pmatrix} \overline{x}_1 \\ \overline{x}_2 \end{pmatrix} = \begin{pmatrix} 50 \\ 4 \end{pmatrix}$。

（2）样本方差、样本协方差：$s_{11} = \dfrac{1}{4}\sum\limits_{j=1}^{4}(x_{j1} - \overline{x}_1)^2 = 34$，$s_{22} = \dfrac{1}{4}\sum\limits_{j=1}^{4}(x_{j2} - \overline{x}_2)^2 = 0.5$，

$s_{12} = \dfrac{1}{4}\sum\limits_{j=1}^{n}(x_{j1} - \overline{x}_1)(x_{j2} - \overline{x}_2) = -1.5 = s_{21}$。

样本协方差矩阵

$$\boldsymbol{S}^* = \begin{pmatrix} 34 & -1.5 \\ -1.5 & 0.5 \end{pmatrix}$$

（3）样本相关系数：$r_{12} = \dfrac{s_{12}}{\sqrt{s_{11}}\sqrt{s_{22}}} = \dfrac{-1.5}{\sqrt{34}\sqrt{0.5}} = -0.36 = r_{21}$。

样本相关矩阵

$$R = \begin{pmatrix} 1 & -0.36 \\ -0.36 & 1 \end{pmatrix}$$

2.2　用R语言展示和描述数据

本节将介绍中学生身高和体重数据的展示和描述、iris数据集的展示和描述。

2.2.1　中学生身高和体重数据的展示和描述

测得12名中学生的身高（x_1）和体重（x_2）的数据，如表2-3所示。请用R语言对表2-3中的数据进行展示和描述。

表2-3　身高和体重的数据

序号	1	2	3	4	5	6	7	8	9	10	11	12
身高（x_1）	171	175	159	155	152	158	154	164	168	166	159	164
体重（x_2）	57	64	41	38	35	44	41	51	57	49	47	46

（1）根据表2-3创建一个向量（一维数据）

在R语言中，用函数c()来创建一个向量。

```
>x1=c(171,175,159,155,152,158,154,164,168,166,159,164)
>x2=c(57,64,41,38,35,44,41,51,57,49,47,46)
```

其中x_1、x_2是行向量。

函数length()可以返回向量的长度，mode()可以返回向量的数据类型。

```
>length(x1)
[1] 12
>mode(x1)
[1] "numeric"
```

（2）根据表2-3创建一个矩阵（二维数据）

可以用函数rbind()、cbind()把以上两个向量合并起来，其中rbind()表示按行合并，cbind()表示按列合并。

```
>rbind(x1, x2)
   [,1] [,2] [,3] [,4] [,5] [,6] [,7] [,8] [,9] [,10] [,11] [,12]
x1 171  175  159  155  152  158  154  164  168  166   159   164
x2  57   64   41   38   35   44   41   51   57   49    47    46

>cbind(x1,x2)
     x1 x2
[1,] 171 57
```

```
[2,] 175 64
[3,] 159 41
[4,] 155 38
[5,] 152 35
[6,] 158 44
[7,] 154 41
[8,] 164 51
[9,] 168 57
[10,] 166 49
[11,] 159 47
[12,] 164 46
```

（3）生成数据框

在R语言中，用函数data.frame()生成数据框，其用法是：data.frame(data1，data2，……)。

```
>data.frame(x1,x2)
    x1 x2
1  171 57
2  175 64
3  159 41
4  155 38
5  152 35
6  158 44
7  154 41
8  164 51
9  168 57
10 166 49
11 159 47
12 164 46
```

2.2.2　iris数据集的展示和描述

iris数据集（尾花数据集）是R的自带数据集。以下直接使用R加载datasets包中的数据（iris数据集就在这个包中），展示数据的前几行，其代码如下：

```
>require(datasets)
>data(iris)
>head(iris)
```

结果如下：

```
  Sepal.Length Sepal.Width Petal.Length Petal.Width Species
1          5.1         3.5          1.4         0.2 setosa
2          4.9         3.0          1.4         0.2 setosa
```

3	4.7	3.2	1.3	0.2	setosa
4	4.6	3.1	1.5	0.2	setosa
5	5.0	3.6	1.4	0.2	setosa
6	5.4	3.9	1.7	0.4	setosa

其中 Sepal.Length、Sepal.Width、Petal.Length、Petal.Width、Species分别表示花萼的长度、花萼的宽度、花瓣的长度、花瓣的宽度以及每个观察值来自哪一种类。

以下对鸢尾花数据集的数据进行描述：

```
>summary(iris)
```

结果如下：

```
 Sepal.Length    Sepal.Width     Petal.Length    Petal.Width
 Min.   :4.300   Min.   :2.000   Min.   :1.000   Min.   :0.100
 1st Qu.:5.100   1st Qu.:2.800   1st Qu.:1.600   1st Qu.:0.300
 Median :5.800   Median :3.000   Median :4.350   Median :1.300
 Mean   :5.843   Mean   :3.057   Mean   :3.758   Mean   :1.199
 3rd Qu.:6.400   3rd Qu.:3.300   3rd Qu.:5.100   3rd Qu.:1.800
 Max.   :7.900   Max.   :4.400   Max.   :6.900   Max.   :2.500
       Species
 setosa    :50
 versicolor:50
 virginica :50
```

从以上结果可以看出，summary给出的信息说明，5个变量的 150个观察值分为三类：setosa、versicolor、virginica，并给出了每个变量观察值的最大值、最小值、四分位数、均值等。

也可以使用Hmisc包中的函数describe()来描述，但第一次使用前请先安装Hmisc包。

```
>install.packages("Hmisc")
>library(Hmisc)
>describe(iris)
```

结果如下：

```
iris

 5  Variables     150  Observations
--------------------------------------------------------------------
Sepal.Length
        n missing  unique    Info    Mean     .05     .10     .25     .50
      150       0      35       1   5.843   4.600   4.800   5.100   5.800
      .75     .90     .95
    6.400   6.900   7.255
```

```
lowest : 4.3 4.4 4.5 4.6 4.7, highest: 7.3 7.4 7.6 7.7 7.9
--------------------------------------------------------------------------
Sepal.Width
       n missing   unique    Info      Mean     .05     .10     .25     .50
     150       0       23    0.99     3.057   2.345   2.500   2.800   3.000
     .75     .90      .95
   3.300   3.610    3.800

lowest : 2.0 2.2 2.3 2.4 2.5, highest: 3.9 4.0 4.1 4.2 4.4
--------------------------------------------------------------------------
Petal.Length
       n missing   unique    Info      Mean     .05     .10     .25     .50
     150       0       43       1     3.758    1.30    1.40    1.60    4.35
     .75     .90      .95
    5.10    5.80     6.10

lowest : 1.0 1.1 1.2 1.3 1.4, highest: 6.3 6.4 6.6 6.7 6.9
--------------------------------------------------------------------------
Petal.Width
       n missing   unique    Info      Mean     .05     .10     .25     .50
     150       0       22    0.99     1.199     0.2     0.2     0.3     1.3
     .75     .90      .95
     1.8     2.2      2.3

lowest : 0.1 0.2 0.3 0.4 0.5, highest: 2.1 2.2 2.3 2.4 2.5
--------------------------------------------------------------------------
Species
           n missing   unique
         150       0        3

setosa (50, 33%), versicolor (50, 33%), virginica (50, 33%)
--------------------------------------------------------------------------
```

　　从以上结果可以看出，describe给出的信息说明，这个数据集由5个变量、150个观察值组成，150个观察值分为三类:setosa、versicolor、virginica，并给出了每个变量观察值最小的5个值和最大的5个值等。

2.3　用R语言对数据进行可视化

　　本节将介绍中学生年龄、身高和体重数据的可视化，城镇居民生活消费情况的可视化,iris数据集的可视化,mtcars数据集的展示和可视化。

2.3.1　中学生年龄、身高和体重数据的可视化

在前面曾用R语言对中学生身高和体重数据（见表2-3）进行展示和描述，现在再增加中学生年龄，然后再进行可视化。

（1）直方图（histogram）

在R语言中，用函数hist()绘制直方图。hist()的调用格式为：hist(x, freq=FALSE, breaks)

其中的x是一个数值向量，参数freq=FALSE表示频率直方图（缺省为频数直方图），参数 breaks用于控制组的数量（缺省按等距分组）。

1）频数直方图

● **身高的频数直方图**

```
>hist(x1)
```

结果见图2-1。

● **体重的频数直方图**

```
>hist(x2)
```

结果见图2-2。

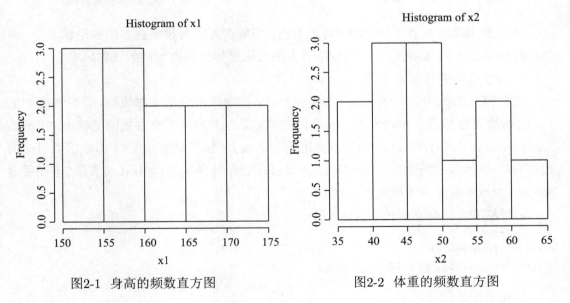

图2-1　身高的频数直方图　　　　　图2-2　体重的频数直方图

2）频率直方图

● **身高的频率直方图**

```
>hist(x1,freq=FALSE)
```

结果见图2-3。

● **体重的频率直方图**

```
>hist(x2,freq=FALSE)
```

结果见图2-4。

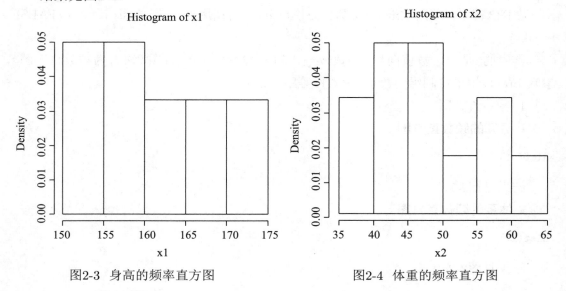

图2-3　身高的频率直方图　　　　　　　图2-4　体重的频率直方图

从图2-1和图2-3、图2-2和图2-4可以看出，频数直方图与频率直方图的形状相同，但纵坐标的意义不同，频数直方图与频率直方图的纵坐标分别为"频数"和"频率"。

3）带核密度的频率直方图

带核密度的频率直方图。核密度是简称，全称为核密度估计曲线图，是对密度的估计，它为数值数据的分布提供了一种平滑的描述。在前面频率直方图的基础上，用函数 lines(density(x),…,col,lwd)画带核密度的频率直方图，其中的x是一个由数据值组成的数值向量；参数col表示颜色，如col='blue'等；lwd表示线条宽度，如lwd=2表示2倍线条宽度（lwd=1或缺省表示单倍线条宽度）。

● **带核密度的身高的频率直方图**

```
>hist(x1,freq=FALSE)
>lines(density(x1),col='blue',lwd=2)
```

结果见图2-5。

● **带核密度的体重的频率直方图**

```
>hist(x2, freq=FALSE)
>lines(density(x2),col='blue',lwd=2)
```

结果见图2-6。

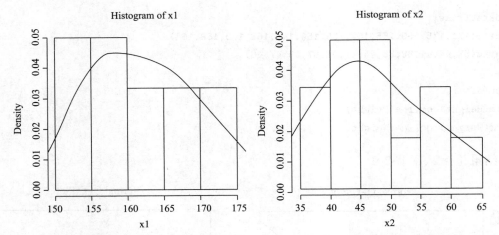

图2-5 带核密度身高的频率直方图   图2-6 带核密度体重的频率直方图

（2）散点图

● **身高和体重的散点图**

```
>plot(x1,x2)
```

结果见图2-7。

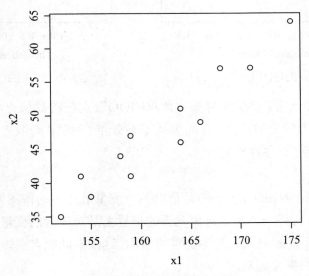

图2-7 身高和体重的散点图

从图2-7可以看出，身高和体重之间有很强的线性关系，身高增加，体重也相应地增加。

（3）QQ散点图

QQ散点图是用来检验数据是否服从正态分布的。

- **身高和体重的QQ散点图**

```
df<-data.frame(
Height=c(171,175,159,155,152,158,154,164,168,166,159,164),
Weight=c(57,64,41,38,35,44,41,51,57,49,47,46)
)
attach(df)
qqnorm(Height);qqline(Height)
qqnorm(Weight);qqline(Weight)
```

结果见图2-8和图2-9。

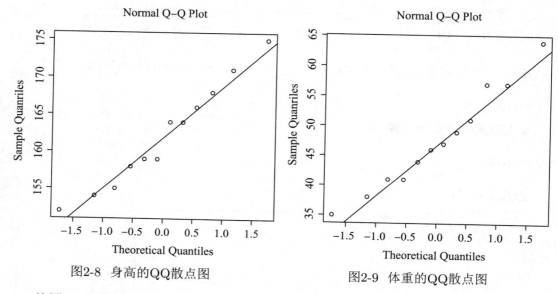

图2-8 身高的QQ散点图   图2-9 体重的QQ散点图

从图2-8和图2-9来看，学生的身高和体重的QQ散点图的数据点离直线的接近程度，因此大体上可以认为学生的体重、身高服从正态分布（说明:QQ散点图只能大体上看一下，更准确的还要经过正态性检验）。

（4）散点图矩阵

散点图矩阵（scatterplot matrix）是借助两个变量散点图的作图方法，它可以看作是一个大的图形方阵，其每一个非主对角元素的位置上是对应行的变量与对应列的变量的散点图。而主对角元素的位置上是各变量的名称，这样借助散点图矩阵可以看到所研究多个变量两两之间的相关关系。

- **身高和体重的散点图矩阵**

```
df<-data.frame(
Height=c(171,175,159,155,152,158,154,164,168,166,159,164),
Weight=c(57,64,41,38,35,44,41,51,57,49,47,46)
)
pairs(df)
```

结果见图2-10。

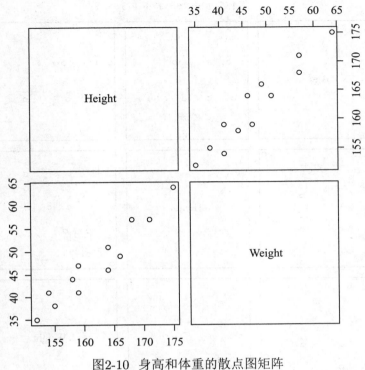

图2-10 身高和体重的散点图矩阵

如果把表2-3中再补充上年龄，如表2-4所示。

表2-4 年龄、身高和体重的数据

序号	1	2	3	4	5	6	7	8	9	10	11	12
年龄(x)	13	15	13	14	14	15	13	12	13	14	14	13
身高(x_1)	171	175	159	155	152	158	154	164	168	166	159	164
体重(x_2)	57	64	41	38	35	44	41	51	57	49	47	46

根据表2-4，再画年龄、身高和体重的散点图矩阵。

```
df<-data.frame(
Agec=c(13,15,13,14,14,15,13,12,13,14,14,13),
Height=c(171,175,159,155,152,158,154,164,168,166,159,164),
Weight=c(57,64,41,38,35,44,41,51,57,49,47,46)
)
pairs(df)
```

结果见图2-11。

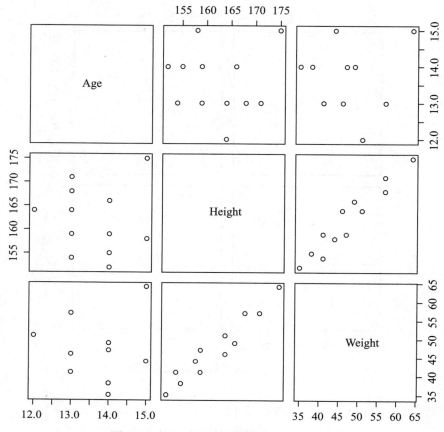

图2-11　年龄、身高和体重的散点图矩阵

（5）三维散点图

前面介绍的散点图是二维散点图，以下介绍三维散点图。

绘制三维散点图，可以使用scatterplot3d包中的scatterplot3d()函数，但在第一次使用之前请先安装scatterplot3d包。scatterplot3d()函数的调用格式为：scatterplot3d(x, y, z,…)，其中：x, y, z都是数值向量，且x被绘制在水平轴上，y被绘制在竖直轴上，z被绘制在透视轴上。

根据表2-4，绘制年龄、身高和体重的三维散点图。

```
>install.packages("scatterplot3d")
>library(scatterplot3d)
>attach(df)
>scatterplot3d(Agec,Height,Weight,main='Basic 3D Scatter plot')
```

结果见图2-12。

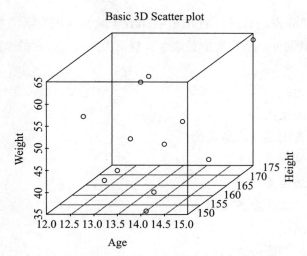

图2-12　年龄、身高和体重的三维散点图

图2-12是基本的三维散点图。scatterplot3d()函数提供了许多选项,包括设置图形符号、轴、颜色、线条、网格线、突出显示和角度等功能。

根据表2-4,绘制:添加了垂直线和阴影的年龄、身高和体重的三维散点图。

```
>scatterplot3d(Agec,Height,Weight,pch=16,highlight.3d=TRUE,type='h',
main='3D Scatter plot with Vertical Lines')
```

结果见图2-13。

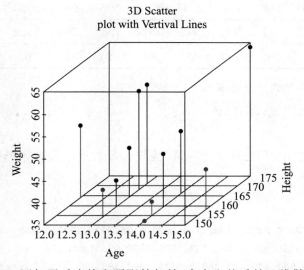

图2-13　添加了垂直线和阴影的年龄、身高和体重的三维散点图

2.3.2 城镇居民生活消费情况的可视化

为了研究我国部分省、自治区、直辖市中2007年城镇居民生活消费情况，根据调查资料进行区域消费类型划分。原始数据见表2-5，样品数 $n=12$，变量个数 $p=8$。变量名称如下：

x_1：人均食品支出；

x_2：人均衣着商品支出；

x_3：人均家庭设备用品及服务支出；

x_4：人均医疗保健支出；

x_5：人均交通和通信支出；

x_6：人均娱乐教育文化服务支出；

x_7：人均居住支出；

x_8：人均杂项商品和服务支出。

表2-5　部分地区城镇居民平均每人全年消费性支出的数据　　单位：元

序号	1	2	3	4	5	6	7	8	9	10	11	12
x_1	4934	4249	2790	2600	2825	3560	2843	2633	6125	3929	4893	3384
x_2	1513	1024	976	1065	1397	1018	1127	1021	1330	990	1406	906
x_3	981	760	547	478	562	439	407	356	959	707	666	465
x_4	1294	1164	834	640	719	879	855	729	857	689	859	554
x_5	2328	1310	1010	1028	1124	1033	874	746	3154	1303	2473	891
x_6	2385	1640	895	1054	1245	1053	998	938	2653	1699	2158	1170
x_7	1246	1417	917	992	942	1047	1062	785	1412	1020	1168	850
x_8	650	464	266	245	468	400	394	311	763	377	468	309

数据来源：《2008年中国统计年鉴》。

序号1～12，分别代表：北京、天津、河北、山西、内蒙古、辽宁、吉林、黑龙江、上海、江苏、浙江、安徽。

请根据表2-5的数据，用R语言按变量（或统计量）、地区绘制条形图、饼图、尾箱图、星相图、散点图矩阵。

首先输入数据：

```
x1=c(4934,4249,2790,2600,2825,3560,2843,2633,6125,3929,4893,3384)
x2=c(1513,1024,976,1065,1397,1018,1127,1021,1330,990,1406,906)
x3=c(981,760,547,478,562,439,407,356,959,707,666,465)
x4=c(1294,1164,834,640,719,879,855,729,857,689,859,554)
x5=c(2328,1310,1010,1028,1124,1033,874,746,3154,1303,2473,891)
x6=c(2385,1640,895,1054,1245,1053,998,938,2653,1699,2158,1170)
```

```
x7=c(1246,1417,917,992,942,1047,1062,785,1412,1020,1168,850)
x8=c(650,464,266,245,468,400,394,311,763,377,468,309)
X=data.frame(x1,x2,x3,x4,x5,x6,x7,x8)
```

（1）条形图、饼图

对表2-5中的数据直接作条形图（bar chart）意义不大，通常需要对其统计量（均值、中位数等）做直观分析。

条形图函数 barplot()的用法：

barplot(X,⋯)

X为数值向量或数据框。

饼图（pie chart）函数 pie()的用法与条形图函数 barplot()的用法类似。

```
>barplot(apply(X,1,mean))
>barplot(apply(X,2,mean))
>barplot(apply(X,2,median))
>pie(apply(X,2,mean))
```

分别按表2-5中的各地区作均值条形图、各变量作均值条形图、各变量作中位数条形图、各变量作均值饼图，其结果分别见图2-14～图2-17。

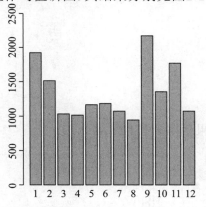

图2-14　各地区的均值条形图

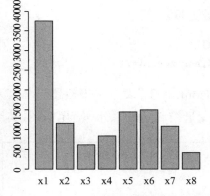

图2-15　各变量的均值条形图

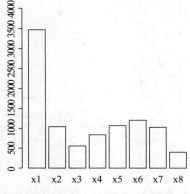

图2-16　各变量的中位数条形图

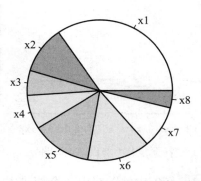

图2-17　各变量的均值饼图

从图2-14可以看出,各地区中北京、上海、浙江、天津四个地区的消费情况较为突出。

从图2-15~图2-17可以看出,8个变量中x_1(人均食品支出)最为突出。

(2)尾箱图

尾箱图(又称box图、箱图、箱线图、盒子图)可以比较清楚地表示数据的分布特征,它由四部分组成:

1)箱子上下的横线为样本的25%和75%分位数,箱子的顶部和底部的差值为四分位数间距。

2)箱子中间的横线为样本的中位数。若横线没有在箱子的中央,则说明箱子数据存在偏度。

3)箱子向上或向下延伸的直线称为"尾线",若没有异常值,样本的最大值为上尾线的顶部,样本的最小值为下尾线的底部。默认情况下,距箱子顶部或底部大于1.5倍四分位间距的值称为异常值。

4)图中顶部的圆圈表示该处数据位异常值。该异常值可能是输入错误、测量失误或系统误差引起的。

尾箱图函数boxplot()的用法:

boxplot(X,…)

X为数据框。

```
>boxplot(X)
>boxplot(X,horizontal=T)
```

其中"horizontal=T"表示水平放置。

按各变量绘制(垂直、水平)尾箱图,其结果分别见图2-18、图2-19。

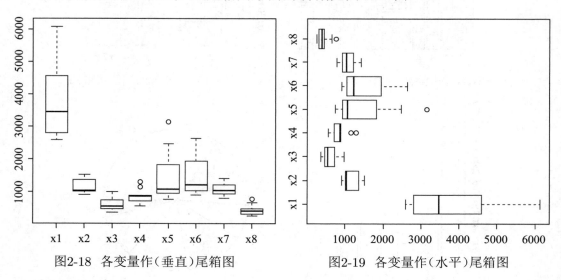

图2-18 各变量作(垂直)尾箱图　　图2-19 各变量作(水平)尾箱图

从图2-18、图2-19可以看出,8个变量中x_1(人均食品支出)远高于其他项目。

（3）小提琴图

小提琴图（violin plot）是尾箱图（box图）的变种，因为形状酷似小提琴而得名。小提琴图是将尾箱图与核密度图结合在一起，它在尾箱图上以镜像方式叠加上核密度图。

绘制小提琴图，可以使用vioplot包中的vioplot()函数，但在第一次使用之前请先安装vioplot包。vioplot()函数的调用格式为：vioplot(x1, x2, …, names, col)其中：x1, x2, …表示要绘制的一个或多个数值向量（将为每个向量绘制一幅小提琴图），names是小提琴图中标签的字符向量，col是一个为每幅小提琴图指定颜色的向量。

```
>install.packages("vioplot")
>library(vioplot)
>vioplot(x1,x2,x3,x4,x5,x6,x7,x8,col="gold",names= c("x1","x2",
"x3","x4","x5","x6","x7","x8"))
```

结果见图2-20。

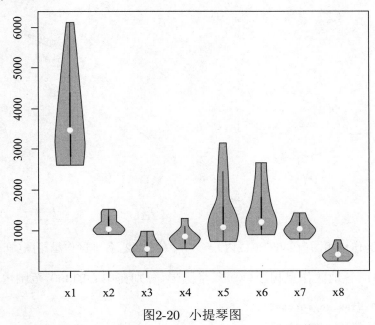

图2-20 小提琴图

说明：在图2-20中，白点是中位数，黑色盒子的范围是下四分位数（25%分位数）到上四分位数（75%分位数），细黑线表示须线，外部形状为核密度估计。

（4）星相图

星相图将每个变量的各个观测单位的数值表示为一个图形，n个观测单位就有n个图，每个图的每个角表示每个变量。

星相图函数 stars()的用法

stars(X,full=TRUE,draw.segments=FALSE,...)

X为数值向量或数据框；

full为图形形状，full=TRUE为圆形，full=FALSE为半圆；

draw.segments为分支图形：draw.segments=T为圆形，draw.segments=F为半圆。

按表2-3中的各地区作星相图（分别在中心的360°范围内、180°范围内）

```
>stars(X,full=T)
>stars(X,full=F)
```

结果分别见图2-21、图2-22。

图2-21 各地区作星相图（在360°范围内）　　　图2-22 各地区作星相图（在180°范围内）

按表2-3中的各地区作星相图（圆形、半圆形，分别在中心的360°范围内、180°范围内）

```
>stars(X,full=T,draw.segments=T)
>stars(X,full=F,draw.segments=T)
```

结果分别见图2-23、图2-24。

从图2-21~图2-24可以看出，虽然构成星相图的图形类别不同（其中图2-21、图2-23在中心的360°范围内，图2-22、图2-24在中心的180°范围内），但都说明北京、上海、浙江、天津四个地区的消费情况较为突出。

（5）散点图矩阵

结果见图2-25。

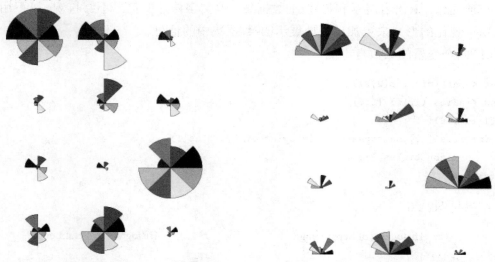

图2-23 各地区作星相图（圆形，在360°内）　　　图2-24 各地区作星相图（半圆，在180°内）

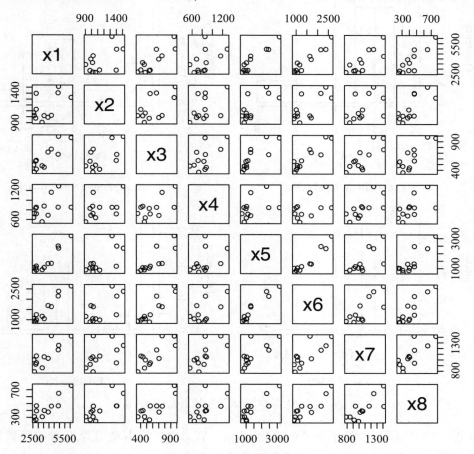

图2-25 各地区散点图矩阵

2.3.3 iris数据集的可视化

在前面曾用R语言展示和描述iris数据集。但文字传递的信息不够直观,以下用R语言采用可视化的形式来更加直观地展示iris数据集中的信息。

(1)四个变量的频数直方图

```
oldpar <-par (mfcol=c(2,2))
titles <-names (iris) [1:4]
for (i in 1:4){
hist (x= iris [,i],main=paste ("Histogram of ",titles[i]),
        xlab= titles [i])}
par (oldpar)
```

结果见图2-26。

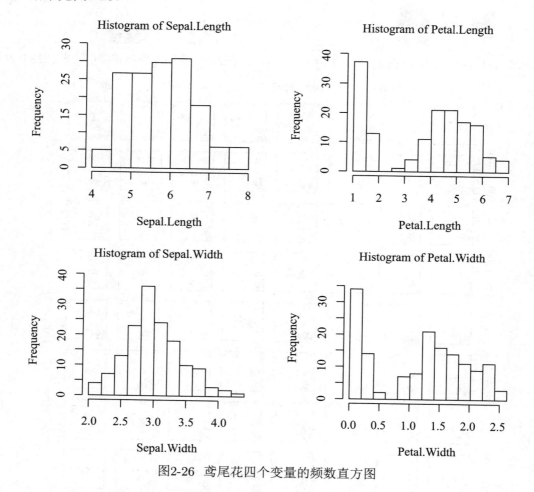

图2-26 鸢尾花四个变量的频数直方图

从图2-26可以看出,除了花萼的宽度(Sepal.Width)外,其他几个变量的频数直方图都是有偏的,这对了解整体特征是很有帮助的。

（2）带核密度的四个变量的频率直方图

```
oldpar <-par (mfcol=c(2,2))
titles <-names (iris) [1:4]
for (i in 1:4){
        hist (x= iris [,i],main=paste ("Histogram of ",titles[i]),
        xlab= titles [i],probability=TRUE)
lines (density(x= iris [,i]))
rug (jitter(x= iris [,i]))
}
par (oldpar)
```

结果见图2-27。

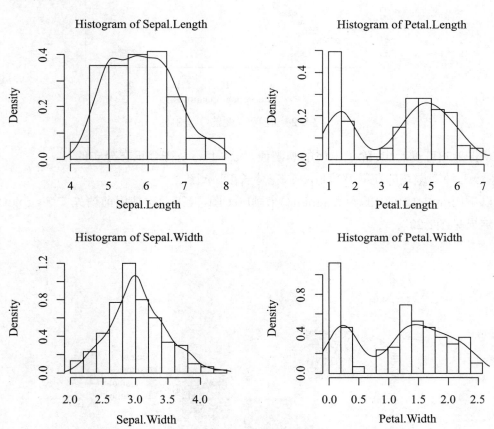

图2-27 鸢尾花带核密度的四个变量的频率直方图

从图2-27可以看出，花萼的宽度（Sepal.Width）和正态分布比较接近。

（3）花萼宽度的QQ图

为了确定花萼的宽度是否满足正态分布，这里用QQ图来检验。

结果见图2-28。

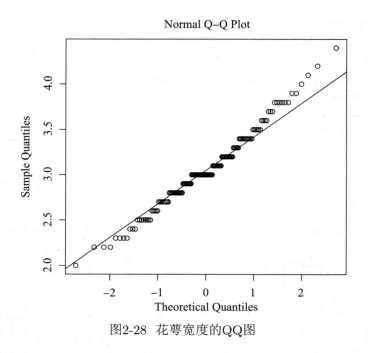

图2-28 花萼宽度的QQ图

从图2-28可以看出，除了末尾的观测值，大体上还是符合正态分布的。

（4）三种鸢尾花的花萼宽度box图、花萼长度box图

以下用ggplot2包中的函数ggplot()来画box 图，但第一次使用前请先安装ggplot2包。

结果见图2-29。

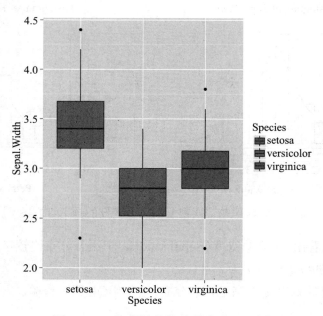

图2-29 三种鸢尾花的花萼宽度box 图

从图2-29可以看出，setosa 类型的鸢尾花和其他种类的鸢尾花的差别比较明显，而versicolor和 virginica这两类虽有差别但并不是很明显。

同样,可以绘制三种鸢尾花的花萼长度box 图。

```
p <- ggplot(data=iris,mapping=aes(x=Species,y=Sepal.Length,fill= Species))
p+geom_boxplot()
```

结果见图2-30。

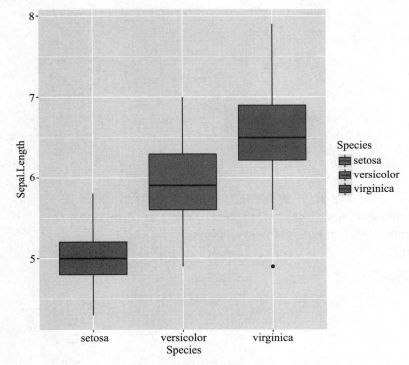

图2-30 三种鸢尾花的花萼长度box 图

从图2-30可以看出,三种鸢尾花的花萼长度有比较明显的差别。

类似地,可以绘制三种鸢尾花的花瓣宽度box 图、花瓣长度box 图,这里从略。

（5）三种鸢尾花的花萼长度和宽度的散点图（加平滑曲线）

以下通过散点图来进一步了解三种不同鸢尾花的两个变量之间的关系,加平滑曲线的散点图还可以更加清晰地看出两个变量之间的变化趋势。

以下分别绘制三种鸢尾花的"花萼"长度和宽度的散点图、"花瓣"长度和宽度的散点图。

```
p <- ggplot (data=iris,mapping=aes (x= Sepal.Length,y= Sepal.Width))
p <-p+geom_point()+facet_wrap (facets=~ Species)
p+geom_smooth()
```

结果见图2-31。

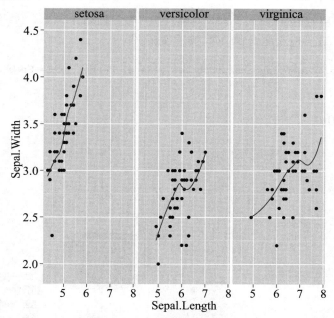

图2-31　三种鸢尾花的"花萼"长度和宽度的散点图

```
p <- ggplot (data=iris,mapping=aes (x= Petal.Length,y= Petal.Width))
p <-p+geom_point()+facet_wrap (facets=~ Species)
p+geom_smooth()
```

结果见图2-32。

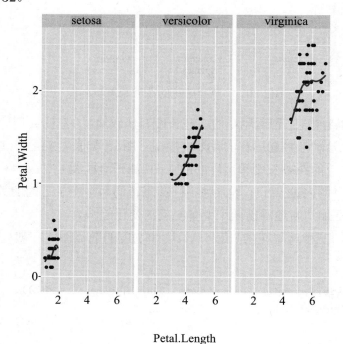

图2-32　三种鸢尾花的"花瓣"长度和宽度的散点图

（6）三种鸢尾花的变量之间的相关性——数字化展示

在前面三种鸢尾花花萼宽度的box 图（图2-29）我们发现，三种鸢尾花之间是有差别的（有的比较明显，有的并不是很明显）。以下求三种鸢尾花的变量之间的相关系数。

```
(cor.all <- by (iris[,-5],INDICES= iris$Species,cor))
```

结果如下：

```
iris$Species: setosa
             Sepal.Length Sepal.Width Petal.Length Petal.Width
Sepal.Length    1.0000000   0.7425467    0.2671758   0.2780984
Sepal.Width     0.7425467   1.0000000    0.1777000   0.2327520
Petal.Length    0.2671758   0.1777000    1.0000000   0.3316300
Petal.Width     0.2780984   0.2327520    0.3316300   1.0000000
-----------------------------------------------------------
iris$Species: versicolor
             Sepal.Length Sepal.Width Petal.Length Petal.Width
Sepal.Length    1.0000000   0.5259107    0.7540490   0.5464611
Sepal.Width     0.5259107   1.0000000    0.5605221   0.6639987
Petal.Length    0.7540490   0.5605221    1.0000000   0.7866681
Petal.Width     0.5464611   0.6639987    0.7866681   1.0000000
-----------------------------------------------------------
iris$Species: virginica
             Sepal.Length Sepal.Width Petal.Length Petal.Width
Sepal.Length    1.0000000   0.4572278    0.8642247   0.2811077
Sepal.Width     0.4572278   1.0000000    0.4010446   0.5377280
Petal.Length    0.8642247   0.4010446    1.0000000   0.3221082
Petal.Width     0.2811077   0.5377280    0.3221082   1.0000000
```

从以上计算结果可以看出，对于setosa种类的鸢尾花来说，花萼（Sepal）的宽度和长度之间的相关系数比较大，而其他两种鸢尾花（versicolor，virginica）则是花瓣（Petal）的长度和花萼（Sepal）的长度也有较大的相关性。此外，对于versicolor种类的鸢尾花来说，花瓣（Petal）的长度和宽度也有很大的相关性。

（7）三种鸢尾花的变量之间的相关性——可视化展示

以上对三种鸢尾花的变量之间的相关性进行了数字化展示，还可以用corrplot包中的函数corrplot()来进行可视化来展示，但第一次使用前请先安装corrplot包。

```
install.packages("corrplot")
library(corrplot)
require (corrplot)
name <-unique (iris$Species)
oldpar <- par (mfcol=c(2, 2))
for (i in 1:3){
```

```
corrplot(corr=cor.all[[i]],title =paste("correlative of",name[i]),
         mar=c(0,0,1,0.7),cl.align.text="l" )
}
par (oldpar)
```

结果见图2-33。

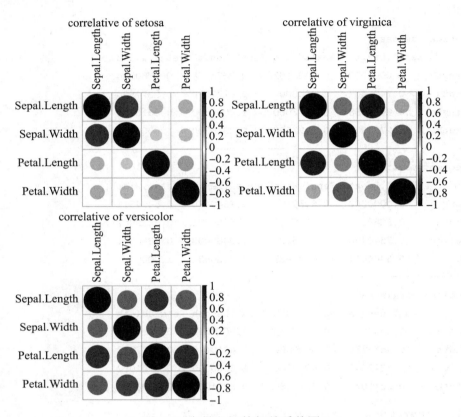

图2-33 变量之间的相关系数图

在图2-33中,圆圈的大小表示相关性的大小。

从图2-33——可视化展示可以得到与前面数字化展示类似的结果,但可视化展示比数字化展示更直观(只需在相关系数图中看一下圆圈的大小)。

2.3.4 mtcars数据集的展示和可视化

mtcars数据集(R自带数据集),它是由美国Motor Trend杂志收集的有关汽车的数据集。以下对mtcars数据集进行展示和可视化。

(1)展示mtcars数据集的所有数据

```
> mtcars
```

结果如下：

	mpg	cyl	disp	hp	drat	wt	qsec	vs	am	gear	carb
Mazda RX4	21.0	6	160.0	110	3.90	2.620	16.46	0	1	4	4
Mazda RX4 Wag	21.0	6	160.0	110	3.90	2.875	17.02	0	1	4	4
Datsun 710	22.8	4	108.0	93	3.85	2.320	18.61	1	1	4	1
Hornet 4 Drive	21.4	6	258.0	110	3.08	3.215	19.44	1	0	3	1
Hornet Sportabout	18.7	8	360.0	175	3.15	3.440	17.02	0	0	3	2
Valiant	18.1	6	225.0	105	2.76	3.460	20.22	1	0	3	1
Duster 360	14.3	8	360.0	245	3.21	3.570	15.84	0	0	3	4
Merc 240D	24.4	4	146.7	62	3.69	3.190	20.00	1	0	4	2
Merc 230	22.8	4	140.8	95	3.92	3.150	22.90	1	0	4	2
Merc 280	19.2	6	167.6	123	3.92	3.440	18.30	1	0	4	4
Merc 280C	17.8	6	167.6	123	3.92	3.440	18.90	1	0	4	4
Merc 450SE	16.4	8	275.8	180	3.07	4.070	17.40	0	0	3	3
Merc 450SL	17.3	8	275.8	180	3.07	3.730	17.60	0	0	3	3
Merc 450SLC	15.2	8	275.8	180	3.07	3.780	18.00	0	0	3	3
Cadillac Fleetwood	10.4	8	472.0	205	2.93	5.250	17.98	0	0	3	4
Lincoln Continental	10.4	8	460.0	215	3.00	5.424	17.82	0	0	3	4
Chrysler Imperial	14.7	8	440.0	230	3.23	5.345	17.42	0	0	3	4
Fiat 128	32.4	4	78.7	66	4.08	2.200	19.47	1	1	4	1
Honda Civic	30.4	4	75.7	52	4.93	1.615	18.52	1	1	4	2
Toyota Corolla	33.9	4	71.1	65	4.22	1.835	19.90	1	1	4	1
Toyota Corona	21.5	4	120.1	97	3.70	2.465	20.01	1	0	3	1
Dodge Challenger	15.5	8	318.0	150	2.76	3.520	16.87	0	0	3	2
AMC Javelin	15.2	8	304.0	150	3.15	3.435	17.30	0	0	3	2
Camaro Z28	13.3	8	350.0	245	3.73	3.840	15.41	0	0	3	4
Pontiac Firebird	19.2	8	400.0	175	3.08	3.845	17.05	0	0	3	2
Fiat X1-9	27.3	4	79.0	66	4.08	1.935	18.90	1	1	4	1
Porsche 914-2	26.0	4	120.3	91	4.43	2.140	16.70	0	1	5	2
Lotus Europa	30.4	4	95.1	113	3.77	1.513	16.90	1	1	5	2
Ford Pantera L	15.8	8	351.0	264	4.22	3.170	14.50	0	1	5	4
Ferrari Dino	19.7	6	145.0	175	3.62	2.770	15.50	0	1	5	6
Maserati Bora	15.0	8	301.0	335	3.54	3.570	14.60	0	1	5	8
Volvo 142E	21.4	4	121.0	109	4.11	2.780	18.60	1	1	4	2

以上结果表明，mtcars数据集包括32辆汽车的11项指标。

（2）展示mtcars数据集的前6个观测值

```
> head(mtcars)
```

结果如下：

	mpg	cyl	disp	hp	drat	wt	qsec	vs	am	gear	carb
Mazda RX4	21.0	6	160	110	3.90	2.620	16.46	0	1	4	4

```
Mazda RX4 Wag       21.0   6  160 110 3.90 2.875 17.02  0  1    4    4
Datsun 710          22.8   4  108  93 3.85 2.320 18.61  1  1    4    1
Hornet 4 Drive      21.4   6  258 110 3.08 3.215 19.44  1  0    3    1
Hornet Sportabout   18.7   8  360 175 3.15 3.440 17.02  0  0    3    2
Valiant             18.1   6  225 105 2.76 3.460 20.22  1  0    3    1
```

（3）展示mtcars数据集的后6个观测值

```
> tail(mtcars)
```

结果如下：

```
               mpg cyl  disp  hp drat    wt qsec vs am gear carb
Porsche 914-2 26.0   4 120.3  91 4.43 2.140 16.7  0  1    5    2
Lotus Europa  30.4   4  95.1 113 3.77 1.513 16.9  1  1    5    2
Ford Pantera L 15.8  8 351.0 264 4.22 3.170 14.5  0  1    5    4
Ferrari Dino  19.7   6 145.0 175 3.62 2.770 15.5  0  1    5    6
Maserati Bora 15.0   8 301.0 335 3.54 3.570 14.6  0  1    5    8
Volvo 142E    21.4   4 121.0 109 4.11 2.780 18.6  1  1    4    2
```

（4）展示指标mpg的观测值

```
> mpg
```

结果如下：

```
 [1] 21.0 21.0 22.8 21.4 18.7 18.1 14.3 24.4 22.8 19.2 17.8 16.4 17.3 15.2
[15] 10.4 10.4 14.7 32.4 30.4 33.9 21.5 15.5 15.2 13.3 19.2 27.3 26.0 30.4
[29] 15.8 19.7 15.0 21.4
```

说明：同样可以展示其他指标同的观测值。

（5）汽车每加仑英里数直方图

```
> hist(mtcars$mpg,breaks=10)
```

结果见图2-34。

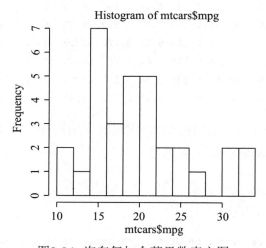

图2-34 汽车每加仑英里数直方图

（6）按气缸数划分的各车型车重的核密度图

```
> par(lwd=2)
> library(sm)
> cyl.f<-factor (mtcars$cyl,levels=c(4,6,8),labels=c("4 cylinder",
  "6 cylinder","8 cylinder"))
> sm.density.compare(mtcars$wt,mtcars$cyl,xlab="Car Weight")
> title(main="Car Weight by Car Cylinders")
> colfill<-c(2:(1+length(levels(cyl.f))))
> legend(locator(1),levels(cyl.f),fill=colfill)
```

结果见图2-35。

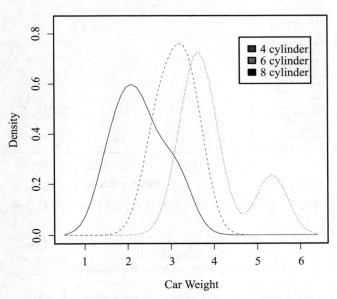

图2-35　按气缸数划分的各车型车重的核密度图

（7）依气缸数量分组的每加仑汽油行驶英里数点图

```
> x<-mtcars[order(mtcars$mpg),]
> x$cyl<-factor(x$cyl)
> x$color[x$cyl==4]<-"red"
> x$color[x$cyl==6]<-"blue"
> x$color[x$cyl==8]<-"green"
> dotchart(x$mpg,labels=row.names(x),cex=.7,groups=x$cyl,gcolor="black",
  color=x$color,pch=19,main="Gas Mileage for Car Models\ngrouped by
  cylinder",xlab="Miles Per Gallon")
```

（8）各汽车马力与每加仑汽油行驶英里数的散点图

```
plot(mtcars$mpg,mtcars$hp,main="The Histogram of\n Gross horsepower and
Miles Per Gallon")
```

结果见图2-36。

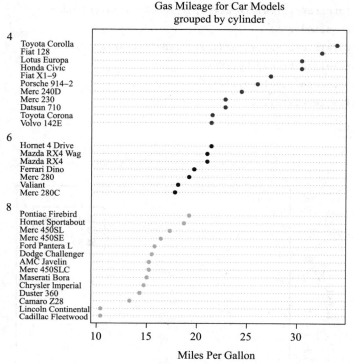

图2-36　依气缸数量分组的每加仑汽油行驶英里数点图

结果见图2-37。

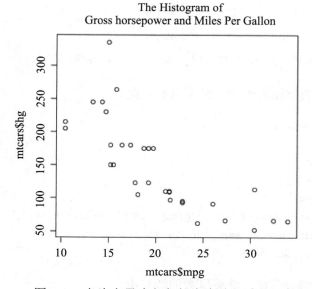

图2-37　各汽车马力与每加仑汽油行驶英里数的散点图

（9）不同变速箱类型和气缸数量车型的箱线图

```
> mtcars$cyl.c<-factor(mtcars$cyl,levels=c(4,6,8),labels=c("4","6","8"))
> mtcars$am,c<-factor(mtcars$am,levels=c(0,1),labels=c("auto","standard"))
> boxplot(mpg~am.c*cyl,c,data=mtcars,varwidth=TRUE,col=c("gold","darkgreen"),
main="MPG Distribution by Auto Type",xlab="Auto Type")
```

结果见图2-38。

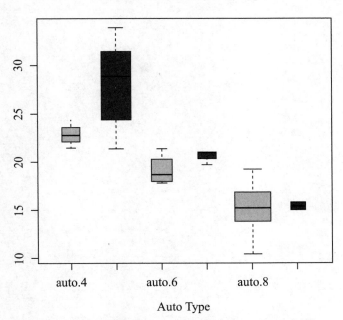

图2-38　不同变速箱类型和气缸数量车型的箱线图

2.4　思考与练习题

1. 表2-6是三个变量的观测值:

表2-6　　三个变量的观测值

x_1	9	2	6	5	8
x_2	12	8	6	4	10
x_3	3	4	0	2	1

求:(1)样本均值向量;(2)样本方差、样本协方差、样本协方差矩阵;(3)样本相关系数、样本相关矩阵。

2. 结合第1题的数据:(1)分别绘制(x_1, x_2)、(x_2, x_3)、(x_1, x_3)的散点图;(2)绘制x_1、x_2和x_3的散点图矩阵。

3. Smarket数据集是ISLR包中的数据集（R自带的），请用R语言展示该数据集的前6项、后6项以及所有变量。

4. state.x77是R自带的数据集，请用R语言对state.x77数据集进行展示和可视化。

5. 请读者自己收集实际问题中的数据，并用R语言对所收集到的数据进行展示及可视化。

第 3 章　线性回归分析

在许多实际问题中,变量之间存在着相互依存的关系。一般,变量之间的关系可以大体上分为两类:一类是确定性关系,即存在确定的函数关系;另一类是非确定性关系,即它们之间有密切关系,但又不能用函数关系式来精确表示,如人的身高与体重的关系、炼钢时钢的含碳量与冶炼时间的关系等。有时即使两个变量之间存在数学上的函数关系,但由于实际问题中的随机因素的影响,变量之间的关系也经常有某种不确定性。为了研究这类变量之间的关系,就需要通过实验或观测来获取数据,用统计方法去寻找它们之间的关系,这种关系反映了变量之间的统计规律。研究这类统计规律的方法之一就是回归分析。

回归分析(regression analysis)方法是多元统计分析的各种方法中应用最广泛的一种。回归分析方法是在众多相关的变量中,根据问题的需要考察其中的一个或几个变量与其余变量的依赖关系。如果只要考察某一个变量(通常称为因变量、响应变量或指标)与其余多变量(通常称为自变量、解释变量或因素)的相互依赖关系,我们称为**多元回归问题**。

在回归分析中,把变量分成两类:一类是因变量或响应变量(dependent variable, response variable),它们通常是实际问题中所关心的指标,用 y 来表示;而影响因变量取值的另一类变量称为自变量或解释变量(independent variable, explanatory variable),用 $x_1, x_2, \cdots, x_p$ 来表示。

在回归分析中,主要研究以下问题:

(1)确定 y 与 $x_1, x_2, \cdots, x_p$ 之间的定量关系表达式,这种表达式称为回归方程;

(2)对所得到的回归方程的可信程度进行检验;

(3)判断自变量 $x_i(i = 1, 2, \cdots, p)$ 对因变量 y 有无显著影响;

(4)利用所求得的(并通过检验的)回归方程进行预测或控制。

3.1　一元线性回归

回归分析的基本思想和方法以及"回归"名词的由来,要归功于英国统计学家Galton(高尔顿)。Galton和他的学生、现代统计学的奠基者之一Pearson(皮尔逊)在研究父母身高与其子女身高的遗传关系时,观察了1078对夫妇,以每对夫妇的平均身高作为 x,而取他们的一个成年儿子的身高作为y，将这些数据画成散点图，发现趋势近似一条直线$\hat{y} = 33.73 + 0.516x$（单位:英寸,1英寸=2.54cm）。这表明:

（1）父母平均身高x每增加一个单位时，其成年儿子的身高y也平均增加0.516个单位。

（2）一群高个子父辈的儿子们的平均身高要低于他们父辈的平均身高。比如,$x = 80$,那么$\hat{y} = 75.01$。

（3）低个子父辈的儿子们虽然仍为低个子,但是平均身高却比他们的父辈增加一些。比如,$x = 60$,那么$\hat{y} = 64.69$。

正是因为子代的身高有回归到父辈平均身高的这种趋势,才使人类的身高在一定时期内相对稳定。这个例子生动地说明了生物学中"种"的稳定性。正是为了描述这种有趣的现象,高尔顿引进了"回归"这个名词来描述父辈身高x与子代身高y的关系。尽管"回归"这个名称有特定的含义,人们在研究大量的问题中的变量x与y之间的关系并不具有这种"回归"的含义,但借用这个名词把研究变量x与y之间的关系的方法称为回归分析,也算是对高尔顿这个伟大的统计学家的一个纪念。

3.1.1 一个例子

例 3.1.1 根据专业知识可知,合金的强度y与合金中的含碳量x（%）有关。为了获得它们之间的关系,从生产中收集了一批数据$(x_i, y_i), i = 1, 2, \cdots, 12$,见表3-1。

表3-1　合金的强度与合金中的含碳量的数据

序号	1	2	3	4	5	6	7	8	9	10	11	12
x	0.10	0.11	0.12	0.13	0.14	0.15	0.16	0.17	0.18	0.20	0.21	0.23
y	42.0	43.5	45.0	45.5	45.0	47.5	49.0	53.0	50.0	55.0	55.0	60.0

为了直观地观察合金的强度y与合金中的含碳量x的关系，作出它们的散点图，见图3-1。

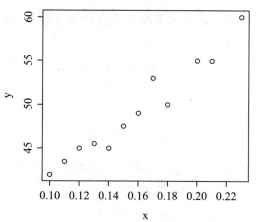

图3-1　合金的强度y与合金中的含碳量x的散点图

从图3-1可以看出,12个点基本上在某一条直线附近,从而可以认为合金的强度y与合金中的含碳量x之间的关系基本上是线性的。

3.1.2 数学模型

假设

$$y = a + bx + \varepsilon \tag{3.1.1}$$

其中x是可控变量(一般变量),y是随机变量,$a+bx$表示y随x的变化而线性变化的部分,ε是随机误差,它是其他一切微小的、不确定因素影响的总和,其值不可观测,通常假设$\varepsilon \sim N(0, \sigma^2)$。函数$f(x) = E(y|x) = a + bx$称为一元线性回归函数,其中$a$为回归常数,$b$称为回归系数,统称为回归参数。称$Xx$为回归自变量(或回归因子),$y$为回归因变量(或响应变量)。

若$(x_1, y_1), (x_2, y_2), \cdots, (x_n, y_n)$是$(x, y)$的一组独立观测值,则一元线性回归模型可以表示为

$$y_i = a + bx_i + \varepsilon_i, \quad \varepsilon_i \sim N(0, \sigma^2), i = 1, 2, \cdots, n. \tag{3.1.2}$$

其中各ε_i相互独立。

3.1.3 回归参数的估计

以下给出回归参数a、b的估计。若$(x_1, y_1), (x_2, y_2), \cdots, (x_n, y_n)$是$(x, y)$的一组独立观测值,根据(3.1.2),$y_i = a + bx_i + \varepsilon_i, \varepsilon_i \sim N(0, \sigma^2)$,各$\varepsilon_i$相互独立。

根据最小二乘原理,估计回归参数a、b应使误差平方和$\sum\limits_{i=1}^{n} \varepsilon_i^2 = \sum\limits_{i=1}^{n} (y_i - a - bx_i)^2$最小,即

$$Q(a, b) = \sum_{i=1}^{n} (y_i - a - bx_i)^2$$

取最小值。

求Q关于a、b的偏导数,并令它们为零,解得b的最小二乘估计为

$$b = \frac{\sum\limits_{i=1}^{n}(x_i - \overline{x})(y_i - \overline{y})}{\sum\limits_{i=1}^{n}(x_i - \overline{x})^2} = \frac{L_{xy}}{L_{xx}}$$

其中$\overline{x} = \frac{1}{n}\sum\limits_{i=1}^{n} x_i, \ \overline{y} = \frac{1}{n}\sum\limits_{i=1}^{n} y_i, L_{xy} = \sum\limits_{i=1}^{n}(x_i - \overline{x})(y_i - \overline{y}), L_{xx} = \sum\limits_{i=1}^{n}(x_i - \overline{x})^2$。

这样b和a的最小二乘估计可以写成

$$\begin{cases} \widehat{b} = \frac{L_{xy}}{L_{xx}} \\ \widehat{a} = \overline{y} - \widehat{b}\overline{x} \end{cases}$$

在得到a和b的最小二乘估计$\hat{a}$、$\hat{b}$后,称方程

$$\hat{y} = \hat{a} + \hat{b}x$$

为一元回归方程(或经验回归方程)。

通常取

$$\hat{\sigma}^2 = \frac{1}{n-2} \sum_{i=1}^{n} (y_i - \hat{a} - \hat{b}x_i)^2$$

为参数σ^2的估计(也称为σ^2的最小二乘估计)。可以证明$\hat{\sigma}^2$是σ^2的无偏估计。

3.1.4 回归方程的显著性检验

前面用最小二乘法给出了回归参数的最小二乘估计,并由此给出了回归方程。但回归方程并没有事先假定y与x一定存在线性关系,如果y与x不存在线性关系,那么得到的回归方程就毫无意义。因此,需要对回归方程进行检验。

所谓对一元回归方程进行检验,就等价于检验

$$H_0 : b = 0, H_1 : b \neq 0$$

关于以上检验问题的方法,常用的有F检验法、t检验法和相关系数检验法。可以证明,F检验法、t检验法和相关系数检验法本质上都是相同的。

以下首先介绍t检验法,其次介绍平方和的分解,然后介绍F检验法,再然后介绍判定系数(或决定系数),最后介绍估计标准误差。

(1)t检验法

可以证明 $t = \dfrac{\hat{b}}{\hat{\sigma}} \sqrt{L_{xx}} \sim t(n-2)$。

对于给定的显著性水平α,拒绝域为 $W = \{|t| > t_{\frac{\alpha}{2}}(n-2)\}$。这种检验法称为$t$检验法。

在使用有关软件计算时,软件并不计算相应的拒绝域,而是计算相应分布的p值。p值本质上是犯第一类错误的概率,即拒绝原假设而原假设为真的概率。因此,给一个指定的α值(通常$\alpha = 0.05$),当p值$< \alpha$时,就拒绝原假设;否则,接受原假设。

(2)平方和的分解

为了寻找检验H_0的方法,将x对y的线性影响与随机波动引起的变差分开。对一个具体的观察值来说,变差的大小可以用实际观察值与其均值$\overline{y}$之差$y - \overline{y}$来表示,而n次观察值的总变差可由这些离差的平方和来表示。$SS_T = \sum\limits_{i=1}^{n} (y_i - \overline{y})^2$,称它为观察值$y_1, y_2, \cdots, y_n$的**离差平方和**或**总平方和**(total sum of squares)。

SS_T反映了观察值$y_i (i = 1, 2, \cdots, n)$总的分散程度,对$SS_T$进行分解,得到

$$
\begin{aligned}
SS_T &= \sum_{i=1}^{n} (y_i - \overline{y})^2 \\
&= \sum_{i=1}^{n} [(\hat{y_i} - \overline{y}) + (y_i - \hat{y_i})]^2
\end{aligned}
$$

$$= \sum_{i=1}^{n}(\widehat{y_i}-\overline{y})^2 + \sum_{i=1}^{n}(y_i-\widehat{y_i})^2 + 2\sum_{i=1}^{n}(\widehat{y_i}-\overline{y})(y_i-\widehat{y_i})$$

其中$\widehat{y_i}=\widehat{a}+\widehat{b}x_i$。

可以证明，$\sum\limits_{i=1}^{n}(\widehat{y_i}-\overline{y})(y_i-\widehat{y_i})=0$，由此得

$$SS_T = \sum_{i=1}^{n}(\widehat{y_i}-\overline{y})^2 + \sum_{i=1}^{n}(y_i-\widehat{y_i})^2 = SS_R + SS_E$$

其中 $SS_R = \sum\limits_{i=1}^{n}(\widehat{y_i}-\overline{y})^2, SS_E = \sum\limits_{i=1}^{n}(y_i-\widehat{y_i})^2$。

SS_R叫作**回归平方和**（regression sum of squares），由于 $\frac{1}{n}\sum\limits_{i=1}^{n}\widehat{y_i} = \frac{1}{n}\sum\limits_{i=1}^{n}(\widehat{a}+\widehat{b}x_i) = \widehat{a}+\widehat{b}\overline{x}=\overline{y}$ 所以SS_R是回归值$\widehat{y_i}$的离差平方和，它反映了 $y_i(i=1,2,\cdots n)$的分散程度，这种分散程度是由于Y与 X之间线性关系引起的。SS_E叫作**残差平方和**（residual sum of squares），它反映了 y_i与回归值$\widehat{y_i}$的偏离程度，它是X对Y的线性影响之外的其余因素产生的误差。

（3）F检验法

H_0成立时，可以证明

$$F = \frac{SS_R}{SS_E/(n-2)} \sim F(1,n-2)$$

对于给定的显著性水平α，拒绝域为 $W=\{F>F_\alpha(1,n-2)\}$。对于F检验统计量的p值，如果$p<\alpha$，则拒绝H_0，表明两个变量之间的线性关系显著。这种检验法称为**F检验法**。

（4）判定系数（或决定系数）

回归平方和SS_R占总平方和（或离差平方和）SS_T的比例称为**判定系数**（coefficient of determination），也称**决定系数**，记作R^2，其计算公式为：

$$R^2 = \frac{SS_R}{SS_T} = \frac{\sum\limits_{i=1}^{n}(\widehat{y_i}-\overline{y})^2}{\sum\limits_{i=1}^{n}(y_i-\overline{y})^2}$$

在一元线性回归中，判定系数（或决定系数）是相关系数的平方根。判定系数（或决定系数）R^2可以用于检验回归直线对数据的拟合程度。如果所有观测点都落在回归直线上，则残差平方和$SS_E=0$，此时$SS_T=SS_R$，于是$R^2=1$，拟合是完全的；如果y的变化与 x无关，此时$\widehat{y_i}=\overline{y}$，则$R^2=0$，可见$R^2\in[0,1]$。$R^2$越接近1，回归直线的拟合程度越好；$R^2$越接近0，回归直线的拟合程度越差。

在R软件中，用Multiple R-squared表示判定系数（或决定系数），具体见后面的例3.1.2。

（5）估计标准误差

估计标准误差（standard error of estimate）是残差平方和 SS_E 的均方根，即残差的标准差，用 s_e 来表示，其计算公式为

$$s_e = \sqrt{\frac{SS_E}{n-p-1}} = \sqrt{\frac{\sum\limits_{i=1}^{n}(y_i-\widehat{y_i})^2}{n-p-1}}$$

其中，p 为自变量的个数，在一元线性回归中，$n-p-1=n-2$。

s_e 反映了用回归方程预测因变量时产生的预测误差的大小，因此它从另一个角度说明了回归直线的拟合程度。

在R软件中，用Residual standard error表示（剩余）标准误差，具体见后面的例3.1.2。

例 3.1.2（续例 3.1.1）　从图3-1可以看出，12个点基本上在一条直线附近，从而可以认为合金的强度 y 与合金中的含碳量 x 之间的关系基本上是线性的。（1）求例 3.1.1中合金的强度与合金中的含碳量的回归方程，并对相应的回归方程进行检验；（2）画合金强度与合金含碳量的散点图以及回归直线。

（1）应用R软件中的函数lm()可以方便地求出回归参数，并对相应的回归方程进行检验。代码如下：

```
x<-c(0.10, 0.11, 0.12, 0.13, 0.14, 0.15, 0.16, 0.17, 0.18, 0.20, 0.21, 0.23)
y<-c(42.0, 43.5, 45.0, 45.5, 45.0, 47.5, 49.0, 53.0, 50.0, 55.0, 55.0, 60.0)
lm.sol<-lm(y~1+x)
summary(lm.sol)
```

以上代码的说明：第1行是输入自变量 x 的数据，第2行是输入因变量 y 的数据（如果前面已输入 x 和 y 的数据，第1行和第2行可以省略），第3行中的函数lm()表示做线性回归，其模型是 $y \sim 1+x$，它表示 $y = a + bx + \varepsilon$，第4行中的函数summary()是提取模型的计算结果。

运行以上代码的结果为

```
Call:
lm(formula = y ~ 1 + x)
Residuals:
    Min      1Q  Median      3Q     Max
-2.0431 -0.7056  0.1694  0.6633  2.2653
Coefficients:
               Estimate  Std.Error t value  Pr(>|t|)
(Intercept)    28.493      1.580    18.04   5.88e-09 ***
x             130.835      9.683    13.51   9.50e-08 ***
---
Signif. codes:  0 '***' 0.001 '**' 0.01 '*' 0.05 '.' 0.1' ' 1
Residual standard error: 1.319 on 10 degrees of freedom
```

```
Multiple R-squared: 0.9481,   Adjusted R-squared: 0.9429
F-statistic: 182.6 on 1 and 10 DF,  p-value: 9.505e-08
```

对以上计算结果的说明:第一部分(Call)列出了相应的回归模型。第二部分(Residuals)列出了残差的最小值、1/4分位数、中位数、3/4分位数、最大值。第三部分(Coefficients)中,Estimate表示回归参数的估计,即 $\hat{a}\,\hat{b}$;Std.Error表示回归标准差;t value表示t值;$Pr(>|t|)$表示t统计量对应的p值。还有显著性标记,其中***说明极为显著,**说明高度显著,*说明显著,说明不太显著。第四部分中,Residual standard error表示残差的标准差,Multiple R-squared表示判定系数(R^2),Adjusted R-squared 表示修正判定系数,F-statistic表示F统计量的值,其自由度为$(1, 10)$,p-value表示F统计量对应的p值。

从以上计算结果可以看出,用于回归方程检验的F统计量的p值与用于回归系数检验的t统计量的p值均很小(<0.05),因此回归方程与回归系数的检验都是显著的,即回归方程和回归系数都通过了检验。得到的回归方程为

$$\hat{y} = 28.493 + 130.835x$$

(2)画合金强度与合金含碳量的散点图以及回归直线。

代码如下:

```
> plot(x,y)
> abline(lm.sol)
```

运行结果见图3-2。

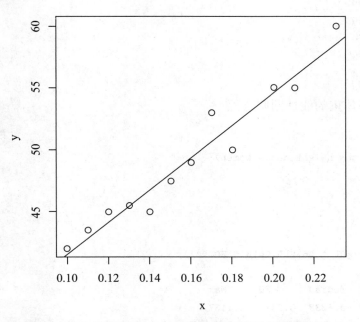

图3-2 合金强度与合金含碳量的散点图以及回归直线

从图3-2可以看出,12个数据点在回归直线附近。

3.1.5 women数据集的回归分析

women数据集（R自带数据集）提供了15个年龄在30～39岁之间女性的身高和体重的信息。（1）查看women数据集（身高和体重）的信息；（2）求身高和体重的线性回归方程；（3）画身高和体重的散点图以及回归直线。

（1）查看women数据集（身高和体重）的信息

代码如下

```
> women
```

结果如下

```
   height weight
1      58    115
2      59    117
3      60    120
4      61    123
5      62    126
6      63    129
7      64    132
8      65    135
9      66    139
10     67    142
11     68    146
12     69    150
13     70    154
14     71    159
15     72    164
```

（2）身高和体重的线性回归方程

代码如下

```
> fit<-lm(weight ~ height,data= women)
> summary(fit)
```

结果如下

```
Call:
lm(formula = weight ~ height,data = women)
Residuals:
    Min      1Q  Median      3Q     Max
-1.7333 -1.1333 -0.3833  0.7417  3.1167
Coefficients:
            Estimate Std. Error t value Pr(>|t|)
(Intercept) -87.51667    5.93694  -14.74 1.71e-09 ***
```

```
height       3.45000     0.09114   37.85 1.09e-14 ***
---
```

Signif. codes: 0 ' *** ' 0.001 ' ** ' 0.01 ' * ' 0.05 '.' 0.1 ' ' 1

```
Residual standard error: 1.525 on 13 degrees of freedom
Multiple R-squared:  0.991,    Adjusted R-squared:  0.9903
F-statistic:  1433 on 1 and 13 DF, p-value: 1.091e-14
```

从以上计算结果可以看出,回归方程与回归系数的检验都是显著的,即回归方程和回归系数都通过了检验。由此得到的回归方程为

$$\widehat{weight} = -87.51667 + 3.45 height.$$

（3）画身高和体重的散点图以及回归直线

代码如下

```
> plot(women$height,women$weight)
> abline(fit)
```

运行结果见图3-3。

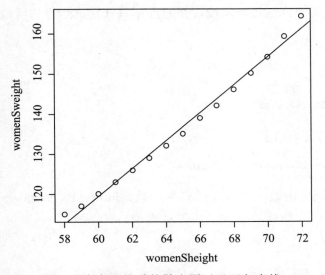

图3-3 身高和体重的散点图以及回归直线

从图3-3可以看出,15个数据点在回归直线附近。

3.1.6 预测

经过检验后,如果回归效果显著,就可以利用回归方程进行预测。所谓预测,就是对给定的回归自变量的值,预测对应的回归因变量的所有可能取值范围。因此,这是一个区间估计问题。

对给定的回归自变量 x 的值 $x = x_0$, 记回归值为 $\widehat{y_0} = \widehat{a} + \widehat{b}x_0$, 则 $\widehat{y_0}$ 为因变量 y 在 $x = x_0$ 处的观测值, 即 $y_0 = a + bx_0 + \varepsilon_0$ 的估计。

现在考虑在置信水平为 $1 - \alpha$ 下, y_0 的预测区间和 $E(y_0)$ 的置信区间。

可以证明, 在置信水平为 $1 - \alpha$ 下 y_0 的预测区间为

$$\left(\widehat{y_0} - t_{\frac{\alpha}{2}}(n-2) \cdot \widehat{\sigma} \sqrt{1 + \frac{1}{n} + \frac{(x_0 - \overline{x})^2}{L_{xx}}}, \ \widehat{y_0} + t_{\frac{\alpha}{2}}(n-2) \cdot \widehat{\sigma} \sqrt{1 + \frac{1}{n} + \frac{(x_0 - \overline{x})^2}{L_{xx}}} \right)$$

$E(y_0)$ 的置信区间为

$$\left(\widehat{y_0} - t_{\frac{\alpha}{2}}(n-2) \cdot \widehat{\sigma} \sqrt{\frac{1}{n} + \frac{(x_0 - \overline{x})^2}{L_{xx}}}, \ \widehat{y_0} + t_{\frac{\alpha}{2}}(n-2) \cdot \widehat{\sigma} \sqrt{\frac{1}{n} + \frac{(x_0 - \overline{x})^2}{L_{xx}}} \right)$$

例 3.1.3 在例 3.1.1 中, 设 $x_0 = 0.16$, 求 y_0 的估计 $\widehat{y_0}$、y_0 的预测区间和 $E(y_0)$ 的置信区间(取置信水平为 0.95)。

应用 R 软件中的函数 predict() 可以方便地求出 y_0 的估计 $\widehat{y_0}$、y_0 的预测区间和 $E(y_0)$ 的置信区间。代码如下:

```
>new<-data.frame(x=0.16)
>predict(lm.sol,new,interval='prediction',level=0.95)
```

说明: 上述代码中, 第 1 行表示输入新的点 $x_0 = 0.16$, 第 2 行的函数 predict() 是计算估计 $\widehat{y_0}$ 和 y_0 的预测区间。

运行结果为

```
fit        lwr       upr
1 49.42639 46.36621  52.48657
```

继续写相应的代码如下:

```
>predict(lm.sol,new,interval='confidence')
```

说明: 上述代码的函数 predict() 中, 选取参数为 interval='confidence', 所以给出 $E(y_0)$ 的置信区间。

运行结果为

```
fit        lwr       upr
1 49.42639 48.57695  50.27584
```

3.2 多元线性回归

在实际问题中, 如果与因变量 y 有关联性的自变量不止一个, 假设有 p 个。此时无法借助图形来确定模型, 这里仅讨论一种简单又普遍的模型——多元线性回归模型。

3.2.1 多元线性回归模型

设变量y与变量$x_1, x_2, \cdots, x_p$之间有线性关系

$$y = b_0 + b_1x_1 + \cdots + b_px_p + \varepsilon, \ \varepsilon \sim N(0, \sigma^2) \tag{3.2.1}$$

其中$b_0, b_1, \cdots, b_p(p \geqslant 2)$和$\sigma^2$为未知参数。

若$(x_{i1}, x_{i2}, \cdots, x_{ip}, y_i)$、$(i = 1, 2, \cdots, n)$是$(x_1, x_2 \cdots, x_p, y)$的一组$n(n > p+1)$次独立观测值,则多元线性回归模型可以表示为

$$y_i = b_0 + b_1x_{i1} + \cdots + b_px_{ip} + \varepsilon_i, \varepsilon_i \sim N(0, \sigma^2), i = 1, 2, \cdots, n \tag{3.2.2}$$

其中各ε_i相互独立。

以下用矩阵的形式来描述多元线性回归模型。

记

$$\boldsymbol{X} = \begin{pmatrix} 1 & x_{11} & \cdots & x_{1p} \\ 1 & x_{21} & \cdots & x_{2p} \\ \vdots & \vdots & & \vdots \\ 1 & x_{n1} & \cdots & x_{np} \end{pmatrix}, \boldsymbol{Y} = \begin{pmatrix} y_1 \\ y_2 \\ \vdots \\ y_n \end{pmatrix}, \boldsymbol{b} = \begin{pmatrix} b_0 \\ b_1 \\ \vdots \\ b_p \end{pmatrix}, \boldsymbol{\varepsilon} = \begin{pmatrix} \varepsilon_1 \\ \varepsilon_2 \\ \vdots \\ \varepsilon_n \end{pmatrix}$$

(3.2.2)可以表示为

$$\boldsymbol{Y} = \boldsymbol{X}\boldsymbol{b} + \boldsymbol{\varepsilon}$$

其中$\boldsymbol{Y}$为由因变量(响应变量)构成的n维向量,$\boldsymbol{X}$为$n \times (p+1)$的矩阵,$\boldsymbol{b}$为$p+1$维向量,$\boldsymbol{\varepsilon}$为n维误差向量,且$\boldsymbol{\varepsilon} \sim N(0, \sigma^2\boldsymbol{I}_n)$,$\boldsymbol{I}_n$是$n$阶单位矩阵。

3.2.2 回归参数的估计

与一元线性回归模型类似,求参数b的估计$\hat{b}$就是最小二乘问题

$$Q(b) = \sum_{i=1}^{n} \boldsymbol{\varepsilon}^2 = (\boldsymbol{Y} - \boldsymbol{X}b)^{\mathrm{T}}(\boldsymbol{Y} - \boldsymbol{X}b)$$

的最小值点$\hat{b}$。

可以证明b的最小二乘估计为

$$\hat{b} = (\boldsymbol{X}^{\mathrm{T}}\boldsymbol{X})^{-1}\boldsymbol{X}^{\mathrm{T}}\boldsymbol{Y} \tag{3.2.3}$$

从而得经验回归方程为

$$\hat{Y} = \boldsymbol{X}\hat{b} = \hat{b}_0 + \hat{b}_1\boldsymbol{X}_1 + \cdots + \hat{b}_p\boldsymbol{X}_p$$

称$\hat{\boldsymbol{\varepsilon}} = \boldsymbol{Y} - \boldsymbol{X}\hat{b}$为残差向量。取

$$\hat{\sigma}^2 = \frac{\hat{\boldsymbol{\varepsilon}}^{\mathrm{T}}\hat{\boldsymbol{\varepsilon}}}{n - p - 1}$$

为σ^2的估计,也称为σ^2的最小二乘估计。可以证明:

(1)$\hat{\sigma}^2$是σ^2的无偏估计。

(2)协方差矩阵为$Var(b) = \sigma^2(\boldsymbol{X}^{\mathrm{T}}\boldsymbol{X})^{-1}$。

b的各分量的标准差为$\sqrt{Var(b_i)} = \widehat{\sigma}\sqrt{c_{ii}}, i = 1, 2, \cdots, p.$其中$c_{ii}$为$\boldsymbol{C} = (\boldsymbol{X}^\mathrm{T}\boldsymbol{X})^{-1}$对角线上的第$i$个元素。

3.2.3 回归方程的显著性检验

由于多元线性回归中无法借助图形帮助判断,所以$E(y)$是否随$x_1, x_2, \cdots, x_p$做线性变化,因此显著性检验就显得尤为重要。检验有两种:一种是回归系数的显著性检验,主要是检验某个变量x_i的系数是否为0;另一种是检验回归方程的显著性检验,简单地说,就是检验该组数据是否可以用于线性方程做回归。

(1)回归系数的显著性检验

$$H_{i0} : b_i = 0, \ H_{i1} : b_i \neq 0, i = 1, 2, \cdots, p$$

当H_{i0}成立时,可以证明统计量

$$T_i = \frac{b_i}{\widehat{\sigma}\sqrt{c_{ii}}} \sim t(n - p - 1), i = 1, 2, \cdots, p$$

给定显著性水平α,检验的拒绝域为$W = \{|T_i| \geqslant t_{\alpha/2}(n - p - 1)\}$ 对于t检验统计量的p值,如果$p < \alpha$,则拒绝H_{i0},表明变量之间的线性关系显著。

(2)回归方程的显著性检验

$H_0 : b_1 = b_2 = \cdots = b_p = 0, \ H_1 : b_1, b_2, \cdots, b_p$不全为0。

可以证明,当H_0成立时,统计量

$$F = \frac{SS_R/p}{SS_E/(n - p - 1)} \sim F(p, n - p - 1)$$

其中$SS_R = \sum\limits_{i=1}^{n}(\widehat{y_i} - \overline{y})^2, SS_E = \sum\limits_{i=1}^{n}(y_i - \widehat{y_i})^2, \overline{y} = \frac{1}{n}\sum\limits_{i=1}^{n}y_i, \widehat{y_i} = \widehat{b_0} + \widehat{b_1}x_{i1} + \cdots + \widehat{b_p}x_{ip}$。与一元回归模型类似,$SS_R$称为回归平方和,$SS_E$称为残差平方和。

给定显著性水平α,检验的拒绝域为$W = \{F > F_{\alpha/2}(p, n - p - 1)\}$。与一元回归模型类似,在软件中,通常用$p$值来判别是否拒绝原假设。对于$F$检验统计量的$p$值,如果$p < \alpha$,则拒绝$H_0$,表明变量之间的线性关系显著。

与一元回归模型类似,用判定系数 $R^2 = \dfrac{SS_R}{SS_T}$(或修正判定系数)来衡量 y与$x_1, x_2,$ $\cdots, x_p$之间相关的密切程度,其中 $SS_T = SS_R + SS_E = \sum\limits_{i=1}^{n}(y_i - \overline{y})^2$称为总离差平方和。

3.2.4 血压、体重和年龄数据的回归分析

根据经验,在人的身高相同的情况下,血压的收缩压y与体重x_1(kg)、年龄x_2(岁)有关。现收集了13个男子的数据,见表3-2。(1)建立y与x_1、x_2的线性回归方程;(2)当$x_1 = 75$、$x_2 = 61$时,预测血压的收缩压y;(3)当$x_1 = 75$、$x_2 = 81$时,预测血压的收缩压y。

表3-2 收缩压、体重和年龄的数据

序号	1	2	3	4	5	6	7	8	9	10	11	12	13
x_1	76.0	91.5	85.5	82.5	79.0	80.5	74.5	79.5	85.0	76.5	82.0	95.0	92.5
x_2	50	20	20	30	30	50	60	50	40	55	40	40	20
y	120	141	124	126	117	125	123	125	132	123	132	155	147

（1）应用R软件中的函数lm()估计回归参数并对回归方程进行检验，用函数summary()提取有关信息。代码如下：

```
blood<-data.frame(
x1=c(76.0, 91.5, 85.5, 82.5, 79.0, 80.5, 74.5, 79.5, 85.0, 76.5, 82.0, 95.0,
    92.5),
x2=c(50, 20, 20, 30, 30, 50, 60, 50, 40, 55, 40, 40, 20),
y=c(120, 141, 124, 126, 117, 125, 123, 125, 132, 123, 132, 155, 147)
)
lm.sol<-lm(y~x1+x2,data=blood)
summary(lm.sol)
```

运行结果如下：

```
Call:
lm(formula = y ~ x1 + x2,data = blood)
Residuals:
    Min    1Q Median     3Q     Max
-3.8984 -1.7638  0.4532  0.7204  4.3187
Coefficients:
             Estimate  Std.Error  t value  Pr(>|t|)
(Intercept) -62.65381   17.28098   -3.626  0.004646 **
x1            2.13456    0.17834   11.969  2.99e-07 ***
x2            0.39440    0.08433    4.677  0.000871 ***
---
Signif. codes:  0 '***' 0.001 '**' 0.01 '*' 0.05 '.' 0.1 ' ' 1
Residual standard error: 2.902 on 10 degrees of freedom
Multiple R-squared: 0.9443,    Adjusted R-squared: 0.9332
F-statistic: 84.78 on 2 and 10 DF,  p-value: 5.357e-07
```

从以上计算结果可以得到，回归系数和回归方程的检验都通过了检验。回归方程为

$$\widehat{y} = -62.65381 + 2.13456x_1 + 0.39440x_2$$

（2）根据（1）中得到的回归方程，当$x_1 = 75$、$x_2 = 61$时，预测血压的收缩压为

$$\widehat{y} = -62.65381 + 2.13456 \times 75 + 0.39440 \times 61 = 121.4921$$

（3）根据（1）中得到的回归方程，当$x_1 = 75$、$x_2 = 81$时，预测血压的收缩压为

$$\widehat{y} = -62.65381 + 2.13456 \times 75 + 0.39440 \times 81 = 129.3801$$

3.2.5 预测

当多元线性回归方程经过检验通过以后,并且每一个系数都是显著时,可用此方程做预测。

给定 $\boldsymbol{X} = x_0 = (x_{01}, x_{02}, \cdots, x_{0p})^{\mathrm{T}}$,将其代入回归方程得到

$$y_0 = b_0 + b_1 x_{01} + \cdots + b_p x_{0p} + \varepsilon_0$$

的估计为

$$\widehat{y_0} = \widehat{b_0} + \widehat{b_1} x_{01} + \cdots + \widehat{b_p} x_{0p}$$

现在考虑在置信水平为 $1-\alpha$ 下, y_0 的预测区间和 $E(y_0)$ 的置信区间。

可以证明,在置信水平为 $1-\alpha$ 下 y_0 的预测区间为

$$\left(\widehat{y_0} - t_{\frac{\alpha}{2}}(n-p-1) \cdot \widehat{\sigma} \sqrt{1 + \widetilde{x_0}^{\mathrm{T}} (\boldsymbol{X}^{\mathrm{T}} \boldsymbol{X})^{-1} \widetilde{x_0}}, \right.$$

$$\left. \widehat{y_0} + t_{\frac{\alpha}{2}}(n-p-1) \cdot \widehat{\sigma} \sqrt{1 + \widetilde{x_0}^{\mathrm{T}} (\boldsymbol{X}^{\mathrm{T}} \boldsymbol{X})^{-1} \widetilde{x_0}} \right.$$

其中 $\boldsymbol{X}$ 为设计矩阵, $\widetilde{x_0} = (1, x_{01}, x_{02}, \cdots, x_{0p})^{\mathrm{T}}$。

$E(y_0)$ 的置信区间为

$$\left(\widehat{y_0} - t_{\frac{\alpha}{2}}(n-p-1) \cdot \widehat{\sigma} \sqrt{\widetilde{x_0}^{\mathrm{T}} (\boldsymbol{X}^{\mathrm{T}} \boldsymbol{X})^{-1} \widetilde{x_0}}, \ \widehat{y_0} + t_{\frac{\alpha}{2}}(n-p-1) \cdot \widehat{\sigma} \sqrt{\widetilde{x_0}^{\mathrm{T}} (\boldsymbol{X}^{\mathrm{T}} \boldsymbol{X})^{-1} \widetilde{x_0}} \right)$$

例3.2.1 在前面我们曾讨论了血压、体重和年龄的回归分析问题。在该问题中,设 $\boldsymbol{X} = x_0 = (80, 40)^{\mathrm{T}}$,求 y_0 的估计 $\widehat{y_0}$、 y_0 的预测区间和 $E(y_0)$ 的置信区间(取置信水平为0.95)。

下面是相应的代码和计算结果。

```
>new<- data.frame(X1=80, X2=40)
>predict(lm.sol, new, interval='prediction')
        fit     lwr       upr
1   123.9699  117.2889  130.6509
>predict(lm.sol, new, interval='confidence')
        fit     lwr       upr
1   123.9699  121.9183  126.0215
```

对线性模型问题,有时作图可以更清楚地看出相应的情况,帮助理解回归方程的意义以及回归方程的合理性。下面用一个例子说明如何用R软件来完成回归模型的作图工作。

例3.2.2 在例3.1.2中,计算自变量x在[0.10, 0.23]内回归方程的预测估计值、预测区间和置信区间(取 $\alpha = 0.05$),并将数据点、预测估计曲线、预测区间和置信区间曲线画在一个图上。代码如下:

```
x<-c(0.10,0.11,0.12,0.13,0.14,0.15,0.16,0.17,0.18,0.20,0.21,0.23)
y<-c(42.0,43.5,45.0,45.5,45.0,47.5,49.0,53.0,50.0,55.0,55.0,60.0)
```

```
lm.sol<-lm(y~1+x)
new<- data.frame(x=seq(0.10,0.24,by=0.01))
pp<-predict(lm.sol,new,interval=' prediction ')
pc<-predict(lm.sol,new,interval=' confidence ')
matplot(new$x,cbind(pp,pc[,-1]),type=' l ',
        xlab=' x ',ylab=' y ',lty=c(1,5,5,2,2),
        col=c(' blue ',' red ',' red ',' brown ',' brown '),
        lwd=2)
points(x,y,cex=1.4,pch=21,col=' red ',bg=' orange ')
legend(0.1,63,
        c(' Points ',' Fitted ',' Prediction ',' Confidence '),
        pch=c(19,NA,NA,NA),lty=c(NA,1,5,2),
        col=c(' orange ',' blue ',' red ',' brown '))
```

运行结果见图3-4。

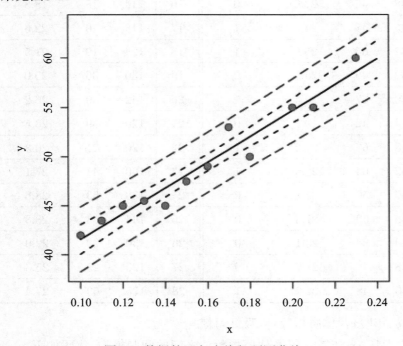

图3-4 数据的回归直线与预测曲线

以上代码的说明：x、y是对应变量 x、y 的输入值，用向量表示；lm.sol保存用lm得到的对象；new 是需要预测的数据，其值为0.10 ~0.24，其间隔为 0.01，用数据框的形式表示；pp是预测值，由于 interval='prediction'，所以它还包括预测的区间值，因此pp共有三列，第1列为预测值，第2列为预测区间的左端点，第3列为预测区间的右端点；pc与pp的形式与意义相同，只不过它是置信区间，因为参数是interval='confidence'。matplot是矩阵绘图命令，其使用方法与plot类似；points是低级绘图命令，它的目的是在图上加点；legend是在图上加标记。

3.2.6 血压、年龄以及体质指数问题

世界卫生组织推荐的"体质指数"（Body Mass Index,BMI）定义为 $BMI=\dfrac{W}{H^2}$，其中 W 表示体重（单位：kg），H 表示身高（单位：m）。显然它比体重本身更能反映人的胖瘦。对28个人测量他们的血压（收缩压）和体质指数，如表3-3所示。（1）请建立血压与年龄以及体质指数之间的模型，并做回归分析。（2）如果还有他们的吸烟习惯的记录，如表3-3所示（其中0表示不吸烟，1表示吸烟），怎样在模型中考虑这个因素？（3）请对50岁且体质指数为25的吸烟者和不吸烟者的血压进行预测，吸烟会使血压升高吗？

表3-3 血压、年龄、体质指数和吸烟习惯的数据

序号	血压	年龄	体质指数	吸烟习惯	序号	血压	年龄	体质指数	吸烟习惯
1	144	39	24.2	0	15	135	45	27.4	0
2	138	45	22.6	0	16	114	18	18.8	0
3	145	47	24.0	1	17	116	20	22.6	0
4	162	65	25.9	1	18	124	19	21.5	0
5	142	46	25.1	0	19	136	36	25.0	0
6	170	67	29.5	1	20	142	50	26.2	1
7	124	42	19.7	0	21	120	39	23.5	0
8	158	67	27.2	1	22	120	21	20.3	0
9	162	64	28.0	1	23	160	44	27.1	1
10	150	56	25.8	0	24	158	53	28.6	1
11	140	59	27.3	0	25	144	63	28.3	1
12	110	34	20.1	0	26	130	29	22.0	1
13	128	42	21.7	0	27	125	25	25.3	0
14	130	48	22.2	1	28	175	69	27.4	1

记血压 y、年龄 x_1、体质指数 x_2、吸烟习惯 x_3。

（1）建立血压 y 与年龄 x_1 以及体质指数 x_2 之间的回归模型，代码如下：

```
blutdruck<-data.frame(
x1=c(39,45,47,65,46,67,42,67,56,56,59,34,42,48,45,18,20,19,36,50,39,21,44,
    53,63,29,25,69),
x2=c(24.2,22.6,24,25.9,25.1,29.5,19.7,27.2,28,25.8,27.3,20.1,21.7,22.2,
    27.4,18.8,22.6,21.5,25,26.2,23.5,20.3,27.1,28.6,28.3,22,25.3,27.4),
y=c(144,138,145,162,142,170,124,158,162,150,140,110,128,130,135,114,116,
    124,136,142,120,120,160,158,144,130,125,175))
lm.blutdruck<-lm(y~x1+x2,data= blutdruck)
summary(lm.blutdruck)
```

运行结果如下：

```
Call:
lm(formula = y ~ x1 + x2,data = blutdruck)

Residuals:
    Min      1Q   Median      3Q      Max
-15.7608  -4.9502   0.5419   5.7418  14.2138

Coefficients:
            Estimate Std. Error t value Pr(>|t|)
(Intercept) 49.5295    15.8230   3.130  0.00441 **
x1           0.5661     0.1635   3.462  0.00194 **
x2           2.6348     0.8337   3.160  0.00409 **
---
Signif. codes:  0 '***' 0.001 '**' 0.01 '*' 0.05 '.' 0.1 ' ' 1
Residual standard error: 8.579 on 25 degrees of freedom
Multiple R-squared:  0.7802,    Adjusted R-squared:  0.7627
F-statistic: 44.38 on 2 and 25 DF,  p-value: 5.949e-09
```

从以上计算结果可以得到，回归系数和回归方程的检验都通过了检验。回归方程为

$$\hat{y} = 49.5295 + 0.5661x_1 + 2.6348x_2$$

（2）建立血压y与年龄x_1、体质指数x_2、吸烟习惯x_3之间的回归模型，代码如下：

```
blutdruck<-data.frame(
x1=c(39, 45,47,65,46,67,42,67,56, 56,59,34,42,48,45,18,20,19,36,50,39,21,44,
    53,63,29,25,69),
x2=c(24.2, 22.6,24,25.9,25.1,29.5,19.7,27.2, 28,25.8,27.3,20.1,21.7,22.2,
    27.4,18.8,22.6,21.5,25,26.2,23.5,20.3,27.1,28.6,28.3,22,25.3,27.4),
x3=c(0, 0,1,1,0,1,0,1, 1,0,0,0,0,1,0,0,0,0,0,1,0,0,1,1,0,1,0,1),
y=c(144,138,145,162,142,170,124,158,162,150,140,110,128,130,135,114,116,
    124,136,142,120,120,160,158,144,130,125,175))
lm.blutdruck<-lm(y~x1+x2+x3,data= blutdruck)
summary(lm.blutdruck)
```

运行结果如下：

```
Call:
lm(formula = y ~ x1 + x2 + x3,data = blutdruck)
Residuals:
    Min     1Q  Median     3Q     Max
-11.671  -4.947   1.042   4.831  11.954
Coefficients:
            Estimate Std. Error t value Pr(>|t|)
```

```
(Intercept)   57.5368      13.7993     4.170 0.000343 ***
x1             0.4246       0.1471     2.886 0.008121 **
x2             2.3955       0.7187     3.333 0.002779 **
x3            10.5720       3.3408     3.164 0.004185 **
---
Signif. codes:  0 '***' 0.001 '**' 0.01 '*' 0.05 '.' 0.1 ' ' 1
Residual standard error: 7.355 on 24 degrees of freedom
Multiple R-squared:  0.8449,    Adjusted R-squared:  0.8256
F-statistic: 43.59 on 3 and 24 DF,  p-value: 7.209e-10
```

从以上计算结果可以得到,回归系数和回归方程的检验都通过了检验。回归方程为

$$\widehat{y} = 57.5368 + 0.4246x_1 + 2.3955x_2 + 10.5720x_3$$

(3)根据(2)中得到的回归方程,当$x_1 = 50$、$x_2 = 25$、$x_3 = 1$时,预测血压为

$$\widehat{y} = 57.5368 + 0.4246 \times 50 + 2.3955 \times 25 + 10.5720 \times 1 = 149.2263$$

根据(2)中得到的回归方程,当$x_1 = 50$、$x_2 = 25$、$x_3 = 0$时,预测血压为

$$\widehat{y} = 57.5368 + 0.4246 \times 50 + 2.3955 \times 25 + 10.5720 \times 0 = 138.6543$$

从以上两种情况可以看出,在$x_1 = 50$、$x_2 = 25$时,一个吸烟者(即 $x_3 = 1$)比不吸烟者(即 $x_3 = 0$)的血压高出10.5720。

世界前八位致死疾病中有六种疾病(缺血性心脏病、脑血管病、下呼吸道感染、慢性阻塞性肺疾病、结核和肺癌)与吸烟有关,所以号召"戒烟"是很有道理的。

3.3　思考与练习题

1. 合金强度 y 与其中的含碳量x(%) 有密切关系,从生产中收集了一批数据见表3-3。(1)画出y 与x的散点图;(2)求y 与x回归方程;(3)对回归系数进行检验。

表3-3　合金的强度与合金中的含碳量的数据

序号	1	2	3	4	5	6	7	8	9	10	11	12
x	0.10	0.11	0.12	0.13	0.14	0.15	0.16	0.17	0.18	0.20	0.22	0.24
y	41.0	42.5	45.0	45.5	45.0	47.5	49.0	51.0	50.0	55.0	57.5	59.5

2. 社会学家认为犯罪与收入低、失业及人口规模有关, 对20个城市的犯罪率y(每10万人中犯罪的人数)与年收入低于5000美元家庭的百分比 x_1、失业率x_2和人口总数x_3(千人)进行调查,结果见表3-4。

表3-4　y与x_1、x_2和x_3的数据

序号	y	x_1	x_2	x_3
1	11.2	16.5	6.2	587
2	13.4	20.5	6.4	643

序号	y	x_1	x_2	x_3
3	40.7	26.3	9.3	635
4	5.3	16.5	5.3	692
5	24.8	19.2	7.3	643
6	12.7	16.5	5.9	643
7	20.9	20.2	6.4	1964
8	35.7	21.3	7.6	1531
9	8.7	17.2	4.9	713
10	9.6	14.3	6.4	749
11	14.5	18.1	6.0	7895
12	26.9	23.1	7.4	762
13	15.7	19.1	5.8	2793
14	36.2	24.7	8.6	741
15	18.1	18.6	6.5	625
16	28.9	24.5	8.3	854
17	14.9	17.9	6.7	716
18	25.8	22.4	8.6	921
19	21.7	20.2	8.4	5.95
20	25.7	16.9	6.7	3353

（1）若在x_1、x_2和x_3中至多只允许选择两个变量，最好的模型是什么？

（2）包括3个自变量的模型比上面的模型好吗？

3. 工薪阶层普遍关心年薪与哪些因素有关，由此可制定自己的奋斗目标。某机构希望估计从业人员的年薪y（万元）与他们的成果（论文、专著等）的指标x_1、从事工作的时间x_2（年）、能成功获得资助的指标x_3之间的关系，为此调查了24位从业人员，得到的数据见表3-5。

表3-5　某类从业人员的指标数据

序号	1	2	3	4	5	6	7	8	9	10	11	12
x_1	3.5	5.3	5.1	5.8	4.2	6.0	6.8	5.5	3.1	7.2	4.5	4.9
x_2	9	20	18	33	31	13	25	30	5	47	25	11
x_3	6.1	6.4	7.4	6.7	7.5	5.9	6.0	4.0	5.8	8.3	5.0	6.4
y	11.1	13.4	12.9	15.6	13.8	12.5	13.0	13.6	10.0	17.6	12.7	10.6

续表

序号	1	2	3	4	5	6	7	8	9	10	11	12
x_1	8.0	6.5	6.6	3.7	6.2	7.0	4.0	4.5	5.9	5.6	4.8	3.9
x_2	23	35	39	21	7	40	35	23	33	27	34	15
x_3	7.6	7.0	5.0	4.4	5.5	7.0	6.0	3.5	4.9	4.3	8.0	5.8
y	14.4	14.7	14.2	11.2	11.4	16.0	12.7	12.0	13.5	12.3	15.1	11.7

（1）分别画出y与各自变量（x_1、x_2和x_3）的散点图；

（2）求y与x_1、x_2、x_3的回归方程，并对回归系数和回归方程进行检验。

4. 汽车销售商认为汽车的销售与汽油价格、贷款利率有关，两种类型汽车（普通型和豪华型）18个月的调查数据见表3-6，其中y_1是普通型汽车的销售量（千辆），y_2是豪华型汽车的销售量（千辆），x_1是汽油价格（元/加仑），x_2是贷款利率（%）。

表3-6　y_1、y_2与x_1、x_2的数据

序号	y_1	y_2	x_1	x_2
1	22.1	7.1	1.89	6.1
2	15.4	5.4	1.94	6.2
3	11.7	7.6	1.95	6.3
4	10.3	2.5	1.82	8.2
5	11.4	2.4	1.85	9.8
6	7.5	1.7	1.78	10.3
7	13.0	4.3	1.76	10.5
8	12.8	3.7	1.76	8.7
9	16.6	3.9	1.75	7.4
10	18.9	7.0	1.74	6.9
11	19.3	6.8	1.70	5.2
12	30.1	10.1	1.70	4.9
13	28.2	9.4	1.68	4.3
14	25.6	7.9	1.60	3.7
15	37.5	14.1	1.61	3.6
16	36.1	14.5	1.64	3.1
17	39.8	14.9	1.67	1.8
18	44.3	15.5	1.68	2.3

（1）对普通型和豪华型汽车分别建立y_1与x_1、x_2，y_2与x_1、x_2的线性模型，并给出回归系数的估计、回归方程和回归系数的检验。

（2）用$x_3 = 0, 1$表示汽车类型，建立y与x_1、x_2、x_3统一模型，并给出回归系数的估计、计算相关检验统计量的值。以$x_3 = 0, 1$代入统一模型，将结果与（1）的两个模型进行比较，解释两者的区别。

5. state.x77是R自带的数据集，请问可否对该数据集进行回归分析？如可以，请对该数据集进行回归分析。

6. mtcars是R自带的数据集，请问可否对该数据集进行回归分析？如可以，请对该数据集进行回归分析。

7. Boston是R自带的数据集，请问可否对该数据集进行回归分析？如可以，请对该数据集进行回归分析。

第4章　逐步回归与回归诊断

在多元线性回归中,一方面,为获得较全面的信息,总希望模型中包含尽可能多的自变量;另一方面,考虑到获取如此多自变量的观测值的实际困难和费用等,则希望回归方程中包含尽可能少的自变量。加之理论上已证明预报值的方差随着自变量个数的增加而增大,且包含较多自变量的模型拟合的计算量大,又不便于利用拟合的模型对实际问题做解释。因此,在实际应用中,希望拟合这样一个模型,它既能较好地反映问题的本质,又包含尽可能少的自变量。这两个方面的一个适当折中就是回归方程的选择问题,其基本思想是在一定的准则下选取对因变量影响较为显著的自变量,建立一个既合理又简单实用的回归模型。逐步回归法就是解决这类问题的一个方法。

在变量的选择——逐步回归法中,是从选择自变量上来研究回归分析,而没有研究异常样本的问题,对异常样本问题的研究方法之一就是回归诊断。

在做回归分析时,通常假设回归方程的残差具有齐性。如果残差不满足齐性(出现异方差),将如何处理呢?此时可通过Box-Cox变换使回归方程的残差满足齐性。

4.1　逐步回归

在对一些实际问题做多元线性回归时常有这样的情况,变量$x_1, x_2, \cdots, x_p$之间常常是线性相关的,则在(3.2.3)式中回归系数的估计中,矩阵$\boldsymbol{X}^{\mathrm{T}}\boldsymbol{X}$的秩小于$p$,$(\boldsymbol{X}^{\mathrm{T}}\boldsymbol{X})^{-1}$就无解。当变量$x_1, x_2, \cdots, x_p$中有任意两个存在较大的相关性时,矩阵$\boldsymbol{X}^{\mathrm{T}}\boldsymbol{X}$处于病态,会给模型带来很大误差。因此在做回归时,应选择变量$x_1, x_2, \cdots, x_p$中的一部分做回归,剔除一些变量。

4.1.1　变量的选择

在实际问题中,影响因变量y的因素有很多,我们只能挑选若干个变量建立回归方程,这就涉及变量的选择问题。

一般来说,如果在一个回归方程中忽略了对因变量y有显著影响的自变量,那么所建立的回归方程必与实际有较大的偏离,但变量选得过多,使用就不方便。

在前面我们讨论一般多元线性回归方程的求法中,细心的读者也许会注意到,在那里不管自变量x_i对因变量y的影响是否显著,均可进入回归方程。特别地,当回归方程中含有对因变量y影响不大的变量时，可能因为SS_E的自由度变小，而使误差的方差增大，就会导致估计的精度变低。另外，在许多实际问题中，往往自变量$x_1, x_2, \cdots, x_p$之间并不是完全独立的，而是有一定的相关性存在的。如果回归模型中有某两个自变量x_i和x_j的相关系数比较大，就可使正规方程组的系数矩阵出现病态，也就是所谓的多重共线性的问题，将导致回归系数的估计值的精度不高。因此，适当地选择变量以建立一个"最优"的回归方程是十分重要的。

那么什么是"最优"的回归方程呢?对这个问题有许多不同的准则，在不同准则下"最优"回归方程也可能不同。这里的"最优"是指从可供选择的所有变量中选出对因变量y有显著影响的自变量建立方程，并且在方程中不含对y无显著影响的自变量。

在上述意义下，可以用多种方法来获得"最优"回归方程，如前进法、后退法、逐步回归法等。其中逐步回归法使用较为普遍。

R软件中提供了较为方便的逐步回归计算函数step()，它是以AIC（Akaike information criterion）信息统计量为准则，通过选择最小的AIC信息统计量来达到删除或增加变量的目的。

4.1.2　Hald 水泥问题的逐步回归

某种水泥在凝固时放出的热量y(K/g)与水泥中的4种化学成分x_1（$3CaO \cdot Al_2O_3$ 含量的百分比）、x_2（$3CaO \cdot SiO_2$含量的百分比）、x_3（$4CaO \cdot Al_2O_3 \cdot Fe_2O_3$含量的百分比）、$x_4$（$2CaO \cdot SiO_2$含量的百分比）有关。现测得13组数据，见表4-1。希望从中选出主要变量，建立y与它们的线性回归方程。

表4-1　Hald 水泥问题的数据

序号	1	2	3	4	5	6	7	8	9	10	11	12	13
x_1	7	1	11	11	7	11	3	1	2	21	1	11	10
x_2	26	29	56	31	52	55	71	31	54	47	40	66	68
x_3	6	15	8	8	6	9	17	22	18	4	23	9	8
x_4	60	52	20	47	33	22	6	44	22	26	34	12	12
y	78.5	74.3	104.3	87.6	95.9	109.2	102.7	72.5	93.1	115.9	83.8	113.3	109.4

本问题的代码如下:

```
cement<-data.frame(
x1=c(7,1,11,11,7,11,3,1,2,21,1,11,10),
x2=c(26,29,56,31,52,55,71,31,54,47,40,66,68),
x3=c(6,15,8,8,6,9,17,22,18,4,23,9,8),
x4=c(60,52,20,47,33,22,6,44,22,26,34,12,12),
y=c(78.5,74.3,104.3,87.6,95.9,109.2,102.7,72.5,93.1,115.9,83.8,
   113.3,109.4)
```

```
)
lm.sol<-lm(y~x1+x2+ x3+x4,data= cement)
summary(lm.sol)
```

运行后结果为：

```
Call:
lm(formula = y ~ x1 + x2 + x3 + x4,data = cement)
Residuals:
     Min        1Q     Median      3Q       Max
 -3.1750   -1.6709    0.2508   1.3783    3.9254
Coefficients:
             Estimate  Std. Error  t value  Pr(>|t|)
(Intercept)  62.4054    70.0710     0.891    0.3991
x1            1.5511     0.7448      2.083    0.0708 .
x2            0.5102     0.7238      0.705    0.5009
x3            0.1019     0.7547      0.135    0.8959
x4           -0.1441     0.7091     -0.203    0.8441
---
Signif. codes:  0 '***' 0.001 '**' 0.01 '*' 0.05 '.' 0.1 ' ' 1
Residual standard error: 2.446 on 8 degrees of freedom
Multiple R-squared: 0.9824,   Adjusted R-squared: 0.9736
F-statistic: 111.5 on 4 and 8 DF, p-value: 4.756e-07
```

从上述计算中可以看出，如果选择全部变量做回归方程，则效果是不好的，因为方程的系数没有一项通过检验（取 $\alpha = 0.05$）。

下面用函数step()做逐步回归，代码如下：

```
lm.step<- step(lm.sol)
```

运行后结果为：

```
Start:  AIC=26.94
y ~ x1 + x2 + x3 + x4
       Df Sum of Sq   RSS     AIC
- x3    1    0.1091  47.973  24.974
- x4    1    0.2470  48.111  25.011
- x2    1    2.9725  50.836  25.728
<none>                47.864  26.944
- x1    1   25.9509  73.815  30.576
Step:  AIC=24.97
y ~ x1 + x2 + x4
       Df Sum of Sq   RSS    AIC
<none>               47.97  24.974
- X4    1     9.93   57.90  25.420
```

```
- X2    1     26.79  74.76 28.742
- X1    1    820.91 868.88 60.629
```

从程序运行的结果可以看到，当用全部变量做回归时，AIC值为26.94。接下来显示的数据告诉我们，如果去掉x_3，则相应的AIC值为24.97；如果去掉x_4，则相应的AIC值为25.01；后面的类推。如果去掉x_3可以使AIC的值达到最小，因此，R软件自动去掉x_3，进行下一轮计算。

下面分析一下计算结果。用函数summary()提取相关信息，代码如下：

```
summary(lm.step)
```

运行后结果为：

```
Call:
lm(formula = y ~ x1 + x2 + x4,data = cement)
Residuals:
    Min     1Q  Median      3Q     Max
-3.0919 -1.8016  0.2562  1.2818  3.8982
Coefficients:
           Estimate Std. Error t value Pr(>|t|)
(Intercept) 71.6483    14.1424   5.066 0.000675 ***
x1           1.4519     0.1170  12.410 5.78e-07 ***
x2           0.4161     0.1856   2.242 0.051687 .
x4          -0.2365     0.1733  -1.365 0.205395
---

Signif. codes:  0 '***' 0.001 '**' 0.01 '*' 0.05 '.' 0.1 ' ' 1

Residual standard error: 2.309 on 9 degrees of freedom
Multiple R-squared: 0.9823,    Adjusted R-squared: 0.9764
F-statistic: 166.8 on 3 and 9 DF, p-value: 3.323e-08
```

从显示结果看到，回归系数检验的显著性水平有很大提高，但变量x_2、x_4系数检验的显著性水平仍然不理想。下面如何处理呢？

在R软件中，还有两个函数可以用来做逐步回归。这两个函数是add1() 和 drop1()。

以下用drop1()进行计算，代码如下：

```
drop1(lm.step)
```

运行后结果为：

```
Single term deletions
Model:
y ~ x1 + x2 + x4
      Df Sum of Sq    RSS    AIC
```

```
<none>             47.97 24.974
x1       1    820.91 868.88 60.629
x2       1     26.79  74.76 28.742
x4       1      9.93  57.90 25.420
```

从以上运行结果来看,如果去掉x_4,则AIC值会从24.97增加到25.42,是增加最少的。另外,除AIC准则外,残差的平方和也是逐步回归的重要指标之一。

从直观来看,拟合越好的方程,残差的平方和也应越小。去掉x_4,残差的平方和上升9.93,也是最少的。因此,从这两项指标来看,应该再去掉x_4,代码如下:

```
lm.opt<-lm(y~ x1 + x2,data= cement); summary(lm.opt)
```

运行后结果为

```
Call:
lm(formula = y ~ x1 + x2,data = cement)
Residuals:
   Min    1Q Median    3Q    Max
-2.893 -1.574 -1.302  1.363  4.048
Coefficients:
            Estimate Std. Error t value Pr(>|t|)
(Intercept) 52.57735    2.28617   23.00 5.46e-10 ***
x1           1.46831    0.12130   12.11 2.69e-07 ***
x2           0.66225    0.04585   14.44 5.03e-08 ***
---

Signif. codes:  0 '***' 0.001 '**' 0.01 '*' 0.05 '.' 0.1 ' ' 1

Residual standard error: 2.406 on 10 degrees of freedom
Multiple R-squared: 0.9787,    Adjusted R-squared: 0.9744
F-statistic: 229.5 on 2 and 10 DF, p-value: 4.407e-09
```

这个结果应该还是满意的,因为所有的检验均是显著的。最后得到"最优"的回归方程为:

$$\widehat{y} = 52.57735 + 1.46831x_1 + 0.66225x_2$$

4.2　回归诊断

4.2.1　什么是回归诊断

在前面给出了变量的选择——逐步回归法,并且还利用AIC准则或其他准则来选择最优回归模型。但是这些只是从选择自变量上来研究,而没有对回归模型的一些特性做更进一步的研究,并且没有研究引起异常样本的问题,异常样本的存在往往会给回归模型带来不稳定。为此,人们提出所谓回归诊断的问题,其主要内容有以下几个方面:

（1）关于误差项是否满足独立性、等方差性和正态性；

（2）选择线性模型是否合适；

（3）是否存在异常样本；

（4）回归分析的结果是否对某些样本的依赖过重，也就是说，回归模型是否具有稳定性；

（5）自变量之间是否存在高度相关，即是否有多重共线性问题存在。

为什么要对上述问题进行判断呢？Anscombe在1973年构造了一个例子，尽管得到的回归方程能够通过t检验和F检验，但将它们作为回归方程还是有问题的。

4.2.2 Anscombe问题

Anscombe在1973年构造了4组数据，见表4-2，每组数据都由11对点(x_i, y_i)组成，拟合简单线性回归模型 $y_i = a + bx_i + \varepsilon_i$。

请分析4组数据能否通过回归方程的检验，并用图形分析每组数据的基本情况。

表4-2 Anscombe给出的4组数据

序号	1	2	3	4	5	6	7	8	9	10	11
$x_{1\,2\,3}$	10	8	13	9	11	14	6	4	12	7	5
x_4	8	8	8	8	8	8	8	19	8	8	8
y_1	8.04	6.95	7.58	8.81	8.33	9.96	7.24	4.26	10.84	4.82	5.68
y_2	9.14	8.14	8.74	8.77	9.26	8.10	6.13	3.10	9.13	7.26	4.74
y_3	7.46	6.77	12.74	7.11	7.81	8.84	6.08	5.39	8.15	6.44	5.73
y_4	6.58	5.76	7.71	8.84	8.47	7.04	5.25	12.50	5.56	7.91	6.89

说明：在表4-2中$x_{1,2,3}$表示x_1、x_2、x_3。

（1）对第1组数据作回归，并提取相关信息，代码如下：

```
x<-c(10,8,13,9,11,14,6,4,12,7,5)
y1<-c(8.04,6.95,7.58,8.81,8.33,9.96,7.24,4.26,10.84,4.82,5.68)
lm.sol<-lm(y1~1+x)
summary(lm.sol)
```

运行后结果为

```
Call:
lm(formula = y1 ~ 1 + x)
Residuals:
     Min      1Q   Median      3Q      Max
-1.92127 -0.45577 -0.04136  0.70941  1.83882
Coefficients:
          Estimate Std. Error t value Pr(>|t|)
```

```
(Intercept)   3.0001      1.1247   2.667  0.02573 *
x             0.5001      0.1179   4.241  0.00217 **
---
```

```
Signif. codes:  0 '***' 0.001 '**' 0.01 '*' 0.05 '.' 0.1 ' ' 1
```

```
Residual standard error: 1.237 on 9 degrees of freedom
Multiple R-squared: 0.6665,    Adjusted R-squared: 0.6295
F-statistic: 17.99 on 1 and 9 DF, p-value: 0.00217
```

（2）对第2组数据做回归，并提取相关信息，代码如下：

```
x<-c(10,8,13,9,11,14,6,4,12,7,5)
y2<- c(9.14,8.14,8.74,8.77,9.26,8.10,6.13,3.10,9.13,7.26,4.74)
lm.sol<-lm(y2~1+x)
summary(lm.sol)
```

运行后结果为：

```
Call:
lm(formula = y2 ~ 1 + x)
Residuals:
    Min     1Q  Median     3Q      Max
-1.9009 -0.7609  0.1291  0.9491  1.2691
Coefficients:
            Estimate Std. Error t value Pr(>|t|)
(Intercept)   3.001      1.125   2.667  0.02576 *
x             0.500      0.118   4.239  0.00218 **
---
```

```
Signif. codes:  0 '***' 0.001 '**' 0.01 '*' 0.05 '.' 0.1 ' ' 1
```

```
Residual standard error: 1.237 on 9 degrees of freedom
Multiple R-squared: 0.6662,    Adjusted R-squared: 0.6292
F-statistic: 17.97 on 1 and 9 DF, p-value: 0.002179
```

（3）对第3组数据做回归，并提取相关信息，代码如下：

```
x<-c(10,8,13,9,11,14,6,4,12,7,5)
y3<- c(7.46,6.77,12.74,7.11,7.81,8.84,6.08,5.39,8.15,6.44,5.73)
lm.sol<-lm(y3~1+x)
summary(lm.sol)
```

运行后结果为：

```
Call:
lm(formula = y3 ~ 1 + x)
Residuals:
    Min      1Q  Median      3Q     Max
-1.1586 -0.6159 -0.2325  0.1510  3.2407
Coefficients:
            Estimate Std. Error t value Pr(>|t|)
(Intercept)   3.0075     1.1244   2.675  0.02542 *
x             0.4994     0.1179   4.237  0.00218 **
---
Signif. codes:  0 '***' 0.001 '**' 0.01 '*' 0.05 '.' 0.1 ' ' 1

Residual standard error: 1.236 on 9 degrees of freedom
Multiple R-squared: 0.666,    Adjusted R-squared: 0.6289
F-statistic: 17.95 on 1 and 9 DF, p-value: 0.002185
```

（4）对第4组数据做回归，并提取相关信息，代码如下：

```
x4<-c(8,8,8,8,8,8,8,19,8,8,8)
y4<- c(6.58,5.76,7.71,8.84,8.47,7.04,5.25,12.50,5.56,7.91,6.89)
lm.sol<-lm(y4~1+x4)
summary(lm.sol)
```

运行后结果为：

```
Call:
lm(formula = y4 ~ 1 + x4)
Residuals:
   Min     1Q Median     3Q    Max
-1.751 -0.831  0.000  0.809  1.839
Coefficients:
            Estimate Std. Error t value Pr(>|t|)
(Intercept)   3.0017     1.1239   2.671  0.02559 *
x4            0.4999     0.1178   4.243  0.00216 **
---
Signif. codes:  0 '***' 0.001 '**' 0.01 '*' 0.05 '.' 0.1 ' ' 1

Residual standard error: 1.236 on 9 degrees of freedom
Multiple R-squared: 0.6667,    Adjusted R-squared: 0.6297
F-statistic:    18 on 1 and 9 DF, p-value: 0.002165
```

从以上计算结果可以看出,4组数据得到的回归系数的估计值、标准差、t值、p值几乎是相同的,并且都通过检验。如果进一步观察就会发现,4组数据的R^2、F值和对应的p值,以及$\hat{\sigma}$也基本上是相同的。但在后面的图4-1～图4-4可以看出,这4组数据完全不同,因此,单用线性回归做分析是不对的。

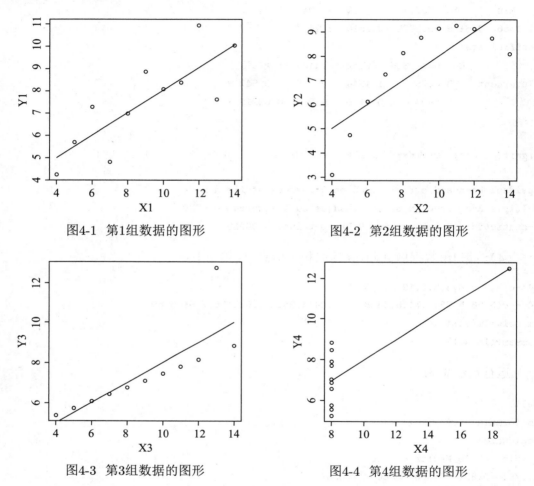

图4-1 第1组数据的图形　　　　　　　　图4-2 第2组数据的图形

图4-3 第3组数据的图形　　　　　　　　图4-4 第4组数据的图形

从以上四个图(图4 1～图4-4)可以看出,第1组数据用线性回归是可以的;第2组数据用二次拟合可能更合适;第3组数据有一个点可能影响到回归直线,做回归直线时,应去掉这个点;第4组数据做线性回归是不合理的,因为回归系数基本上只依赖于一点。

通过以上这个例子我们看到,在得到的回归方程通过各种检验时,还需要做相关的回归诊断。

4.2.3　儿童智力测试问题的回归诊断

表4-3为教育家测试的21个儿童的记录,其中x为儿童的年龄(以月为单位),y表示某种智力指标。通过这些数据,建立儿童智力(指标)随年龄变化的关系。

表4-3　儿童智力测试数据

序号	1	2	3	4	5	6	7	8	9	10	11
x	15	26	10	9	15	20	18	11	8	20	7
y	95	71	83	91	102	87	93	100	104	94	113

序号	12	13	14	15	16	17	18	19	20	21
x	9	10	11	11	10	12	42	17	11	10
y	96	83	84	102	100	105	57	121	86	100

（1）计算回归系数，并做回归系数与回归方程的检验。代码如下：

```
intellect<-data.frame(
x=c(15,26,10,9,15,20,18,11,8,20,7,9,10,11,11,10,12,42,17,11,10),
y=c(95,71,83,91,102,87,93,100,104,94,113,96,83,84,102,100,105,57,
    121,86,100)
)
lm.sol<-lm(y~1+x,data= intellect)
summary(lm.sol)
```

运行后结果为：

```
Call:
lm(formula = y ~ 1 + x,data = intellect)
Residuals:
    Min     1Q  Median      3Q     Max
-15.604  -8.731   1.396   4.523  30.285
Coefficients:
            Estimate Std. Error t value Pr(>|t|)
(Intercept) 109.8738     5.0678  21.681 7.31e-15 ***
x            -1.1270     0.3102  -3.633  0.00177 **
---
Signif. codes:  0 '***' 0.001 '**' 0.01 '*' 0.05 '.' 0.1 ' ' 1

Residual standard error: 11.02 on 19 degrees of freedom
Multiple R-squared:  0.41,     Adjusted R-squared: 0.3789
F-statistic:  13.2 on 1 and 19 DF, p-value: 0.001769
```

以上结果说明：通过t检验和F检验。

（2）回归诊断.调用函数influence.measures()并做回归诊断图，其代码如下：

```
influence.measures(lm.sol)
op<-par(mfrow=c(2,2),mar=0.4+c(4,4,1,1),
        oma=c(0,0,2,0))
plot(lm.sol,1:4)
par(op)
```

运行后结果为：

```
Influence measures of
lm(formula = y ~ 1 + x,data = intellect):
     dfb.1_    dfb.x    dffit cov.r   cook.d    hat inf
1   0.01664  0.00328  0.04127 1.166 8.97e-04 0.0479
2   0.18862 -0.33480 -0.40252 1.197 8.15e-02 0.1545
3  -0.33098  0.19239 -0.39114 0.936 7.17e-02 0.0628
4  -0.20004  0.12788 -0.22433 1.115 2.56e-02 0.0705
5   0.07532  0.01487  0.18686 1.085 1.77e-02 0.0479
6   0.00113 -0.00503 -0.00857 1.201 3.88e-05 0.0726
7   0.00447  0.03266  0.07722 1.170 3.13e-03 0.0580
8   0.04430 -0.02250  0.05630 1.174 1.67e-03 0.0567
9   0.07907 -0.05427  0.08541 1.200 3.83e-03 0.0799
10 -0.02283  0.10141  0.17284 1.152 1.54e-02 0.0726
11  0.31560 -0.22889  0.33200 1.088 5.48e-02 0.0908
12 -0.08422  0.05384 -0.09445 1.183 4.68e-03 0.0705
13 -0.33098  0.19239 -0.39114 0.936 7.17e-02 0.0628
14 -0.24681  0.12536 -0.31367 0.992 4.76e-02 0.0567
15  0.07968 -0.04047  0.10126 1.159 5.36e-03 0.0567
16  0.02791 -0.01622  0.03298 1.187 5.74e-04 0.0628
17  0.13328 -0.05493  0.18717 1.096 1.79e-02 0.0521
18  0.83112 -1.11275 -1.15578 2.959 6.78e-01 0.6516   *
19  0.14348  0.27317  0.85374 0.396 2.23e-01 0.0531   *
20 -0.20761  0.10544 -0.26385 1.043 3.45e-02 0.0567
21  0.02791 -0.01622  0.03298 1.187 5.74e-04 0.0628
```

回归诊断图见图4-5。

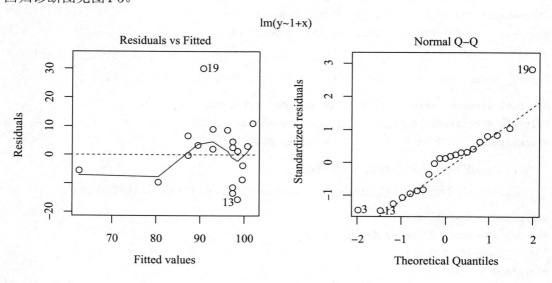

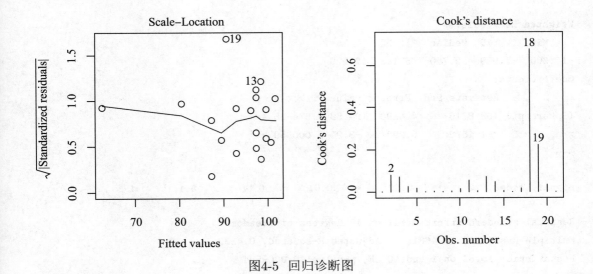

图4-5　回归诊断图

先分析回归诊断的结果。得到的回归诊断结果共有7列，其中第1、2列为dfbetas（dfb.1和dfb.x对应于常数和变量x）；第3列为 dffits准则值；第4列为COVRATIO准则值；第5列为Cook距离；第6列为帽子值（也称高杠杆值）；第7列为影响点记号。由回归诊断的结果得到18和19号点是强影响点（inf 为*）。

再分析回归诊断图（图4-5）。这里共4张图。第1张是残差图，可以认为残差的方差满足齐性。第2张图是正态QQ图，除19号点外，基本上都在一条直线上，也就是说，除19号点外，残差满足正态性。第3张图是标准差的平方根与预测值的散点图，19号点的值大于1.5，这说明19号点可能是异常值点（在95%的范围外）。第4张图给出了Cook距离，从图上来看，18号点的Cook距离最大，这说明 18号点可能是强影响点（高杠杆点）。

（3）处理强影响点。在诊断出异常点或强影响点后，如何处理呢?首先，要检验原始数据是否有误（如录入数据错误等）。如果有误，则需要改正后重新计算。其次，修正数据。如果无法判别数据是否有误（如本例的数据就无法判别），则采用将数据剔除或加权的方法修正数据，然后重新计算。在本例中19号点是异常值点，所以将它在后面的计算中剔除。18号点是强影响点，加权计算减少它的影响。

下面是有关代码：

```
n<-length(intellect$x)
weights<-rep(1,n); weights[18]<-0.5
lm.correct<-lm(y~1+x,data= intellect,subset=-19,
weights= weights)
summary(lm.correct)
```

运行后结果为：

```
Call:
lm(formula = y ~ 1 + x,data = intellect,subset = -19,weights = weights)
```

```
Weighted Residuals:
    Min      1Q  Median      3Q      Max
-14.300  -7.539   2.700   5.183   12.229
Coefficients:
            Estimate Std. Error t value Pr(>|t|)
(Intercept) 108.8716     4.4290   24.58 2.67e-15 ***
x            -1.1572     0.2937   -3.94 0.000959 ***
---

Signif. codes:  0 '***' 0.001 '**' 0.01 '*' 0.05 '.' 0.1 ' ' 1

Residual standard error: 8.617 on 18 degrees of freedom
Multiple R-squared: 0.4631,    Adjusted R-squared: 0.4333
F-statistic: 15.53 on 1 and 18 DF, p-value: 0.0009594
```

在以上代码序中,weights<-rep(1,n)是将所有的点赋为1。weights[18]<-0.5是将18号点的权定为0.5。subset=-19是去掉19号点。这样可以直观地认为18号点对回归方程的影响减少一半。

(4)检验。上面的修正是否有效呢?再看一下回归诊断的结果,有关代码如下:

```
op<-par(mfrow=c(2,2),mar=0.4+c(4,4,1,1),oma=c(0,0,2,0))
plot(lm.correct,1:4)
par(op)
```

修正后的回归诊断图见图4-6。

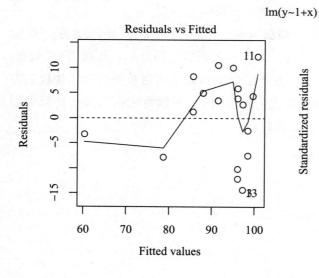
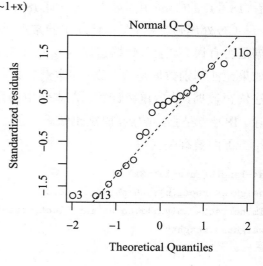

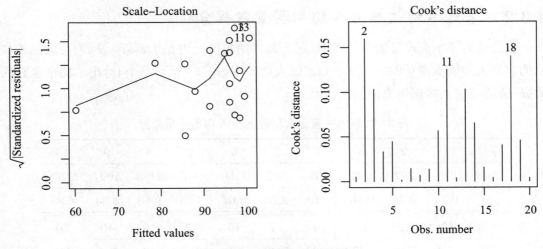

图4-6 修正后的回归诊断图

上述过程说明了回归诊断的基本过程。

4.3 Box-Cox变换

在做回归分析时,通常假设回归方程的残差具有齐性。如果残差不满足齐性,则其计算结果可能会出现问题。现在的问题是,如果计算出的残差不满足齐性,而出现异方差情况,又将如何处理呢?

4.3.1 异方差与Box-Cox变换

在出现异方差情况下,通常通过Box-Cox变换使回归方程的残差满足齐性。Box-Cox变换是对回归因变量Y做如下变换:

$$y^{(\lambda)} = \begin{cases} \frac{y^{\lambda}-1}{\lambda}, & \lambda \neq 0, \\ \ln y, & \lambda = 0. \end{cases} \tag{4.3.1}$$

其中λ为待定参数。

Box-Cox变换主要有两项工作。第一项是做变换,这一点容易由(4.3.1)得到。第二项是确定参数λ的值,这项工作比较复杂,需要用极大似然估计的方法才能确定出λ的值。R软件中的函数boxcox()可以绘制出不同参数下对数似然函数的目标值,这样可以通过图形来选择参数λ的值。boxcox()函数的使用格式如下:

```
boxcox(object,lambda=seq(-2,2,1/10),plotit=TRUE,
    interp,eps=1/50,xlab=expression(lambda),
    ylab='log-Likelinhood',...)
```

说明,参数object是由lm生成的对象。lambda是参数λ,缺省值为(-2,2)。plotit是逻辑变量,缺省值为TRUE,即画出图形。其他参数的使用请参见帮助。但需要注意:在调用函数boxcox()之前,需要加载程序包MASS,或使用library(MASS)。

4.3.2 家庭人均收入与人均购买量数据分析

某公司为了研究产品的营销策略,对产品的销售情况进行了调查。设 y 为某地区该产品的家庭人均购买量(单位:元), x 为家庭人均收入(单位:元)。表4-4给出了53个家庭的数据,请通过这些数据建立 y 与 x 的关系式。

表4-4　某地区家庭人均收入与人均购买量数据

序号	1	2	3	4	5	6	7	8	9	10
x	679	292	1012	493	582	1156	997	2189	1097	2078
y	0.79	0.44	0.56	0.79	2.70	3.64	4.73	9.50	5.34	6.85
序号	11	12	13	14	15	16	17	18	19	20
x	1818	1700	747	2030	1643	414	354	1276	745	435
y	5.84	5.21	3.25	4.43	3.16	0.50	0.17	1.88	0.77	1.39
序号	21	22	23	24	25	26	27	28	29	30
x	540	874	1543	1029	710	1434	837	1748	1381	1428
y	0.56	1.56	5.28	0.64	4.00	0.31	4.20	4.83	3.48	7.58
序号	31	32	33	34	35	36	37	38	39	40
x	1255	1777	370	2316	1130	463	770	724	808	790
y	2.63	4.99	0.59	8.19	4.79	0.51	1.74	4.10	3.94	0.96
序号	41	42	43	44	45	46	47	48	49	50
x	783	406	1242	658	1746	468	1114	413	1787	3560
y	3.29	0.44	3.24	2.14	5.71	0.64	1.90	0.51	8.33	14.94
序号	51	52	53							
x	1495	2221	1526							
y	5.11	3.85	3.93							

输入数据,做回归分析,其代码如下:

```
> x<-scan()
1: 679 292 1012 493 582 1156 997 2189 1097 2078
11: 1818 1700 747 2030 1643 414 354 1276 745 435
21: 540 874 1543 1029 710 1434 837 1748 1381 1428
31: 1255 1777 370 2316 1130 463 770 724 808 790
41: 783 406 1242 658 1746 468 1114 413 1787 3560
51: 1495 2221 1526
54:
> y<-scan()
```

```
1: 0.79 0.44 0.56 0.79 2.70 3.64 4.73 9.50 5.34 6.85
11: 5.84 5.21 3.25 4.43 3.16 0.50 0.17 1.88 0.77 1.39
21: 0.56 1.56 5.28 0.64 4.00 0.31 4.20 4.83 3.48 7.58
31: 2.63 4.99 0.59 8.19 4.79 0.51 1.74 4.10 3.94 0.96
41: 3.29 0.44 3.24 2.14 5.71 0.64 1.90 0.51 8.33 14.94
51: 5.11 3.85 3.93
54:
> lm.sol<-lm(y~x); summary(lm.sol)
```

运行后结果为：

```
Call:
lm(formula = y ~ x)
Residuals:
    Min     1Q Median     3Q    Max
-4.1386 -0.8269 -0.1934 1.2381 3.1535
Coefficients:
            Estimate Std. Error t value Pr(>|t|)
(Intercept) -0.830709  0.441743  -1.881   0.0658 .
x            0.003681  0.000334  11.023 4.21e-15 ***
---
```

Signif. codes: 0 ′***′ 0.001 ′**′ 0.01 ′*′ 0.05 ′.′ 0.1 ′ ′ 1

```
Residual standard error: 1.578 on 51 degrees of freedom
Multiple R-squared: 0.7043,    Adjusted R-squared: 0.6985
F-statistic: 121.5 on 1 and 51 DF, p-value: 4.205e-15
```

加载MASS程序包：

```
> library(MASS)
```

作图，共4张：

```
> op<-par(mfrow=c(2,2),mar=.4+c(4,4,1,1),oma=c(0,0,2,0))
```

第1张图，残差与预测散点图：

```
> plot(fitted(lm.sol),resid(lm.sol),
cex=1.2,pch=21,col='red',bg='orange',
xlab='Fitted Value',ylab='Residuals')
```

结果见图4-7。

第2张图，确定参数λ：

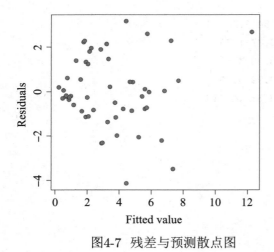

图4-7 残差与预测散点图　　　　图4-8 确定参数λ

```
> boxcox(lm.sol,lambda=seq(0,1,by=0.1))
> lambda<-0.55;ylam<-(y^ lambda-1)/lambda
> lm.lam<-lm(ylam~x); summary(lm.lam)
Call:
lm(formula = ylam ~ x)
Residuals:
Min    1Q  Median    3Q     Max
-2.8696 -0.5902 -0.1073  0.5118  1.7271
Coefficients:
Estimate Std. Error t value Pr(>|t|)
(Intercept) -0.8905662  0.2699313  -3.299  0.00177 **
x            0.0020200  0.0002041   9.898 1.83e-13 ***
---

Signif. codes:  0 '***' 0.001 '**' 0.01 '*' 0.05 '.' 0.1 ' ' 1


Residual standard error: 0.9641 on 51 degrees of freedom
Multiple R-squared: 0.6576,     Adjusted R-squared: 0.6509
F-statistic: 97.96 on 1 and 51 DF, p-value: 1.83e-13
```

　　结果见图4-8。

　　第3张图,变换后残差与预测散点图:

```
plot(fitted(lm.lam),resid(lm.lam),
     cex=1.2,pch=21,col='red',bg='orange',
     xlab='Fitted Value',ylab='Residuals')
```

　　结果见图4-9。

　　第4张图,回归曲线和相应的散点:

```
> beta0<- lm.lam$coefficients[1]
> beta1<- lm.lam$coefficients[2]
> curve((1+ lambda* (beta0+ beta1*x))^(1/lambda),
        from=min(X),to=max(X),col=' blue ',lwd=2,
        xlab=' X ',ylab=' Y ')
> points(X,Y,pch=21,cex=1.2,col=' red ',bg=' orange ')
> mtext(' Box-Cox Transformations ',outer=TRUE,cex=1.5)
> par (op)
```

得到的残差图呈喇叭口形状（见图4-7），属于异方差情况，这样的数据需要做Box-Cox变换。在变换前先确定参数λ（调用函数boxcox），得到第2张图（见图4-8）。从第2张图中看到，当$\lambda = 0.55$时，对数似然函数达到最大值，因此选择参数$\lambda = 0.55$。做Box-Cox变换，变换后再做回归分析，然后画出残差的散点图（见图4-9）。从第3张图可以看出，喇叭口形状有很大改善。第4张图（见图4-10）给出曲线

$$y = (1 + \lambda\beta_0 + \lambda\beta_1 x)^{1/\lambda}$$

和相应的散点图。

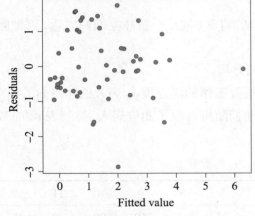

图4-9 变换后残差与预测散点图

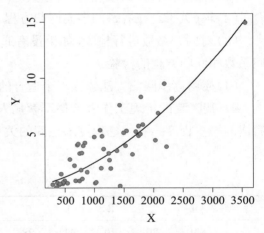

图4-10 回归曲线和相应的散点

4.4 思考与练习题

1. 回归诊断的基本思想是什么？请结合本章的例子（或自己查阅有关资料）说明为什么要进行回归诊断。

2. Box-Cox变换的基本思想是什么？请结合本章的例子（或自己查阅有关资料）说明Box-Cox变换的意义。

3. 研究货运总量y（万吨）与工业总产值x_1（亿元）、农业总产值x_2（亿元）、居民非商品支出x_3（亿元）的关系。有关数据见表4-5。

表4-5 y与x_1、x_2、x_3的数据

序号	y	x_1	x_2	x_3
1	160	70	35	1
2	260	75	40	2.4
3	210	65	40	2
4	265	74	42	3
5	240	72	38	1.2
6	220	68	45	1.5
7	275	78	42	4
8	160	66	36	2
9	275	70	44	3.2
10	250	65	42	3

（1）计算出y、x_1、x_2、x_3的相关系数矩阵并绘制散点图矩阵。

（2）求y关于x_1、x_2、x_3的多元回归方程。

（3）对回归系数进行检验，如果没有通过检验将其剔除，重新建立回归方程，再做回归系数和回归方程的检验。

（4）应用逐步回归方法建立一个适合的回归方程。

4. 某医院的管理工作者希望了解病人对医院工作的满意度y、病人的年龄x_1（岁）、病情的严重程度x_2和忧虑程度x_3之间的关系，他们随机选取了23位病人，得到表4-6的数据。

表4-6 y与x_1、x_2、x_3的数据

序号	1	2	3	4	5	6	7	8	9	10	11	12
x_1	50	36	40	41	28	49	42	45	52	29	29	43
x_2	51	46	48	44	43	54	50	48	62	50	48	53
x_3	2.3	2.3	2.2	1.8	1.8	2.9	2.2	2.4	2.9	2.1	2.4	2.4
y	48	57	66	70	89	36	46	54	26	77	89	67
序号	13	14	15	16	17	18	19	20	21	22	23	
x_1	38	34	53	36	33	29	33	55	29	44	43	
x_2	55	51	54	49	56	46	49	51	52	58	50	
x_3	2.2	2.3	2.2	2.0	2.5	1.9	2.1	2.4	2.3	2.9	2.3	
y	47	51	57	66	79	88	60	49	77	52	60	

试用逐步回归法选择最优回归方程。

5. 来自R软件自带的stackloss数据集，其数据显示如表4-7所示。

表4-7　stackloss数据集

Id	Air.Flow	Water.Temp	Acid.Conc.	stack.loss
1	80	27	89	42
2	80	27	88	37
3	75	25	90	37
4	62	24	87	28
5	62	22	87	18
6	62	23	87	18
7	62	24	93	19
8	62	24	93	20
9	58	23	87	15
10	58	18	80	14
11	58	18	89	14
12	58	17	88	13
13	58	18	82	11
14	58	19	93	12
15	50	18	89	8
16	50	18	86	7
17	50	19	72	8
18	50	19	79	8
19	50	20	80	9
20	56	20	82	15
21	70	20	91	15

其中因变量为y（stack.loss，氨气损失百分比），自变量为x_1（air.flow，空气流量）、x_2（water.temp，水温）、x_3（acid.conc.，硝酸浓度）。请建立y与x_1、x_2、x_3的回归方程，并用逐步回归法建立最优回归方程。

6. stackloss是R软件自带的数据集，请用该数据集进行研究，是否需要进行回归诊断和Box-Cox变换？如果需要，请对该数据集进行回归诊断和Box-Cox变换。

7. state.x77是R软件自带的数据集，请用该数据集进行研究，是否需要进行回归诊断和Box-Cox变换？如果需要，请对该数据集进行回归诊断和Box-Cox变换。

第 5 章　广义线性模型与非线性模型

　　实际问题中的数据通常通过观察或实验获得的。实验或观察的目的就是为了探讨解释变量对因变量的影响,根据获得的数据建立因变量和解释变量之间的模型(关系)。

　　由于统计模型的多样性和各种模型的适应性,针对因变量和解释变量的取值性质,可将统计模型分为多种类型。

　　本章将主要介绍如下内容:

5.1　广义线性模型

　　因变量为非正态分布的线性模型称为广义线性模型,如Logistic模型、对数线性模型和Cox比例风险模型等。

　　因变量为y,解释变量为$x_1, x_2, \ldots, x_p$, $\boldsymbol{X} = (x_1, x_2, \cdots, x_p)^{\mathrm{T}}$. 为了探讨$y$与$x_i$之间的线性关系,建立以下模型:

$$y = \beta_0 + \beta_1 x_1 + \beta_2 x_2 + \cdots + \beta_p x_p + \varepsilon = \boldsymbol{X}\boldsymbol{\beta} + \varepsilon, \tag{5.1.1}$$

其中ε为随机误差,$E(\varepsilon) = 0$。

　　假设独立观察了n次,有

$$y_i = \beta_0 + \beta_1 x_{i1} + \beta_2 x_{i2} + \cdots + \beta_p x_{ip} + \varepsilon_i, \quad i = 1, 2, \cdots, n$$

(5.1.1)式称为一般线性模型。

5.1.1　广义线性模型概述

　　对于一般线性模型其基本假设是因变量y服从正态分布,或至少y的方差σ^2为有限常数。然而在实际问题中有些观测值明显不符合这个假设。

　　20世纪70年代初,Wedderbum等人在一般线性模型的基础上,对方差σ^2为有限常数的假设做了进一步推广,提出了广义线性模型(generalized linear model)的概念和拟似然函数(quasi-likelihood function)的方法,用于求解满足下列条件的线性模型:

$$E(y) = \mu$$
$$\boldsymbol{m}(\mu) = \boldsymbol{X}\boldsymbol{\beta} \tag{5.1.2}$$
$$\mathrm{Cov}(y) = \sigma^2 \boldsymbol{V}(\mu)$$

其中$\boldsymbol{m}$为连接函数$m(\cdot)$组成的向量,将μ转化为β的线性表达式,$\boldsymbol{V}(\mu)$为$n\times n$矩阵(其每个元素均为μ的函数),当各y_i相互独立时,$\boldsymbol{V}(\mu)$为对角矩阵。当$m(\mu)=\mu$、$\boldsymbol{V}(\mu)=\boldsymbol{I}$时,(5.1.2)式为一般线性模型。也就是说,(5.1.2)式包括了一般线性模型。

在广义线性模型中,均假设观测值具有指数族密度函数

$$f(y|\theta\ \varphi)=\exp\left\{[y\theta-b(\theta)]/a(\varphi)+c(y\ \varphi)\right\} \tag{5.1.3}$$

其中$a(\cdot),b(\cdot),c(\cdot)$是三种函数形式。如果给定$\varphi$(散布参数,有时写作$\sigma^2$),(5.1.3)式就是具有参数$\theta$的指数族密度函数。以正态分布为例:

$$f(y|\theta\ \varphi)=\frac{1}{\sqrt{2\pi\sigma^2}}\exp\left[-(y-\mu)^2/2\sigma^2\right]=\exp\left\{(y\mu-\mu^2/2)/\sigma^2-\frac{1}{2}\left[y^2/\sigma^2+\ln(2\pi\sigma^2)\right]\right\}$$

把上式与(5.1.3)式比较,可知:

$$\theta=\mu,b(\theta)=\mu^2/2,\varphi=\sigma^2,a(\varphi)=\sigma^2,c(y\ \varphi)=-\frac{1}{2}[y^2/\sigma^2+\ln(2\pi\sigma^2)]$$

根据样本和y的函数可建立对数似然函数,并可导出y的数学期望和方差。

在广义线性模型(5.1.3)式中,θ不仅是μ的函数,还是参数$\beta_0,\beta_1,\beta_2,\cdots,\beta_p$的线性函数。因此,对$\mu$做变换,则可得到下面几种分布的连接函数的形式:

正态分布:$m(\mu)=\mu=\sum\beta_ix_i$;

二项分布:$m(\mu)=\ln\left(\dfrac{\mu}{1-\mu}\right)=\sum\beta_ix_i$;

泊松分布:$m(\mu)=\ln(\mu)=\sum\beta_ix_i$。

上述推广体现在以下两个方面:

(1)通过一个连接函数,将响应变量的期望与解释变量建立线性关系:

$$m[E(y)]=\beta_0+\beta_1x_1+\beta_2x_2+\cdots+\beta_px_p$$

(2)通过一个误差函数,说明广义线性模型的最后一部分随机项。

广义线性模型中的常用分布族,见表5-1。

表5-1　广义线性模型中的常用分布族

分布	函数	模型
正态(Gaussian)	$E(y)=\boldsymbol{X}^{\mathrm{T}}\beta$	普通线性模型
二项(Binomial)	$E(y)=\dfrac{\exp(\boldsymbol{X}^{\mathrm{T}}\beta)}{1+\exp(X^{\mathrm{T}}\beta)}$	Logistic模型
泊松(Poisson)	$E(y)=\exp(\boldsymbol{X}^{\mathrm{T}}\beta)$	对数线性模型

在R语言中,正态分布族的广义线性模型与线性模型是相同的。

广义线性模型函数glm()的用法如下:

```
gm<-glm(formula,family=gaussian,data, ...)
```

其中 formula为公式,即要拟合的模型;family为分布族,包括正态分布(Gaussian)、二项分布(Binomial)、泊松分布(Poisson)和伽马分布(Gamma),分布族还可以通过选项来指定使用的连接函数;data为可选择的数据框。

在广义线性模型的意义下，我们不仅知道一般线性模型是广义线性模型的一个特例，而且导出了处理频率资料的Logistic模型和处理频数资料的对数线性模型。这个重要结果还说明，虽然Logistic模型和对数线性模型都是非线性模型，即μ和β呈非线性关系，但通过连接函数使$m(\mu)$和β呈线性关系，从而使我们可以用线性拟合的方法求解这类非线性模型。更有意义的是，在实际问题中数据的形式无非是计量资料、频率资料和频数资料，因此掌握了广义线性模型的思想和方法，结合有关软件，就可以用统一的方法处理各种类型的统计数据。

5.1.2　Logistic模型

在一般线性模型中，因变量y服从正态分布，当y服从二项分布（Binomial），即$y \sim B(n, p)$，针对 0-1 变量，回归模型须做一些改进。

（1）回归函数应该改用限制在$[0, 1]$区间内的连续曲线，而不能再沿用线性回归方程。应用较多的是Logistic函数（也称Logit变换），其形式为：

$$y = f(x) = \frac{1}{1 + \mathrm{e}^{-x}} = \frac{\mathrm{e}^x}{1 + \mathrm{e}^x}$$

它的图形呈S形，见图5-1。

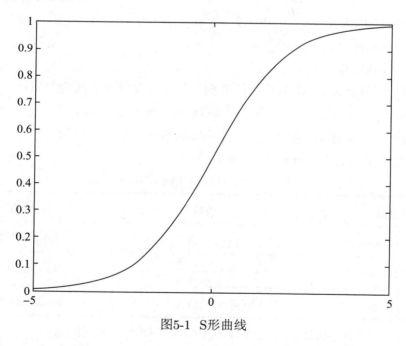

图5-1　S形曲线

（2）因变量y_i本身只取0, 1值，不适于直接作为回归模型中的因变量，设$p = P(y = 1), q = P(y = 0), q = 1 - p$。假设观测了$p$个解释变量$x_1, x_2, \ldots x_p$，用向量表示$\boldsymbol{X} = (x_1, x_2, \cdots, x_p)^{\mathrm{T}}$。与线性模型不同的是，我们不是研究因变量与解释变量之间的关系，而是研究因变量取某些值的概率p与解释变量之间的关系。实际观测结果表明，概率p与解释变量之间的关系不是呈线性关系，而是呈"S"形曲线关系。

一般用Logistic曲线来描述概率p与解释变量之间的关系。

$$p = P(y = 1|\boldsymbol{X}) = \frac{\exp(\beta_0 + \beta_1 x_1 + \beta_2 x_2 + \cdots + \beta_p x_p)}{1 + \exp(\beta_0 + \beta_1 x_1 + \beta_2 x_2 + \cdots + \beta_p x_p)} = \frac{\exp(\boldsymbol{X}\beta)}{1 + \exp(\boldsymbol{X}\beta)}$$

对上式作Logit变换,有

$$\text{Logit}(y) = \ln\left(\frac{p}{1-p}\right) = \beta_0 + \beta_1 x_1 + \beta_2 x_2 + \cdots + \beta_p x_p = \boldsymbol{X}\beta. \tag{5.1.4}$$

(5.1.4)式称为Logistic回归模型,其中$\beta_0, \beta_1, \beta_2, \cdots, \beta_p$为待估参数。

Logistic回归模型中的参数估计常用极大似然估计法得到。设y是0-1变量,x_1 $x_2, \ldots$ x_p为与y 相关的变量, 对它们的n次观测数据为$(x_1, x_2, \ldots, x_p; y_i)(i = 1, 2, \cdots, n)$, 取 $P(y_i = 1) = \pi_i, P(y_i = 0) = 1 - \pi_i$,则$y_i$的联合概率函数为 $\pi_i^{y_i}(1 - \pi_i)^{1-y_i}, y_i = 0, 1; i = 1, 2, \cdots, n$。于是$y_1, y_2, \cdots, y_n$的似然函数为:

$$L = \prod_{i=1}^{n} \pi_i^{y_i}(1 - \pi_i)^{1-y_i}$$

对数似然函数为:

$$\ln L = \sum_{i=1}^{n} [y_i \ln(\pi_i) + (1 - y_i)\ln(1 - \pi_i)] = \sum_{i=1}^{n}\left[y_i \ln\frac{\pi_i}{1 - \pi_i} + \ln(1 - \pi_i)\right]$$

对于Logistic回归,将

$$\pi_i = \frac{\exp(\beta_0 + \beta_1 x_1 + \beta_2 x_2 + \cdots + \beta_p x_p)}{1 + \exp(\beta_0 + \beta_1 x_1 + \beta_2 x_2 + \cdots + \beta_p x_p)}$$

代入,得:

$$\ln L = \sum_{i=1}^{n}\{y_i(\beta_0 + \beta_1 x_1 + \beta_2 x_2 + \cdots + \beta_p x_p) - \ln[1 + \exp(\beta_0 + \beta_1 x_1 + \beta_2 x_2 + \cdots + \beta_p x_p)]\}$$

令$\dfrac{\partial \ln L}{\partial \beta_i} = 0$,可以用数值计算(改进的Newton-Raphson迭代法等)求待估参数 $\beta_0, \beta_1, \beta_2, \cdots, \beta_p$ 的极大似然估计 $\widehat{\beta}_0, \widehat{\beta}_1, \widehat{\beta}_2, \cdots, \widehat{\beta}_p$。用R 软件可以解决Logistic回归模型中的参数估计、检验等问题。

5.1.3　电击强度实验数据的Logistic回归

为研究高压线对牲畜的影响,R.Norell研究小的电流对农场动物的影响。在实验中选择了7头牛、6种电击强度(0、1、2、3、4、5mA)。每头牛被电击30次,每种强度5次,按随机的次序进行。然后重复整个实验,每头牛总共被电击60次。对每次电击,响应变量——嘴巴运动出现,或者不出现。表5-2给出了每种电击强度70次实验中的响应次数,请分析电击对牛的影响。

表5-2　7头牛对6种电击强度的实验数据

x(电流强度/mA)	0	1	2	3	4	5
n(实验次数)	70	70	70	70	70	70

k（响应次数）	0	9	21	47	60	63
k/n（响应的比例）	0	0.129	0.300	0.671	0.857	0.900

这里响应变量是分类的,它只取两个值:出现,或者不出现。对于这种问题,正态线性模型显然不适合。在这种情况下,可用 Logistic回归:

$$\ln\left(\frac{p}{1-p}\right) = \beta_0 + \beta_1 x$$

其中,x是电流强度（mA）。

以下是用 R 软件给出的计算程序和结果。

```
> x=c(0,1,2,3,4,5)
> n=c(70,70,70,70,70,070)
> k=c(0,9,21,47,60,63)
> attach(nk)
> y<-cbind(k,n-k)
> glm.logit<-glm(y~x,family=binomial)
> summary(glm.logit)
```

运行后结果为:

```
Call:
glm(formula = y ~ x, family = binomial)
Deviance Residuals:
      1        2        3        4        5        6
-2.2507   0.3892  -0.1466   1.1080   0.3234  -1.6679
Coefficients:
            Estimate Std. Error z value Pr(>|z|)
(Intercept)  -3.3010     0.3238  -10.20   <2e-16 ***
x             1.2459     0.1119   11.13   <2e-16 ***
---

Signif. codes:  0 '***' 0.001 '**' 0.01 '*' 0.05 '.' 0.1 ' ' 1

(Dispersion parameter for binomial family taken to be 1)
    Null deviance: 250.4866  on 5  degrees of freedom
Residual deviance:   9.3526  on 4  degrees of freedom
AIC: 34.093
Number of Fisher Scoring iterations: 4
```

根据以上计算结果,有$\beta_0 = -3.3010$, $\beta_1 = 1.2459$,并且回归方程通过了检验。因此回归模型为

$$p = \frac{\exp(-3.3010 + 1.2459x)}{1 + \exp(-3.3010 + 1.2459x)}$$

与线性回归模型相同，在得到回归模型后，可以做预测。例如，当电流强度为 3.5mA时，有响应的牛的概率是多少？

```
> pre=predict(glm.logit,data.frame(x=3.5))
> p<-exp(pre)/(1+ exp(pre));p
0.742642
```

即，电流强度为 3.5mA时，有响应的牛的概率是0.742642。

还可以做控制，例如要使50%的牛有响应，电流强度应为多少？当 $p=0.5$ 时，$\ln\left(\dfrac{p}{1-p}\right)=0$，所以 $x=-\beta_0/\beta_1$。

```
> x1=-glm.logit$coef[[1]]/glm.logit$coef[[2]]; x1
[1] 2.649439
```

即电流强度为2.649439mA时，可使50% 的牛有响应。

最后画出响应的Logistic回归曲线。

```
> d=seq(0.5,len=100);d
 [1]  0.5  1.5  2.5  3.5  4.5  5.5  6.5  7.5  8.5  9.5 10.5 11.5 12.5 13.5
[15] 14.5 15.5 16.5 17.5 18.5 19.5 20.5 21.5 22.5 23.5 24.5 25.5 26.5 27.5
[29] 28.5 29.5 30.5 31.5 32.5 33.5 34.5 35.5 36.5 37.5 38.5 39.5 40.5 41.5
[43] 42.5 43.5 44.5 45.5 46.5 47.5 48.5 49.5 50.5 51.5 52.5 53.5 54.5 55.5
[57] 56.5 57.5 58.5 59.5 60.5 61.5 62.5 63.5 64.5 65.5 66.5 67.5 68.5 69.5
[71] 70.5 71.5 72.5 73.5 74.5 75.5 76.5 77.5 78.5 79.5 80.5 81.5 82.5 83.5
[85] 84.5 85.5 86.5 87.5 88.5 89.5 90.5 91.5 92.5 93.5 94.5 95.5 96.5 97.5
[99] 98.5 99.5
> pre=predict(glm.logit,data.frame(x=d))
> p=exp(pre)/(1+ exp(pre))
> y1=k/n
> plot(x,y1);lines(d,p)
```

Logistic 回归曲线图见图5-2。

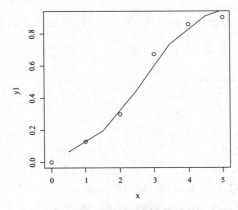

图5-2 Logistic 回归曲线图

5.1.4 驾驶员调查数据的Logistic回归

表5-3为对45名驾驶员的调查结果，其中四个变量的含义分别为：x_1表示视力状况，它是一个分类变量，1表示好，0表示有问题；x_2表示年龄，数值型；x_3驾车教育，它也是一个分类变量，1表示参加过驾车教育，0表示没有参加过；y是分类变量，表示去年是否出过事故，1表示出过事故，0表示没有。

表5-3 对45名驾驶员的调查结果

y	1	0	0	0	1	1	1	0	1	1	0	1	1	0	1
x_1	1	1	1	1	1	0	0	0	0	0	0	0	0	0	0
x_2	17	44	48	55	75	35	42	57	28	20	38	45	47	52	55
x_3	1	0	1	0	1	0	1	0	0	0	1	0	1	0	0
y	0	0	0	1	0	1	0	1	0	0	1	1	0	1	0
x_1	1	1	1	1	1	0	0	0	0	0	0	0	0	0	0
x_2	68	18	68	48	17	70	72	35	19	62	39	40	55	68	25
x_3	1	1	0	1	0	1	0	1	1	1	1	0	0	0	1
y	0	1	1	0	1	0	0	0	1	0	1	0	1	0	0
x_1	0	0	0	0	0	1	1	1	1	1	1	1	1	1	1
x_2	17	45	44	67	55	61	19	69	23	19	72	74	31	16	61
x_3	0	0	0	0	0	1	0	1	0	1	1	0	1	1	1

试考察三个变量x_1、x_2、x_3与发生事故的关系。

这里y是因变量，它只取两个值，所以可以把它看作成功的概率为p的 Binomial试验的结果。但它与单纯的Binomial试验不同，其中的概率p为x_1、x_2、x_3的函数。可以用下面的Logistic 回归模型进行分析：

$$\ln\left(\frac{p}{1-p}\right) = \beta_0 + \beta_1 x_1 + \beta_2 x_2 + \beta_3 x_3.$$

以下是用 R 软件给出计算程序和结果。

```
> y=c(1,0,0,0,1,1,1,0,1,1,0,1,1,0,1,
    0,0,0,1,0,1,0,1,0,0,1,1,0,1,0,
    0,1,1,0,1,0,0,0,1,0,1,0,1,0,0)
> x1=c(1,1,1,1,1,0,0,0,0,0,0,0,0,0,0,
    1,1,1,1,1,1,1,1,1,1,0,0,0,0,0,
    0,0,0,0,0,1,1,1,1,1,1,1,1,1,1)
> x2=c(17,44,48,55,75,35,42,57,28,20,38,45,47,52,55,
    68,18,68,48,17,70,72,35,19,62,39,40,55,68,25,
    17,45,44,67,55,61,19,69,23,19,72,74,31,16,61)
```

```
> x3=c(1,0,1,0,1,0,1,0,0,0,1,0,1,0,0,
       1,1,0,1,0,1,1,0,1,1,1,1,0,0,1,
       0,0,0,0,0,1,1,0,1,0,1,1,0,1,1)
> logit.glm <-glm(y~x1+x2+x3,family=binomial)
> summary(logit.glm)
```

运行后结果为:

```
Call:
glm(formula = y ~ x1 + x2 + x3, family = binomial)
Deviance Residuals:
    Min      1Q    Median      3Q      Max
-1.5636  -0.9131  -0.7892   0.9637   1.6000
Coefficients:
             Estimate Std. Error z value Pr(>|z|)
(Intercept)  0.597610   0.894831   0.668   0.5042
x1          -1.496084   0.704861  -2.123   0.0338 *
x2          -0.001595   0.016758  -0.095   0.9242
x3           0.315865   0.701093   0.451   0.6523
---

Signif. codes:  0 '***' 0.001 '**' 0.01 '*' 0.05 '.' 0.1 ' ' 1

(Dispersion parameter for binomial family taken to be 1)
    Null deviance: 62.183  on 44  degrees of freedom
Residual deviance: 57.026  on 41  degrees of freedom
AIC: 65.026
Number of Fisher Scoring iterations: 4
```

根据以上计算结果,由于β_2、β_3没有通过检验,可以类似于线性模型,用step()做变量筛选。

```
> logit.step<- step(logit.glm,direction='both')
```

运行后结果为:

```
Start:  AIC=65.03
y ~ x1 + x2 + x3
       Df Deviance    AIC
- x2    1   57.035 63.035
- x3    1   57.232 63.232
<none>      57.026 65.026
- x1    1   61.936 67.936
Step:  AIC=63.03
y ~ x1 + x3
```

```
        Df Deviance     AIC
- x3     1    57.241  61.241
<none>        57.035  63.035
+ x2     1    57.026  65.026
- x1     1    61.991  65.991
Step:  AIC=61.24
y ~ x1
        Df Deviance     AIC
<none>        57.241  61.241
+ x3     1    57.035  63.035
+ x2     1    57.232  63.232
- x1     1    62.183  64.183


> summary(logit.step)
```

运行后结果为：

```
Call:
glm(formula = y ~ x1, family = binomial)
Deviance Residuals:
     Min       1Q   Median       3Q      Max
 -1.4490  -0.8782  -0.8782   0.9282   1.5096
Coefficients:
            Estimate Std. Error z value Pr(>|z|)
(Intercept)   0.6190     0.4688   1.320   0.1867
x1           -1.3728     0.6353  -2.161   0.0307 *
---

Signif. codes:  0 '***' 0.001 '**' 0.01 '*' 0.05 '.' 0.1 ' ' 1

(Dispersion parameter for binomial family taken to be 1)
    Null deviance: 62.183  on 44  degrees of freedom
Residual deviance: 57.241  on 43  degrees of freedom
AIC: 61.241
Number of Fisher Scoring iterations: 4
```

从以上结果可以看出，新的Logistic 回归模型：
$$p = \frac{\exp(0.6190 - 1.3728x_1)}{1 + \exp(0.6190 - 1.3728x_1)}$$
对视力正常和视力有问题的驾驶员分别做预测，预测发生交通事故的概率。

```
> pre1=predict(logit.step,data.frame(x1=1))
> p1<-exp(pre1)/(1+ exp(pre1))
> pre2=predict(logit.step,data.frame(x1=0))
```

```
> p2<-exp(pre2)/(1+ exp(pre2))
> c(p1,p2)
   1    1
   0.32 0.65
```

从以上结果可以看出，$p_1 = 0.32$，$p_2 = 0.65$，说明视力有问题的驾驶员发生交通事故的概率是视力正常驾驶员的两倍以上。

5.1.5　对数线性模型

对于广义线性模型，除了以上介绍的Logistic回归模型外，还有其他的模型，如Poisson模型等，这里就不详细介绍了。以下简要介绍R软件中glm()关于这些模型的使用方法。

Poisson分布族模型和拟Poisson分布族模型的使用方法如下：

```
fm<-glm(formula, family=poisson(link=log), data.frame)
fm<-glm(formula, family=quasipoisson(link=log), data.frame)
```

其直观意义是：

$$\ln[E(y)] = \beta_0 + \beta_1 x_1 + \beta_2 x_2 + \cdots + \beta_p x_p,$$

即

$$E(y) = \exp(\beta_0 + \beta_1 x_1 + \beta_2 x_2 + \cdots + \beta_p x_p)$$

Poisson分布族模型和拟Poisson分布族模型的唯一差别就是：Poisson分布族模型要求响应变量y是整数，而拟Poisson分布族模型则没有这个要求。

对于联列表还可以用（多项分布）对数线性模型来描述。以二维联列表为例，只有主效应的对数线性模型为：

$$\ln(m_{ij}) = \alpha_i + \beta_j + \varepsilon_{ij}$$

这相当于只有主效应α_i和β_j，而这两个变量的效应是简单可加的。但是有时两个变量在一起时会产生交叉效应，此时相应的对数线性模型为：

$$\ln(m_{ij}) = \alpha_i + \beta_j + (\alpha\beta)_{ij} + \varepsilon_{ij}$$

对于表中数目代表一个观测数目时，就要考虑是否用Poisson对数线性模型。例如，如果有两个定性变量、一个定量变量的 Poisson对数线性模型可以表示为：

$$\ln(\lambda) = \mu + \alpha_i + \beta_j + \gamma x + \varepsilon_{ij},$$

其中，μ为常数项，α_i和β_j为两个定性变量的主效应，x为连续变量，而γ为其系数，ε_{ij}为残差项。这里之所以对Poisson分布的参数λ取对数，是为了使模型左边的取值范围为整个实数轴。

5.1.6　顾客对产品满意度的对数线性回归

　　某企业想了解顾客对其产品是否满意,同时还想要了解不同收入的人群对其产品满意程度是否相同,为此进行了一次问卷调查。在随机发放的1000份问卷中,收回有效问卷792份,根据收入高低和满意回答的交叉分组数据见表5-4。

表5-4　顾客对产品的满意度

收入	满意度		合计
	满意	不满意	
高	53	38	91
中	434	108	542
低	111	48	159
合计	598	194	792

　　用 y 表示频数,x_1 表示收入人群,x_2 表示满意程度。

　　模型的检验过程如下:

```
> y=c(53,434,111,38,108,48)
> x1=c(1,2,3,1,2,3)
> x2=c(1,1,1,2,2,2)
> log.glm <-glm(y~x1+x2,family=poisson(link=log))
> summary(log.glm)
```

　　运行后结果为:

```
Call:
glm(formula = y ~ x1 + x2, family = poisson(link = log))
Deviance Residuals:
       1        2        3        4        5        6
-10.784   14.444   -8.468   -2.620    4.960   -3.142
Coefficients:
            Estimate Std. Error z value Pr(>|z|)
(Intercept)  6.15687    0.14196  43.371  < 2e-16 ***
x1           0.12915    0.04370   2.955  0.00312 **
x2          -1.12573    0.08262 -13.625  < 2e-16 ***
---
Signif. codes:  0 '***' 0.001 '**' 0.01 '*' 0.05 '.' 0.1 ' ' 1

(Dispersion parameter for poisson family taken to be 1)
    Null deviance: 662.84  on 5  degrees of freedom
Residual deviance: 437.97  on 3  degrees of freedom
AIC: 481.96
Number of Fisher Scoring iterations: 5
```

从以上检验结果看，$p_1 = 0.00312 < 0.01$，$p_2 < 0.01$，这说明收入和满意程度对产品有重要影响。

5.1.7 "挑战者号"航天飞机O形环损坏数据的广义线性模型

1986年1月28日是寒冷的一天，在美国佛罗里达州的卡娜维拉尔角，"挑战者号"航天飞机升空后，因其O形环密封圈失效，高速飞行中的航天飞机在空气阻力的作用下于发射后的第73秒解体，机上7名宇航员全部罹难。

下面针对"挑战者号"航天飞机正式发射任务前24次飞行发射时周围温度（单位：华氏度°F）和对应记录的损坏的O形环数量，见表5-5，其中x为温度，y为记录的损坏的O形环数量。

表5-5 "挑战者号"航天飞机发射温度和O形环损坏数据

x	53	57	58	63	66	67	67	67	68	69	70	70
y	3	1	1	1	0	0	0	0	0	0	1	1
x	70	70	72	73	75	75	76	76	78	79	80	81
y	0	0	0	0	2	0	0	0	0	0	0	0

注：华氏度°F与摄氏度°C的关系：摄氏度°C=（华氏度°F-32）/1.8。

请根据表5-5提供的数据建立模型；在温度为53（°F）时，预测O型环损坏的概率；要使O形环损坏的概率小于0.05，需要温度满足什么条件？在温度为53（°F）时，预测O形环损坏的数量；要求O形环损坏的数量小于1，需要温度满足什么条件？

根据以上问题，只有在一些温度条件下O形环损坏的数量，它的取值是0、1、2和3，以下分别考虑建立Logistic回归模型、对数线性模型，并回答以上各个问题。

（1）建立Logistic回归模型

由于表5-5提供的数据只有在温度条件下O形环损坏的数量（它的取值是0、1、2和3），因此可以考虑建立广义线性模型——Logistic回归模型。

在每个发射过程中O形环损坏的数量服从参数为p和$n = 6$的二项分布 $B(p, 6)$。其中，参数p（O形环损坏的概率）是温度（T）的函数，其连接函数为

$$\text{logit}(p) = \ln\left(\frac{p}{1-p}\right) \tag{5.1.5}$$

我们建立Logistic回归模型如下

$$\text{logit}(p) = a + bx \tag{5.1.6}$$

以下根据表5-5的数据对模型（5.1.6）进行参数估计和检验，其代码如下：

```
> norell<-data.frame(
+ temp = c(53, 57, 58, 63, 66, 67, 67, 67, 68, 69, 70,70, 70, 70, 72, 73, 75,
          75, 76, 76, 78, 79, 80, 81),
```

```
+ n=rep(6, 24), distress=c(3, 1,1, 1, 0, 0, 0, 0, 0, 0, 0, 1, 1, 0, 0, 0, 0, 2, 0,
                           0, 0, 0, 0, 0, 0)
+ )
> norell$Y<-cbind(norell$distress, norell$n-norell$distress)
> glm.sol<-glm(Y~ temp, family=binomial, data=norell)
> summary(glm.sol)
```

运行后结果为：

```
Call:
glm(formula = Y ~ temp, family = binomial, data = norell)
Deviance Residuals:
    Min      1Q   Median      3Q      Max
-0.9811  -0.7581  -0.4894  -0.3199   2.7721
Coefficients:
            Estimate Std. Error z value Pr(>|z|)
(Intercept)  6.89699    2.94427   2.343  0.01915 *
temp        -0.14212    0.04588  -3.097  0.00195 **

Signif. codes:  0 '***' 0.001 '**' 0.01 '*' 0.05 '.' 0.1 ' ' 1

(Dispersion parameter for binomial family taken to be 1)
    Null deviance: 29.644  on 23  degrees of freedom
Residual deviance: 19.232  on 22  degrees of freedom
AIC: 36.897
Number of Fisher Scoring iterations: 5
```

根据以上结果，可以看出模型已经通过了检验，得到的Logistic回归方程为

$$\text{logit}(p) = 6.89699 - 0.14212x \tag{5.1.7}$$

所以有

$$p = \frac{\exp(6.89699 - 0.14212x)}{1 + \exp(6.89699 - 0.14212x)} \tag{5.1.8}$$

（2）以下在温度为53（°F）时，预测O形环损坏的概率。

当温度为53（°F）时，根据（5.1.8），则O形环损坏的概率为

$$p = \frac{\exp(6.89699 - 0.14212 * 53)}{1 + \exp(6.89699 - 0.14212 * 53)} = 0.3462939$$

（3）要使O形环损坏的概率小于0.05，需要温度满足什么条件？

设x为温度（°F），根据（5.1.8），要使O形环损坏的概率小于0.05，即：

$$\frac{\exp(6.89699 - 0.14212x)}{1 + \exp(6.89699 - 0.14212x)} < 0.05 \quad 解此不等式，得 x > 69.24732（°F）$$

（4）建立对数线性模型

由于表5-5提供的数据只有在温度条件下O形环损坏的数量（它的取值是0、1、2和3），因此可以考虑建立广义线性模型——对数线性模型。

在每个发射过程中O形环损坏的数量服从泊松分布 $P(y)$，其中y（O形环损坏的数量）是温度（x）的函数，则对数线性回归方程为

$$\ln(y) = a + bx \tag{5.1.9}$$

以下根据表5-5的数据对模型（5.1.9）进行参数估计和检验，其代码如下：

```
> y=c(53,57,58,63,66,67,67,67,68,69,70,70,70,70,72,73,75,75,
    76,76,78,79,80,81)
> x=c(3,1,1,1,0,0,0,0,0,0,1,1,0,0,0,0,2,0,0,0,0,0,0,0)
> log.glm <-glm(y~x,family=poisson(link=log))
> summary(log.glm)
```

运行后结果为：

```
Call:
glm(formula = y ~ x, family = poisson(link = log))

Deviance Residuals:
    Min      1Q   Median      3Q      Max
-1.2168  -0.5405  -0.1474   0.4379   1.6563
Coefficients:
            Estimate Std. Error z value Pr(>|z|)
(Intercept)  4.28008    0.02753 155.484   <2e-16 ***
x           -0.08008    0.03416  -2.344   0.0191 *

Signif. codes:  0 '***' 0.001 '**' 0.01 '*' 0.05 '.' 0.1 ' ' 1

(Dispersion parameter for poisson family taken to be 1)
    Null deviance: 17.580  on 23  degrees of freedom
Residual deviance: 11.853  on 22  degrees of freedom
AIC: 161.85
Number of Fisher Scoring iterations: 4
```

根据以上结果，可以看出模型已经通过了检验，得到的方程为：

$$\ln(y) = 4.28008 - 0.08008x \tag{5.1.10}$$

所以有：

$$y = \exp(4.28008 - 0.08008x) \tag{5.1.11}$$

（5）以下在温度为53（°F）时，预测O形环损坏的数量：

当温度为53（°F）时，根据模型（5.1.10），则O形环损坏的数量为$\exp(4.28008 - 0.08008 \times 53) = 1.03649 \approx 1$。

（6）要求O形环损坏的数量小于1，需要温度满足什么条件？

根据模型（5.1.11），有

$y = \exp(4.28008 - 0.08008x) < 1$，$\ln[\exp(4.28008 - 0.08008x)] < 0$，$4.28008 - 0.08008x < 0$，由此得到$x > 53.44755(^\circ F)$。

延伸阅读——挑战者号发射前发生了什么？

挑战者号最初计划于美国东部时间1986年1月22日下午2时43分在佛罗里达州的肯尼迪航天中心发射，但是，由于上一次任务STS-61-C的延迟导致发射日推后到23日，然后是24日。接着又因为塞内加尔达喀尔的越洋中辍降落（TAL）场地的恶劣天气，发射又推迟到了25日。NASA决定使用达尔贝达作为TAL场地，但由于该场地的配备无法应对夜间降落，发射又不得不被改到佛罗里达时间的清晨。而又根据预报，肯尼迪航天中心（KSC）当时的天气情况不宜发射，发射再次推后到美国东部时间27日上午9时37分。由于外部舱门通道的问题，发射再推迟了一天。首先，一个用于校验舱门密封安全性的微动开关指示器出现了故障。然后，一个坏掉的门闩使工作人员无法从航天飞机的舱门上取下闭合装置器。当工作人员最终把装置器锯下之后，航天飞机着陆跑道上的侧风超过了进行返回着陆场地（RTLS）中断的极限。直到发射时限用尽，并开始采用备用计划时，侧风才停了下来。

天气预报称28日的清晨将会非常寒冷，气温接近31华氏度（−0.5摄氏度），这是允许发射的最低温度。过低的温度让莫顿·塞奥科公司的工程师感到担心，该公司是制造与维护航天飞机SRB部件的承包商。在27日晚间的一次远程会议上，塞奥科公司的工程师和管理层同来自肯尼迪航天中心和马歇尔航天飞行中心的NASA管理层讨论了天气问题。部分工程师，如比较著名的罗杰·博伊斯乔利，再次表达了他们对密封SRB部件接缝处的O形环的担心：即，低温会导致O形环的橡胶材料失去弹性。他们认为，如果O形环的温度低于53华氏度（约11.7摄氏度），将无法保证它能有效密封接缝。他们也提出，发射前一天夜间的低温，几乎肯定把SRB的温度降到40华氏度的警戒温度以下。但是，莫顿·塞奥科公司的管理层否决了他们的异议，他们认为发射进程能按日程进行。

由于低温，航天飞机旁矗立的定点通信建筑被大量冰雪覆盖。肯尼迪冰雪小组在红外摄像机中发现，右侧SRB部件尾部接缝处的温度仅有8华氏度（−13摄氏度）：从液氧舱通风口吹来的极冷空气降低了接缝处的温度，让该处的温度远低于气温，并远低于O形环的设计承限温度。但这个信息从未传达给决策层。冰雪小组用了一整夜的时间来移除冰雪；同时，航天飞机的最初承包商罗克韦尔国际公司的工程师，也在表达着他们的担心。他们警告说，发射时被震落的冰雪可能会撞上航天飞机，或者会由于SRB的排气喷射口引发吸入效应。罗克韦尔公司的管理层告诉航天飞机计划的管理人员阿诺德·奥尔德里奇，他们不能完全保证航天飞机能安全地发射；但他们也没能提出一个能强有力地反对发射的建议。讨论的最终结果是，奥尔德里奇决定将发射时间再推迟一个小时，以让冰雪小组进行另一项检查。在最后一项检查完成后,冰雪开始融化时,最终确定挑战者号将在美国东部时间当日上午11时38分发射。

挑战者号的事故常是专题研究的案例,例如工程安全、揭弊者的道德规范、沟通与集体决策等。在加拿大和其他一些国家,更是工程师在取得专业执照前必知内容的一部分。对O形环在低温下将会失效提出警告的工程师罗杰·博伊斯乔利,辞去了他在莫顿·塞奥科公司的工作,并且成为了工作场所道德规范的一位发言人。他认为,由莫顿·塞奥科公司管理层召开的核心会议,及其最后产生关于发射的建议,"是起因于强烈的顾客威逼,而造成了不道德的决策制定"。麻省理工学院、得州农工大学、得克萨斯大学奥斯汀分校、德雷克塞尔大学和马里兰大学等,都将此事故作为一个教学案例。

5.2　一元非线性回归模型

曲线回归分析的基本任务是通过两个变量x和y的实际观测数据建立曲线回归方程,以揭示x和y间的曲线关系的形式。常用的一种方法是:通过变量替换,把一元非线性回归问题转化为一元线性回归问题。

曲线回归分析首要的工作是确定因变量y与自变量x之间曲线关系的类型。通常通过两个途径来确定:

(1)利用有关专业知识,根据已知的理论规律和实践经验。

(2)如果没有已知的理论规律和实践经验可以利用,可在直角坐标系作散点图,观察数据点的分布趋势与哪一类已知函数曲线最接近,然后再选用该函数关系来拟合数据。

另外,如果找不到与已知函数曲线较接近数据的分布趋势,这时可以利用多项式回归,通过逐渐增加多项式的次数来拟合,直到满意为止。

5.2.1　电压和时间数据的非线性回归

电容器充电达到某电压值时为时间的计算原点,此后电容器串联一电阻放电,测得各时刻x的电压y,结果如表5-6。如果x和y的关系为$y = ae^{bx}$,其中a、b未知($a > 0$):(1)求y关于x的曲线回归方程;(2)求计算决定系数;(3)画数据点和曲线回归方程图。

表5-6　电压和时间数据

时间x(s)	0	1	2	3	4	5	6	7	8	9	10
电压y(V)	100	75	55	40	30	20	15	10	10	5	5

(1)回归参数的估计

在$y = ae^{bx}$的两边取对数,有$\ln y = \ln a + bx$,令$y' = \ln y, c = \ln a$,则有$y' = c + bx$。

```
x<-c(0,1,2,3,4,5,6,7,8,9,10)
y<-c(100,75,55,40,30,20,15,10,10,5,5)
lm.exp= lm(log(y)~x); summary(lm.exp)$coef
```

运行结果如下：

```
            Estimate Std. Error  t value    Pr(>|t|)
(Intercept) 4.613029 0.06194948  74.46437  7.185428e-14
x          -0.312644 0.01047137 -29.85702  2.591814e-10
```

根据以上结果，$b = -0.312644$，$c = \ln a = 4.613029$，则$a = \mathrm{e}^{4.613029} = 100.8790$。可得$y$关于$x$的曲线回归方程为$\hat{y} = 100.7890\mathrm{e}^{-0.3126x}$。

（2）计算决定系数R^2

```
summary(lm.exp) $r.sq
```

运行结果如下：

```
[1] 0.9900049
```

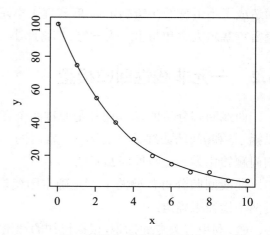

根据以上结果，可得$R^2 = 0.9900049$。

（3）画数据点和曲线回归方程图

```
plot(x,y);
lines(x,exp(fitted(lm.exp)))
```

运行结果如图5-3所示。

图5-3　数据点和曲线回归方程图

从$R^2 = 0.9900049$和图5-3，都可以看出拟合效果比较好。

在例5.2.1中，直接用函数$y = \mathrm{e}^{bx}$来拟合x和y之间的关系，其实这里涉及优化模型的选择问题。

选择优化模型的一般步骤：

（1）通过变量替换，把一元非线性回归问题转化为一元线性回归问题。

（2）分析各模型的 F 检验值，看各方程是否达到显著或极显著，剔除不显著的模型。

（3）对表现为显著或极显著的模型，检查模型系数的检验值，不显著的也予以剔除。

（4）列表比较模型决定系数R^2值的大小，R^2值越大，表示其变量替换后，曲线关系越密切。

（5）选择R^2值最大的模型作为最优化的模型。

以下通过销售额与流通费率数据问题来看选择优化模型的过程。

5.2.2　销售额与流通费率数据的非线性回归

为了解百货商店销售额x与流通费率y（这是反映商业活动的一个质量指标，指每元商品流转额分摊的流通费用）之间的关系，收集了12个商店的有关数据，见表5-7，试选择x与y之间最优模型。

表5-7　销售额x与流通费率y的数据

x	1.5	2.8	4.5	7.5	10.5	13.5	15.1	16.5	19.5	22.5	24.5	26.5
y	7.0	5.5	4.6	3.6	2.9	2.7	2.5	2.4	2.2	2.1	1.9	1.8

（1）输入数据，并画出销售额x与流通费率y的散点图。

```
> x=c(1.5, 2.8, 4.5, 7.5, 10.5, 13.5, 15.1, 16.5, 19.5, 22.5, 24.5, 26.5)
> y=c(7.0, 5.5, 4.6, 3.6, 2.9, 2.7, 2.5, 2.4, 2.2, 2.1, 1.9, 1.8)
> plot(x,y)
```

运行结果见图5-4。

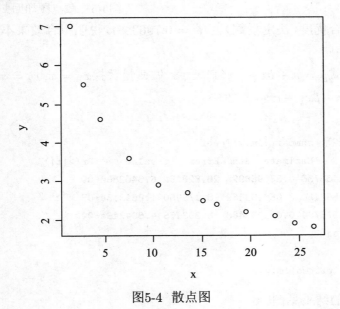

图5-4　散点图

从图5-4可以看出，本例的数据可能可拟合多项式、指数、对数、幂函数等曲线方程，以下分别拟合这些曲线来显示可线性化为直线的非线性回归方程的求法。

（2）线性回归

```
lm.1=lm(y~x); summary(lm.1)$coef
```

运行结果为：

```
            Estimate Std. Error    t value      Pr(>|t|)
(Intercept)  5.6031606 0.43474070  12.888512  1.488236e-07
x           -0.1700299 0.02718745  -6.253984  9.456137e-05
```

求决定系数：

```
>summary(lm.1)$r.sq
```

运行结果为：

```
[1] 0.7963851
```

散点图加回归直线

```
>plot(x,y);abline(lm.1)
```

运行结果见图5-5。

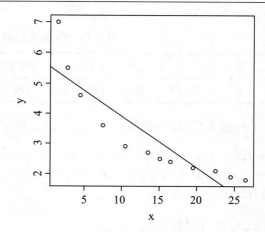

图5-5　散点图加回归直线

该模型的拟合优度（决定系数）为 $R^2 = 0.7963851$，说明拟合效果不好。

（3）多项式回归

用二次多项式 $y = a + bx + cx^2$ 来表示。做变量替换 $x_1 = x, x_2 = x^2$，将其转化为线性回归方程 $y = a + bx_1 + cx_2$。

```
> x1=x;x2=x^2
> lm.2= lm(y~x1+x2); summary(lm.2)$coef
                Estimate  Std. Error    t value      Pr(>|t|)
(Intercept)  6.91468738 0.331986925  20.828192  6.346285e-09
x1          -0.46563130 0.056969459  -8.173350  1.864313e-05
x2           0.01075704 0.002009468   5.353175  4.604246e-04
>summary(lm.2)$r.sq
[1] 0.9513355
plot(x,y);lines(x,fitted(lm.2))
```

多项式回归的结果见图5-6。

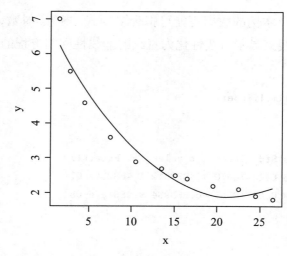

图5-6　多项式回归的结果

于是二次多项式为$y = 6.91468738 - 0.4656313x + 0.01075704x^2$,模型的拟合优度$R^2 = 0.9513355$,说明拟合效果比线性模型比线性函数要好。

（4）对数法

对数类型用方程$y = a + b\ln x$生成趋势曲线,其中$\ln(\cdot)$是以e为底数的自然对数函数（在R中相对应的函数为$\log()$,下同）。做变量替换$x' = \ln x$,则将其线性化为$y = a + bx'$。

```
>lm.log= lm(y~log(x)); summary(lm.log)$coef
            Estimate Std. Error    t value     Pr(>|t|)
(Intercept)  7.363897 0.16875185   43.63743 9.595838e-13
log(x)      -1.756838 0.06769667  -25.95162 1.660026e-10
>summary(lm.log)$r.sq
[1] 0.9853691
>plot(x,y);lines(x,fitted(lm.log))
```

对数法的结果见图5-7。

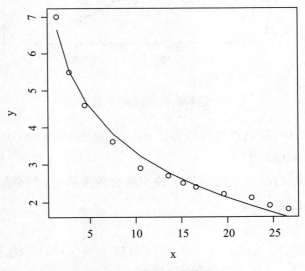

图5-7 对数法的结果

根据以上计算结果,回归直线方程为$\hat{y} = 7.363897 - 1.756838x'$,相应的对数曲线回归方程为$\hat{y} = 7.363897 - 1.756838\log x$。

该模型的拟合优度$R^2 = 0.9853691$,说明拟合效果比较好。

（5）指数法

指数曲线类型用方程$y = ae^{bx}$表示,用$\ln y = \ln a + bx$生成趋势曲线,其中$y' = \ln y, a' = \ln a$,则可线性化为$y' = a' + bx$。

```
> lm.exp= lm(log(y)~x); summary(lm.exp)$coef
             Estimate Std. Error    t value     Pr(>|t|)
(Intercept)  1.75966394 0.075100615   23.43075 4.542589e-10
```

```
x           -0.04880874 0.004696579 -10.39240 1.115792e-06
> summary(lm.exp) $r.sq
[1] 0.9152557
> plot(x,y);lines(x,exp(fitted(lm.exp)))
```

指数法的结果见图5-8。

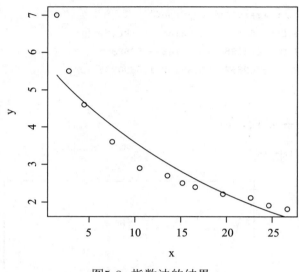

图5-8 指数法的结果

根据以上计算结果,回归直线方程为$\hat{y}' = 1.75966394 - 0.04880874x$,相应的指数曲线回归方程为$\hat{y} = 5.8105\mathrm{e}^{-0.049x}$。

该模型的拟合优度$R^2 = 0.9152557$,说明拟合效果尚可,但显然不如对数法的效果好。

(6)幂函数法

幂函数的形式为$y = ax^b (a > 0)$。对幂函数 $y = ax^b$的两边求自然对数得$\ln y = \ln a + b \ln x$,用$(\ln x, \ln y)$ 生成趋势曲线,其中$y' = \ln y, x' = \ln x, a' = \ln a$,则幂函数可线性化为$y' = a' + bx'$。

```
> lm.pow= lm(log(y)~log(x)); summary(lm.pow)$coef
             Estimate Std. Error    t value      Pr(>|t|)
(Intercept)  2.1907284 0.02951316   74.22886 4.805772e-15
log(x)      -0.4724279 0.01183953  -39.90258 2.336833e-12
> summary(lm.pow) $r.sq
[1] 0.9937586
> plot(x,y);lines(x,exp(fitted(lm.pow)))
```

幂函数法的结果见图5-9。

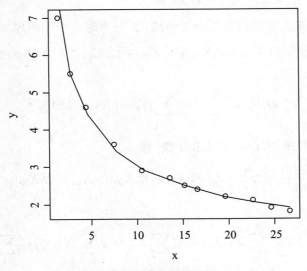

图5-9 幂函数法的结果

根据以上计算结果,回归直线方程为$\hat{y}' = 2.1907284 - 0.4724279x'$,相应的幂函数曲线回归方程为$\hat{y} = 8.942x^{-0.4724}$。

该模型的拟合优度$R^2 = 0.9937586$,R^2与1非常接近,说明拟合效果非常好,且明显好于对数曲线和指数曲线的效果。

把以上几种拟合结果列表如下,见表5-8。

表5-8 模型的选择

曲线类型	方程式	回归方程	R^2	模型选择
直线	$y = a + bx$	$y = 5.6032 - 0.1700x$	0.7964	不可用
多项式	$y = a + bx + cx^2$	$y = 6.914 - 0.46563x + 0.01076x^2$	0.9513	一般
对数曲线	$y = a + b\ln x$	$y = 7.3639 - 1.7568\ln x$	0.9854	可用
指数曲线	$y = ae^{bx}$	$y = 5.8105e^{-0.049x}$	0.9153	一般
幂曲线	$y = ax^b$	$y = 8.942x^{-0.4724}$	0.9938	最佳

从表5-7可以看出,幂函数法的拟合效果最好。

5.3 多元非线性回归模型

本节将介绍:多元非线性回归模型简介、销售公司各季度数据的多元非线性回归问题。

5.3.1 多元非线性回归模型简介

为了引进多元非线性回归的最小二乘法,首先考虑一个简单模型:

$$Y_i = f(X_i, b) + \varepsilon_i = bX_{1i} + b^2 X_{2i} + \varepsilon_i, E(\varepsilon_i) = 0, Var(\varepsilon_i) = \sigma^2$$

残差平方和:

$$Q(b) = \sum_{i=1}^{n} \varepsilon_i^2 = \sum_{i=1}^{n} [Y_i - bX_{1i} - b^2 X_{2i}]^2$$

要使残差平方和最小,$Q(b)$对 b求导数,有:

$$\frac{dQ(b)}{db} = 2\sum_{i=1}^{n} [Y_i - bX_{1i} - b^2 X_{2i}][-X_{1i} - 2bX_{2i}] = 0$$

整理得:

$$2b^3 \sum_{i=1}^{n} X_{2i}^2 + 3b^2 \sum_{i=1}^{n} X_{1i}X_{2i} + b(\sum_{i=1}^{n} X_{1i}^2 - 2\sum_{i=1}^{n} X_{2i}Y_i) - \sum_{i=1}^{n} X_{1i}Y_i = 0$$

这是关于b的三次方程,以下主要介绍非线性模型的Gauss-Newton算法。

设有非线性模型$[f(\cdot)$已知,但非线性$]$为:

$$Y = f(X, b) + \varepsilon_i$$

其残差平方和

$$Q(b) = \sum_{i=1}^{n} \varepsilon_i^2 = \sum_{i=1}^{n} [Y_i - f(X_i, b)]^2$$

要使其取最小值,$Q(b)$对 b求导数,有:

$$\frac{dQ(b)}{db} = 2\sum_{i=1}^{n} [Y_i - f(X_i, b)]\left[-\frac{df(X_i, b)}{db}\right] = 0$$

现在的问题是要求出上述方程的解b,并且要判断出整体最小解b。

一种近似的方法是用$f(X_i, b)$的一阶Taylor展开近似代替$f(X_i, b)$。设b_1为b的初值,则

$$f(X_i, b) \approx f(X_i, b_1) + \frac{df(X_i, b)}{db}|b_i(b - b_1)$$

记导数值为

$$\frac{df(X_i, b)}{db}|b_i \approx \frac{f(X_i, b) - f(X_i, b_1)}{b - b_1}$$

简记$\widetilde{X}_i(b) = \frac{df(X_i, b)}{db}|b_i$,则有

$$Q(b) = \sum_{i=1}^{n} [Y_i - f(X_i, b_1) - \widetilde{X}_i(b)(b - b_1)]^2 = \sum_{i=1}^{n} [\widetilde{Y}_i(b_1) - \widetilde{X}_i(b)b]^2$$

其中$\widetilde{Y}_i(b_1) = Y_i - f(X_i, b_1) + \widetilde{X}_i(b_1)b_1$。

对于给定的初值b_1、$\widetilde{Y}_i(b_1)$以及$\widetilde{X}_i(b_1)$等都是确定的、可以计算的。于是$Q(b)$ 所表达

的残差平方和正是线性回归:

$$\widetilde{Y}_i(b_1) = \widetilde{X}_i(b_1)b + \varepsilon_i$$

的残差平方和。

Malinvaud(1980)将上式称为拟线性模型,其最小二乘估计为:

$$\widehat{b_2} = \{[\widetilde{\boldsymbol{X}}(b_1)]^{\mathrm{T}}[\widetilde{\boldsymbol{X}}(b_1)]\}^{-1}[\widetilde{\boldsymbol{X}}(b_1)]^{\mathrm{T}}[\widetilde{\boldsymbol{Y}}(b_1)]$$

其中

$$\widetilde{X}(b_1) = \begin{pmatrix} \widetilde{\boldsymbol{X}}_1(b_1) \\ \vdots \\ \widetilde{\boldsymbol{X}}_n(b_1) \end{pmatrix}, \widetilde{\boldsymbol{Y}}(b_1) = \begin{pmatrix} \widetilde{\boldsymbol{Y}}_1(b_1) \\ \vdots \\ \widetilde{\boldsymbol{Y}}_n(b_1) \end{pmatrix}$$

因此,如果我们有待估参数b的初值b_1,就可以得到b的一个新值b_2。重复使用这个方法,又有一个拟线性模型:

$$\widetilde{\boldsymbol{Y}}(b_2) = \widetilde{\boldsymbol{X}}(b_2)b + \varepsilon$$

其解为:

$$\widehat{b_3} = \{[\widetilde{\boldsymbol{X}}(b_2)]^{\mathrm{T}}[\widetilde{\boldsymbol{X}}(b_2)]\}^{-1}[\widetilde{\boldsymbol{X}}(b_2)]^{\mathrm{T}}[\widetilde{\boldsymbol{Y}}(b_2)]$$

继续下去,可以得到一个序列$b_1, b_2, \ldots, b_n, \ldots$。可以写出一般迭代表达式:

$$b_{n+1} = b_n + \{[\widetilde{\boldsymbol{X}}(b_n)]^{\mathrm{T}}[\widetilde{\boldsymbol{X}}(b_n)]\}^{-1}[\widetilde{\boldsymbol{X}}(b_n)]^{\mathrm{T}}[Y - f(\widetilde{\boldsymbol{X}}, b_n)],$$

其中$f(X, b) = [f(X_1, b), f(X_2, b), \cdots, f(X_n, b)]$。

由于$Q(b)$取最小值的一阶导数的条件可以写成$[\widetilde{\boldsymbol{X}}(b)]^{\mathrm{T}}[Y - f(X, b)] = 0$,所以若在迭代过程中有 $b_{n+1} = b_n$,则有$\frac{\mathrm{d}Q(b)}{\mathrm{d}b} = 0$,此时$Q(b)$取得最小值。

由于多元非线性模型函数形式比较复杂,一般难以建立有限样本的统计性质,但可以考虑它的渐近性质,在此从略。下面将介绍 R软件中非线性拟合函数及其应用。

R软件提供了非线性拟合函数nls(),其调用格式为

nls(function,data,start,...)

其中,function是包括变量和参数的非线性拟合公式;data为可选择的数据框,不能是矩阵;start是初始值,用列表的形式给出。

应该说明,初始值start的选择是非线性拟合的难点,通常可以用线性模型的结果作为非线性模型的初始值。

5.3.2 销售公司各季度数据的多元非线性回归

销售公司各季度有关资料如表5-9所示,试以此求该公司的销售业务增长的生产函数 $Y = A_0 \mathrm{e}^{mt} L^\alpha K^\beta$。

表5-9 某销售公司各季度的数据

t	1	2	3	4	5	6	7	8	9	10	11	12
Y	26.74	34.81	44.72	57.46	73.84	88.45	105.82	126.16	150.95	181.58	204.26	222.84
L	26	28	32	36	41	45	48	52	56	60	66	70
K	23.66	30.55	38.12	46.77	56.45	67.15	78.92	91.67	105.47	121.32	128.56	132.47

其中t为各月份，Y为销售额（万元），L为销售人员（人），K为销售费用（万元）。

用R软件提供的非线性拟合函数nls()来写相关代码如下：

```
> t=1:12
> Y=c(26.74,34.81,44.72,57.46,73.84,88.45,105.82,126.16,150.95,181.58,
    204.26,222.84)
> L=c(26,28,32,36,41,45,48,52,56,60,66,70)
> K=c(23.66,30.55,38.12,46.77,56.45,67.15,78.92,91.67,105.47,121.32,128.56,
    132.47)
> model=nls(Y~A0*(exp(m*t))*(L^a)*(K^b),start=list(A0=0.45,m=0,a=0.5,b=0.5))
> model
```

运行后结果为：

```
Nonlinear regression model
  model:  Y ~ A0 * (exp(m * t)) * (L^a) * (K^b)
   data:  parent.frame()
    A0       m       a       b
0.71987 0.04369 0.40798 0.71187
residual sum-of-squares: 8.921
Number of iterations to convergence: 22
Achieved convergence tolerance: 8.525e-07
> summary(model)
Formula: Y ~ A0 * (exp(m * t)) * (L^a) * (K^b)
Parameters:
   Estimate Std. Error t value Pr(>|t|)
A0  0.71987    0.34607   2.080  0.07110 .
m   0.04369    0.01115   3.919  0.00443 **
a   0.40798    0.17197   2.372  0.04508 *
b   0.71187    0.04277  16.646 1.72e-07 ***
---

Signif. codes:  0 '***' 0.001 '**' 0.01 '*' 0.05 '.' 0.1 ' ' 1
```

Residual standard error: 1.056 on 8 degrees of freedom Number of iterations to convergence: 22 Achieved convergence tolerance: 8.525e-07

从模型的拟合结果看，效果很不错，各回归系数都显著（$p < 0.05$），剩余标准差较小（1.056），于是得到该公司的销售业务增长方式的生产函数为：

$$Y = A_0 e^{mt} L^\alpha K^\beta = 0.71987 e^{0.04369t} L^{0.40798} K^{0.71187}$$

上式的数据说明：该公司销售人员每增长1%时，销售额增长$\alpha = 0.40798\%$；销售费用每增长1%，销售额增长$\beta = 0.71187\%$；随着时间的推移，制度创新进步使得销售额平均每月增长$m = 0.04369\%$。

若明年一季度该公司销售人员增至75人，销售费用增加到135万元，则可以预测销售额即将达到

```
>0.71987*exp(0.04369*13)*75^0.40798*135^0.71187
[1] 242.9006
```

即，预测销售额即将达到$Y = A_0 e^{mt} L^\alpha K^\beta = 0.71987 e^{0.04369*13} 75^{0.40798} 135^{0.71187} = 242.9006$万元。

5.4 思考与练习题

1. 结合表5-6中的数据，分别拟合直线、对数曲线、指数曲线、幂曲线，并选择x与y之间的最优模型。

2. 下表给出了1975—1989年某地区粮食产量y（亿公斤）与农业劳动力x_1（万人）、粮食播种面积x_2（万亩）、化肥使用量x_3（万公斤）的数据，如表5-10所示。

（1）拟合线性回归模型，进行回归分析。

（2）用下面的对数线性模型去拟合观测值y：

$$\lg(y) = b_1 \lg(x_1) + b_2 \lg(x_2) + b_3 \lg(x_3/x_2) + \varepsilon$$

其中x_3/x_2是将化肥使用量改为每亩肥使用量。

（3）对线性回归模型和对数线性模型进行检验，比较两个模型。

（4）根据粮食产量的高低，合理设置虚拟变量，重新建立回归模型，并与对数线性模型的效果进行比较。

表5-10 某地区粮食产量的相关数据

年份	y	x_1	x_2	x_3
1975	5809.0	27561	181593	550000
1976	5891.1	27965	181115	597000
1977	5974.3	28124	180600	679000
1978	6095.3	28373	180881	884000
1979	6442.3	28692	178894	1086000

续表

年份	y	x_1	x_2	x_3
1980	6411.1	29181	175851	1269000
1981	6500.4	29836	172437	1335000
1982	7090.0	30917	170194	1513000
1983	7754.3	31209	171071	1660000
1884	8146.1	30927	169326	1740000
1985	7582.1	31187	163286	1776000
1986	7830.2	31311	166399	1931000
1987	8059.5	31720	166902	1999000
1988	7881.6	32308	165183	2141500
1889	8151.0	33284	168307	2357400

3. 在一次关于公共交通的社会调查中，一个调查项目为"是乘坐公交车上下班，还是骑自行车上下班"。因变量 $y = 1$ 表示乘坐公交车上下班，$y = 0$ 表示骑自行车上下班。自变量 x_1 表示年龄；x_2 表示月收入（元）；x_3 是性别，$x_3 = 1$ 表示男性，$x_3 = 0$ 表示女性。调查对象为工薪阶层，数据见表5-1，试建立 y 与自变量之间的 Logistic 回归模型。

表5-11　公共交通的社会调查的数据

序号	性别	年龄（岁）	月收入（元）	y
1	0	18	850	0
2	0	21	1200	0
3	0	23	850	1
4	0	23	950	1
5	0	28	1200	1
6	0	31	850	0
7	0	36	1500	0
8	0	42	1000	1
9	0	46	950	1
10	0	48	1200	0
11	0	55	1800	1
12	0	56	2100	1
13	0	58	1800	1
14	1	18	850	0

续表

序号	性别	年龄（岁）	月收入（元）	y
15	1	20	1000	0
16	1	25	1200	0
17	1	27	1300	0
18	1	28	1500	0
19	1	30	950	1
20	1	32	1000	1
21	1	33	1800	0
22	1	33	1000	0
23	1	38	1200	0
24	1	41	1500	0
25	1	45	180	1
26	1	48	1000	0
27	1	52	1500	1
28	1	56	1800	1

4. 为了研究西红柿的施肥量对产量的影响，科研人员对14块大小一样的土地施加不同数量的肥料，收获时记录西红柿的产量，并在整个耕作过程中尽量保持其他条件相同，得到的数据见表5-12。请建立施肥量与产量之间的多项式回归模型，使之能从施肥量对西红柿的产量做出预报。

表5-12　西红柿的施肥量与产量数据

地块序号	产量/L	施肥量/kg	地块序号	产量/L	施肥量/kg
1	1035	6.0	8	960	11.5
2	624	2.5	9	990	5.5
3	1084	7.5	10	1050	6.5
4	1052	8.5	11	839	4.0
5	1015	10.0	12	1030	9.0
6	1066	7.0	13	985	11.0
7	704	3.0	14	855	12.5

5. 考察54位老年人的智力测试成绩，数据如表5-13所示，其中x表示老年人的智力水平（为等级分，1～20），y表示老年人的智力水平是否患有阿尔茨海默病（1为是，0为否）。研究的兴趣在于发现阿尔茨海默病。(1)建立y与x之间的Logistic回归模型；(2)如果有两个老年人的智力水平得分为4和18，预测这两个老年人患有阿尔茨海默病的概率。

表5-13　　老年人的智力测试数据

x	9	13	6	8	10	4	14	8	11	7	9
y	1	1	1	1	1	1	1	1	1	1	1
x	7	5	14	13	16	10	12	11	14	15	18
y	1	1	1	0	0	0	0	0	0	0	0
x	7	16	9	9	11	13	15	13	10	11	6
y	0	0	0	0	0	0	0	0	0	0	0
x	17	14	19	9	11	14	10	16	10	16	14
y	0	0	0	0	0	0	0	0	0	0	0
x	13	13	9	15	10	11	12	4	14	20	
y	0	0	0	0	0	0	0	0	0	0	

6. USPop是R软件自带的数据集,请用R软件展示和描述该数据集,请问可否对该数据集进行非线性回归? 如果可以,请对该数据集进行非线性回归分析。

第 6 章　方差分析

在实际问题中,影响一个事物的因素是很多的,人们总是希望通过各种试验来观察各种因素对试验结果的影响。例如,不同的生产厂家、不同的原材料、不同的操作规程以及不同的技术指标对产品的质量、性能都会有影响。然而,不同因素的影响大小不等。

方差分析(analysis of variance,ANOVA)是研究一种或多种因素的变化对试验结果的观测值是否有影响,从而找出较优的试验条件或生产条件的一种常用的统计方法。

人们在试验中所考察到的数量指标,如产量、性能等,称为观测值。影响观测值的条件称为因素。因素的不同状态称为水平。在一个试验中,可以得出一系列不同的观测值。引起观测值不同的原因是多方面的,有的是处理方式或条件不同引起的,这些称为因素效应(或处理效应、条件变异);有的是试验过程中偶然性因素的干扰或观测误差所导致的,这些称为试验误差。

方差分析的主要工作是将测量数据的总变异按照变异原因的不同分解为因素效应和试验误差,并对其做出数量分析,比较各种原因在总变异中所占的重要程度,做出统计推断的依据,由此确定进一步的工作方向。

6.1　单因素方差分析

以下将通过一个例子说明单因素方差分析的基本思想。

例6.1.1　用4种不同的材料A_1、A_2、A_3、A_4生产出来的元件,测得其使用寿命如表6-1所示,那么4种不同配方下元件的使用寿命是否有显著差异呢?

表6-1　元件寿命数据

A_1	1600	1610	1650	1680	1700	1700	1780	
A_2	1500	1640	1400	1700	1750			
A_3	1640	1550	1600	1620	1640	1600	1740	1800
A_4	1510	1520	1530	1570	1640	1600		

在表6-1中,材料的配方是影响元件使用寿命的因素,4种不同配方表明因素处于4种状态,为4种水平,这样的试验称为单因素4水平试验。根据表6-1中的数据可知,不仅不同配方的材料生产出来的元件使用寿命不同,而且同一配方下的元件使用寿命也不一样。分析数据波动的原因主要来自以下两个方面:

（1）在同样的配方下做若干次寿命试验，试验条件大体相同，因此数据的波动是由于其他随机因素的干扰所引起的。设想在同一配方下的元件的使用寿命应该有一个理论上的均值，而实测寿命数据与均值的偏离即为随机误差，此误差服从正态分布。

（2）在不同配方下，使用寿命有不同的均值，它导致不同组的元件间寿命数据的不同。

对于一般情况下，设试验只有一个因素 A 在变化，其他因素都不变。A 有 r 个水平 $A_1, A_2, \cdots, A_r$，在水平 A_i 下进行 n_i 次独立观测，设 x_{ij} 表示在因素 A 的第 i 个水平下的第 j 次试验的结果，得到试验指标列在表6-2中。

表6-2   单因素方差分析数据

A_1	x_{11}	x_{12}	$\cdots$	x_{1n_1}	总体 $N(\mu_1, \sigma^2)$
A_2	x_{21}	x_{22}	$\cdots$	x_{1n_2}	总体 $N(\mu_2, \sigma^2)$
$\vdots$	$\vdots$	$\vdots$	$\cdots$	$\vdots$	$\vdots$
A_r	x_{r1}	x_{r2}	$\cdots$	x_{rn_r}	总体 $N(\mu_r, \sigma^2)$

6.1.1   数学模型

把水平 A_i 下的试验结果 $x_{i1}, x_{i2}, \cdots, x_{in_i}$ 看成来自第 i 个正态总体 $X_i \sim N(\mu_i, \sigma^2)$ 的样本的观察值，其中 μ_i, σ^2 均未知，并且每个总体 X_i 都相互独立。考虑线性模型

$$x_{ij} = \mu_i + \varepsilon_{ij}, i = 1, 2, \cdots, r, j = 1, 2, \cdots, n_i, \tag{6.1.1}$$

其中 $\varepsilon_{ij} \sim N(0, \sigma^2)$ 相互独立，μ_i 为第 i 个总体的均值，ε_{ij} 为相应的试验误差。

比较因素 A 的 r 个水平的差异归结为比较这 r 个总体均值，即检验假设

$$H_0 : \mu_1 = \mu_2 = \cdots = \mu_r, H_1 : \mu_1, \mu_2, \cdots, \mu_r \text{不全相等。} \tag{6.1.2}$$

记 $\mu = \frac{1}{n}\sum_{i=1}^{r} n_i \mu_i, n = \sum_{i=1}^{r} n_i, \alpha_i = \mu_i - \mu$，其中 μ 表示总和的均值，α_i 为水平 A_i 对指标的效应，不难验证 $\sum_{i=1}^{r} n_i \alpha_i = 0$。

模型（6.1.1）可以等价地写成

$$\begin{cases} x_{ij} = \mu_i + \varepsilon_{ij}, i = 1, 2, \cdots, r, j = 1, 2, \cdots, n_i \\ \varepsilon_{ij} \sim N(0, \sigma^2) \text{且相互独立} \\ \sum_{i=1}^{r} n_i \alpha_i = 0 \end{cases} \tag{6.1.3}$$

称模型（6.1.3）为单因素方差分析数学模型，它是一个线性模型。

6.1.2   方差分析

（6.1.2）等价于

$$H_0 : \alpha_1 = \alpha_2 = \cdots = \alpha_r = 0, H_1 : \alpha_1, \alpha_2, \cdots, \alpha_r \text{不全为零。} \tag{6.1.4}$$

如果H_0被拒绝,则说明因素A各水平的效应之间有显著的差异;否则,差异不明显。

以下导出H_0的检验统计量。方差分析法是建立在平方和分解与自由度分解的基础上的,考虑统计量

$$S_T = \sum_{i=1}^{r}\sum_{j=1}^{n_i}(x_{ij}-\overline{x})^2, \overline{x} = \frac{1}{n}\sum_{i=1}^{r}\sum_{j=1}^{n_i}x_{ij}$$

称S_T为总离差平方和(或称总变差),它是所有数据x_{ij}与总平均值$\overline{x}$的差的平方和,它描绘了所有数据的离散程度。可以证明如下平方和分解公式:

$$S_T = S_E + S_A, \tag{6.1.5}$$

其中

$$S_E = \sum_{i=1}^{r}\sum_{j=1}^{n_i}(x_{ij}-\overline{x}_{i\cdot})^2, \overline{x}_{i\cdot} = \frac{1}{n_i}\sum_{j=1}^{n_i}x_{ij},$$

$$S_A = \sum_{i=1}^{r}\sum_{j=1}^{n_i}(\overline{x}_{i\cdot}-\overline{x})^2 = \sum_{i=1}^{r}n_i(\overline{x}_{i\cdot}-\overline{x})^2$$

S_E表示随机误差的影响。这是因为对于固定的i来讲,观测值$x_{i1}, x_{i2}, \cdots, x_{in_i}$是来自同一个正态总体$N(\mu_i, \sigma^2)$的样本。因此,它们之间的差异是由随机误差所导致的。而$\sum\limits_{j=1}^{n_i}(x_{ij}-\overline{x}_{i\cdot})^2$是这$n_i$个数据的变动平方和,正是它们的差异大小的度量。将$r$组这样的变动平方和相加,就得到了$S_E$,通常称$S_E$为误差平方和或组内平方和。

S_A表示在水平A_i下样本均值与总均值之间的差异之和,它反映了r个总体均值之间的差异。因为$\overline{x}_{i\cdot}$是第i个总体的样本均值,它是μ_i的估计,因此r个总体均值$\mu_1, \mu_2, \cdots, \mu_r$之间的差异越大,这些样本均值$\overline{x}_1, \overline{x}_2, \cdots, \overline{x}_r$之间的差异越大。平方和$\sum\limits_{i=1}^{r}\sum\limits_{j=1}^{n_i}(\overline{x}_{i\cdot}-\overline{x})^2$正是这种差异大小的度量,这里$n_i$反映了第$i$个总体的样本大小在平方和$S_A$中的作用。称$S_A$为因素$A$的效应平方和或组间平方和。

(6.1.5)表明,总平方和S_T可按其来源分解成两个部分,一部分是误差平方和S_E,它是由随机误差引起的;另一部分是因素A的效应平方和S_A,它是由因素A各水平的差异引起的。

由模型假设(6.1.1),经过统计分析得到$E(S_E) = (n-r)\sigma^2$,即$\dfrac{S_E}{n-r}$是σ^2的一个无偏估计,且$\dfrac{S_E}{\sigma^2} \sim \chi^2(n-r)$。

如果假设H_0成立,则有$E(S_A) = (r-1)\sigma^2$,即$\dfrac{S_A}{r-1}$也是σ^2的一个无偏估计,且$\dfrac{S_A}{\sigma^2} \sim \chi^2(r-1)$,并且$S_E$和$S_A$独立。因此,当假设$H_0$成立时,有

$$F = \frac{S_A/(r-1)}{S_E/(n-r)} \sim F(r-1, n-r) \tag{6.1.6}$$

于是F可以作为H_0的检验统计量。对于给定的显著性水平α，用$F_\alpha(r-1, n-r)$表示F分布的上α分位点。若$F > F_\alpha(r-1, n-r)$，则拒绝原假设，认为因素A的r个水平有显著差异。可以通过计算p值的方法来决定是接受还是拒绝H_0。其中p值为$P\{F(r-1, n-r) > F\}$，它表示的是服从自由度为$(r-1, n-r)$的F分布的随机变量取值大于F的概率。显然，p值小于α等价于$F > F_\alpha(r-1, n-r)$，表示在显著性水平α下的小概率事件发生了，这意味着应该拒绝原假设H_0。当p值大于α，则不能拒绝原假设，所以应接受原假设H_0。

通常将计算结果列成表6-3的形式，称为方差分析表。

表6-3 单因素方差分析表

方差来源	自由度	平方和	均方	F 比	p值
因素A	$r-1$	S_A	$MS_A = \dfrac{S_A}{r-1}$	$F = \dfrac{MS_A}{MS_E}$	p
误差	$n-r$	S_E	$MS_E = \dfrac{S_E}{n-r}$		
总和	$n-1$	S_T			

6.1.3 元件使用寿命的方差分析

在表6-1中，材料的配方是影响元件使用寿命的因素，4种不同配方表明因素处于4种状态。根据表6-1中的数据进行方差分析。

用数据框的格式输入数据，调用函数aov()进行方差分析计算，用summary()提取方差分析的信息。

```
lamp<-data.frame(
X=c(1600,1610,1650,1680,1700,1700,1780, 1500,1640,
    1400,1700,1750, 1640,1550,1600,1620,1640,1600,
    1740,1800, 1510,1520,1530,1570,1640,1600),
A=factor(rep(1:4, c(7, 5, 8,6)))
)
lamp.aov<-aov(X~A, data= lamp)
summary(lamp.aov)
```

运行后结果为：

```
          Df  Sum Sq Mean Sq  F value  Pr(>F)
A          3  49212   16404    2.166   0.121
Residuals 22 166622    7574
```

上述计算结果与方差分析表（表6-3）中的内容对应，其中Df表示自由度，Sum Sq表示平方和，Mean Sq表示均方，F value表示F值，Pr（>F）表示p值，A 就是因素A，Residuals 就是残差，即误差。

从上述计算结果得到p值（0.121>0.05）可以看出，不能拒绝H_0，也就是说，在显著性水平为0.05 时接受H_0。这说明4种材料生产出的元件的平均寿命无显著差异。

根据模型（6.1.1）或（6.1.3）可以看出，方差分析模型也是线性模型的一种。因此，也能用线性模型中的lm()函数做方差分析。

对于本问题，方差分析也可以用线性模型来做。

```
lamp.lm<-lm(X~A, data= lamp)
anova(lamp.aov)
```

运行后结果为：

```
Analysis of Variance Table
Response: X
         Df Sum Sq Mean Sq F value Pr(>F)
A         3  49212 16404.1  2.1659 0.1208
Residuals 22 166622  7573.7
```

从以上结果可以看出，用线性模型来做的结果与上面用aov()函数进行方差分析的结果是相同的。

在以上代码中，anova()是线性模型方差分析函数。

用plot()函数绘图来描述各因素的差异，见图6-1。

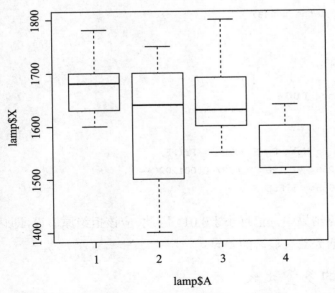

图6-1 4种材料生产出来的元件寿命试验的 box图

从图6-1也可以看出，4种材料生产出来的元件的平均寿命是无显著差异的。

6.1.4 小白鼠试验数据的方差分析

小白鼠在接种了三种不同的菌型的伤寒杆菌后的存活天数见表6-4。判断小白鼠被注射三种菌型后的平均存活天数有无显著差异?

表6-4 小白鼠试验数据

菌型	存 活 天 数										
1	2	4	3	2	4	7	7	2	2	5	4
2	5	6	8	5	10	7	12	12	6	6	
3	7	11	6	6	7	9	5	5	10	6	3	10

设小白鼠被注射的伤寒杆菌为因素,三种不同的菌型的三个水平,接种后存活的天数看作来自三个正态总体 $N(\mu_i, \sigma^2)(i = 1, 2, 3)$ 的样本观测值。问题归结为检验:

$H_0 : \mu_1 = \mu_2 = \mu_3, \quad H_1 : \mu_1, \mu_2, \mu_3$ 不全相等。

R软件的程序如下:

```
mouse<-data.frame(
X=c(2, 4, 3, 2, 4, 7, 7, 2, 2, 5, 4, 5, 6 , 8, 5 ,10, 7,
   12,12, 6, 6, 7, 11, 6, 6 , 7 , 9, 5 ,5, 10, 6, 3, 10),
A=factor(rep(1:3, c(11, 10, 12)))
)
mouse.lm<-lm(X~A, data= mouse)
anova(mouse.lm)
```

运行结果如下:

```
Analysis of Variance Table

Response: X
         Df  Sum Sq Mean Sq F value   Pr(>F)
A         2  94.256  47.128  8.4837 0.001202 **
Residuals 30 166.653   5.555
```

在以上的计算结果中,p 值远小于0.01。因此,应该拒绝原假设,即认为小白鼠被注射三种菌型后的存活天数有显著的差异。

6.1.5 均值的多重比较

如果F检验的结论是拒绝 H_0,则说明因素 A 的 r 个水平有显著差异,也就是说,r 个均值之间有显著差异。但这并不意味着所有均值之间都有显著差异,这时还需要对每一对 μ_i 和 μ_j 做一一比较。

通常采用多重t检验方法进行多重比较。这种方法本质上就是针对每组数据进行t检验，只不过估计方差时利用的是全部数据，因而自由度变大。具体地说，要比较第i组和第j组平均数，即检验

$$H_0 : \mu_i = \mu_j, i \neq j, i, j = 1, 2, \cdots, r$$

以下采用两个正态总体均值的t检验，取检验统计量

$$t_{ij} = \frac{\overline{x}_{i\cdot} - \overline{x}_{j\cdot}}{\sqrt{MS_E \left(\frac{1}{n_i} + \frac{1}{n_j} \right)}}, i \neq j, i, j = 1, 2, \cdots, r \qquad (6.1.7)$$

当H_0成立时，$t_{ij} \sim t(n-r)$，所以当

$$|t_{ij}| > t_{\frac{\alpha}{2}}(n-r) \qquad (6.1.8)$$

时，说明μ_i和μ_j差异显著。定义相应的p值为

$$p_{ij} = P\{t(n-r) > |t_{ij}|\}, \qquad (6.1.9)$$

即服从自由度为$n-r$的t分布的随机变量大于$|t_{ij}|$的概率。若p值小于指定的α值，则认为μ_i和μ_j有显著差异。

多重t检验方法的优点是使用方便，但在均值的多重检验中，如果因素的水平较多，而检验又是同时进行的，则多次重复使用t检验会增加犯第一类错误的概率，所得到的"有显著差异"的结论不一定可靠。

为了克服多重t检验方法的缺点，统计学家们提出了许多更有效的方法来调整p值。由于这些方法涉及较深的统计知识，这里只做简单的说明。具体调整方法的名称和参数见表6-5。调用函数p.adjust.methods可以得到这些参数。

表6-5　p值的调整方法

调整方法	R软件中的参数
Bonferroni	bonferroni
Holm(1979)	holm
Hochberg(1988)	hochberg
Hommel(1988)	hommel
Benjamini 和Hochberg(1995)	BH
Benjamini 和Yekutieli(2001)	BY

6.1.6　小白鼠试验数据的方差分析——均值的多重比较

在前面我们讨论过小白鼠试验数据的方差分析，现在要在此基础上讨论均值的多重比较问题。

在前面小白鼠试验数据的方差分析中，F检验的结论是拒绝原假设，应进一步检验：

$$H_0 : \mu_i = \mu_j, i \neq j, i, j = 1, 2, 3.$$

用R软件先计算各水平下的均值,再用函数pairwise.t.test()做多重t检验。

(1)求数据在各水平下的均值。

```
> attach(mouse)
> mu<-c(mean(X[A==1]), mean(X[A==2]), mean(X[A==3])); mu
[1] 3.818182 7.700000 7.083333
```

(2)做多重t检验。这里调整方法用缺省值,即Holm方法。

```
> pairwise.t.test(X, A, p.adjust.method = "none")
        Pairwise comparisons using t tests with pooled SD
data: X and A
  1      2
2 0.0021 -
3 0.0048 0.5458
P value adjustment method:holm
```

通过计算发现,无论何种调整p值的方法,调整后p值都会增大。因此,在一定程度上会克服多重t检验方法的缺点。

从上述计算结果可见,μ_1和μ_2、μ_1和μ_3均有显著差异,而μ_2和μ_3没有显著差异,即在小白鼠所接种的三种菌型伤寒杆菌中,第一种与后两种使得小白鼠的平均存活天数有显著差异,而后两种差异不显著。

还可以用plot()函数相应的box图,见图6-2。

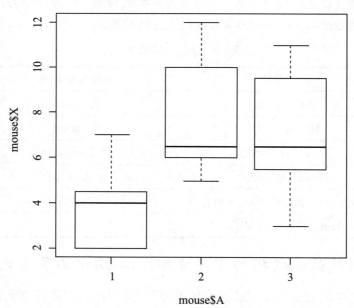

图6-2 三种不同杆菌小白鼠存活天数的 box图

从图6-2中也可以看出,在小白鼠所接种的三种菌型伤寒杆菌中,第一种与后两种使得小白鼠的平均存活天数有显著差异,而后两种差异不显著。

6.1.7 cholesterol数据集的方差分析

multcomp包中的cholesterol数据集，有50个患者均接受降低胆固醇药物治疗（trt）五种方法对患者的效果。五种方法分别是：20mg一天一次（1time）、10mg一天两次（2times）和5mg一天四次（4times），其中前三种所用药物相同，剩下的drugD和drugE是候选药物。哪种药物疗法降低胆固醇最多？以下对这五种治疗方法进行方差分析。

（1）首先查看五种治疗方法的分组情况：

```
> library(multcomp)
> attach(cholesterol)
> table(trt)
trt
```

结果如下：

```
1time 2times 4times  drugD  drugE
  10     10     10     10     10
```

以上结果说明，五种治疗方法的每组各有10个患者。

（2）计算每组的均值

```
> aggregate(response,by=list(trt),FUN=mean)
```

结果如下：

```
  Group.1        x
1   1time  5.78197
2  2times  9.22497
3  4times 12.37478
4   drugD 15.36117
5   drugE 20.94752
```

（3）计算每组的标准差

```
> aggregate(response,by=list(trt),FUN=sd)
```

结果如下：

```
  Group.1        x
1   1time 2.878113
2  2times 3.483054
3  4times 2.923119
4   drugD 3.454636
5   drugE 3.345003
```

（4）检验组间差异——方差分析

```
> fit<-aov(response~trt)
> summary(fit)
```

结果如下：

```
          Df Sum Sq Mean Sq F value   Pr(>F)
trt        4 1351.4   337.8   32.43 9.82e-13 ***
Residuals 45  468.8    10.4
---
Signif. codes:  0 '***' 0.001 '**' 0.01 '*' 0.05 '.' 0.1 ' ' 1
```

以上结果说明组间差异是显著的。

（5）画各组均值及其置信区间的图

```
> library(gplots)
> plotmeans(response~trt,xlab="Treatment",ylab="Response",main="Mean
            plot\nwith 95% CI")
> detach(cholesterol)
```

结果见图6-3。

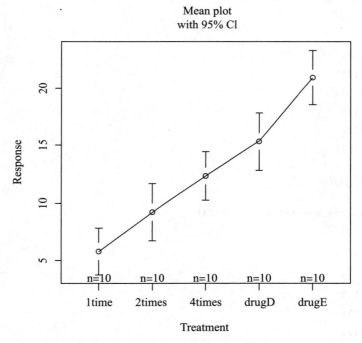

图6-3 五种治疗方式的效果图

从以上结果我们看到，每组10个患者接受一种药物疗法；均值显示drugE降低胆固醇最多，而 1time降低胆固醇最少；各组的标准差相对稳定，在2.878113到3.345003之间；对五种治疗方式（trt）的F检验非常显著，说明五种治疗方式的效果不同。

从图6-3可以清楚地看到五种治疗方式之间的差异。

（6）多重比较

对以上所得结果进行多重比较。

从以上的分析中虽然我们得到了五种治疗方式的效果不同，但是并没有告诉我们哪些疗法与其他疗法不同。

```
> TukeyHSD(fit)
```

结果如下：

```
Tukey multiple comparisons of means
  95% family-wise confidence level

Fit: aov(formula = response ~ trt)

$trt
                 diff        lwr       upr      p adj
2times-1time   3.44300 -0.6582817  7.544282 0.1380949
4times-1time   6.59281  2.4915283 10.694092 0.0003542
drugD-1time    9.57920  5.4779183 13.680482 0.0000003
drugE-1time   15.16555 11.0642683 19.266832 0.0000000
4times-2times  3.14981 -0.9514717  7.251092 0.2050382
drugD-2times   6.13620  2.0349183 10.237482 0.0009611
drugE-2times  11.72255  7.6212683 15.823832 0.0000000
drugD-4times   2.98639 -1.1148917  7.087672 0.2512446
drugE-4times   8.57274  4.4714583 12.674022 0.0000037
drugE-drugD    5.58635  1.4850683  9.687632 0.0030633
```

从以上结果看到，1time和2times的均值的差异不显著（$p=0.1380949$），而1time和4times的均值的差异非常显著（$p<0.001$）。

（7）用TukeyHSD()函数画成对比较图

以下用TukeyHSD()函数画成对比较图，其代码如下：

```
> par(las=2)
> par(mar=c(5,8,4,2))
> plot(TukeyHSD(fit))
```

结果见图6-4。

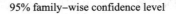
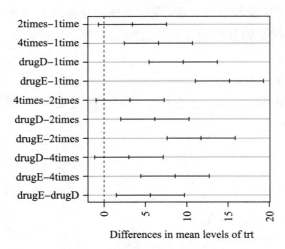

图6-4 均值成对比较图

（8）多重比较对结果的可视化

multcomp包中的glht()函数提供了多重比较更为全面的方法，并可以用一个图形对结果进行可视化。代码如下：

```
> library(multcomp)
> par(mar=c(5,4,6,2))
> tuk<-glht(fit,linfct=mcp(trt="Tukey"))
> plot(cld(tuk,level=0.05),col="lightgrey")
```

结果见图6-5。

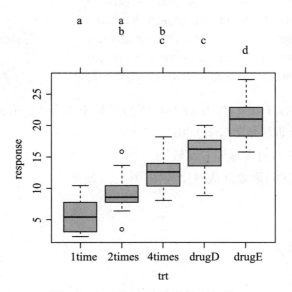

图6-5 多重比较对结果的可视化

在上面的代码中,为适应字母阵列摆放,par语句增大了顶部边界面积。cld()函数中的level选项设置了使用的显著性水平。

有相同字母的组(用箱线图表示)说明均值的差异不显著。从图6.5中我们看到,1time和2times的均值的差异不显著, 2time和4times的均值的差异也不显著,而1time和4times的均值的差异显著(它们没有相同字母)。

6.2 双因素方差分析

在许多实际问题中,需要考虑影响试验数据的因素多于一个的情形。例如,在化学试验中,几种原料的用量、反应时间、温度的控制等都可能影响试验结果,这就构成了多因素试验问题。

例6.2.1 在一个农业试验中,考虑4种不同的种子品种A_1、A_2、A_3、A_4,三种不同的施肥方法B_1、B_2、B_3,得到产量数据如表6-6(单位:kg)。请分析种子与施肥对产量有无显著影响。

表6-6 农业试验数据

品种	B_1	B_2	B_3
A_1	325	292	316
A_2	317	310	318
A_3	310	320	318
A_4	330	330	365

这是一个双因素试验,因素A(种子)有4个水平,因素B(施肥)有三个水平。通过下面的双因素方差分析来回答以上问题。

设有A、B两个因素,因素A有r个水平$A_1, A_2, \cdots, A_r$,因素B有s个水平$B_1, B_2, \cdots, B_s$。

6.2.1 不考虑交互作用

因素A、B的每一个水平组合 (A_i, B_j) 下进行一次独立试验得到观测值$x_{ij}(i = 1, 2, \cdots, r, j = 1, 2, \cdots, s)$。把观测数据列表,见表6-7。

表6-7 无重复试验的双因素方差分析数据

	B_1	B_2	$\cdots$	B_s
A_1	x_{11}	x_{12}	$\cdots$	x_{1s}
A_2	x_{21}	x_{22}	$\cdots$	x_{2s}
$\vdots$	$\vdots$	$\vdots$	$\cdots$	$\vdots$
A_r	x_{r1}	x_{r2}	$\cdots$	x_{rs}

假定 $x_{ij} \sim N(\mu_{ij}, \sigma^2)(i = 1, 2, \cdots, r, j = 1, 2, \cdots, s)$ 且各 x_{ij} 相互独立。不考虑两因素的交互作用,因此模型可以归结为:

$$
\begin{cases}
x_{ij} = \mu + \alpha_i + \beta_j + \varepsilon_{ij}, i = 1, 2, \cdots, r, j = 1, 2, \cdots, s, \\
\varepsilon_{ij} \sim N(0, \sigma^2) \text{且各} \varepsilon_{ij} \text{相互独立}. \\
\sum_{i=1}^{r} \alpha_i = 0, \sum_{j=1}^{s} \beta_j = 0.
\end{cases}
\tag{6.2.1}
$$

其中 $\mu = \dfrac{1}{rs} \sum\limits_{i=1}^{r} \sum\limits_{j=1}^{s} \mu_{ij}$ 为总平均, α_i 为因素 A 第 i 个水平的效应, β_j 为因素 B 第 j 个水平的效应。

在线性模型(6.2.1)下,方差分析的主要任务是:系统分析因素 A 和因素 B 对试验指标影响的大小。因此,在给定显著性水平 α 下,提出以下统计假设:

对于因素 A, "因素 A 对试验指标影响不显著"等价于

$$H_{01}: \alpha_1 = \alpha_2 = \cdots = \alpha_r = 0$$

对于因素 B, "因素 B 对试验指标影响不显著"等价于

$$H_{02}: \beta_1 = \beta_2 = \cdots = \beta_s = 0$$

双因素方差分析与单因素方差分析的统计原理基本相同,也是基于平方和分解公式

$$S_T = S_E + S_A + S_B$$

其中

$$S_T = \sum_{i=1}^{r} \sum_{j=1}^{s} (x_{ij} - \overline{x})^2, \quad \overline{x} = \frac{1}{rs} \sum_{i=1}^{r} \sum_{j=1}^{s} x_{ij},$$

$$S_A = s \sum_{i=1}^{r} (\overline{x}_{i\cdot} - \overline{x})^2, \quad \overline{x}_{i\cdot} = \frac{1}{s} \sum_{j=1}^{s} x_{ij}, i = 1, 2, \cdots, r,$$

$$S_B = r \sum_{j=1}^{s} (\overline{x}_{\cdot j} - \overline{x})^2, \quad \overline{x}_{\cdot j} = \frac{1}{r} \sum_{i=1}^{r} x_{ij}, j = 1, 2, \cdots, s,$$

$$S_E = \sum_{i=1}^{r} \sum_{j=1}^{s} (x_{ij} - \overline{x}_{i\cdot} - \overline{x}_{\cdot j} + \overline{x})^2,$$

S_T 为总离差平方和, S_E 为误差平方和, S_A 为由因素 A 的不同水平所引起的离差平方和(称为因素 A 的平方和)。类似地, S_B 称为因素 B 的平方和。可以证明,当 H_{01} 成立时,

$$\frac{S_A}{\sigma^2} \sim \chi^2(r-1)$$

且与 S_E 相互独立,而

$$\frac{S_E}{\sigma^2} \sim \chi^2((r-1)(s-1))$$

于是当H_{01}成立时,

$$F_A = \frac{S_A/(r-1)}{S_E/[(r-1)(s-1)]} \sim F(r-1, (r-1)(s-1))$$

类似地,当H_{02}成立时,

$$F_B = \frac{S_B/(s-1)}{S_E/[(r-1)(s-1)]} \sim F(s-1, (r-1)(s-1))$$

分别以F_A和F_B作为H_{01}和H_{02}的检验统计量,把计算结果列成方差分析表,见表6-8。

表6-8 双因素方差分析表

方差来源	自由度	平方和	均方	F 比	p值
因素A	$r-1$	S_A	$MS_A = \dfrac{S_A}{r-1}$	$F = \dfrac{MS_A}{MS_E}$	p_A
因素B	$s-1$	S_B	$MS_B = \dfrac{S_B}{s-1}$	$F = \dfrac{MS_B}{MS_E}$	p_B
误差	$(r-1)(s-1)$	S_E	$MS_E = \dfrac{S_E}{(r-1)(s-1)}$		
总和	$rs-1$	S_T			

6.2.2 种子与施肥问题的双因素方差分析

在例6.2.1中考虑4种不同的种子品种A_1、A_2、A_3、A_4,三种不同的施肥方法B_1、B_2、B_3,得到产量数据如表6-6(单位:kg)。对例6.2.1的数据做双因素方差分析,请确定种子与施肥对产量有无显著影响。

输入数据,用函数aov()进行方差分析,代码如下:

```
agriculture<-data.frame(
Y=c(325, 292, 316, 317, 310, 318,
    310, 320, 318, 330 ,330, 365),
  A=gl(4,3),
  B=gl(3, 1, 12)
)
agriculture.aov<-aov(Y~A+B, dadt= agriculture)
summary(agriculture.aov)
```

运行结果为:

```
Analysis of Variance Table
Response: X
          Df  Sum Sq Mean Sq F value  Pr(>F)
A          3  3824.2  1274.7  5.2262  0.04126*
B          2   162.5    81.2  0.3331  0.72915
Residuals  6  1463.5   243.9
```

- 133 -

```
Signif. codes:  0 '***' 0.001 '**' 0.01 '*' 0.05 '.' 0.1
```

根据以上计算结果,p值说明不同品种(因素A)对产量有显著影响,而没有充分理由说明施肥方法(因素B)对产量有显著影响。

6.2.3　考虑交互作用

设有A、B两个因素,因素A有r个水平$A_1, A_2, \cdots, A_r$,因素B有s个水平$B_1, B_2, \cdots, B_s$。每一个水平组合(A_i, B_j)下重复试验t次。记录第k次的观测值为x_{ijk},把观测数据列表,见表6-9。

表6-9　双因素重复试验数据

	B_1				B_2			$\cdots$	B_s			
A_1	x_{111}	x_{112}	$\cdots$	x_{11t}	x_{121}	x_{122}	$\cdots$	x_{12t}	$\cdots$	x_{1s1}	x_{1s2}	$\cdots$	x_{1st}
A_2	x_{211}	x_{212}	$\cdots$	x_{21t}	x_{221}	x_{222}	$\cdots$	x_{22t}	$\cdots$	x_{2s1}	x_{2s2}	$\cdots$	x_{2st}
$\vdots$	$\vdots$	$\vdots$		$\vdots$	$\vdots$	$\vdots$		$\vdots$		$\vdots$	$\vdots$		$\vdots$
A_r	x_{r11}	x_{r12}	$\cdots$	x_{r2t}	x_{r21}	x_{r22}	$\cdots$	x_{r2t}	$\cdots$	x_{rs1}	x_{rs2}	$\cdots$	x_{rst}

假定$x_{ijk} \sim N(\mu_{ij}, \sigma^2)(i = 1, 2, \cdots, r, j = 1, 2, \cdots, s, k = 1, 2, \cdots, t)$且各$x_{ijk}$相互独立,因此模型可以归结为

$$\begin{cases} x_{ijk} = \mu + \alpha_i + \beta_j + \delta_{ij} + \varepsilon_{ijk}, \\ \varepsilon_{ijk} \sim N(0, \sigma^2) \text{ 且各 } \varepsilon_{ijk} \text{ 相互独立}, \\ i = 1, 2, \cdots, r, \quad j = 1, 2, \cdots, s, \quad k = 1, 2, \cdots, t \end{cases} \tag{6.2.2}$$

其中α_i为因素A第i个水平的效应,β_j为因素B第j个水平的效应,δ_{ij}为A_i和B_j的交互效应。因此有 $\mu = \frac{1}{rs} \sum_{i=1}^{r} \sum_{j=1}^{s} \mu_{ij}$, $\sum_{i=1}^{r} \alpha_i = 0$, $\sum_{j=1}^{s} \beta_j = 0$, $\sum_{i=1}^{r} \delta_{ij} = \sum_{j=1}^{s} \delta_{ij} = 0$。

此时,判断因素A、B交互效应的影响是否显著等价于下列检验假设:

$$H_{01} : \alpha_1 = \alpha_2 = \cdots = \alpha_r = 0,$$

$$H_{02} : \beta_1 = \beta_2 = \cdots = \beta_s = 0,$$

$$H_{03} : \delta_{ij} = 0, i = 1, 2, \cdots, r, j = 1, 2, \cdots, s$$

在这种情况下,方差分析法与前面的方法类似,有以下计算公式:

$$S_T = S_E + S_A + S_B + S_{A \times B}$$

其中

$$S_T = \sum_{i=1}^{r} \sum_{j=1}^{s} \sum_{k=1}^{t} (x_{ijk} - \overline{x})^2, \quad \overline{x} = \frac{1}{rst} \sum_{i=1}^{r} \sum_{j=1}^{s} \sum_{k=1}^{t} x_{ijk},$$

$$S_E = \sum_{i=1}^{r} \sum_{j=1}^{s} \sum_{k=1}^{t} (x_{ijk} - \overline{x}_{ij\cdot})^2, \quad \overline{x}_{ij\cdot} = \frac{1}{t} \sum_{k=1}^{t} x_{ijk}, i = 1, 2, \cdots, r, j = 1, 2, \cdots, s,$$

$$S_A = st \sum_{i=1}^{r} (\overline{x}_{i\cdot\cdot} - \overline{x})^2, \quad \overline{x}_{i\cdot\cdot} = \frac{1}{st} \sum_{j=1}^{s} \sum_{k=1}^{t} x_{ijk}, i = 1, 2, \cdots, r,$$

$$S_B = rt \sum_{j=1}^{s} (\overline{x}_{\cdot j\cdot} - \overline{x})^2, \quad \overline{x}_{\cdot j\cdot} = \frac{1}{rt} \sum_{i=1}^{r} \sum_{k=1}^{t} x_{ijk}, j = 1, 2, \cdots, s,$$

$$S_{A \times B} = t \sum_{i=1}^{r} \sum_{j=1}^{s} (\overline{x}_{ij\cdot} - \overline{x}_{i\cdot\cdot} - \overline{x}_{\cdot j\cdot} + \overline{x})^2$$

S_T 为总离差平方和，S_E 为误差平方和，S_A 为因素 A 的平方和，S_B 称为 B 的平方和，$S_{A \times B}$ 交互平方和。可以证明，当 H_{01} 成立时，

$$F_A = \frac{S_A/(r-1)}{S_E/[rs(t-1)]} \sim F(r-1, rs(t-1))$$

当 H_{02} 成立时，

$$F_B = \frac{S_B/(s-1)}{S_E/[rs(t-1)]} \sim F(s-1, rs(t-1))$$

当 H_{03} 成立时，

$$F_{A \times B} = \frac{S_{A \times B}/[(r-1)(s-1)]}{S_E/[rs(t-1)]} \sim F((r-1)(s-1), rs(t-1))$$

分别以 F_A、F_B、$F_{A \times B}$ 作为 H_{01}、H_{02}、H_{03} 的检验统计量，把检验结果列成方差分析表，见表6-10。

表6-10　有交互效应的双因素方差分析表

方差来源	自由度	平方和	均方	F 比	p值
因素 A	$r-1$	S_A	$MS_A = \dfrac{S_A}{r-1}$	$F = \dfrac{MS_A}{MS_E}$	p_A
因素 B	$s-1$	S_B	$MS_B = \dfrac{S_B}{s-1}$	$F = \dfrac{MS_B}{MS_E}$	p_B
交互效应 $A \times B$	$(r-1)(s-1)$	$S_{A \times B}$	$MS_{A \times B} = \dfrac{S_{A \times B}}{(r-1)(s-1)}$	$F = \dfrac{MS_{A \times B}}{MS_E}$	$p_{A \times B}$
误差	$rs(t-1)$	S_E	$MS_E = \dfrac{S_E}{rs(t-1)}$		
总和	$rst-1$	S_T			

6.2.4　树种与地理位置问题的双因素方差分析

研究树种与地理位置对松树生长的影响，对4个地区3种同龄松树的直径进行测量得到数据（单位：cm）如表6-11，A_1、A_2、A_3 表示3个不同树种，B_1、B_2、B_3、B_4 表示4个不同地

区。对每一种水平组合,进行了5次测量,对此试验结果进行方差分析。

表6-11　三种同龄松树的直径测量数据

品种	B_1					B_2					B_3					B_4				
A_1	23	25	21	14	15	20	17	11	26	21	16	19	13	16	24	20	21	18	27	24
A_2	28	30	19	17	22	26	24	21	25	26	19	18	19	20	25	26	26	28	29	23
A_3	18	15	23	18	10	21	25	12	12	22	19	23	22	12	13	22	13	12	22	19

用函数aov()进行方差分析,用summary() 函数列出方差分析信息,代码如下:

```
tree<-data.frame(
Y=c(23, 25, 21, 14, 15, 20, 17, 11, 26, 21,
    16, 19, 13, 16, 24, 20, 21, 18, 27, 24,
    28, 30, 19, 17, 22, 26, 24, 21, 25, 26,
    19, 18, 19, 20, 25, 26, 26, 28, 29, 23,
    18, 15, 23, 18, 10, 21, 25, 12, 12, 22,
    19, 23, 22, 14, 13, 22, 13, 12, 22, 19),
  A=gl(3, 20, 60, labels=paste('A',1:3, sep=' ')),
  B=gl(4, 5, 60, labels=paste('B',1:4, sep=' '))
)
tree.aov<-aov(Y~A+B+A:B, data=tree)
summary(tree.aov)
```

运行结果为:

```
            Df  Sum Sq  Mean Sq  F value  Pr(>F)
A            2   352.5   176.27    8.959   0.000494 ***
B            3    87.5    29.17    1.483   0.231077
A:B          6    71.7    11.96    0.608   0.722890
Residuals   48   944.4    19.68
---

Signif. codes:  0 '***' 0.001 '**' 0.01 '*' 0.05 '.' 0.1
```

可见,在显著性水平为0.05下,树种(因素A)效应是高度显著的,而位置(因素B)效应及交互效应并不显著。

在得到结果后如何使用它,一种简单的方法是计算各因素的均值。由于树种(因素A)效应是高度显著的,也就是说,选什么树种对树的生长很重要。计算因素A的均值:

```
attach(tree); tapply(Y.A.mean)
```

结果为:

```
   A1    A2    A3
19.55 23.55 17.75
```

从以上计算结果可以看出，选择第2种树对生长有利。以下计算因素B（位置）的均值：

```
tapply(Y.B.mean)
```

结果为

```
      B1        B2        B3        B4
19.86667  20.60000  18.66667  22.00000
```

是否选择位置4最有利呢？不必了。由于计算结果表明，关于位置效应并不显著。也就是说，所受到的影响是随机的。因此，选择成本较低的位置种树就可以了。

6.2.5 老鼠存活时间的方差分析

有一个关于检验毒药强弱的实验，给48只老鼠注射I、II、III三种毒药（因素A），同时有A、B、C和D四种治疗方案（因素B），这样的实验在每一种因素组合下都重复四次测试老鼠的存活时间，数据如表6-12所示。试分析毒药和治疗方案以及它们的交互作用对老鼠存活时间有无显著影响。

表6-12 老鼠存活时间（年）的实验数据

	A		B		C		D	
I	0.31	0.45	0.82	1.10	0.43	0.45	0.45	0.71
	0.46	0.43	0.88	0.72	0.63	0.76	0.66	0.62
II	0.36	0.29	0.92	0.61	0.44	0.35	0.56	1.02
	0.40	0.23	0.49	1.24	0.31	0.40	0.71	0.38
III	0.22	0.21	0.30	0.37	0.23	0.25	0.30	0.36
	0.18	0.23	0.38	0.29	0.24	0.22	0.31	0.33

（1）首先以数据框形式输入数据，并用函数plot()作图。

```
> rats<-data.frame(
+ Time=c(0.31, 0.45, 0.46, 0.43, 0.82, 1.10, 0.88, 0.72, 0.43, 0.45,
+ 0.63, 0.76, 0.45, 0.71, 0.66, 0.62, 0.38, 0.29, 0.40, 0.23,
+ 0.92, 0.61, 0.49, 1.24, 0.44, 0.35, 0.31, 0.40, 0.56, 1.02,
+ 0.71, 0.38, 0.22, 0.21, 0.18, 0.23, 0.30, 0.37, 0.38, 0.29,
+ 0.23, 0.25, 0.24, 0.22, 0.30, 0.36, 0.31, 0.33),
+ Toxicant=gl(3, 16, 48, labels = c("I", "II", "III")),
+ Cure=gl(4, 4, 48, labels = c("A", "B", "C", "D"))
+ )
> op<-par(mfrow=c(1, 2))
> plot(Time~Toxicant+Cure, data=rats)
```

运行结果见图6-6。

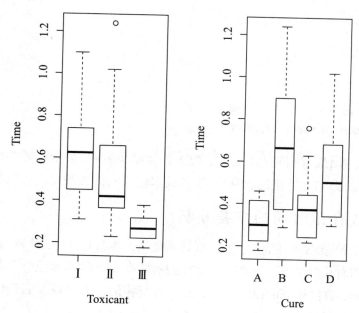

图6-6 毒药和治疗方案两因素的各自效应分析

图6-6显示两因素的各水平均有较大差异存在。

（2）下面再用函数interaction.plot()作出交互效应图，以考察因素之间交互作用是否存在，其代码为

```
> with(rats, interaction.plot(Toxicant, Cure, Time, trace.label="Cure"))
```

结果见图6-7和图6-8。

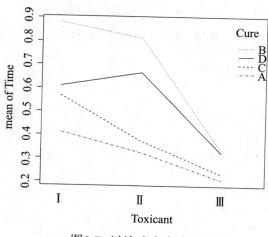
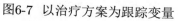

图6-7 以治疗方案为跟踪变量

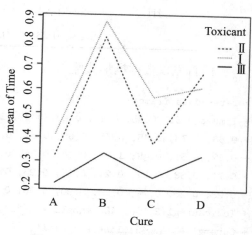

图6-8 以毒药为跟踪变量

（3）有交互作用的方差分析

```
> rats.aov<-aov(Time~Toxicant*Cure, data=rats)
> summary(rats.aov)
```

运行结果为：

```
              Df Sum Sq Mean Sq F value   Pr(>F)
Toxicant       2 1.0356  0.5178  23.225 3.33e-07 ***
Cure           3 0.9146  0.3049  13.674 4.13e-06 ***
Toxicant:Cure  6 0.2478  0.0413   1.853    0.116
Residuals     36 0.8026  0.0223
---
Signif. codes:  0 '***' 0.001 '**' 0.01 '*' 0.05 '.' 0.1 ' ' 1
```

根据p值知，因素Toxicant和Cure对Time的影响是高度显著的，而交互作用对Time的影响却是不显著的。

（4）再进一步使用前面的Bartlett和Levene两种方法检验因素Toxicant和Cure下的数据是否满足方差齐性的要求，其代码和结果如下：

```
> library(car)
> levene.test(rats$Time, rats$Toxicant)
Levene's Test for Homogeneity of Variance (center = median)
      Df F value  Pr(>F)
group  2  4.1196 0.02275 *
      45
---
Signif. codes:  0 '***' 0.001 '**' 0.01 '*' 0.05 '.' 0.1 ' ' 1

Warning message:
'levene.test' is deprecated.
Use 'leveneTest' instead.
See help("Deprecated") and help("car-deprecated").
> levene.test(rats$Time, rats$Cure)
Levene's Test for Homogeneity of Variance (center = median)
      Df F value   Pr(>F)
group  3  5.8248 0.001926 **
      44
---
Signif. codes:  0 '***' 0.001 '**' 0.01 '*' 0.05 '.' 0.1 ' ' 1

Warning message:
'levene.test' is deprecated.
Use 'leveneTest' instead.
See help("Deprecated") and help("car-deprecated").
```

```
> bartlett.test(Time~Toxicant, data=rats)
        Bartlett test of homogeneity of variances
data:   Time by Toxicant
Bartlett's K-squared = 25.806, df = 2, p-value = 2.49e-06
> bartlett.test(Time~Cure, data=rats)
        Bartlett test of homogeneity of variances
data:   Time by Cure
Bartlett's K-squared = 13.055, df = 3, p-value = 0.004519
```

从以上结果可以看到,各p值均小于0.05,这表明在显著性水平0.05下两因素下的方差不满足齐性的要求。

6.3　多元方差分析

单变量方差分析可以直接推广到向量变量情形,即一元方差分析可以直接推广到多元方差分析。

6.3.1　多个正态总体均值向量的检验

设有 k 个 p 元正态总体 $N_p(\mu^{(t)}, \Sigma)(t = 1, 2, \cdots, k)$, $X_{(\alpha)}^{(t)}$ $(t = 1, 2, \cdots, k, \alpha = 1, 2, \cdots, n_t$ 是来自$N_p(\mu^{(t)}, \Sigma)$的样本(关于多元正态分布的定义,见本章附录),检验:

$H_0 : \mu^{(1)} = \mu^{(2)} = \cdots = \mu^{(k)}$, H_1 :至少存在$i \neq j$使得 $\mu^{(i)} \neq \mu^{(j)}$(即$\mu^{(1)}, \mu^{(2)}, \cdots, \mu^{(k)}$中至少有一对不等)。

当$p = 1$时,此检验问题就是一元方差分析问题,比如比较k个不同品牌的同类产品中某一个质量指标(如耐磨度)有无显著差异的问题。我们把不同品牌对应不同总体(假定为正态总体),这种多组比较问题就是检验:

$H_0 : \mu^{(1)} = \mu^{(2)} = \cdots = \mu^{(k)}$, H_1 :至少存在$i \neq j$使 $\mu^{(i)} \neq \mu^{(j)}$。

从第i个总体抽取容量为n_i的样本如下$(i = 1, 2, \cdots, k$; 记$n = n_1 + n_2 + \cdots, n_k)$:

$$X_{(1)}^{(1)}, X_{(2)}^{(1)}, \cdots, X_{(n_1)}^{(1)},$$
$$\cdots\cdots\cdots\cdots\cdots\cdots$$
$$X_{(1)}^{(k)}, X_{(2)}^{(k)}, \cdots, X_{(n_k)}^{(k)}.$$

记

$$\overline{X} = \frac{1}{n}\sum_{t=1}^{k}\sum_{j=1}^{n_t}X_{(j)}^{(t)}, \quad \overline{X}^{(t)} = \frac{1}{n_t}\sum_{j=1}^{n_t}X_{(j)}^{(t)}(t = 1, 2, \cdots, k)$$

当$p = 1$时,利用一元方差分析的思想来构造检验统计量。记:

总偏差平方和 $S_T = \sum_{i=1}^{k}\sum_{j=1}^{n_i}(X_{(j)}^{(i)} - \overline{X})^2$;

组内偏差平方和 $S_E = \sum\limits_{i=1}^{k} \sum\limits_{j=1}^{n_i} (X_{(j)}^{(i)} - \overline{X}^{(i)})^2$;

组间偏差平方和 $S_A = \sum\limits_{i=1}^{k} n_i (\overline{X}^{(i)} - \overline{X})^2$。

可以证明如下平方和分解公式:

$$S_T = S_E + S_A$$

直观考察,若 H_0 成立,当总偏差平方和 S_T 固定不变时,应有组间偏差平方和 S_A 小而组内偏差平方和 S_E 大,因此比值 S_A/S_E 应很小。检验统计量取为

$$F = \frac{S_A/(k-1)}{S_E/(n-k)} \overset{H_0\text{为真}}{\sim} F(k-1, n-k)$$

对于给定的显著性水平 α,拒绝域为 $W = \{F > F_\alpha(k-1, n-k)\}$

推广到 k 个 p 元正态总体 $N_p(\mu^{(t)}, \Sigma)$(假定 k 个总体的协方差相等,且记为 Σ),记第 i 个 p 元总体的数据矩阵为

$$\boldsymbol{X}^{(i)} = \begin{pmatrix} x_{11}^{(i)} & x_{12}^{(i)} & \cdots & x_{1p}^{(i)} \\ x_{21}^{(i)} & x_{22}^{(i)} & \cdots & x_{2p}^{(i)} \\ \vdots & \vdots & \vdots & \vdots \\ x_{n_i 1}^{(i)} & x_{n_i 2}^{(i)} & \cdots & x_{n_i p}^{(i)} \end{pmatrix} = \begin{pmatrix} X_{(1)}^{(i)\mathrm{T}} \\ X_{(2)}^{(i)\mathrm{T}} \\ \vdots \\ X_{(n_i)}^{(i)\mathrm{T}} \end{pmatrix}$$

其中 $i = 1, 2, \cdots, k$。

对总离差矩阵 $\boldsymbol{T}$ 进行分解:

$$\boldsymbol{T} = \sum_{i=1}^{k} \sum_{j=1}^{n_i} (X_{(j)}^{(i)} - \overline{X})(X_{(j)}^{(i)} - \overline{X})^{\mathrm{T}}$$

$$= \sum_{i=1}^{k} \sum_{j=1}^{n_i} (X_{(j)}^{(i)} - \overline{X}^{(i)} + \overline{X}^{(i)} - \overline{X})(X_{(j)}^{(i)} - \overline{X}^{(i)} + \overline{X}^{(i)} - \overline{X})^{\mathrm{T}}$$

$$= \sum_{i=1}^{k} \sum_{j=1}^{n_i} (X_{(j)}^{(i)} - \overline{X}^{(i)})(X_{(j)}^{(i)} - \overline{X}^{(i)})^{\mathrm{T}} + \sum_{i=1}^{k} \sum_{j=1}^{n_i} (\overline{X}^{(i)} - \overline{X})(\overline{X}^{(i)} - \overline{X})^{\mathrm{T}}$$

$$= \sum_{i=1}^{k} A_i + \sum_{i=1}^{k} n_i (\overline{X}^{(i)} - \overline{X})(\overline{X}^{(i)} - \overline{X})^{\mathrm{T}}$$

$$= \boldsymbol{A} + \boldsymbol{B}$$

其中 $\boldsymbol{A} = \sum\limits_{i=1}^{k} A_i$ 称为组内离差矩阵,$\boldsymbol{B} = \sum\limits_{i=1}^{k} n_i (\overline{X}^{(i)} - \overline{X})(\overline{X}^{(i)} - \overline{X})^{\mathrm{T}}$ 称为组间离差矩阵。

根据直观想法及似然比原理得到检验 H_0 的统计量:

$$\boldsymbol{\Lambda} = \frac{\det(\boldsymbol{A})}{\det(\boldsymbol{A} + \boldsymbol{B})} = \frac{\det(\boldsymbol{A})}{\det(\boldsymbol{T})}$$

这里det($\boldsymbol{A}$)表示矩阵$\boldsymbol{A}$的行列式。

可以得到：

（1）由于$A_i \sim W_p(n_i-1,\Sigma)$且相互独立$(i=1,2,\cdots,k)$，由可加性（见本章附录）得 $\boldsymbol{A} = \sum_{i=1}^k A_i \sim W_p(n-k,\Sigma)(n=n_1+n_2+\cdots,n_k)$。

（2）在H_0下，$T \sim W_p(n-1,\Sigma)$。

（3）可以证明在H_0下，$B \sim W_p(k-1,\Sigma)$，且B与A相互独立。

说明：$W_p(n-1,\Sigma)$是维希特（Wishart）分布（关于维希特分布的定义，见本章附录）。根据威尔克斯（Wilks）分布（关于威尔克斯分布的定义，见本章附录），有

$$\boldsymbol{\Lambda} = \frac{\det(\boldsymbol{A})}{\det(\boldsymbol{A}+\boldsymbol{B})} \overset{H_0为真}{\sim} \boldsymbol{\Lambda}(p,n-k,k-1)$$

对于给定的显著性水平α，拒绝域为$W = \boldsymbol{\Lambda} < \Lambda_{\boldsymbol{\alpha}}(p,n-k,k-1)\}$。

如果手头没有威尔克斯临界值表时，可以用χ^2分布或F分布来近似。

例6.3.1 为了研究某种疾病，对一批人同时测量了4个指标：β脂蛋白（X_1）、甘油三酯（X_2）、α脂蛋白（X_3）、前β脂蛋白（X_4）。按不同年龄、不同性别分别分为三组（20至35岁女性、20至25岁男性、35至50岁男性），数据见表6-13。问这三个组的4项指标间有无显著差异（$\alpha=0.01$）。

表6-13　身体指标化验数据

X_1	X_2	X_3	X_4	组	X_1	X_2	X_3	X_4	组	X_1	X_2	X_3	X_4	组
260	75	40	18	1	310	122	30	21	2	320	64	39	17	3
200	72	34	17	1	310	60	35	18	2	260	59	37	11	3
240	87	45	18	1	190	40	27	15	2	360	88	28	26	3
170	65	39	17	1	225	65	34	16	2	295	100	36	12	3
270	110	39	24	1	170	65	37	16	2	270	65	32	21	3
205	130	34	23	1	210	82	31	17	2	380	114	36	21	3
190	69	27	15	1	280	67	37	18	2	240	55	42	10	3
200	46	45	15	1	210	38	36	17	2	260	55	34	20	3
250	117	21	20	1	280	65	30	23	2	260	110	29	20	3
200	107	28	20	1	200	76	40	17	2	295	73	33	21	3
225	130	36	11	1	200	76	39	20	2	240	114	38	18	3
210	125	26	17	1	280	94	26	11	2	310	103	32	18	3
170	64	31	14	1	190	60	33	17	2	330	112	21	11	3
270	76	33	13	1	295	55	30	16	2	345	127	24	20	3
190	60	34	16	1	270	125	24	21	2	250	62	22	16	3
280	81	20	18	1	280	120	32	18	2	260	59	21	19	3

X_1	X_2	X_3	X_4	组	X_1	X_2	X_3	X_4	组	X_1	X_2	X_3	X_4	组
310	119	25	15	1	240	62	32	20	2	225	100	34	30	3
270	57	31	8	1	280	69	29	20	2	345	120	36	18	3
250	67	31	14	1	370	70	30	20	2	360	107	25	23	3
260	135	39	29	1	280	40	37	17	2	250	117	36	16	3

比较三组（$k=3$）的4项指标（$p=4$）间是否有显著差异问题，就是多总体均值向量是否相等的检验问题。设第i组为4元总体$N_4(\mu^{(i)}, \Sigma)(i=1,2,3)$（即，假设三个组的协方差矩阵相等。例6.3.2的结果将说明这个假设是可以的），来自3个总体的样本容量$n_1 = n_2 = n_3 = 20$。检验：

$H_0: \mu^{(1)} = \mu^{(2)} = \mu^{(3)}, H_1$:至少存在$\mu^{(i)} \neq \mu^{(j)}$（即$\mu^{(1)}, \mu^{(2)}, \mu^{(3)}$中至少有一对不等）。

因似然比检验统计量为$\Lambda \sim \Lambda(p, n-k, k-1)$，在本例中$k-1=2$,可以利用$\Lambda$统计量与$F$统计量的关系（见本章附录），取检验统计量为$F$统计量：

$$F = \frac{(n-k)-p+1}{p} \cdot \frac{1-\sqrt{\Lambda}}{\sqrt{\Lambda}}(k=3, p=4, n=60),$$

由样本值计算得到：$\overline{\boldsymbol{X}} = (259.08, 84.12, 32.37, 17.8)^{\mathrm{T}}$以及

$$\overline{X}^{(1)} = \begin{pmatrix} 231.0 \\ 89.6 \\ 32.9 \\ 17.1 \end{pmatrix}, \overline{X}^{(2)} = \begin{pmatrix} 253.50 \\ 72.55 \\ 32.45 \\ 17.90 \end{pmatrix}, \overline{X}^{(3)} = \begin{pmatrix} 292.75 \\ 90.20 \\ 31.75 \\ 18.40 \end{pmatrix},$$

$$\boldsymbol{A} = A_1 + A_2 + A_3 = \sum_{t=1}^{3} \sum_{\alpha=1}^{n_t} (X_{(\alpha)}^{(t)} - \overline{X}^{(t)})(X_{(\alpha)}^{(t)} - \overline{X}^{(t)})^{\mathrm{T}}$$

$$= \begin{pmatrix} 125408.75 & & & \\ 23278.50 & 40466.95 & & \\ -3950.75 & -1937.75 & 2082.50 & \\ 1748.00 & 2166.30 & -26.90 & 1024.40 \end{pmatrix},$$

$$\boldsymbol{T} = \sum_{t=1}^{3} \sum_{\alpha=1}^{n_t} (X_{(\alpha)}^{(t)} - \overline{X})(X_{(\alpha)}^{(t)} - \overline{X})^{\mathrm{T}}$$

$$= \begin{pmatrix} 164474.580 & & & \\ 25586.417 & 444484.183 & & \\ -4674.833 & -1973.567 & 2095.933 & \\ 2534.000 & 2139.400 & -41.600 & 1041.600 \end{pmatrix}$$

进一步计算可得:

$$\mathbf{\Lambda} = \frac{\det(A)}{\det(T)} = \frac{7.8419 \times 10^{15}}{1.1844 \times 10^{16}} = 0.6621,$$

$$f = \frac{(n-k)-p+1}{p} \cdot \frac{1-\sqrt{\Lambda}}{\sqrt{\Lambda}} = \frac{54}{4} \cdot \frac{1-\sqrt{0.6621}}{\sqrt{0.6621}} = 3.0907$$

对于给定的显著性水平 $\alpha = 0.01$,首先计算 p 值[此时检验统计量 $F \sim F(8,108)$]:

$$p = P\{F \geqslant 3.0907\} = 0.003538$$

由于 $p = 0.003538 < 0.01 = \alpha$,因此拒绝 H_0,在显著性水平 $\alpha = 0.01$ 时,可以认为三个组的指标之间有显著差异。

进一步地如果还想了解三个组的指标之间的差异是由哪几项指标引起的,可以对4项指标逐一用一元方差分析进行检验,我们将发现三个指标之间只有第一项指标 X_1 有显著差异。

事实上,用一元方差分析检验 X_1 在三个组中是否有显著差异时,由于

$$f_1 = \frac{(t_{11}-a_{11})/(k-1)}{a_{11}/(n-k)} = \frac{(164474.58-125408.75)/2}{125408.75/57} = 8.8780$$

其中 t_{11} 和 a_{11} 分别是 $\boldsymbol{T}$ 和 $\boldsymbol{A}$ 的第一个对角元素,有

$p = P\{F_1 \geqslant 8.8780\} = 0.000441$(检验统计量 $F_1 \sim F(2,57)$),由于 $p = 0.000441$ 显著地小于0.01,所以第一项指标 X_1 在三个组中是显著差异。

6.3.2 多个正态总体协方差矩阵的检验

设有 k 个 p 元正态总体 $N_p(\mu^{(t)}, \Sigma_t)(t=1,2,\cdots,k)$, $X_{(\alpha)}^{(t)}(t=1,2,\cdots,k,\alpha=1,2,\cdots,n_t)$ 是来自 $N_p(\mu^{(t)}, \Sigma_t)$ 的样本,记 $n = \sum_{i=1}^{k} n_i$。检验:

$H_0: \Sigma_1 = \Sigma_2 = \cdots = \Sigma_k, H_1: \Sigma_1, \Sigma_2, \cdots, \Sigma_k$ 不全相等。

在小样本情况下,对协方差矩阵的相等性检验尚无理想方法。这里仅介绍协方差矩阵的相等性检验Box-M方法。

检验的似然比统计量(通常称为Box-M统计量):

$$M = (n-k)\ln\left|\frac{A}{n-k}\right| - \sum_{t=1}^{k}(n_t-1)\ln\left|\frac{A_t}{n_t-k}\right|$$

其中 $A = \sum_{i=1}^{k} A_i$。

可以证明:当样本容量 n 很大时,在 H_0 为真时,统计量 M 有以下近似分布:

$$(1-d)M \overset{近似}{\sim} \chi^2(f)$$

其中

$$f = \frac{1}{2}p(p+1)(k-1),$$

$$d = \begin{cases} frac2p^2+3p-16(p+1)(n-k)\left[\sum_{t=1}^{k}\frac{1}{n_i-1}-\frac{1}{n-k}\right], & n_i \text{不全等,} \\ \dfrac{(2p^2+3p-1)(k+1)}{6(p+1)(n-k)}, & n_i \text{全相等。} \end{cases}$$

例6.3.2 （续例6.3.1）在例6.3.1的表6-13中给出了身体指标化验数据,试判断三个组（即三个总体）的协方差矩阵是否相等（$\alpha = 0.10$）。

这是三个4元正态总体协方差矩阵的检验问题。设第i组为4维总体$N_4(\mu^{(i)}, \Sigma_i)(i = 1, 2, 3)$,来自3个总体的样本容量$n_1 = n_2 = n_3 = 20$。检验:

$H_0 : \Sigma_1 = \Sigma_2 = \Sigma_3, H_1 : \Sigma_1, \Sigma_2, \Sigma_3$不全相等。

在 H_0成立时,取近似检验统计量 $\chi^2(f)$统计量 $\xi = (1-d)M$。

由样本值计算三个总体的样本协方差矩阵:

$$S_1 = \frac{1}{n_1-1}A_1 = \frac{1}{n_1-1}\sum_{\alpha=1}^{n_1}(X_{(\alpha)}^{(1)} - \overline{X}^{(1)})(X_{(\alpha)}^{(1)} - \overline{X}^{(1)})^{\mathrm{T}}$$

$$= \frac{1}{19}\begin{pmatrix} 30530 & & & \\ 6298 & 15736.8 & & \\ -1078 & -796.8 & 955.8 & \\ 198 & 138.8 & 90.2 & 413.8 \end{pmatrix}$$

$$S_2 = \frac{1}{n_2-1}A_2 = \frac{1}{n_2-1}\sum_{\alpha=1}^{n_2}(X_{(\alpha)}^{(2)} - \overline{X}^{(2)})(X_{(\alpha)}^{(2)} - \overline{X}^{(2)})^{\mathrm{T}}$$

$$= \frac{1}{19}\begin{pmatrix} 51705.0 & & & \\ 7021.5 & 12288.95 & & \\ -1571.5 & -807.95 & 364.95 & \\ 827.0 & 321.10 & -5.10 & 133.8 \end{pmatrix}$$

$$S_3 = \frac{1}{n_3-1}A_3 = \frac{1}{n_3-1}\sum_{\alpha=1}^{n_3}(X_{(\alpha)}^{(3)} - \overline{X}^{(3)})(X_{(\alpha)}^{(3)} - \overline{X}^{(3)})^{\mathrm{T}}$$

$$= \frac{1}{19}\begin{pmatrix} 43173.75 & & & \\ 9959.00 & 12441.2 & & \\ -1301.25 & -333.0 & 761.75 & \\ 723.00 & 457.4 & -112.00 & 476.8 \end{pmatrix}$$

进一步计算可得:

$$|S| = \left|\frac{1}{57}A\right| = 742890016, |S_1| = 791325317, |S_2| = 145821806, |S_3| = 1.08116 \times 10^9,$$

$$M = 22.6054, d = 0.1006, f = 20, \xi = (1-d)M = 20.3316.$$

给定$\alpha = 0.10$,首先计算p值[此时检验统计量$\xi \sim \chi^2(20)$]:

$$p = P\{\xi \geqslant 20.3316\} = 0.4374$$

由于$p = 0.4374 > 0.10 = \alpha$,所以在$\alpha = 0.10$时不能拒绝$H_0$,这表明三个组的协方差矩阵没有显著差异。

以上结果说明:在例6.3.1中假设三个组的协方差矩阵相等是可以的。

6.3.3 UScereal数据集的方差分析

用MASS包中的UScereal数据集,我们研究美国谷物中的卡路里、脂肪和糖含量是否会因为储存架位置的不同而发生变化。其中1代表底层货架,2代表中层货架,3代表顶层货架。卡路里(calories)、脂肪(fat)和糖(sugars)含量是因变量,货架是3水平$(1,2,3)$的自变量。

(1)单因素多元方差分析

```
> library(MASS)
> attach(UScereal)
> y<-cbind(calories, fat, sugars)
> aggregate(y,by=list(shelf),FUN=mean)
  Group.1 calories      fat    sugars
1       1 119.4774 0.6621338  6.295493
2       2 129.8162 1.3413488 12.507670
3       3 180.1466 1.9449071 10.856821
> cov(y)
          calories       fat     sugars
calories 3895.24210 60.674383 180.380317
fat        60.67438  2.713399   3.995474
sugars    180.38032  3.995474  34.050018
> fit<-manova(y~ shelf)
> summary(fit)


          Df  Pillai approx F num Df den Df  Pr(>F)
shelf      1 0.19594    4.955      3     61 0.00383 **
Residuals 63


Signif. codes:  0 '***' 0.001 '**' 0.01 '*' 0.05 '.' 0.1 ' ' 1


> summary.aov(fit)
Response calories :
          Df Sum Sq Mean Sq F value    Pr(>F)
shelf      1  45313   45313  13.995 0.0003983 ***
Residuals 63 203982    3238
---
```

```
Signif. codes: 0 '***' 0.001 '**' 0.01 '*' 0.05 '.' 0.1 ' ' 1


Response fat :
          Df  Sum Sq Mean Sq F value  Pr(>F)
shelf      1  18.421 18.4214   7.476 0.008108 **
Residuals 63 155.236  2.4641
---


Signif. codes: 0 '***' 0.001 '**' 0.01 '*' 0.05 '.' 0.1 ' ' 1


Response sugars :
          Df  Sum Sq Mean Sq F value  Pr(>F)
shelf      1 183.34  183.34    5.787 0.01909 *
Residuals 63 1995.87  31.68
---


Signif. codes: 0 '***' 0.001 '**' 0.01 '*' 0.05 '.' 0.1 ' ' 1
```

在以上代码中，cbind()函数将三个变量（calories，fat，sugars）合并成一个矩阵。aggregate()函数可获取货架的各个均值，cov()函数则输出各谷物间的方差和协方差。manova()函数能对组间差异进行多元检验。上面的结果F值显著，说明三个组的营养成分的测量值不同。由于多元检验是显著的，因此可以用summary.aov()函数对每一个变量做单因素方差分析。从上述结果可以看出，三组的营养成分的测量值都是不同的。

（2）评估假设检验

单因素多元方差分析有两个前提假设，一个是多元正态性，另一个是方向—协方差矩阵同质性。第一个假设是指因变量组成合成的向量服从一个多元正态分布，可用Q-Q图来验证该假设条件。

如果有$p \times 1$的多元正态随机向量x，均值为u，协方差矩阵为W，那么x与u的马氏距离的平方服从自由度为p的卡方分布。Q-Q图展示卡方分布的分位数，横、纵坐标分别表示样本量和马氏距离的平方值。如果全部点落在斜率为1、截距为0的直线上，则表明数据服从多元正态分布。

检验多元正态性，其代码如下：

```
> center<-colMeans(y)
> n<-nrow(y)
> p<-ncol(y)
> cov<- cov(y)
> d<-mahalanobis(y, center, cov)
> coord<-qqplot(qchisq(ppoints(n),df=p),
+ d, main="Q-Q plot Assessing Multivariate Normality",
```

```
+ ylab=" mahalanobis D2")
> abline(a=0,b=1)
> identify(coord$x, coord$y, labels=row.names(UScereal))
```

结果见图6-9。

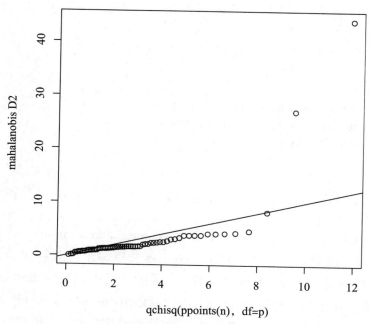

图6-9 检验多元正态性的Q-Q图

使用mvoutlier包中的aq.plot()函数来检验多元离群点，其代码如下：

```
> library(mvoutlier)
> outliers<-aq.plot(y)
> outliers
```

结果见图6-10。

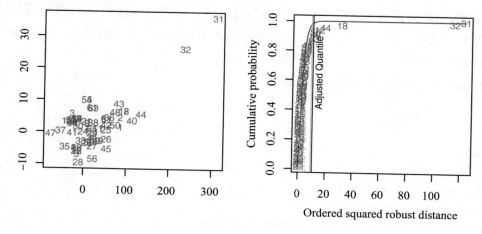

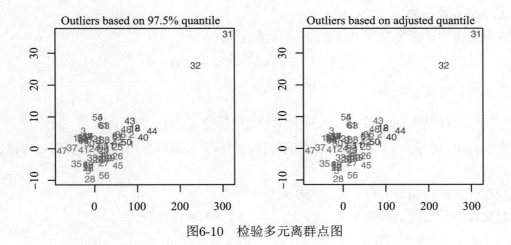

图6-10　检验多元离群点图

从图6-8可以看到，数据中有离群点。

（3）稳健多元方差分析

如果多元正态性或者方差—协方差均值假设都不满足，又或者担心多元离群点，那么可以考虑用稳健检验。稳健单因素MANOVA可通过rrcov包中的Wilks.test()函数实现。代码如下：

```
> library(rrcov)
> Wilks.test(y, shelf, method="mcd")
```

结果如下：

```
      Robust One-way MANOVA(Bartlett Chi2)
data:  x
Wilks' Lambda = 0.51073, Chi2-Value = 23.8410, DF = 4.8595, p-value
= 0.0002041
sample estimates:
  calories       fat     sugars
1 119.8210 0.7010828  5.663143
2 128.0407 1.1849576 12.537533
3 160.8604 1.6524559 10.352646
```

从以上结果来看，稳健检验对离群点和违反MANOVA假设的情况不敏感，而且再一次验证了储存在货架顶部、中部和底部的谷物营养成分含量不同。

6.4　本章附录

以下简要介绍多元正态分布、维希特（Wishart）分布、威尔克斯（Wilks）分布。

A.多元正态分布

在概率论中讲过一元正态分布,其密度函数为:

$$f(x) = \frac{1}{\sqrt{2\pi}\sigma} \mathrm{e}^{-\frac{(x-\mu)^2}{2\sigma^2}}, \ \sigma > 0$$

上式可以写成:

$$f(x) = (2\pi)^{-1/2}\sigma^{-1}\exp\left[-\frac{1}{2}(x-\mu)^{\mathrm{T}}(\sigma^2)^{-1}(x-\mu)\right], \sigma > 0$$

在上式中,用$(x-\mu)^{\mathrm{T}}$表示$(x-\mu)$的转置,由于$(x-\mu)^{\mathrm{T}}$与$(x-\mu)$相等,所以可以这样写。

现在我们把一元正态分布推广到多元正态分布。

定义A 若p维随机向量$\boldsymbol{X} = (X_1, X_2, \cdots, X_p)^{\mathrm{T}}$的密度函数为

$$f(x_1, x_2, \cdots, x_p) = \frac{1}{(2\pi)^{p/2}|\boldsymbol{\Sigma}|^{1/2}}\exp\left[-\frac{1}{2}(\mathbf{x}-\mu)^{\mathrm{T}}\boldsymbol{\Sigma}^{-1}(\mathbf{x}-\mu)\right], \boldsymbol{\Sigma} > 0$$

则称$\boldsymbol{X} = (X_1, X_2, \cdots, X_p)^{\mathrm{T}}$服从$p$元正态分布,记作$\boldsymbol{X} \sim N_p(\mu, \boldsymbol{\Sigma})$,其中 $|\boldsymbol{\Sigma}|$为协方差矩阵$\boldsymbol{\Sigma}$的行列式($|\boldsymbol{\Sigma}| \neq 0$)。

当$p = 2$时,可以得到二元正态分布。设$\boldsymbol{X} = (X_1, X_2)^{\mathrm{T}}$服从二元正态分布,则有

$$\boldsymbol{\Sigma} = \begin{pmatrix} \sigma_{11} & \sigma_{12} \\ \sigma_{21} & \sigma_{22} \end{pmatrix} = \begin{pmatrix} \sigma_1^2 & \sigma_1\sigma_2 r \\ \sigma_2\sigma_1 r & \sigma_2^2 \end{pmatrix}, r \neq \pm 1$$

其中σ_1^2, σ_2^2分别为X_1和X_2的方差,r是X_1和X_2的相关系数。此时

$$|\boldsymbol{\Sigma}| = \sigma_1^2\sigma_2^2(1-r^2), \boldsymbol{\Sigma}^{-1} = \frac{1}{\sigma_1^2\sigma_2^2(1-r^2)}\begin{pmatrix} \sigma_2^2 & -\sigma_1\sigma_2 r \\ -\sigma_2\sigma_1 r & \sigma_1^2 \end{pmatrix}$$

B.维希特(Wishart)分布

维希特分布是一元统计中χ^2分布的推广。

定义B 设$X_{(\alpha)} \sim N_p(0, \Sigma)(\alpha = 1, 2, \cdots, n)$相互独立,记$\boldsymbol{X} = (X_{(1)}, X_{(2)}, \cdots, X_{(p)})^{\mathrm{T}}$为 $n \times p$随机矩阵,则称

$$\boldsymbol{W} = \sum_{\alpha=1}^{n} \boldsymbol{X}_{(\alpha)}\boldsymbol{X}_{(\alpha)}^{\mathrm{T}} = \boldsymbol{X}^{\mathrm{T}}\boldsymbol{X}$$

的分布为维希特(Wishart)分布,记作$W \sim W_p(n, \Sigma)$。其中n为自由度。

显然,当$p = 1$时,$X_{(\alpha)} \sim N_p(0, \sigma^2)$,此时 $\boldsymbol{W} = \sum_{\alpha=1}^{n} X_{(\alpha)}^2 \sim \sigma^2\chi^2(n)$,即$W_1(n, \sigma^2)$就是$\sigma^2\chi^2(n)$。

当$p = 1, \sigma^2 = 1$时,$W_1(n, 1)$就是$\chi^2(n)$。因此,维希特分布是一元统计中χ^2分布的推广。

维希特分布的可加性:

设$W_i \sim W_p(n_i, \Sigma)(i = 1, 2, \cdots, k)$相互独立,且$n = n_1 + n_2 + \cdots n_k$,则$\sum_{i=1}^{k} W_i \sim W_p(n, \Sigma)$。

即，关于自由度具有可加性。维希特分布的可加性与一元统计中χ^2分布的可加性类似——都是关于自由度具有可加性。

C.威尔克斯（Wilks）分布

定义C 设$A_1 \sim W_p(n_1, \Sigma), A_2 \sim W_p(n_2, \Sigma), \Sigma > 0, n_1 \geqslant p$，且$A_1$与$A_2$独立，则称

$$\Lambda = \frac{\det(A_1)}{\det(A_1 + A_2)}$$

为威尔克斯（Wilks）统计量或Λ统计量，其分布称为威尔克斯分布，记作$\Lambda \sim \Lambda(p, n_1, n_2)$。其中$n_1$、$n_2$为自由度。

这里$\det(A)$表示矩阵A的行列式。

当$p = 1$时，威尔克斯分布就是一元统计中的参数为$n_1/2$、$n_2/2$的β分布。

威尔克斯分布与F分布的关系：

对威尔克斯分布$\Lambda \sim \Lambda(p, n_1, n_2)$，当$n_2 = 2$时，设$n_1 = n > p$，则有

$$\frac{n-p+1}{p} \cdot \frac{1 - \sqrt{\Lambda(p, n, 2)}}{\sqrt{\Lambda(p, n, 2)}} = F(2p, 2(n-p+1))$$

以上只是非常简要地介绍了多元正态分布、维希特（Wishart）分布、威尔克斯（Wilks）分布的相关内容，关于进一步讨论，见Anderson（2003）、何晓群（2004）、高惠璇（2005）等论述。

6.5 思考与练习题

1. 请简要叙述方差分析的基本思想。

2. 在测定引力常数时，为确定实验用小球在测定的材质对测定值有无影响，有人分别用等体积的铂球、金球、玻璃球测定引力常数，实验结果见表6-14。

表6-14 3种小球测定的引力常数值（$100^{-11}\text{N m}^2/\text{kg}^2$）

铂球	6.661	6.661	6.667	6.667	6.664	
金球	6.683	6.681	6.676	6.678	6.679	6.672
玻璃球	6.678	6.671	6.675	6.672	6.674	

对此实验结果进行方差分析。请问不同材质的小球对引力常数的测定有无显著影响。

3. 设有3台机器，用来生产规格相同的铝合金薄板，测量薄板的厚度精确至千分之一，得到的数据见表6-15。试问各台机器生产的薄板厚度是否有明显差异。

表6-15 薄板厚度的数据（单位:cm）

机器1	机器2	机器3
0.236	0.257	0.258
0.238	0.253	0.264

续表

机器1	机器2	机器3
0.248	0.255	0.258
0.245	0.254	0.267
0.243	0.261	0.262

4. 设有5种治疗某种疾病的药物,要比较它们的疗效,将30个患该种疾病的病人随机地分成5组,每组6人,每组病人使用同一种药物,并记录病人使用药物开始到痊愈的时间(单位:天),其数据见表6-16,试评价治疗有无显著差异。

表6-16　药物对病人治愈天数的数据

病人序号	药物1	药物2	药物3	药物4	药物5	病人序号	药物1	药物2	药物3	药物4	药物5
1	5	4	6	7	9	2	8	6	4	4	3
3	7	6	4	6	5	4	7	3	5	6	7
5	10	5	4	3	7	6	8	6	3	5	6

5. 一个火箭使用了4种燃料、3种推进器进行射程试验。每种燃料与每种推进器的组合各发射两次,得到的结果见表6-17。

表6-17　4种燃料和3种推进器进行射程试验的数据

	B_1	B_2	B_3
A_1	58.2, 52.6	56.2, 41.2	65.3, 60.8
A_2	49.1, 42.8	54.1, 50.5	51.6, 48.4
A_3	60.1, 58.3	70.9, 73.2	39.2, 40.7
A_4	75.8, 71.5	58.2, 51.0	48.7, 41.4

对此试验结果进行方差分析。请问:燃料、推进器和二者的交互作用对于火箭的射程是否有显著性的影响?

6. 请根据自己感兴趣的实际问题,收集数据并进行相关的方差分析。

第 7 章 聚类分析

将认识对象进行分类是人类认识世界的一种重要方法,比如有关世界的时间进程的研究,就形成了历史学;有关世界空间地域的研究,则形成了地理学。又如在生物学中,为了研究生物的演变,需要对生物进行分类,生物学家根据各种生物的特征,将它们归属于不同的界、门、纲、目、科、属、种之中。事实上,分门别类地对事物进行研究,要远比在一个混杂多变的集合中更清晰、明了和细致,这是因为同一类事物会具有更多的近似特性。在企业的经营管理中,为了确定其目标市场,首先要进行市场细分。因为无论一个企业多么庞大和成功,它也无法满足整个市场的各种需求。而市场细分,可以帮助企业找到适合自己特色,并使企业具有竞争力的分市场,将其作为自己的重点开发目标。

俗话说"物以类聚,人以群分"。那么什么是分类的根据呢?比如,要想把中国的县分成若干类,就有很多种分类法,可以按照自然条件来分,比如考虑降水、土地、日照等各方面;也可以考虑收入、教育水平、医疗条件、基础设施等指标;既可以用某一项来分类,也可以同时考虑多项指标来分类。

通常,人们可以凭经验和专业知识来实现分类。本章要介绍的分类方法称为聚类分析(cluster analysis)。聚类分析作为一种定量方法,将从数据分析的角度给出一个更准确、细致的分类工具。通常把对样品的聚类称为Q型聚类,对变量(指标)的聚类称为R型聚类。

7.1   聚类分析的基本思想与意义

聚类分析的基本思想是在样品之间定义距离,在变量之间定义相似系数,距离或相似系数代表样品或变量之间的相似程度。按照相似程度的大小,将样品(或变量)逐一归类,关系密切的类聚集到一个小的分类单位,然后逐步扩大,使得关系疏远的聚合到一个大的分类单位,直到所有的样品(或变量)都聚集完毕,形成一个表示亲疏关系的聚类图,依次按照某些要求对样品(或变量)进行分类。

先看一个例子。表7-1中收集了12种饮料的热量、咖啡因、钠及价格四种变量的数据。现在希望利用这四个变量对这些饮料品牌进行聚类。当然,也可以用其中某些而不是全部变量进行聚类。

表 7-1　12种饮料的有关数据

饮料编号	热量	咖啡因	钠	价格
1	207.20	3.30	15.50	2.80
2	36.80	5.90	12.90	3.30
3	72.20	7.30	8.20	2.40
4	36.70	0.40	10.50	4.00
5	121.70	4.10	9.20	3.50
6	89.10	4.00	10.20	3.30
7	146.70	4.30	9.70	1.80
8	57.60	2.20	13.60	2.10
9	95.90	0.00	8.50	1.30
10	199.00	0.00	10.60	3.50
11	49.80	8.00	6.30	3.70
12	16.60	4.70	6.30	1.50

如果按照这四个指标的任何一项来分类，问题就很简单了，只要把该指标相近的品牌放到一起就行了。如何同时根据这四个指标来聚类呢？其想法也类似，就是把距离近的放到一起。这样就出现下面要提到的距离的定义和度量等问题。

在表7-1中每种饮料都有四个变量值，这就是四维空间点的问题了。按照远近程度来聚类需要明确两个概念：一个是点和点之间的距离，一个是类和类之间的距离。点间距离有很多定义方式，最简单的是欧氏距离，当然还有许多其他的距离。根据距离来决定两点间的远近是最自然不过了。当然还有一些和距离不同但起类似作用的概念，比如相似性等，两点越相似，就相当于距离越近。

由一个点组成的类是最基本的类，如果每一类都由一个点组成，那么点间的距离就是类间距离。但是如果某一类包含不止一个点，那么就要确定类间距离。类间距离是基于点间距离定义的，它也有许多定义的方法，比如两类之间最近点之间的距离可以作为这两类之间的距离，也可以用两类中最远点之间的距离作为这两类之间的距离，当然也可以用各类的中心之间的距离来作为类间距离。在计算时，各种点间距离和类间距离的选择一般是通过软件实现的（除一些比较简单的问题外），选择不同的距离结果可能会不同。

7.2　Q型聚类分析

如何度量距离远近？首先要定义两点之间的距离或相似度量，再根据点之间的距离定义类间距离。

7.2.1　两点之间的距离

设有n个样品的多元观测数据$x_i = (x_{i1}, x_{i2}, \cdots, x_{ip})^{\mathrm{T}}, i = 1, 2, \cdots, n$。此时，每个样品可以看成$p$维空间的一个点，$n$个样品组成$p$维空间的$n$个点。我们自然用各点之间的距离来衡量各样品之间的相似性程度（或靠近程度）。

设$d(x_i, x_j)$是样品x_i和x_j之间的距离，一般要求它满足下列条件：

（1）$d(x_i, x_j) \geqslant 0$, 且$d(x_i, x_j) = 0$当且仅当$x_i = x_j$;

（2）$d(x_i, x_j) = d(x_j, x_i)$;

（3）$d(x_i, x_j) \leqslant d(x_i, x_k) + d(x_k, x_j)$。

在聚类分析中，有些距离不满足（3），我们在广义的意义下仍然称它为距离。

以下介绍聚类分析中常用的距离。常用的距离有欧氏（Euclidean）距离、绝对距离、马氏（Mahalanobis）距离等。

假定有n个样品的多元数据，对于$i, j = 1, 2 \cdots, n$, $d(x_i, x_j)$为p维点（向量）$x_i = (x_{i1}, x_{i2}, \cdots, x_{ip})^{\mathrm{T}}$和$x_j = (x_{j1}, x_{i2}, \cdots, x_{jp})^{\mathrm{T}}$之间的距离，记为$d_{ij} = d(x_i, x_j)$。

（1）欧氏距离

$$d_{ij} = \sqrt{\sum_{k=1}^{p}(x_{ik} - x_{jk})^2}$$

欧氏距离是最常用的，它的主要优点是当坐标轴进行旋转时，欧氏距离是保持不变的。因此，如果对原坐标系进行平移和旋转变换，则变换后样本点间的距离和变换前完全相同。

称

$$\boldsymbol{D} = (d_{ij})_{n \times n} = \begin{pmatrix} 0 & d_{12} & \cdots & d_{1n} \\ d_{21} & 0 & \cdots & d_{2n} \\ \vdots & \vdots & \ddots & \vdots \\ d_{n1} & d_{n2} & \cdots & 0 \end{pmatrix}$$

为距离矩阵，其中$d_{ij} = d_{ji}$（这说明距离矩阵是对称矩阵）。

（2）绝对距离

$$d_{ij} = \sum_{k=1}^{p} |x_{ik} - x_{jk}|$$

（3）马氏距离

$$d_{ij} = \sqrt{(x_i - x_j)^T \boldsymbol{S}^{-1}(x_i - x_j)}$$

其中$\boldsymbol{S}$是由$x_1, x_2, \cdots x_n$得到的协方差矩阵$\boldsymbol{S} = \dfrac{1}{n-1}\sum_{i=1}^{n}(x_i - \overline{x})(x_i - \overline{x})^{\mathrm{T}}, \overline{x} = \dfrac{1}{n}\sum_{i=1}^{n} x_i$。

显然，当$\boldsymbol{S}$为单位矩阵时，马氏距离即化简为欧氏距离。在实际问题中协方差矩阵$\boldsymbol{S}$往往是未知的，常需要用样本协方差矩阵来估计。需要说明的是，马氏距离对一切线性变换都是不变的,所以不受量纲的影响。

值得注意的是,当变量的量纲不同时,观测值的变异范围相差悬殊时,一般首先对数据进行标准化处理,然后再计算距离。

例7.2.1 为研究辽宁、浙江、河南、甘肃、青海5省份1991年城镇居民月均消费情况,需要利用调查资料对这5个省份分类,指标变量共8个,含义如下:

x_1:人均粮食支出,x_2:人均副食支出,x_3:人均烟酒茶支出,x_4:人均其他副食支出,x_5:人均衣着支出,x_6:人均日用品支出,x_7:人均燃料支出,x_8:人均非商品支出。

具体数据见表 7-2。把每个省份的数据看成一个样品,(1)计算样品之间的欧氏距离矩阵;(2)计算样品之间的绝对距离矩阵。

表 7-2　1991年5省城镇居民月均消费(单位:元/人)

	x_1	x_2	x_3	x_4	x_5	x_6	x_7	x_8
辽宁	7.90	39.77	8.49	12.94	19.27	11.05	2.04	13.29
浙江	7.68	50.37	11.35	13.30	19.25	14.59	2.75	14.87
河南	9.42	27.93	8.20	8.14	16.17	9.42	1.55	9.76
甘肃	9.16	27.98	9.01	9.32	15.99	9.10	1.82	11.35
青海	10.06	28.64	10.52	10.05	16.18	8.39	1.96	10.81

(1)以下计算两点之间的欧氏距离

用1、2、3、4、5分别表示辽宁、浙江、河南、甘肃、青海5个省(样品),计算每两个样品之间的欧氏距离 $d_{ij}, i,j=1,2,3,4,5$:

$$d_{12}=d_{21}=\sqrt{(7.90-7.68)^2+(39.77-50.37)^2+\cdots+(13.29-14.87)^2}=11.67$$
$$d_{23}=d_{32}=\sqrt{(7.68-9.42)^2+(50.37-27.93)^2+\cdots+(14.87-9.76)^2}=24.64\cdots$$

得到的距离矩阵为(其代码附后):

$$\boldsymbol{D}=\begin{pmatrix} 0 & & & & \\ 11.67 & 0 & & & \\ 13.81 & 24.64 & 0 & & \\ 13.13 & 24.06 & 2.20 & 0 & \\ 12.80 & 23.54 & 3.50 & 2.22 & 0 \end{pmatrix}$$

由于距离矩阵是对称矩阵,所以可以只用下三角部分,当然也可以只用上三角部分。

$\boldsymbol{D}$中各元素数值的大小,反映了5个省城镇居民月均消费水平的接近程度。例如,甘肃省与河南省的欧氏距离达到最小值2.20,反映了这两个省份城镇居民月均消费水平最接近。

在本例中,计算两点之间的欧氏距离,其代码如下:

```
x1<-c(7.90,7.68,9.42,9.16,10.06)
x2<-c(39.77,50.37,27.93,27.98,28.64)
x3<-c(8.49,11.35,8.20 ,9.01,10.52)
x4<-c(12.94,13.30,8.14,9.32,10.05)
x5<-c(19.27,19.25,16.17,15.99,16.18)
x6<-c(11.05,14.59,9.42,9.10,8.39)
x7<-c(2.04,2.75,1.55,1.82,1.96)
x8<-c(13.29,14.87,9.76,11.35,10.81)
x=data.frame(x1,x2,x3,x4,x5,x6,x7,x8)
d<-dist(x,method = "euclidean")
d
```

运行的结果为：

```
          1            2           3           4
2  11.672622
3  13.805361   24.635273
4  13.127810   24.059125   2.203270
5  12.798281   23.538932   3.503684   2.215852
```

（2）以下计算每两个样品之间的绝对距离

代码如下

```
d<-dist(x,method = "manhattan")
d
```

运行的结果为：

```
        1       2       3       4
2  19.89
3  27.20   47.05
4  24.58   43.39   4.66
5  26.52   42.31   8.08   5.38
```

在R软件中，dist()函数给出了各种距离的计算结果。

dist()函数调用格式为：dist(x,method,diag = FALSE,upper = FALSE,p = 2)其中method表示计算距离的方法，缺省为euclidean（欧氏距离）（绝对值距离，用manhattan表示）；diag是逻辑变量：当diag=TRUE时，输出距离矩阵对角线上的距离；upper也是逻辑变量：当upper=TRUE时，输出距离矩阵上三角部分（缺省为输出下三角矩阵）。

7.2.2 两类之间的距离

开始时每个对象自成一类，然后每次将最相似的两类合并，合并后重新计算新类与其他类的距离或相似程度。

常用的类间距离主要有最短距离法、最长距离法、重心法、类平均法等。

设有两个样品类G_1和G_2，用$D(G_1,G_2)$表示在属于G_1的样品x_i和属于G_2的样品y_i之间的距离，那么下面就是一些类间距离的定义。

（1）最短距离法

$$D(G_1, G_2) = \min_{x_i \in G_1, y_j \in G_2} \{d(x_i, y_j)\}$$

（2）最长距离法

$$D(G_1, G_2) = \max_{x_i \in G_1, y_j \in G_2} \{d(x_i, y_j)\}$$

（3）重心法

$$D(G_1, G_2) = d(\overline{x}, \overline{y})$$

其中$\overline{x}$、$\overline{y}$分别为G_1和G_2的重心，$\overline{x} = \dfrac{1}{n}\sum_{i=1}^{n} x_i$。

（4）类平均法

$$D(G_1, G_2) = \frac{1}{n_1 n_2} \sum_{x_i \in G_1} \sum_{y_j \in G_2} d(x_i, y_j)$$

其中 n_1、n_2分别为G_1、G_2中样品的个数。

7.2.3　系统聚类法

确定了两点之间的距离和两类之间的距离后就要对研究对象进行分类。最常用的一种聚类方法是分层聚类（hierarchical cluster）法，也称为系统聚类法。

首先将所有样品各自作为一类，并规定样品间的距离和类间的距离，然后将距离最近的两类合并成一类，计算新类与其他类间的距离。重复进行两个最近类的合并，每次减少一类，直到所有样品合并为一类，并把这个过程画成一张聚类图。因为聚类图像一张系统图，所以这种聚类方法也叫系统聚类法。

在R软件中，hclust()函数提供了聚类分析的计算，用 plot()函数画出聚类图。

hclust()函数的调用格式为

```
hclust(d,method = "complete",... )
```

其中d是由"dist"构成的距离结构，method是系统聚类的方法（默认是最长距离法），如single（最短距离法）、complete（最长距离法）、centroid（重心法）、average（类平均法）等。

例7.2.2　在第2章的2.3.2（城镇居民生活消费情况的可视化）中给出了我国部分省、自治区、直辖市2007年城镇居民生活消费的情况，原始数据见表2-5。根据表2-5给出的数据，用类平均法（average）进行聚类分析，并画出相应的聚类图。

根据表2-5给出的数据，用类平均法（average）进行聚类分析，并画出相应的聚类图，其代码如下（如果前面已输入数据，在此输入数据可省略）：

```
x1=c(4934,4249,2790,2600,2825,3560,2843,2633,6125,3929,4893,3384)
x2=c(1513,1024,976,1065,1397,1018,1127,1021,1330,990,1406,906)
x3=c(981,760,547,478,562,439,407,356,959,707,666,465)
x4=c(1294,1164,834,640,719,879,855,729,857,689,859,554)
x5=c(2328,1310,1010,1028,1124,1033,874,746,3154,1303,2473,891)
x6=c(2385,1640,895,1054,1245,1053,998,938,2653,1699,2158,1170)
x7=c(1246,1417,917,992,942,1047,1062,785,1412,1020,1168,850)
x8=c(650,464,266,245,468,400,394,311,763,377,468,309)
X=data.frame(x1,x2,x3,x4,x5,x6,x7,x8)

d <-dist(scale(X))
hc1 <- hclust(d); hc2 <- hclust(d,'average')
opar<-par(mfrow=c(2,1),mar=c(5.2,4,0,0))
plclust(hc1,hang=-1); re1<-rect.hclust(hc1,k=5,border='red')
plclust(hc2,hang=-1); re2<-rect.hclust(hc2,k=5,border='red')
par(opar)
```

聚类图见图7-1。

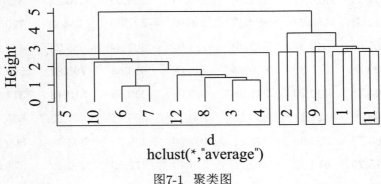

图7-1 聚类图

序号1~12，分别代表：北京、天津、河北、山西、内蒙古、辽宁、吉林、黑龙江、上海、江苏、浙江、安徽。

7.2.4 城镇居民消费性支出的聚类分析

表7-3给出了我国31个省、自治区、直辖市1999年城镇居民家庭平均每人全年消费支出的8个指标：

x_1：人均食品支出（元、人）；

x_2：人均衣着商品支出（元、人）；

x_3：人均家庭设备用品及服务支出（元、人）；

x_4：人均医疗保健支出（元、人）；

x_5：人均交通和通信支出（元、人）；

x_6：人均娱乐教育文化服务支出（元、人）；

x_7：人均居住支出（元、人）；

x_8：人均杂项商品和服务支出（元、人）。

表7-3　全国城镇居民平均每人全年消费性支出的数据

序号	x_1	x_2	x_3	x_4	x_5	x_6	x_7	x_8
11	2629.16	557.32	689.73	435.69	514.66	795.87	575.76	323.36
31	1608.82	536.05	432.46	235.82	250.28	541.30	344.85	214.40
1	2959.19	730.79	749.41	513.34	467.87	1141.82	478.42	457.64
2	2459.77	495.47	697.33	302.87	284.19	735.97	570.84	305.08
3	1495.63	515.90	362.37	285.32	272.95	540.58	364.91	188.63
4	1046.33	477.77	290.15	208.57	201.50	414.72	281.84	212.10
5	1303.97	524.29	254.83	192.17	249.81	463.09	287.87	192.96
6	1730.84	553.90	246.91	279.81	239.18	445.20	330.24	163.86
7	1561.86	492.42	200.49	218.36	220.69	459.62	360.48	147.76
8	1410.11	510.71	211.88	277.11	224.65	376.82	317.61	152.85
9	3712.31	550.74	893.37	346.93	527.00	1034.98	720.33	462.03
10	2207.58	449.37	572.40	211.92	302.09	585.23	429.77	252.54
11	2629.16	557.32	689.73	435.69	514.66	795.87	575.76	323.36
12	1844.78	430.29	271.28	126.33	250.56	513.18	314.00	151.39
13	2709.46	428.11	334.12	160.77	405.14	461.67	535.13	232.29
14	1563.78	303.65	233.81	107.90	209.70	393.99	509.39	160.12
15	1675.75	613.32	550.71	219.79	272.59	599.43	371.62	211.84
16	1427.65	431.79	288.55	208.14	217.00	337.76	421.31	165.32
17	1783.43	511.88	282.84	201.01	237.60	617.74	523.52	182.52
18	1942.23	512.27	401.39	206.06	321.29	697.22	492.60	226.45
19	3055.17	353.23	564.56	356.27	811.88	873.06	1082.82	420.81
20	2033.87	300.82	338.65	157.78	329.06	621.74	587.02	218.27
21	2057.86	186.44	202.72	171.79	329.65	477.17	312.93	279.19
22	2303.29	589.99	516.21	236.55	403.92	730.05	438.41	225.80
23	1974.28	507.76	344.79	203.21	240.24	575.10	430.36	223.46
24	1673.82	437.75	461.61	153.32	254.66	445.59	346.11	191.48
25	2194.25	537.01	369.07	249.54	290.84	561.91	407.70	330.95
26	2646.61	839.70	204.44	209.11	379.30	371.04	269.59	389.33
27	1472.95	390.89	447.95	259.51	230.61	490.90	469.10	191.34

序号	x_1	x_2	x_3	x_4	x_5	x_6	x_7	x_8
28	1525.57	472.98	328.90	219.86	206.65	449.69	249.66	228.19
29	1654.69	437.77	258.78	303.00	244.93	479.53	288.56	236.51
30	1375.46	480.99	273.84	317.32	251.08	424.75	228.73	195.93
31	1608.82	536.05	432.46	235.82	250.28	541.30	344.85	214.40

说明: 在表7-3中, 序号1~31, 分别代表北京、天津、河北、山西、内蒙古、辽宁、吉林、黑龙江、上海、江苏、浙江、安徽、福建、江西、山东、河南、湖北、湖南、广东、广西、海南、重庆、四川、贵州、云南、西藏、陕西、甘肃、青海、宁夏、新疆。

以下根据表7-3中的数据画聚类图, 其代码如下:

```
> x1=c(2959.19,2459.77,1495.63,1046.33,1303.97,1730.84,
+ 1561.86,1410.11,3712.31,2207.58,2629.16,1844.78,
+ 2709.46,1563.78,1675.75,1427.65,1783.43,1942.23,
+ 3055.17,2033.87,2057.86,2303.29,1974.28,1673.82,
+ 2194.25,2646.61,1472.95,1525.57,1654.69,1375.46,
+ 1608.82)
> x2=c(730.79,495.47,515.90,477.77,524.29,553.90,492.42,
+ 510.71,550.74,449.37,557.32,430.29,428.11,303.65,
+ 613.32,431.79,511.88,512.27,353.23,300.82,186.44,
+ 589.99,507.76,437.75,537.01,839.70,390.89,472.98,
+ 437.77,480.99,536.05)
> x3=c(749.41,697.33,362.37,290.15,254.83,246.91,200.49,
+ 211.88,893.37,572.40,689.73,271.28,334.12,233.81,
+ 550.71,288.55,282.84,401.39,564.56,338.65,202.72,
+ 516.21,344.79,461.61,369.07,204.44,447.95,328.90,
+ 258.78,273.84,432.46)
> x4=c(513.34,302.87,285.32,208.57,192.17,279.81,218.36,
+ 277.11,346.93,211.92,435.69,126.33,160.77,107.90,
+ 219.79,208.14,201.01,206.06,356.27,157.78,171.79,
+ 236.55,203.21,153.32,249.54,209.11,259.51,219.86,
+ 303.00,317.32,235.82)
> x5=c(467.87,284.19,272.95,201.50,249.81,239.18,220.69,
+ 224.65,527.00,302.09,514.66,250.56,405.14,209.70,
+ 272.59,217.00,237.60,321.29,811.88,329.06,329.65,
+ 403.92,240.24,254.66,290.84,379.30,230.61,206.65,
+ 244.93,251.08;250.28)
> x6=c(1141.82,735.97,540.58,414.72,463.09,445.20,459.62,
+ 376.82,1034.98,585.23,795.87,513.18,461.67,393.99,
+ 599.43,337.76,617.74,697.22,873.06,621.74,477.17,
```

```
+ 730.05,575.10,445.59,561.91,371.04,490.90,449.69,
+ 479.53,424.75,541.30)
> x7=c(478.42,570.84,364.91,281.84,287.87,330.24,360.48,
+ 317.61,720.33,429.77,575.76,314.00,535.13,509.39,
+ 371.62,421.31,523.52,492.60,1082.82,587.02,312.93,
+ 438.41,430.36,346.11,407.70,269.59,469.10,249.66,
+ 288.56,228.73,344.85)
> x8=c(457.64,305.08,188.63,212.10,192.96,163.86,147.76,
+ 152.85,462.03,252.54,323.36,151.39,232.29,160.12,
+ 211.84,165.32,182.52,226.45,420.81,218.27,279.19,
+ 225.80,223.46,191.48,330.95,389.33,191.34,228.19,
+ 236.51,195.93,214.40)
> X= data.frame(x1,x2,x3,x4,x5,x6,x7,x8)
> row.names= c("1","2","3","4","5","6","7","8","9","10",
+ "11","12","13","14","15","16","17","18","19","20",
+ "21","22","23","24","25","26","27","28","29","30","31"),
> hc1 <- hclust(d); hc2 <- hclust(d,"average")
> hc3 <- hclust(d,"complete");
> opar<-par(mfrow=c(2,1),mar=c(5.2,4,0,0))
> plot (hc1,hang=-1); re1<-rect.hclust(hc1,k=4,border="red")
> plot (hc2,hang=-1); re2<-rect.hclust(hc2,k=4,border="red")
> par(opar)
```

结果见图7-2。

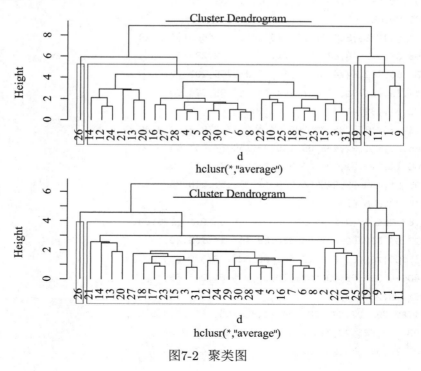

图7-2 聚类图

根据图7-2,按照最长距离法(complete),分为四类:

第一类:西藏(序号:26);

第二类:广东(序号:19);

第三类: 天津(序号:2)、浙江(序号:11)、北京(序号:1)、上海(序号:9);

第四类: 除上述第一、二、三类的其他省、自治区、直辖市。

根据图7-2,按照类平均法(average),分为四类:

第一类:西藏(序号:26);

第二类:广东(序号:19);

第三类: 上海(序号:9)、北京(序号:1)、浙江(序号:11);

第四类: 除上述第一、二、三类的其他省、自治区、直辖市。

以上两种聚类法的结果基本相同,只是天津有所不同。在最长距离法中,天津在第三类;而在类平均法中天津在第四类。

7.2.5 k均值聚类

系统聚类法的每一步都要计算"类间距离",计算量比较大,特别是当样品量比较大时,系统聚类法需要占很大内存空间,计算也比较费时间。为了克服这个不足,Mac Queen(1967)提出了一种动态快速聚类方法——k均值聚类(k-means cluster)法。其基本思想是:根据规定的参数k,先把所有对象粗略地分为k类,然后按照某种最优原则(可以表示为一个准则函数)修改不合理的分类,直到准则函数收敛为止,这样就给出了最终的分类结果。

在R软件中,kmeans()函数提供了k均值聚类,调用格式为

```
kmeans(x,centers,iter.max=10,nstart=1,algorithm=c("Hartigan-Wong","Llogd",
    "Fotgy","MacQueen"))
```

其中x为数据矩阵或数据框,centers为聚类数或初始类的中心,iter.max为最大迭代次数(缺省值为10),nstart是随机集的个数(当centers为聚类数时),algorithm为动态聚类的算法(缺省值为Hartigan-Wong方法)。

7.2.6 城镇居民消费性支出的k均值聚类

在本章7.2.4中,对城镇居民消费性支出的进行了聚类分析。现在进行k均值聚类,类的个数为5,动态聚类的算法为缺省值(Hartigan-Wong方法),其代码如下:

```
> km <- kmeans(scale(X),5,nstart = 20); km
```

运行结果如下:

```
K-means clustering with 5 clusters of sizes 1,1,10,3,16
```

```
Cluster means:
          x1          x2          x3          x4          x5          x6
1  1.1255255   2.91079330  -1.0645632  -0.4082114   0.53291392  -1.0476079
2  1.8042004  -1.12776493   0.9368961   1.2959544   3.90904835   1.6014419
3  0.2646918   0.04585518   0.2487958  -0.3405821  -0.01812541   0.2587437
4  1.8790347   1.02836873   2.1203833   2.1727806   1.49972764   2.2232050
5 -0.7008593  -0.33291790  -0.5450901  -0.2500165  -0.54749319  -0.6131804
          x7          x8
1 -0.9562089   1.66126641
2  3.8803141   2.01876530
3  0.2874133  -0.02413414
4  0.9583064   1.94532737
5 -0.5420723  -0.57966702


Clustering vector:
[1] 4 3 5 5 5 5 5 5 4 3 4 5 3 5 3 5 3 3 2 3 5 3 3 5 3 5 3 1 5 5 5 5 5
```

其中size表示各类的个数，means表示各类的均值，Clustering表示聚类后的分类情况。

把最后分类序号与各地区名称列表，如表7-4所示。

表7-4　聚类结果列表

地区名称	北京	天津	河北	山西	内蒙古	辽宁	吉林	黑龙江	上海	江苏	浙江
分类序号	4	3	5	5	5	5	5	5	4	3	4
地区名称	安徽	福建	江西	山东	河南	湖北	湖南	广东	广西	海南	重庆
分类序号	5	3	5	3	5	3	3	2	3	5	3
地区名称	四川	贵州	云南	西藏	陕西	甘肃	青海	宁夏	新疆		
分类序号	3	5	3	1	5	5	5	5	5		

表7-4的结果说明如下(第一~第五类包含地区个数分别为1、1、10、3、16)：

第一类:西藏

第二类:广东

第三类：天津、江苏、福建、山东、湖北、湖南、广西,重庆、四川、云南

第四类：北京、上海、浙江

第五类：河北、山西、内蒙古、辽宁、吉林、黑龙江,安徽、江西、河南、海南、贵州、陕西、甘肃、青海、宁夏、新疆

以上聚类结果与本章7.2.4(按照最长距离法和类平均法)的聚类结果相比,第一类和第二类相同,第四类与本章7.2.4中的类平均法(average)的第三类相同,第三类和第五类合并在一起与本章7.2.4中的类平均法(average)的第四类相同。

7.3　R型聚类分析

在实际工作中,变量聚类法的应用也是十分重要的。在系统分析或评估过程中,为避免遗漏某些重要因素,往往在一开始选取指标时,尽可能多地考虑所有的相关因素。而这样做的结果,则是变量过多,变量间的相关度高,给系统分析与建模带来很大的不便。因此,人们常常希望能研究变量间的相似关系,按照变量的相似关系把它们聚合成若干类,进而找出影响系统的主要因素。

7.3.1　变量相似性度量

在对变量进行聚类分析时,首先要确定变量的相似性度量,常用的变量相似性度量有两种。

（1）相关系数

记变量 x_j 的取值 $(x_{1j}, x_{2j}, \cdots, x_{nj})^{\mathrm{T}} \in R^n (j = 1, 2, \cdots, n)$。则可以用两变量 x_j 与 x_k 的样本相关系数作为它们的相似性度量,即

$$r_{jk} = \frac{\sum\limits_{i=1}^{n}(x_{ij} - \overline{x}_j)(x_{ik} - \overline{x}_k)}{\sqrt{\sum\limits_{i=1}^{n}(x_{ij} - \overline{x}_j)^2 \sum\limits_{i=1}^{n}(x_{ik} - \overline{x}_k)^2}}$$

其中 $\overline{x}_j = \frac{1}{n}\sum\limits_{i=1}^{n} x_{ij}\ j = 1, 2, \cdots, n$。

在对变量进行聚类分析时,利用相关系数矩阵 $(r_{jk})_{n \times n}$ 是最多的。

（2）夹角余弦

可以直接利用两变量 x_j 与 x_k 的夹角余弦 r_{jk} 来定义它们的相似性度量,有

$$r_{jk} = \frac{\sum\limits_{i=1}^{n} x_{ij} x_{ik}}{\sqrt{\sum\limits_{i=1}^{n} x_{ij}^2 \sum\limits_{i=1}^{n} x_{ik}^2}}$$

这是解析几何中两个向量夹角余弦的概念在 n 维空间的推广。

在对变量进行聚类分析时,也常利用夹角余弦矩阵 $(r_{jk})_{n \times n}$。

各种定义的相似度量均应具有以下两个性质:

① $|r_{jk}| \leqslant 1$,对于一切 $j\ k$;

② $r_{jk} = r_{kj}$,对于一切 $j\ k$。

$|r_{jk}|$ 越接近于1, x_j 与 x_k 越相关或越相似; $|r_{jk}|$ 越接近于0, x_j 与 x_k 的越相似性越弱。

7.3.2 变量聚类法

类似于样本集合聚类分析中最常用的最短距离法、最长距离法等,在变量聚类分析中,常用的有最长距离法、最短距离法、类平均法等。

设有两类变量G_1和G_2,用$R(G_1,G_2)$表示它们之间的距离。

(1)最长距离法

定义两类变量的距离为

$$R(G_1,G_2) = \max_{x_i \in G_1, y_k \in G_2}\{d_{ik}\}$$

即用两类中样品之间的距离最长者作为两类之间的距离。

(2)最短距离法

定义两类变量的距离为

$$R(G_1,G_2) = \min_{x_i \in G_1, y_k \in G_2}\{d_{ik}\}$$

即用两类中样品之间的距离最短者作为两类之间的距离。

(3)类平均法

定义两类变量的距离为

$$R(G_1,G_2) = \frac{1}{n_1 n_2}\sum_{x_i \in G_1}\sum_{x_k \in G_2}\{d_{ik}\}$$

其中 n_1、n_2分别为G_1、G_2中样品的个数,即用两类中所有样品之间的距离的平均作为两类之间的距离。

7.3.3 女中学生测量8个体型指标的聚类分析

对305名女中学生测量8个体型指标(变量),设x_1为身长,x_2为手臂长,x_3为上肢长,x_4为下肢长,x_5为体重,x_6为颈围,x_7为胸围,x_8为胸宽,变量之间的相关系数如表7-5所示。用最长距离法进行聚类分析。

表7-5　各对变量之间的相关系数

	x_1	x_2	x_3	x_4	x_5	x_6	x_7	x_8
x_1	1.000	0.846	0.805	0.859	0.473	0.398	0.301	0.382
x_2	0.846	1.000	0.881	0.826	0.376	0.326	0.277	0.277
x_3	0.805	0.881	1.000	0.801	0.380	0.319	0.237	0.345
x_4	0.859	0.826	0.801	1.000	0.436	0.329	0.327	0.365
x_5	0.473	0.376	0.380	0.436	1.000	0.762	0.730	0.629
x_6	0.398	0.326	0.319	0.329	0.762	1.000	0.583	0.577
x_7	0.301	0.277	0.237	0.327	0.730	0.583	1.000	0.539
x_8	0.382	0.415	0.345	0.365	0.629	0.577	0.539	1.000

　　输入相关系数矩阵,用最长距离法进行聚类分析,用到函数 hclust()、as.dendrogram()、plot()。其代码如下:

```
x<-c(1.000,0.846,0.805,0.859,0.473,0.398,0.301,0.382,
0.846,1.000,0.881,0.826,0.376,0.326,0.277,0.277,
0.805,0.881,1.000,0.801,0.380,0.319,0.237,0.345,
0.859,0.826,0.801,1.000,0.436,0.329,0.327,0.365,
0.473,0.376,0.380,0.436,1.000,0.762,0.730,0.629,
0.398,0.326,0.319,0.329,0.762,1.000,0.583,0.577,
0.301,0.277,0.237,0.327,0.730,0.583,1.000,0.539,
0.382,0.415,0.345,0.365,0.629,0.577,0.539,1.000)
names<-c("x1","x2","x3","x4","x5","x6","x7","x8")
r<-matrix(x,nrow=8,dimnames=list(names,names))
d<-as.dist(1-r); hc<-hclust(d); dend<-as.dendrogram(hc)
nP<-list(col=3:2,cex=c(2.0,0.75),pch= 21:22,
        bg= c("light blue","pink"),
        lab.cex = 1.0,lab.col = "tomato")
addE <- function(n){
  if(!is.leaf(n)){
attr(n,"edgePar")<-list(p.col="plum")
attr(n,"edgetext")<-paste(attr(n,"members"),"members")
}
n
}
de <- dendrapply(dend,addE); plot(de,nodePar= nP)
```

　　运行结果见图7-3。

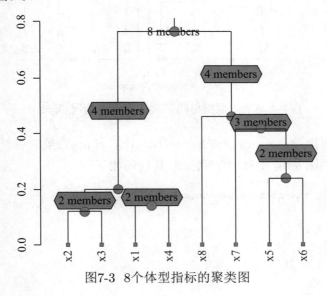

图7-3　8个体型指标的聚类图

　　从图7-3可以看出，x_2、x_3先并为一类，其次是x_1、x_4并为一类，再合并就是新得到的两类合并为一类，然后合并就是x_5、x_6合并为一类，再往下合并就是x_7合并在新类中，再往下合并就是x_8最后合并为一类。

　　在聚类过程中类的个数如何确定才适宜呢？至今没有令人满意的方法。在R软件中，与确定类的个数有关的函数是rect.hclust()，它本质上是由类的个数或阈值来确定聚类的情况，其调用格式为：

　　rect.hclust（tree,k = NULL,which = NULL,x = NULL,h = NULL, border = 2,cluster = NULL）

　　其中tree是由hclust生成的结构,k是类的个数,h是聚类图中的阈值,border是数或向量,标明矩形框的颜色。

　　在前面的问题中，如果分为两类，即k=2，其代码如下：

```
plclust(hc,hang=-1); re<-rect.hclust(hc,k=2)
```

　　运行结果如图7-4。

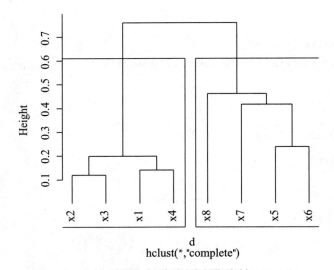

图7-4　8个体型指标的聚类图和聚类情况（k=2）

　　从图7-4可以看出，x_1、x_2、x_3、x_4为第一类，x_5、x_6、x_7、x_8为第二类。

　　在前面的问题中，如果分为3类，即k=3，其代码如下：

```
plclust(hc,hang=-1); re<-rect.hclust(hc,k=3)
```

运行结果见图7-5。

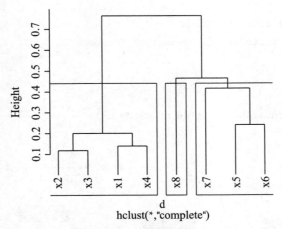

图7-5　8个体型指标的聚类图和聚类情况（k=3）

从图7-5可以看出，x_1、x_2、x_3、x_4为第一类；x_8为第二类；x_5、x_6、x_7为第三类。

7.3.4　城镇居民消费性支出中8个变量的聚类分析

在本章7.2.4中31个样品（省市和自治区）进行了聚类分析，现在对本章7.2.4中的8个变量进行聚类分析。

（1）在本章7.2.4的基础上，先求8个变量的相关系数矩阵，其代码如下：

```
> cor(X)
```

运行结果如下：

```
           x1           x2          x3          x4          x5         x6          x7          x8
x1 1.0000000  0.24297082 0.6920383 0.4642851 0.82409962 0.7656344  0.6708148 0.8621872
x2 0.2429708  1.00000000 0.2578347 0.4233231 0.08588395 0.2551645 -0.2011818 0.3492593
x3 0.6920383  0.25783471 1.0000000 0.6208010 0.58531622 0.8564272  0.5685944 0.6674249
x4 0.4642851  0.42332308 0.6208010 1.0000000 0.53125636 0.6836116  0.3139745 0.6282224
x5 0.8240996  0.08588395 0.5853162 0.5312564 1.00000000 0.7081234  0.8004255 0.7762909
x6 0.7656344  0.25516453 0.8564272 0.6836116 0.70812343 1.0000000  0.6472009 0.7448869
x7 0.6708148 -0.20118179 0.5685944 0.3139745 0.80042554 0.6472009  1.0000000 0.5250327
x8 0.8621872  0.34925934 0.6674249 0.6282224 0.77629090 0.7448869  0.5250327 1.0000000
```

（2）根据（1）的相关系数矩阵画8个变量的聚类图，其代码如下：

```
> names<-c("x1","x2","x3","x4","x5","x6","x7","x8")
> r<-matrix(cor(X),nrow=8,dimnames=list(names,names))
> d<-as.dist(1-r); hc<-hclust(d); dend<-as.dendrogram(hc)
> nP<-list(col=3:2,cex=c(2.0,0.75),pch= 21:22,
+ bg= c("light blue","pink"),
+ lab.cex = 1.0,lab.col = "tomato")
```

```
> addE <- function(n){
+ if(!is.leaf(n)){
+ attr(n,"edgePar")<-list(p.col="plum")
+ attr(n,"edgetext")<-paste(attr(n,"members"),"members")
+ }
+ n
+ }
> de <- dendrapply(dend,addE); plot(de,nodePar= nP)
```

结果见图7-6。

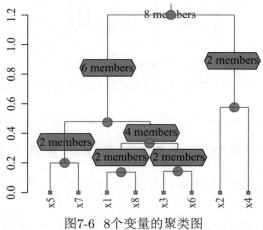

图7-6 8个变量的聚类图

从图7-6可以看出，x_1、x_8先并为一类，其次是x_3、x_6并为一类，再合并就是新得到的两类合并为一类，然后合并就是x_5、x_7合并为一类，再往下合并就是x_2、x_4最后合并为一类。

在前面的问题中，如果分为2类，即k=2，其代码如下：

```
plclust(hc,hang=-1); re<-rect.hclust(hc,k=2)
```

运行结果见图7-7。

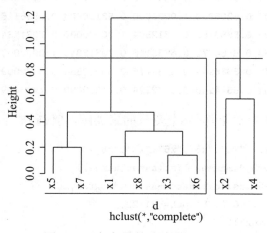

图7-7 8个变量的聚类图（k=2）

从图7-7可以看出，x_5、x_7、x_1、x_8，x_3、x_6为第一类；x_2、x_4为第二类。

在前面的问题中，如果分为3类，即k=3，其代码如下：

```
plclust(hc,hang=-1); re<-rect.hclust(hc,k=3)
```

运行结果见图7-8。

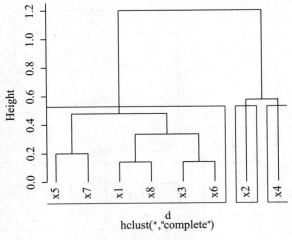

图7-8 8个变量的聚类图（k=3）

从图7-8可以看出，x_5、x_7、x_1、x_8，x_3、x_6为第一类，x_2为第二类，x_4为第三类。

在前面的问题中，如果分为4类，即k=4，其代码如下：

```
plclust(hc,hang=-1); re<-rect.hclust(hc,k=4)
```

运行结果见图7-9。

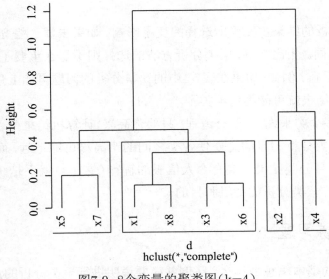

图7-9 8个变量的聚类图（k=4）

从图7-9可以看出，x_5、x_7为第一类，x_1、x_8、x_3、x_6为第二类，x_2为第三类，x_4为第四类。在前面的问题中，如果分为5类，即k=5，其代码如下：

```
plclust(hc,hang=-1); re<-rect.hclust(hc,k=5)
```

运行结果见图7-10。

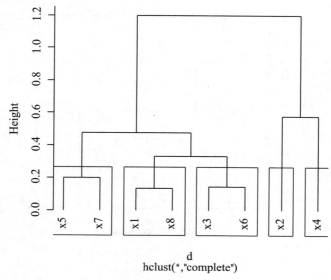

图7-10 8个变量的聚类图（k=5）

从图7-10可以看出，x_5、x_7为第一类，x_1、x_8为第二类，x_3、x_6为第三类，x_2为第四类，x_4为第五类。

7.4　聚类分析要注意的问题

显然，聚类分析的结果主要受所选择的变量影响。如果去掉一些变量，或者增加一些变量，结果会很不同。相比之下，聚类分析方法的选择则不那么重要了。因此，聚类分析之前一定要目标明确。例如，如果在表7-1中的饮料分类的问题再加上包装、颜色、装罐地点等变量，得到的结果就可能不伦不类了。

另外就分成多少类来说，也要有道理。只要你高兴，计算机结果可以得到任何可能数量的类。但是，聚类分析的目的是要使各类之间的距离尽可能地远，而类中点之间的距离尽可能地近，而且分类结果还要有令人信服的解释（这一点就不是统计学可以解决的了）。一定要搞清你聚类分析的动机和目的。

7.5　思考与练习题

1. 聚类分析的基本思想是什么？举例并简要说明进行聚类分析的意义。

2. 在表7-1中选取编号的前6种饮料,把每种饮料的数据看成一个样品,计算样品之间的欧氏距离矩阵,分别用最短距离法、最长距离法、类平均法进行聚类分析。

3. 根据例7.2.1中样品之间的欧氏距离矩阵,分别用最长距离法、类平均法进行聚类分析。

4. 请对感兴趣的问题收集数据,并进行聚类分析。

5. 高等教育的发展状况主要体现在高等院校的相关方面。遵循可比性原则,从高等教育的五个方面选取十项评价指标:(1)"高等院校规模"的评价指标为"平均每所高等院校在校生数";(2)"高等院校数量"的评价指标为"每百万人口高等院校数";(3)"高等院校学生数量"的评价指标为"每十万人口毕业生数","每十万人口招生数""每十万人口在校生数";(4)"教职工情况"的评价指标为"每十万人口教职工数","每十万人口专职教师数""高级职称占专职教师的比例";(5)"经费收入"的评价指标为"国家财政预算内普通高教经费占国内生产总值的比重""生均教育经费"。

表7-6是我国各地区普通高等教育发展状况数据。指标的原始数据取自《中国统计年鉴1995》和《中国教育事业统计年鉴1995》。其中:x_1为每百万人口高等院校数,x_2为每十万人口高等院校毕业生数,x_3为每十万人口高等院校招生数,x_4为每十万人口高等院校在校生数,x_5为每十万人口高等院校教职工数,x_6为每十万人口高等院校专职教师数,x_7为高级职称占专职教师的比例,x_8为平均每所高等院校的在校生数,x_9为国家财政预算内普通高教经费占国内生产总值的比重,x_{10}为生均教育经费。

表 7-6 我国各地区普通高等教育发展状况数据

序号	地区	x_1	x_2	x_3	x_4	x_5	x_6	x_7	x_8	x_9	x_{10}
1	北京	5.96	310	461	1557	931	319	44.36	2615	2.20	13631
2	上海	3.39	234	308	1035	498	161	35.02	3052	0.90	12665
3	天津	2.35	157	229	713	295	109	38.40	3031	0.86	9385
4	陕西	1.35	81	111	364	150	58	30.45	2699	1.22	7881
5	辽宁	1.50	88	128	421	144	58	34.30	2808	0.54	7733
6	吉林	1.67	86	120	370	153	58	33.53	2215	0.76	7480
9	江苏	0.95	64	94	287	102	39	31.54	3008	0.39	7786
10	广东	0.69	39	71	205	61	24	34.50	2988	0.37	11355
11	四川	0.56	40	57	177	61	23	32.62	3149	0.55	7693
12	山东	0.57	58	64	181	57	22	32.95	3202	0.28	6805
13	甘肃	0.71	42	62	190	66	26	28.13	2657	0.73	7282
14	湖南	0.74	42	61	194	61	24	33.06	2618	0.47	6477
15	浙江	0.86	42	71	204	66	26	29.94	2363	0.25	7704
7	黑龙江	1.17	63	93	296	117	44	35.22	2528	0.58	8570

序号	地区	x_1	x_2	x_3	x_4	x_5	x_6	x_7	x_8	x_9	x_{10}
8	湖北	1.05	67	92	297	115	43	32.89	2835	0.66	7262
16	新疆	1.29	47	73	265	114	46	25.93	2060	0.37	5719
17	福建	1.04	53	71	218	63	26	29.01	2099	0.29	7106
18	山西	0.85	53	65	218	76	30	25.63	2555	0.43	5580
19	河北	0.81	43	66	188	61	23	29.82	2313	0.31	5704
20	安徽	0.59	35	47	146	46	20	32.83	2488	0.33	5628
21	云南	0.66	36	40	130	44	19	28.55	1974	0.48	9106
22	江西	0.77	43	63	194	67	23	28.81	2515	0.34	4085
23	海南	0.70	33	51	165	47	18	27.34	2344	0.28	7928
24	内蒙古	0.84	43	48	171	65	29	27.65	2032	0.32	5581
25	西藏	1.69	26	45	137	75	33	12.10	810	1.00	14199
26	河南	0.55	32	46	130	44	17	28.41	2341	0.30	5714
27	广西	0.60	28	43	129	39	17	31.93	2146	0.24	5139
28	宁夏	1.39	48	62	208	77	34	22.70	1500	0.42	5377
29	贵州	0.64	23	32	93	37	16	28.12	1469	0.34	5415
30	青海	1.48	38	46	151	63	30	17.87	1024	0.38	7368

根据表7-6中的数据，分别对10个变量和30个地区进行聚类分析。

第 8 章　判别分析

在自然科学和社会科学的研究中,研究对象用某种方法已划分为若干类型。当得到一个新的样本数据(通常为多元数据),要确定该样品属于已知类型中哪一类,这类问题属于判别分析(discriminate analysis)。判别分析是以判别个体所属群体的一种统计方法,它产生于20世纪30年代。近些年来,判别分析在许多领域中得到广泛应用。

人们常说"像诸葛亮那么神机妙算""像泰山那么稳固""如钻石那样坚硬"等。看来,一些判别标准都是有原型的,而不是凭空想出来的。虽然这些判别的标准并不全是那么精确或严格,但大都是根据一些现有的模型得到的。有一些昆虫的性别很难看出,只有通过解剖才能够判别;但是雄性和雌性昆虫在若干体表度量上有些综合的差异。于是统计学家就根据已知雌雄的昆虫体表度量(这些用作度量的变量亦称为预测变量)得到一个标准,并且利用这个标准来判别其他未知性别的昆虫。这样的判别虽然不能保证百分之百准确,但至少大部分判别都是对的,而且用不着杀死昆虫来进行判别了。这种判别的方法就是本章要介绍的判别分析。

判别分析和前面的聚类分析有什么不同呢?主要不同点就是,在聚类分析中一般人们事先并不知道或一定要明确应该分成几类,完全根据数据来确定。而在判别分析中,至少有一个已经明确知道类别的"训练样本",利用这些数据,就可以建立判别准则,并通过预测变量来对未知类别的观测值进行判别了。和聚类分析相同的是,判别分析也是利用距离远近来把对象归类的。

在实际问题中,判别分析具有重要意义。例如,在寿命试验中,只有在被试样品用坏时寿命才能得到。而判别分析可以根据某些非破坏性测量指标,便可将产品质量分出等级。又如在医学诊断中,可以通过某些便于观测的指标,对疾病的类型做出诊断。利用计算机对某人是否有心脏病进行诊断时,可以选取一批没有心脏病的人,测量其p个指标的数据,然后再选取一批有心脏病的人,同样也测量这p个指标的数据,利用这些数据建立一个判别函数,并求出相应的临界值。这时,对于需要进行诊断的人,也同样测量这p个指标的数据,将其代入判别函数,求得判别得分,再根据判别临界值就可以判断此人是否属于有心脏病的那一群体。又如,在考古学中,对化石及文物年代的判断;在地质学中,判断是有矿还是无矿;在质量管理中,判断某种产品是合格品,还是不合格品;在植物学中,对于新发现的植物,判断其属于哪一科。总之,判别分析方法在很多学科中都有着广泛的应用。

通常各个总体的分布是未知的,它需要由各总体取得的样本数据来估计。一般,先要估计各个总体的均值向量与协方差矩阵。从每个总体取得的样本叫训练样本,判别分析从各训练样本中提取总体的信息,构造一定的判别准则,判断新样品属于哪个总体。从统计学的角度,要求判别在某种准则下最优,例如错判(或误判)的概率最小或错判的损失最小等。由于判别准则不同,有各种不同的判别方法。

8.1 距离判别

所谓判别问题,就是将 p 维欧氏(Euclid)空间 R^p 划分成 k 个互不相交的区域 $R_1, R_2, \cdots, R_k$, 即 $R_i \bigcap R_j = \emptyset (i \neq j, i, j = 1, 2, \cdots, k), \bigcup\limits_{i=1}^{k} R_i = R^p$。当 $x \in R_i (i = 1, 2, \cdots, k)$ 时,就判定 x 属于总体 $X_i (i = 1, 2, \cdots, k)$。特别地,当 $k = 2$ 时,就是两个总体的判别问题。

距离判别是最简单、直观的一种判别方法,该方法适用于连续型随机变量的判别类,对变量的概率分布没有限制。

8.1.1 马氏距离

在通常情况下,所说的距离一般是指欧氏距离,即若 x、y 是 R^p 中的两个点,则 x 与 y 的距离为

$$d(x, y) = \sqrt{(x - y)^{\mathrm{T}} (x - y)}$$

人们经研究发现,在判别分析中采用欧氏距离是不适合的,其原因是它没有从统计学角度考虑问题。在判别分析中采用的距离是马氏距离(Mahalanobis距离)。

定义8.1.1 设 x、y 是从均值为 μ 协方差矩阵为 $\Sigma (> 0)$ 的总体 X 中抽取的两个样本,则总体 X 内两点 x 与 y 的马氏距离为

$$d(x, y) = \sqrt{(x - y)^{\mathrm{T}} \Sigma^{-1} (x - y)} \tag{8.1.1}$$

样本 x 与总体 X 的马氏距离为

$$d(x, X) = \sqrt{(x - \mu)^{\mathrm{T}} \Sigma^{-1} (x - \mu)} \tag{8.1.2}$$

8.1.2 判别准则与判别函数

以下我们来讨论两个总体的距离判别,分别讨论两个总体协方差矩阵相同和不同的情况。

设总体 $\boldsymbol{X}_1$ 和 $\boldsymbol{X}_2$ 的均值向量分别为 $\boldsymbol{\mu}_1$ 和 $\boldsymbol{\mu}_2$,协方差矩阵分别为 $\boldsymbol{\Sigma}_1$ 和 $\boldsymbol{\Sigma}_2$。给定一个样本 x,要判断 x 来自哪个总体。

首先考虑两个总体 $\boldsymbol{X}_1$ 和 $\boldsymbol{X}_2$ 的协方差矩阵相同的情况,即

$$\mu_1 \neq \mu_2, \boldsymbol{\Sigma}_1 = \boldsymbol{\Sigma}_2 = \boldsymbol{\Sigma}$$

要判断x来自哪个总体，需要计算x到总体$\boldsymbol{X}_1$和$\boldsymbol{X}_2$的马氏距离的平方 $d^2(x, \boldsymbol{X}_1)$ 和 $d^2(x, \boldsymbol{X}_2)$，然后进行比较。若 $d^2(x, \boldsymbol{X}_1) \leqslant d^2(x, \boldsymbol{X}_2)$，则判定$x$属于$X_1$；否则，则判定$x$属于$X_2$。由此得到如下判别准则：

$$R_1 = \{x : d^2(x, \boldsymbol{X}_1) \leqslant d^2(x, \boldsymbol{X}_2)\}, \quad R_2 = \{x : d^2(x, \boldsymbol{X}_1) > d^2(x, \boldsymbol{X}_2)\} \tag{8.1.3}$$

以下引进判别函数的表达式，考虑$d^2(x, \boldsymbol{X}_1)$ 和 $d^2(x, \boldsymbol{X}_2)$的关系，则有

$$d^2(x, \boldsymbol{X}_2) - d^2(x, \boldsymbol{X}_1)$$

$$= (x - \mu_2)^{\mathrm{T}} \boldsymbol{\Sigma}^{-1}(x - \mu_2) - (x - \mu_1)^{\mathrm{T}} \boldsymbol{\Sigma}^{-1}(x - \mu_1)$$

$$= (x^{\mathrm{T}} \boldsymbol{\Sigma}^{-1} x - 2x^{\mathrm{T}} \boldsymbol{\Sigma}^{-1} \mu_2 + \mu_2^{\mathrm{T}} \boldsymbol{\Sigma}^{-1} \mu_2) - (x^{\mathrm{T}} \boldsymbol{\Sigma}^{-1} x - 2x^{\mathrm{T}} \boldsymbol{\Sigma}^{-1} \mu_1 + \mu_1^{\mathrm{T}} \boldsymbol{\Sigma}^{-1} \mu_1)$$

$$= 2x^{\mathrm{T}} \boldsymbol{\Sigma}^{-1}(\mu_1 - \mu_2) + (\mu_1 + \mu_2)^{\mathrm{T}} \boldsymbol{\Sigma}^{-1}(\mu_2 - \mu_1)$$

$$= 2\left(x - \frac{\mu_1 + \mu_2}{2}\right)^{\mathrm{T}} \boldsymbol{\Sigma}^{-1}(\mu_1 - \mu_2)$$

$$= 2(x - \overline{\mu})^{\mathrm{T}} \boldsymbol{\Sigma}^{-1}(\mu_1 - \mu_2), \tag{8.1.4}$$

其中$\overline{\mu} = \dfrac{\mu_1 + \mu_2}{2}$为两个总体均值的平均。

令

$$\omega(x) = (x - \overline{\mu})^{\mathrm{T}} \boldsymbol{\Sigma}^{-1}(\mu_1 - \mu_2) \tag{8.1.5}$$

称$\omega(x)$为两个总体的距离判别函数。

因此，判别准则（8.1.3）变为

$$R_1 = \{x : \omega(x) \geqslant 0\}, \quad R_2 = \{x : \omega(x) < 0\} \tag{8.1.6}$$

在实际计算中，总体的均值μ_1、μ_2和协方差矩阵$\boldsymbol{\Sigma}$均未知，因此需要用样本均值和样本协方差矩阵来代替。设$x_1^{(1)}, x_1^{(1)}, \cdots, x_{n_1}^{(1)}$是来自总体$\boldsymbol{X}_1$样本，$x_1^{(2)}, x_1^{(2)}, \cdots, x_{n_2}^{(2)}$是来自总体$\boldsymbol{X}_2$样本，则样本均值和样本协方差矩阵分别为

$$\widehat{\boldsymbol{\mu}}_i = \overline{x^{(i)}} = \frac{1}{n_i} \sum_{j=1}^{n_i} x_j^{(i)}, i = 1, 2,$$

$$\widehat{\boldsymbol{\Sigma}} = \frac{1}{n_1 + n_2 - 2} \sum_{i=1}^{2} \sum_{j=1}^{n_i} \left(x_j^{(i)} - \overline{x^{(i)}}\right) \left(x_j^{(i)} - \overline{x^{(i)}}\right)^{\mathrm{T}} \tag{8.1.7}$$

$$= \frac{1}{n_1 + n_2 - 2}(S_1 + S_2),$$

其中

$$S_i = \sum_{j=1}^{n_i} \left(x_j^{(i)} - \overline{x^{(i)}}\right) \left(x_j^{(i)} - \overline{x^{(i)}}\right)^{\mathrm{T}}, i = 1, 2 \tag{8.1.8}$$

对于待判样本x，其判别函数定义为

$$\widehat{\omega}(x) = (x - \overline{x})^{\mathrm{T}} \widehat{\boldsymbol{\Sigma}}^{-1} \left(\overline{x^{(1)}} - \overline{x^{(2)}}\right) \tag{8.1.9}$$

其中$\bar{x} = \dfrac{\overline{x^{(1)}} - \overline{x^{(2)}}}{2}$。其判别准则为

$$R_1 = \{x : \widehat{\omega}(x) \geqslant 0\}, R_2 = \{x : \widehat{\omega}(x) < 0\} \tag{8.1.10}$$

注意到判别函数（8.1.9）是线性函数，因此，在两个总体的协方差矩阵相同的情况下，距离判别属于线性判别，称 $a = \widehat{\Sigma}^{-1}\left(\overline{x^{(1)}} - \overline{x^{(2)}}\right)$ 为判别系数。从几何角度上来看，$\widehat{\omega}(x) = 0$表示一张超平面，将整个空间分成R_1、R_2两个半空间。

再考虑两个总体$\boldsymbol{X}_1$和$\boldsymbol{X}_2$的协方差矩阵不同的情况，即

$$\mu_1 \neq \mu_2, \Sigma_1 \neq \Sigma_2$$

对于样本x，在协方差矩阵不同的情况，判别函数为

$$\omega(x) = (x - \mu_2)^{\mathrm{T}}\Sigma_2^{-1}(x - \mu_2) - (x - \mu_1)^{\mathrm{T}}\Sigma_1^{-1}(x - \mu_1) \tag{8.1.11}$$

与前面讨论的情况相同，在实际计算中，总体均值和协方差矩阵未知，同样需要用样本的均值和样本协方差矩阵来代替。因此，对于待判样本x，其判别函数定义为

$$\widehat{\omega}(x) = \left(x - \overline{x^{(2)}}\right)^{\mathrm{T}}\widehat{\Sigma}_2^{-1}\left(x - \overline{x^{(2)}}\right) - \left(x - \overline{x^{(1)}}\right)^{\mathrm{T}}\widehat{\Sigma}_1^{-1}\left(x - \overline{x^{(1)}}\right) \tag{8.1.12}$$

其中

$$\widehat{\Sigma}_i = \frac{1}{n_i - 1}\sum_{j=1}^{n_i}\left(x_j^{(i)} - \overline{x^{(i)}}\right)\left(x_j^{(i)} - \overline{x^{(i)}}\right)^{\mathrm{T}} = \frac{1}{n_i - 1}S_i, i = 1, 2 \tag{8.1.13}$$

其判别准则与式（8.1.10）的形式相同。

由于$\widehat{\Sigma}_1$和$\widehat{\Sigma}_2$一般不会相同，所以函数（8.1.12）是二次函数。因此，在两个总体的协方差矩阵不相同的情况下，距离判别属于二次判别。从几何角度上来看，$\widehat{\omega}(x) = 0$表示一张二次曲面。

8.1.3　多总体情形

（1）协方差矩阵相同

设有 k个总体$X_1, X_2, \cdots, X_k$，它们的均值分别为$\mu_1, \mu_2, \cdots, \mu_k$，它们有相同的协方差矩阵$\boldsymbol{\Sigma}$。对于任意一个样本观测指标$x = (x_1, x_2, \cdots, x_p)^{\mathrm{T}}$，计算其到第$i$类的马氏距离（的平方）：

$$\begin{aligned} D(x, X_i) &= (x - \mu_i)^{\mathrm{T}}\Sigma^{-1}(x - \mu_i) = x^{\mathrm{T}}\Sigma^{-1}x - 2\mu_i^{\mathrm{T}}\Sigma^{-1}x + \mu_i^{\mathrm{T}}\Sigma^{-1}\mu_i \\ &= x^{\mathrm{T}}\Sigma^{-1}x - 2(b_0 + b_ix) = x^{\mathrm{T}}\Sigma^{-1}x - 2Z_i \end{aligned}$$

于是得到线性判别函数$Z_i = b_0 + b_ix(i = 1, 2, \cdots, k)$，其中 $b_0 = -1/2\mu_i^{\mathrm{T}}\Sigma^{-1}\mu_i$为常数项，$b_i = \mu_i^{\mathrm{T}}\Sigma^{-1}$为线性判别系数。

相应的判别规则为：

当$Z_i = \max(Z_j), 1 \leqslant j \leqslant k$，则$x \in X_i$。

当$\mu_1,\mu_2,\cdots,\mu_k$和$\boldsymbol{\Sigma}$未知时,可用样本均值向量和样本合并方差矩阵$\boldsymbol{S}_p$估计,其中

$$\widehat{\boldsymbol{\Sigma}} = \boldsymbol{S}_p = \sum_{k=1}^{k} A_i, A_i = \sum_{k=1}^{n}(X_i - \overline{x})(X_i - \overline{x})^{\mathrm{T}}(i=1,2,\cdots,k).$$

（2）协方差矩阵不同

设有k个总体$X_1,X_2,\cdots,X_k$,它们的均值分别为$\mu_1,\mu_2,\cdots,\mu_k$,它们的协方差矩阵$\boldsymbol{\Sigma}_i$不全相同,对于任意一个样本观测指标$x=(x_1,x_2,\cdots,x_p)^{\mathrm{T}}$,计算其到第$i$类的马氏距离（的平方）:$D(x,X_i)=(x-\mu_i)^{\mathrm{T}}\Sigma_i^{-1}(x-\mu_i),i=1,2,\cdots,k$。由于各$\boldsymbol{\Sigma}_i$不全相同,所以从该式推不出线性判别函数,其本身是一个二次函数。

相应的判别规则为:

当$D(x,X_i)=\min D(x,X_j),1\leqslant j\leqslant k$,则$x\in X_i$。

当$\mu_1,\mu_2,\cdots,\mu_k$和$\Sigma_1,\Sigma_2,\cdots,\Sigma_k$未知时,同样可用样本来估计（同前）。

8.1.4　R软件中的判别函数介绍

在R软件中,函数lda()和函数qda()提供了对于数据进行线性判别分析和二次判别分析的工具。这两种函数的使用方法如下:

```
lda(formula,data,...,subset,na.action)
lda(x,grouping,prior=proportions,tol=1.0e-4,method,CV=FALSE,NU,...)

qda(formula,data,...,subset,na.action)
qda(x,grouping,prior=proportions,method,CV=FALSE,NU,...）
```

在以上函数中,参数formula是因子或分组形如$\sim x1+x2+\ldots$的公式。data是包含模型变量的数据框。subset是观察值的子集。x是由数据构成的数据框或矩阵。grouping是由样本分类构成的因子向量。prior是先验概率,缺省时按输入数据的比例给出。

通常预测函数predict()会与函数 dla()或函数 qla()一起使用,其使用方法如下:

```
predict(object,newdata,prior=object$prior,dimen,
method=c( 'plug-in ', 'predictive ', 'debiased '),...)
```

其中: 参数object是由函数dla(()或函数 qla()生成的对象,newdata是由预测数据构成的数据框,如果函数 dla()或函数 qla()用公式形式计算,或者是向量,如果用矩阵与因子形式计算。prior是先验概率,缺省时按输入数据的比例给出。dimen是使用空间的维数。

注意:以上三个函数（predict函数在做判别分析预测时）不是基本函数,因此在调用使用前需要载入 MASS 程序包,其具体命令为 library(MASS)或用Window窗口加载。

8.1.5　电视机销售情况的判别分析Ⅰ—— 畅销和滞销

某地市场上销售的电视机有多种品牌,该地某商场从市场上随机抽取了20种品牌的电视机进行调查,其中13种畅销,7种滞销。按电视机的质量评分、功能评分和销售价格

（单位：百元）收集数据资料，见表8-1，其中销售状态1中："1"表示畅销，"2"表示滞销。请根据该数据资料建立判别函数，并根据判别准则进行回判。假设有一个新厂商来推销其产品，其产品的质量评分为8.0，功能评分为7.5，销售价格为65百元，问该厂的产品的销售前景如何。

表8-1　20种品牌电视机的销售情况

编号	质量评分Q	功能评分C	销售价格P	销售状态1-G	销售状态2-G1
1	8.3	4.0	29	1	1
2	9.5	7.0	68	1	1
3	8.0	5.0	39	1	1
4	7.4	7.0	50	1	1
5	8.8	6.5	55	1	1
6	9.0	7.5	58	1	2
7	7.0	6.0	75	1	2
8	9.2	8.0	82	1	2
9	8.0	7.0	67	1	2
10	7.6	9.0	90	1	2
11	7.2	8.5	86	1	2
12	6.4	7.0	53	1	2
13	7.3	5.0	48	1	2
14	6.0	2.0	20	2	3
15	6.4	4.0	39	2	3
16	6.8	5.0	48	2	3
17	5.2	3.0	29	2	3
18	5.8	3.5	32	2	3
19	5.5	4.0	34	2	3
20	6.0	4.5	36	2	3

说明：在表8-1中，销售状态2的含义见下一节（电视机销售情况的判别分析II——畅销、平销和滞销）。

先画三个散点图，相关代码如下：

```
Q=c(8.3,9.5,8.0,7.4,8.8,9.0,7.0,9.2,8.0,7.6,7.2,6.4,7.3,6.0,6.4,6.8,5.2,5.8,5.5,6.0)
C=c(4.0,7.0,5.0,7.0,6.5,7.5,6.0,8.0,7.0,9.0,8.5,7.0,5.0,2.0,4.0,5.0,3.0,3.5,4.0,4.5)
P=c(29,68,39,50,55,58,75,82,67,90,86,53,48,20,39,48,29,32,34,36)
G=c(1,1,1,1,1,1,1,1,1,1,1,1,1,2,2,2,2,2,2,2)
```

```
G1=c(1,1,1,1,1,2,2,2,2,2,2,2,2,3,3,3,3,3,3,3)
plot(Q,C);text(Q,C,G,adj=-0.8)
plot(Q,P);text(Q,P,G,adj=-0.8)
plot(C,P);text(C,P,G,adj=-0.8)
```

运行结果分别见图8-1～图8-3。

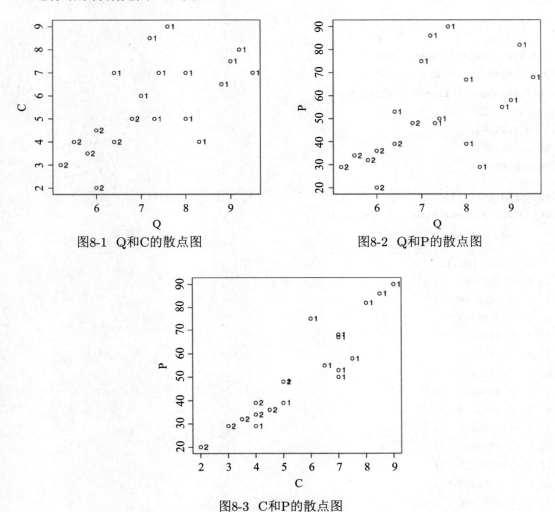

图8-1 Q和C的散点图   图8-2 Q和P的散点图

图8-3 C和P的散点图

上述三个图分别是按质量评分、功能评分和销售价格的分类图,从中可以看到原始数据中每类样品在样本空间中的分布情况。

如果假定协方差矩阵相等,就可以进行线性判别,其代码和结果如下:

```
library(MASS)
(ld=lda(G~ Q+ C+P))
```

运行结果如下：

```
Call:
lda(G ~ Q + C + P)
Prior probabilities of groups:
   1    2
0.65 0.35
Group means:
         Q        C        P
1 7.976923 6.730769 61.53846
2 5.957143 3.714286 34.00000
Coefficients of linear discriminants:
        LD1
Q -0.82211427
C -0.64614217
P  0.01495461

W.x=predict(ld)$x
cbind(G,W=W.x,newG=ifelse(W.x<0,1,2))
```

运行结果如下：

```
   G        LD1 LD1
1  1 -0.1069501   1
2  1 -2.4486840   1
3  1 -0.3569119   1
4  1 -0.9914270   1
5  1 -1.7445428   1
6  1 -2.5102440   1
7  1  0.3574261   2
8  1 -2.6388274   1
9  1 -1.2304672   1
10 1 -1.8499498   1
11 1 -1.2578515   1
12 1 -0.1244489   1
13 1  0.3531596   2
14 2  2.9416056   2
15 2  1.6046131   2
16 2  0.7642167   2
17 2  3.0877463   2
18 2  2.3162705   2
19 2  2.2697429   2
20 2  1.5655239   2
```

以上结果说明，按线性判别函数进行判别，有两个样品数据（第7、13）判错。说明前面我们协方差矩阵相等的假定值得商榷。

8.1.6　电视机销售情况的判别分析Ⅱ —— 畅销、平销和滞销

在上一节（电视机销售情况的判别分析Ⅰ —— 畅销和滞销）中，抽取的20种品牌的13种畅销的电视机中，实际只有5种真正畅销，8种平销，另有7种滞销。按电视机的质量评分、功能评分和销售价格（单位：百元）收集数据资料，见表8-1，其销售状态2分3种："1"表示畅销、"2"表示平销、"3"表示滞销。请根据此数据资料建立判别函数，并根据判别准则进行回判。

先画三个散点图，相关代码如下：

```
plot(Q,C);text(Q,C,G1,adj=-0.8)
plot(Q,P);text(Q,P,G1,adj=-0.8)
plot(C,P);text(C,P,G1,adj=-0.8)
```

运行结果见图8-4～图8-6。

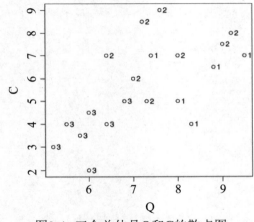

图8-4　三个总体是Q和C的散点图

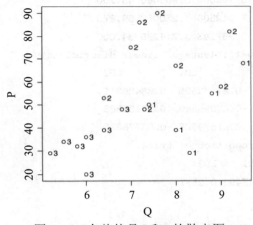

图8-5　三个总体是Q和P的散点图

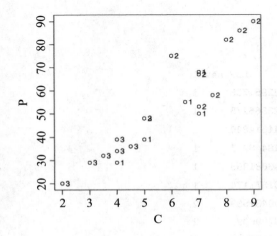

图8-6　三个总体是C和P的散点图

　　上述三个图分别是在总体是按质量评分、功能评分和销售价格的分类图,从中可以看出原始数据中每类样品在样本空间中的分布情况。

　　线性判别 —— 协方差矩阵相等情形,代码如下:

```
(ld=lda(G1~ Q+ C+P))
```

　　运行结果如下:

```
Call:
lda(G1 ~ Q + C + P)
Prior probabilities of groups:
   1    2    3
0.25 0.40 0.35
Group means:
        Q        C       P
1 8.400000 5.900000 48.200
2 7.712500 7.250000 69.875
3 5.957143 3.714286 34.000
Coefficients of linear discriminants:
           LD1         LD2
Q -0.81173396  0.88406311
C -0.63090549  0.20134565
P  0.01579385 -0.08775636
Proportion of trace:
LD1    LD2
0.7403 0.2597


Z=predict(ld)
newG1=Z$class
cbind(G1,Z$x,newG1)
```

　　运行结果如下:

```
   G1        LD1          LD2 newG1
1   1 -0.1409984  2.582951755     1
2   1 -2.3918356  0.825366275     1
3   1 -0.3704452  1.641514840     1
4   1 -0.9714835  0.548448277     1
5   1 -1.7134891  1.246681993     1
6   2 -2.4593598  1.361571174     1
7   2  0.3789617 -2.200431689     2
8   2 -2.5581070 -0.467096091     2
9   2 -1.1900285 -0.412972027     2
10  2 -1.7638874 -2.382302324     2
```

```
11  2 -1.1869165 -2.485574940    2
12  2 -0.1123680 -0.598883922    2
13  2  0.3399132  0.232863397    3
14  3  2.8456561  0.936722573    3
15  3  1.5592346  0.025668216    3
16  3  0.7457802 -0.209168159    3
17  3  3.0062824 -0.358989534    3
18  3  2.2511708  0.008852067    3
19  3  2.2108260 -0.331206768    3
20  3  1.5210939  0.035984885    3
```

```
tab=table(G,newG)
```

运行结果如下：

```
newG
G  1  2  3
1  5  0  0
2  1  6  1
3  0  0  7
```

```
diag(prop.table(tab,1))
```

运行结果如下：

```
   1    2    3
1.00 0.75 1.00
```

```
sun(diag(prop.table(tab)))
```

运行结果如下：

```
[1]0.9
```

根据以上计算结果，判别符合率为：(5+6+7)/20=90.0%。

二次函数判别—— 协方差矩阵不等情形。

当协方差矩阵不同时，距离判别为非线性形式，一般为二次函数，以下在异方差情形下进行二次判别。

代码如下：

```
> (qd=qda(G1~ Q+ C+P))
```

运行结果如下:

```
Call:
qda(G1 ~ Q + C + P)
Prior probabilities of groups:
   1    2    3
0.25 0.40 0.35
Group means:
        Q        C      P
1 8.400000 5.900000 48.200
2 7.712500 7.250000 69.875
3 5.957143 3.714286 34.000


> Z=predict(qd)
> newG1=Z$class
> cbind(G1,Z$x,newG1)
```

运行结果如下:

```
     G1 newG1
[1,]  1     1
[2,]  1     1
[3,]  1     1
[4,]  1     1
[5,]  1     1
[6,]  2     2
[7,]  2     2
[8,]  2     2
[9,]  2     2
[10,] 2     2
[11,] 2     2
[12,] 2     2
[13,] 2     3
[14,] 3     3
[15,] 3     3
[16,] 3     3
[17,] 3     3
[18,] 3     3
[19,] 3     3
[20,] 3     3


> (tab=table(G,newG))
```

运行结果如下：

```
 newG
G   1  2  3
  1  5  0  0
  2  0  7  1
  3  0  0  7
```

```
> sum(diag(prop.table(tab)))
```

运行结果如下：

[1]0.95

根据以上结果，判别符合率为：(5+7+7)/20=95.0%.

根据判别符合率，应用二次判别的效果要好于一次判别的效果。

8.1.7 气象站有无春旱的判别分析I—— 距离判别

某气象站监测前14年气象的资料，有两项综合预报因子（气象含义），其中有春旱的是6个年份的资料，无春旱的是8个年份的资料，见表 8-2。今年测到两方指标的数据为(23.5，—1.6)，请用距离判别对数据进行分析，并预报今年是否有春旱。

表 8-2 某气象站有无春旱的数据

序号	有春旱		无春旱	
1	24.8	−2.0	22.1	−0.7
2	24.1	−2.4	21.6	−1.4
3	26.6	−3.0	22.0	−0.8
4	23.5	−1.9	22.8	−1.6
5	25.5	−2.1	22.7	−1.5
6	27.4	−3.1	21.5	−1.0
7			22.1	−1.2
8			21.4	−1.3

按矩阵形式输入训练样本和待判样本，调用函数discriminiant.distance（附后），做距离判。

```
TrnX1<- matrix(
   c(24.8,24.1,26.6,23.5,25.5,27.4,
     -2.0,-2.4,-3.0,-1.9,-2.1,-3.1),
     ncol=2)
TrnX2<- matrix(
```

```
    c(22.1,21.6,22.0,22.8,22.7,21.5,22.1,21.4,
      -0.7,-1.4,-.08,-1.6,-1.5,-1.0,-1.2,-1.3),
      ncol=2)
tst<-c(23.5,-1.6)
source('discriminiant.distance.R')
```

在协方差矩阵相同的情况下做判别

```
discriminiant.distance(TrnX1,TrnX2,tst,var.equal=T)
      1
blong 2
```

以上结果说明属于2类，即无春旱。

以下在协方差矩阵不相同的情况下做判别。

```
discriminiant.distance(TrnX1,TrnX2,tst)
      1
blong 2
```

以上结果说明属于2类，即无春旱。

以下把训练样本回代

```
discriminiant.distance(TrnX1,TrnX2,tst,var.equal=T)
      1 2 3 4 5 6 7 8 9 10 11 12 13 14
blong 1 1 1 2 1 1 1 2 2 2  2  2  2  2
discriminiant.distance(TrnX1,TrnX2)
      1 2 3 4 5 6 7 8 9 10 11 12 13 14
blong 1 1 1 1 1 1 2 2 2  2  2  2  2
```

以上结果说明，在协方差矩阵相同的情况下，第4号样本错判；在协方差矩阵不相同的情况下，全部样本回代正确。

再看一下几何直观。在协方差矩阵相同的情况下，判别函数 $\hat{w}(x) = 0$ 是一条直线，见图8-7。

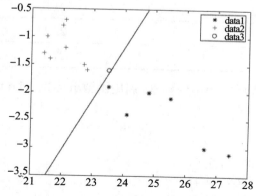

图8-7 协方差矩阵相同情况的判别

在协方差矩阵不相同的情况下,判别函数$\widehat{w}(x) = 0$是一条二次曲线,与判别函数是一条直线情形类似,只是把直线换成二次曲线(图形从略)。

附:函数 discriminiant.distance

```
discriminiant.distance<-function
    (TrnX1,TrnX2,TstX=NULL,var.equal=FALSE){
if (is.matrix(TrnX1) !=TRUE) TrnX1<-as. matrix(TrnX1)
if (is.matrix(TrnX2) !=TRUE) TrnX2<-as. matrix(TrnX2)
if (is.null(TstX)== TRUE) TstX<-rbind(TrnX1,TrnX2)
if (is.vector(TstX)== TRUE) TstX<-t(as.matrix(TstX))
else if (is. matrix(TstX) != TRUE)
  TstX<-as.matrix(TstX)
nx<-nrow(TstX)
blong<- matrix(rep(0,nx),nrow=1,byrow= TRUE,
      dimnames=list( 'blong ' ,1:nx))
mu1<-colMeans (TrnX1); mu2<-colMeans (TrnX2)
if (var.equal== TRUE | | var.equal== T){
n1<-nrow(TrnX1); n2<-nrow(TrnX2)
S<-(n1+n2-1)/ (n1+n2-2)*var(rbind(TrnX1,TrnX2))
w<-mahalanobis(TstX,mu2,S)
-mahalanobis(TstX,mu1,S)
}
else{
S1<-var(TrnX1); S2<-var(TrnX2)
w<-mahalanobis(TstX,mu2,S2)
-mahalanobis(TstX,mu1,S1)
}
for (i in 1:nx){
        if (w[i]>0)
blong[i]<-1
        else
blong[i]<-2
}
blong
}
```

在以上程序中,输入变量TrnX1和TrnX2分别表示X_1和X_2的训练样本,其输入格式是数据框或矩阵(样本按行输入)。TstX是待判样本,其输入格式是数据框或矩阵(样本按行输入),或向量(一个待判样本)。如果不输入TstX(默认值),则待判样本为两个训练样本之和,即计算训练样本的回代情况。输入变量var.equal是逻辑变量,var.equal=TRUE表示两个总体协方差相同;否则(默认值),为不同。函数的输出是由"1"和"2"构成的一维矩阵,"1"表示待判样本属于X_1类,"2"表示待判样本属于X_2类。

在上述程序中,用到mahalanobis距离函数mahalanobis(),该函数的使用格式为

mahalanobis(x,center,cov,inverted=FALSE, ...)

在函数中,x是由样本数据构成的向量或矩阵,center是样本中心,cov是样本的协方差矩阵,mahalanobis距离的公式为

$$D^2 = (x - \mu)^{\mathrm{T}} \Sigma^{-1} (x - \mu)$$

8.1.8　iris数据集的判别分析

在第2章中,我们通过2.2.2(鸢尾花数据集的展示和描述)和2.3.3(鸢尾花数据集的可视化),用R语言展示、描述和可视化iris数据集。现在我们的问题是把三种鸢尾花进行分类。

以下我们用R中MASS包里的函数lda()进行判别分析,但第一次使用前请先安装MASS包。

```
install.packages("MASS")
library(MASS)
ml <-lda (Species~.,data=iris)
ml
```

结果如下:

```
Call:
lda(Species ~ .,data = iris)

Prior probabilities of groups:
    setosa versicolor  virginica
0.3333333  0.3333333  0.3333333

Group means:
           Sepal.Length Sepal.Width Petal.Length Petal.Width
setosa            5.006       3.428        1.462       0.246
versicolor        5.936       2.770        4.260       1.326
virginica         6.588       2.974        5.552       2.026

Coefficients of linear discriminants:
                     LD1          LD2
Sepal.Length  0.8293776   0.02410215
Sepal.Width   1.5344731   2.16452123
Petal.Length -2.2012117  -0.93192121
Petal.Width  -2.8104603   2.83918785

Proportion of trace:
```

```
   LD1    LD2
0.9912 0.0088
```

然后进行预测，并查看预测的正确性。

```
table (iris$Species,pre$class)
```

结果如下：

	setosa	versicolor	virginica
setosa	50	0	0
versicolor	0	48	2
virginica	0	1	49

再查看哪些预测是错误的。

```
which(!(iris$Species== pre$class))
```

结果如下：

```
[1]  71  84 134
```

以下通过图可视化地展示三种鸢尾花分类的结果。

```
p <- ggplot (data=as.data.frame (pre$x),mapping=aes (x=LD1,y=LD2,colour= pre$class))
p+geom_point ( cex=4)+labs ( colour=" Species")
m2 <-update (m1,. ~. -Sepal.Length)
table (iris$Species,predict (m2,iris[,-5])$class)
```

结果如图8-8所示。

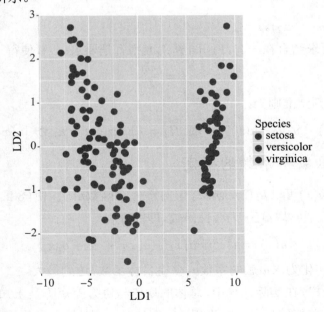

图8-8 三种鸢尾花分类的结果

从图8-8可以看出，setosa 种的鸢尾花与其他两种分得比较清楚，而versicolor和virginica两种鸢尾花不那么容易分开。

8.2 Fisher判别

Fisher判别是按类内方差尽量小、类间方差尽量大的准则来求判别函数的。以下只介绍两个总体的判别方法。

8.2.1 判别准则

设两个总体X_1和X_2的均值向量分别为$\boldsymbol{\mu}_1$和$\boldsymbol{\mu}_2$，协方差矩阵分别为$\boldsymbol{\Sigma}_1$和$\boldsymbol{\Sigma}_2$，对于任意的一个样本x，考虑它的判别函数

$$u = u(x), \tag{8.2.1}$$

并假设

$$\boldsymbol{u}_1 = E[u(x)|x \in X_1], \boldsymbol{u}_2 = E[u(x)|x \in X_2], \tag{8.2.2}$$

$$\sigma_1^2 = \text{Var}[u(x)|x \in X_1], \sigma_2^2 = \text{Var}[u(x)|x \in X_2] \tag{8.2.3}$$

Fisher判别准则就是要寻找判别函数$u(x)$，使类内偏差平方和

$$W_0 = \sigma_1^2 + \sigma_2^2$$

最小，而类间偏差平方和

$$B_0 = (u_1 - u)^2 + (u_2 - u)^2$$

最大，其中$u = \dfrac{1}{2}(\boldsymbol{u}_1 + \boldsymbol{u}_2)$。

将上面两个要求结合在一起，Fisher判别准则就是要求$u(x)$，使得

$$I = \frac{B_0}{W_0} \tag{8.2.4}$$

达到最大。因此，判别准则为：

$$R_1 = \{x : |u(x) - u_1| \leqslant |u(x) - u_2|\}, R_2 = \{x : |u(x) - u_1| > |u(x) - u_2|\} \tag{8.2.5}$$

8.2.2 判别函数中系数的确定

从理论上说，$u(x)$可以是任意函数，但对于任意函数$u(x)$，使（8.2.4）中的I达到最大是很困难的。因此，通常取$u(x)$为线性函数，即令

$$u(x) = a^{\text{T}}x = a_1x_1 + a_2x_2 + \cdots + a_px_p \tag{8.2.6}$$

因此，问题就转化为求$u(x)$的系数a，使得目标函数I达到最大。

与距离判别一样，在实际计算中，总体的均值与协方差矩阵是未知的。因此，需要用样本的均值与协方差矩阵来替换。设用$x_1^{(1)}, x_1^{(1)}, \cdots, x_{n_1}^{(1)}$是来自总体$X_1$样本，$x_1^{(2)}, x_1^{(2)},$

$\cdots, x_{n_2}^{(2)}$ 是来自总体 X_2 样本, 用这些样本得到 u_1、u_2, u 和 σ_1、σ_2 的估计:

$$\widehat{u_i} = \overline{u_i} = \frac{1}{n_i} \sum_{j=1}^{n_i} u(x_j^{(i)}) = \frac{1}{n_i} \sum_{j=1}^{n_i} a^{\mathrm{T}} x_j^{(i)} = a^{\mathrm{T}} \overline{x^{(i)}}, i = 1, 2, \tag{8.2.7}$$

$$\widehat{u} = \overline{u} = \frac{1}{n} \sum_{i=1}^{2} \sum_{j=1}^{n_i} u(x_j^{(i)}) = \frac{1}{n} \sum_{i=1}^{2} \sum_{j=1}^{n_i} a^{\mathrm{T}} x_j^{(i)} = a^{\mathrm{T}} \overline{x}, \tag{8.2.8}$$

$$\begin{aligned}
\widehat{\sigma}_i^2 &= \frac{1}{n_i - 1} \sum_{j=1}^{n_i} \left[u(x_j^{(i)}) - \overline{u_i} \right]^2 \\
&= \frac{1}{n_i - 1} \sum_{j=1}^{n_i} \left[a^{\mathrm{T}} \left(x_j^{(i)} - \overline{x^{(i)}} \right) \right]^2 \\
&= \frac{1}{n_i - 1} a^{\mathrm{T}} \left[\sum_{j=1}^{n_i} \left(x_j^{(i)} - \overline{x^{(i)}} \right) \left(x_j^{(i)} - \overline{x^{(i)}} \right)^{\mathrm{T}} \right] a \\
&= \frac{1}{n_i - 1} a^{\mathrm{T}} S_i a, i = 1, 2
\end{aligned} \tag{8.2.9}$$

其中 $n = n_1 + n_2$, $S_i = \sum_{j=1}^{n_i} \left(x_j^{(i)} - \overline{x^{(i)}} \right) \left(x_j^{(i)} - \overline{x^{(i)}} \right)^{\mathrm{T}}$, $i = 1, 2$。

因此, 将类内偏差的平方和 W_0 与类间偏差平方和 B_0 改为组内离差平方和 $\widehat{W}_0$ 与组间离偏差平方和 $\widehat{B}_0$, 即

$$\widehat{W}_0 = \sum_{i=1}^{2} (n_i - 1) \widehat{\sigma}_i^2 = a^{\mathrm{T}}(S_1 + S_2) a = a^{\mathrm{T}} S a, \tag{8.2.10}$$

$$\widehat{B}_0 = \sum_{i=1}^{2} n_i (\widehat{u_i} - \widehat{u})^2 = a^{\mathrm{T}} \left[\sum_{i=1}^{2} n_i \left(\overline{x^{(i)}} - \overline{x} \right) \left(\overline{x^{(i)}} - \overline{x} \right)^{\mathrm{T}} \right] a = \frac{n_1 n_2}{n} a^{\mathrm{T}} (dd^{\mathrm{T}}) a, \tag{8.2.11}$$

其中 $S = S_1 + S_2, d = \left(\overline{x^{(2)}} - \overline{x^{(1)}} \right)$。因此, 求 $I = \frac{\widehat{B}_0}{\widehat{W}_0}$ 最大, 等价于求

$$\frac{a^{\mathrm{T}} (dd^{\mathrm{T}}) a}{a^{\mathrm{T}} S a}$$

最大。这个解不是唯一的, 因为对任意的 $a \neq 0$, 它的任意非零倍均保持其值不变。不失一般性, 把最大问题转化为约束优化问题:

$$\max \quad a^{\mathrm{T}} (dd^{\mathrm{T}}) a, \tag{8.2.12}$$

$$s.t. \quad a^{\mathrm{T}} S a = 1 \tag{8.2.13}$$

根据约束问题的一阶必要条件, 得到:

$$a = S^{-1} d \tag{8.2.14}$$

8.2.3 确定判别函数

对于一个新样本 x，现在要确定 x 属于哪一类。为方便起见，不妨设 $\overline{u}_1 < \overline{u}_2$。因此，根据判别准则（8.2.5），当 $u(x) < \overline{u}_1$ 时，判 $x \in X_1$；当 $u(x) > \overline{u}_2$ 时，判 $x \in X_2$；那么当 $\overline{u}_1 < u(x) < \overline{u}_2$ 时，x 属于哪一个总体呢？应该找 $\overline{u}_1$、$\overline{u}_2$ 的均值 $\overline{u} = \frac{n_1}{n}\overline{u}_1 + \frac{n_2}{n}\overline{u}_2$。

当 $u(x) < \overline{u}$ 时，判 $x \in X_1$；否则判 $x \in X_2$。由于

$$u(x) - \overline{u} = u(x) - \left(\frac{n_1}{n}\overline{u}_1 + \frac{n_2}{n}\overline{u}_2\right) = a^{\mathrm{T}}\left(x - \frac{n_1}{n}\overline{x^{(1)}} - \frac{n_2}{n}\overline{x^{(2)}}\right) = a^{\mathrm{T}}(x - \overline{x}) = d^{\mathrm{T}}S^{-1}(x - \overline{x})$$

$$(8.2.15)$$

其中

$$\overline{x^{(i)}} = \frac{1}{n_i}\sum_{j=1}^{n_i} x_j^{(i)}, i = 1, 2,$$

$$\overline{x} = \frac{n_1}{n}\overline{x^{(1)}} + \frac{n_2}{n}\overline{x^{(2)}} = \frac{1}{n}\sum_{i=1}^{2}\sum_{j=1}^{n_i} x_j^{(i)}$$

所以由上式可知，$\overline{x}$ 就是样本均值。因此构造判别函数

$$\omega(x) = d^{\mathrm{T}}S^{-1}(x - \overline{x}) \tag{8.2.16}$$

此时，判别准则（8.2.5）等价为

$$R_1 = \{x : \omega(x) \leqslant 0\}, R_2 = \{x : \omega(x) > 0\} \tag{8.2.17}$$

函数（8.2.16）是线性函数，因此Fisher判别属于线性判别，称 $a = S^{-1}d$ 为判别系数。

8.2.4 明天是雨天还是晴天的判别分析

根据经验，今天和昨天的湿温差 x_1 及气温差 x_2 是预报明天下雨或不下雨的两个重要因子。请根据表8-3的数据建立Fisher线性判别函数并进行判别。如果今天测得 $x_1 = 8.1$、$x_2 = 2.0$，请问明天是雨天还是晴天？

表 8-3 雨天和晴天湿温差 x_1 及气温差 x_2 的数据

	雨天			晴天	
组别	x_1	x_2	组别	x_1	x_2
1	-1.9	3.2	2	0.2	6.2
1	-6.9	0.4	2	-0.1	7.5
1	5.2	2.0	2	0.4	14.6
1	5.0	2.5	2	2.7	8.3
1	7.3	0.0	2	2.1	0.8
1	6.8	12.7	2	-4.6	4.3
1	0.9	-5.4	2	-1.7	10.9

雨天			晴天		
组别	x_1	x_2	组别	x_1	x_2
1	-12.5	2.5	2	-2.6	13.1
1	1.5	1.3	2	2.6	12.8
1	3.8	6.8	2	-2.8	10.0

有关代码和结果如下:

```
G=c(1,1,1,1,1,1,1,1,1,1,
2,2,2,2,2,2,2,2,2,2)
x1=c(-1.9,-6.9,5.2,5.0,7.3,6.8,0.9,-12.5,1.5,3.8,
0.2,-0.1,0.4,2.7,2.1,-4.6,-1.7,-2.6,2.6,-2.8)
x2=c(3.2,0.4,2.0,2.5,0.0,12.7,-5.4,-2.5,1.3,6.8,
6.2,7.5,14.6,8.3,0.8,4.3,10.9,13.1,12.8,10.0)
plot(x1,x2);text(x1,x2,G,adj=-0.5)
```

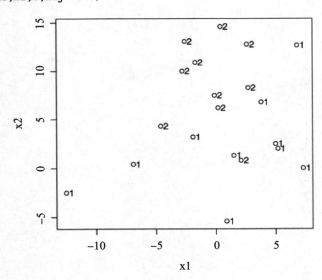

图8-9 雨天和晴天湿温差 x_1 及气温差 x_2 的散点图

```
library(MASS)
(ld=lda(G~ x1+ x2))
```

运行结果为:

```
Call:
lda(G ~ x1 + x2)
Prior probabilities of groups:
  1   2
```

```
0.5 0.5
Group means:
      x1   x2
1  0.92 2.10
2 -0.38 8.85
Coefficients of linear discriminants:
          LD1
x1 -0.1035305
x2  0.2247957
```

```
Z=predict(ld)
newG=Z$class
cbind(G,Z$x,newG)
```

```
   G         LD1 newG
1  1 -0.28674901    1
2  1 -0.39852439    1
3  1 -1.29157053    1
4  1 -1.15846657    1
5  1 -1.95857603    1
6  1  0.94809469    2
7  1 -2.50987753    1
8  1 -0.47066104    1
9  1 -1.06586461    1
10 1 -0.06760842    1
11 2  0.17022402    2
12 2  0.49351760    2
13 2  2.03780185    2
14 2  0.38346871    2
15 2 -1.24038077    1
16 2  0.24005867    2
17 2  1.42347182    2
18 2  2.01119984    2
19 2  1.40540244    2
20 2  1.33503926    2
```

```
 (tab=table(G,newG))
   newG
G   1 2
  1 9 1
  2 1 9
sum(diag(prop.table(tab)))
      [1] 0.9
```

根据以上计算结果,判别符合率为:18/20=90.00%。

于是有线性判别函数$y = -0.1035305x_1 + 0.2247957x_2$,其图形见图8-9中的直线,每组都有一个点在直线的另一侧。

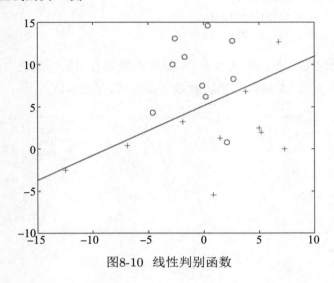

图8-10 线性判别函数

8.2.5 气象站有无春旱的判别分析II——Fisher判别

在本章的8.1.7(气象站有无春旱的判别分析I——距离判别)曾对"某气象站有无春旱的判别问题"进行了距离判别。本节我们将用Fisher判别对前面的"某气象站有无春旱的判别问题"中的数据进行判别分析与预测。

按矩阵形式输入训练样本和待判样本,调用以上函数discriminiant.fisher(附后),做Fisher判别。代码如下:

```
TrnX1<- matrix(
   c(24.8,24.1,26.6,23.5,25.5,27.4,
     -2.0,-2.4,-3.0,-1.9,-2.1,-3.1),
   ncol=2)
TrnX2<- matrix(
   c(22.1,21.6,22.0,22.8,22.7,21.5,22.1,21.4,
     -0.7,-1.4,-.08,-1.6,-1.5,-1.0,-1.2,-1.3),
   ncol=2)
tst<-c(23.5,-1.6)
source('discriminiant.fisher.R')
discriminiant.fisher(TrnX1,TrnX2,tst)
```

得到结果:

```
       1
blong 2
```

以上结果说明属于2类,即无春旱。

把训练样本回代:

```
discriminiant.distance(TrnX1,TrnX2)
     1 2 3 4 5 6 7 8 9 10 11 12 13 14
blong 1 1 1 2 1 1 2 2 2  2  2  2  2  2
```

全部样本回代正确。从这个角度来看,今年不发生春旱的可能性会较大些。

再看一下几何直观。Fisher判别函数是一条直线,见图8-11。

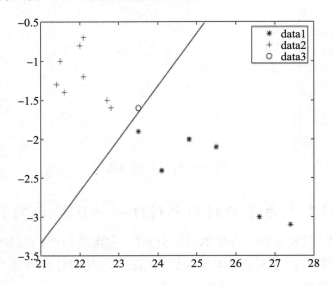

图8-11 Fisher判别的情况

附:有关函数 discriminiant.fisher

```
discriminiant.fisher<-function
    (TrnX1,TrnX2,TstX=NULL){
if (is.matrix(TrnX1) !=TRUE) TrnX1<-as. matrix(TrnX1)
if (is.matrix(TrnX2) !=TRUE) TrnX2<-as. matrix(TrnX2)
if (is.null(TstX)== TRUE) TstX<-rbind(TrnX1,TrnX2)
if (is.vector(TstX)== TRUE) TstX<-t(as.matrix(TstX))
else if (is. matrix(TstX) != TRUE)
  TstX<-as.matrix(TstX)
nx<-nrow(TstX)
blong<- matrix(rep(0,nx),nrow=1,byrow= TRUE,
    dimnames=list( 'blong ',1:nx))
n1<-nrow(TrnX1); n2<-nrow(TrnX2)
mu1<-colMeans (TrnX1); mu2<-colMeans (TrnX2)
S<-(n1-1)*var(TrnX1)+(n2-1)*var(TrnX2)
mu<-n1/(n1+n2)*mu1+n2/(n1+n2)*mu2
w<-(-rep(1,nx)%o% mu)%o% solvs(S,mu2-mu1);
```

```
for (i in 1:nx){
if (w[i]<=0)
   blong[i]<-1
 else
   blong[i]<-2
 }
blong
}
```

在以上程序中,输入变量TrnX1和TrnX2分别表示X_1和X_2类的训练样本,其输入格式是数据框或矩阵(样本按行输入)。输入变量TstX是待判样本TstX,其输入格式是数据框或矩阵(样本按行输入)。函数的输出是由"1"和"2"构成的一维矩阵,"1"表示待判样本属于X_1类,"2"表示待判样本属于X_2类。

8.2.6 气象站有无春旱的判别分析III——距离判别(续)

在前面(气象站有无春旱的判别分析I——距离判别,气象站有无春旱的判别分析II——Fisher判别),对"某气象站有无春旱的判别问题"中问题进行了距离判别和Fisher判别。

本节将应用另外一种形式的距离判别,对气象站有无春旱进行判别。

用矩阵与因子形式输入数据:

```
train<- matrix(
   c(24.8,24.1,26.6,23.5,25.5,27.4,
     22.1,21.6,22.0,22.8,22.7,21.5,22.1,21.4,
     -2.0,-2.4,-3.0,-1.9,-2.1,-3.1,
     -0.7,-1.4,-.08,-1.6,-1.5,-1.0,-1.2,-1.3),
   ncol=2)
sp<-factor(rep(1:2,c(6,8)))
```

调用函数lda()进行判别与预测:

```
library(MASS);
lda.sol<-lda(train,sp)
tst<-c(23.5,-1.6);
predict(lda.sol,tst)$class
```

预测结果为:

```
[1] No
Levels: Have No
```

以上结果表明:今年无春旱。

再看回代情况

```
table(sp,predict(lda.sol)$class)
sp  Have No
Have 5  1
No   0  8
```

以上结果说明，6个有春旱的年度中一个错判，8个无春旱的年度中全都判对。

8.3 Bayes判别

Bayes统计是现代统计学的重要分支，其基本思想是：假定对所研究的对象（总体）在抽样前已有一定的认识，常用先验分布来描述这种认识，然后基于抽取的样本再对先验认识做修正，得到后验分布，而各种统计推断均基于后验分布进行。将Bayes统计的思想用于判别分析，就得到Bayes判别。关于Bayes统计，感兴趣的读者可参考《贝叶斯统计——基于R和BUGS的应用》（韩明，2017）。

8.3.1 误判概率与误判损失

设有两个总体X_1和X_2，根据某一个判别规则，把实际上为X_1的个体判为X_2或者把实际上为X_2的个体判为X_1的概率称为误判（或错判）概率。

一个好的判别规则应该使误判概率最小。除此之外还有一个误判损失问题，如果把X_1的个体判到X_2的损失比X_2的个体判到X_1严重得多，则人们在做前一种判断时就要特别谨慎。比如，在药品检验中把有毒的样品判为无毒比把无毒判为有毒严重得多，因此一个好的判别规则还必须使误判损失最小。

以下讨论两个总体的情况。设所考虑的两个总体X_1和X_2分别具有密度函数$f_1(\boldsymbol{x})$与$f_2(\boldsymbol{x})$，其中$\boldsymbol{x}$为p维向量。记Ω为$\boldsymbol{x}$的所有可能观察值的全体，称它为样本空间，R_1为根据要判为X_1的那些$\boldsymbol{x}$的全体，而$R_2 = \Omega - R_1$为根据要判为X_2的那些$\boldsymbol{x}$的全体。

某样本实际上是来自X_1，但判为X_2的概率为

$$P(2|1) = P(\boldsymbol{x} \in R_2|X_1) = \int_{R_2} \cdots \int f_1(\boldsymbol{x})\mathrm{d}x$$

来自X_2，但判为X_1的概率为

$$P(1|2) = P(\boldsymbol{x} \in R_1|X_2) = \int_{R_1} \cdots \int f_2(\boldsymbol{x})\mathrm{d}x$$

类似地，来自X_1判为X_1的概率，来自X_2判为X_2的概率分别为

$$P(1|1) = P(\boldsymbol{x} \in R_1|X_1) = \int_{R_1} \cdots \int f_1(\boldsymbol{x})\mathrm{d}x$$

$$P(2|2) = P(\boldsymbol{x} \in R_2|X_2) = \int_{R_2} \cdots \int f_2(\boldsymbol{x})\mathrm{d}x$$

设p_1,p_2分别表示某样本来自总体X_1和X_2的先验概率,且$p_1+p_2=1$,于是,有

P(正确地判为X_1)=P(来自X_1,被判为X_1)=$P(x\in R_1|X_1)P(X_1)=P(1|1)p_1$,

P(误判到X_1)=P(来自X_2,被判为X_1)=$P(x\in R_1|X_2)P(X_2)=P(1|2)p_2$。

类似地有

P(正确地判为X_2)$=P(2|2)p_2$,P(误判到X_2)$=P(2|1)p_1$。

设$L(1|2)$表示来自X_2误判为X_1引起的损失,$L(2|1)$表示来自X_1误判为X_2引起的损失,并规定$L(1|1)=L(2|2)=0$。

把上述误判概率与误判损失结合起来,定义平均误判损失ECM(expected cost of misclassification)如下:

$$\text{ECM}(R_1,R_2)=L(2|1)P(2|1)p_1+L(1|2)P(1|2)p_2, \tag{8.3.1}$$

一个合理的判别规则应使ECM达到最小。

8.3.2 两总体的 Bayes判别

根据上面的叙述,要选择样本空间Ω的一个划分R_1和$R_2=\Omega-R_1$,使得平均误判损失ECM达到极小。

定理8.3.1 极小化平均误判损失(8.3.1)式的区域R_1和R_2为

$$R_1=\left\{x:\frac{f_1(x)}{f_2(x)}\geqslant\frac{L(1|2)}{L(2|1)}\cdot\frac{p_2}{p_1}\right\}$$

$$R_2=\left\{x:\frac{f_1(x)}{f_2(x)}<\frac{L(1|2)}{L(2|1)}\cdot\frac{p_2}{p_1}\right\}$$

说明:当$\{\frac{f_1(x)}{f_2(x)}=\frac{L(1|2)}{L(2|1)}\cdot\frac{p_2}{p_1}\}$时即$x$为边界点,它可以归入$R_1$和$R_2$中的任何一个,为了方便就将它归入$R_1$。

根据定理8.3.1,得到两总体的 Bayes判别准则:

$$\begin{cases} x\in X_1, & \frac{f_1(x)}{f_2(x)}\geqslant\frac{L(1|2)}{L(2|1)}\cdot\frac{p_2}{p_1}, \\ x\in X_2, & \frac{f_1(x)}{f_2(x)}<\frac{L(1|2)}{L(2|1)}\cdot\frac{p_2}{p_1}. \end{cases}$$

应用此准则时仅需要计算:

(1)新样本点$x_0=(x_{01},x_{02},\cdots,x_{0p},)^{\mathrm{T}}$的密度函数比$\frac{f_1(x_0)}{f_2(x_0)}$;

(2)损失比$\frac{L(1|2)}{L(2|1)}$;

(3)先验概率比$\frac{p_2}{p_1}$。

损失和先验概率以比值的形式出现是很重要的,因为确定两种损失的比值(或两总体的先验概率的比值)往往比确定损失本身(或先验概率本身)要容易。以下看三种特殊情况:

（1）当$\dfrac{p_2}{p_1}=1$时，有

$$\begin{cases} x\in X_1, & \dfrac{f_1(x)}{f_2(x)}\geqslant \dfrac{L(1|2)}{L(2|1)},\\[2mm] x\in X_2, & \dfrac{f_1(x)}{f_2(x)}< \dfrac{L(1|2)}{L(2|1)}. \end{cases}$$

（2）$\dfrac{L(1|2)}{L(2|1)}=1$时，有

$$\begin{cases} x\in X_1, & \dfrac{f_1(x)}{f_2(x)}\geqslant \dfrac{p_2}{p_1},\\[2mm] x\in X_2, & \dfrac{f_1(x)}{f_2(x)}< \dfrac{p_2}{p_1}. \end{cases}$$

（3）当$\dfrac{p_2}{p_1}=\dfrac{L(1|2)}{L(2|1)}=1$时，有

$$\begin{cases} x\in X_1, & \dfrac{f_1(x)}{f_2(x)}\geqslant 1,\\[2mm] x\in X_2, & \dfrac{f_1(x)}{f_2(x)}< 1. \end{cases}$$

把上述的两总体的 Bayes判别应用于正态总体$X_i\sim N_p\,\mu_i,\Sigma_i)$，$i=1,2$，分两种情况讨论。

（1）$\Sigma_1=\Sigma_2=\Sigma,\Sigma>0$

此时X_i的密度函数为

$$f_i(x)=(2\pi)^{-p/2}|\Sigma|^{-1/2}\exp\left[-\frac{1}{2}(x-\mu_i)^{\mathrm{T}}(x-\mu_i)\right]$$

定理8.3.2 设总体$X_i\sim N_p(\mu_i,\Sigma_i)$，$i=1,2$，其中$\Sigma>0$，则使平均误判损失极小的划分为

$$\begin{cases} R_1=\{x:W(x)\geqslant\beta\},\\ R_2=\{x:W(x)<\beta\}. \end{cases}$$

其中$W(x)=\left[x-\dfrac{1}{2}(\mu_1+\mu_2)\right]^{\mathrm{T}}\Sigma^{-1}(\mu_1-\mu_2)$，$\beta=\ln\dfrac{L(1|2)\cdot p_2}{L(2|1)\cdot p_1}$。

如果μ_1,μ_2和Σ未知，用样本的均值与协方差矩阵来（估计）代替：

$$\widehat{\mu_i}=\overline{x^{(i)}}=\frac{1}{n_i}\sum_{j=1}^{n_i}x_j^{(i)},i=1,2,$$

$$\widehat{\Sigma}=\frac{1}{n_1+n_2-2}\sum_{i=1}^{2}\sum_{j=1}^{n_i}\left(x_j^{(i)}-\overline{x^{(i)}}\right)\left(x_j^{(i)}-\overline{x^{(i)}}\right)^{\mathrm{T}}=\frac{1}{n_1+n_2-2}(S_1+S_2)$$

其中

$$S_i=\sum_{j=1}^{n_i}\left(x_j^{(i)}-\overline{x^{(i)}}\right)\left(x_j^{(i)}-\overline{x^{(i)}}\right)^{\mathrm{T}},i=1,2$$

对于待判样本x,其判别函数定义为:

$$\widehat{\omega}(x) = (x - \overline{x})^{\mathrm{T}} \widehat{\Sigma}^{-1} \left(\overline{x^{(1)}} - \overline{x^{(2)}} \right),$$

其中$\overline{x} = \dfrac{\overline{x^{(1)}} - \overline{x^{(2)}}}{2}$

得到的判别函数

$$W(x) = \left[x - \frac{1}{2}(\widehat{\mu}_1 + \widehat{\mu}_2) \right]^{\mathrm{T}} \widehat{\Sigma}^{-1}(\widehat{\mu}_1 - \widehat{\mu}_2)$$

称为 Anderson 线性判别函数,判别的规则为

$$\begin{cases} x \in X_1, & W(x) \geqslant \beta, \\ x \in X_2, & W(x) < \beta. \end{cases}$$

其中$\beta = \ln \dfrac{L(1|2) \cdot p_2}{L(2|1) \cdot p_1}$。

(2)$\Sigma_1 \neq \Sigma_2, \Sigma_1 > 0, \Sigma_1 > 0$

由于误判损失极小化的划分依赖于密度函数之比$\dfrac{f_1(x)}{f_2(x)}$或等价于 $\ln \left[\dfrac{f_1(x)}{f_2(x)} \right]$,把协方差矩阵不等的两个多元正态密度函数代入这个比值后,包含$|\Sigma_1|^{1/2}(i = 1, 2)$的因子不能消去,而且$f_i(x)$的指数部分也不能组合成简单的表达式,因此,$\Sigma_1 \neq \Sigma_2$时,根据定理8.3.1可以得到判别区域:

$$\begin{cases} R_1 = \{x : W(x) \geqslant K\}, \\ R_2 = \{x : W(x) < K\}. \end{cases}$$

其中

$$W(x) = -\frac{1}{2}x^{\mathrm{T}}(\Sigma_1^{-1} - \Sigma_2^{-1})x + (\mu_1^{\mathrm{T}}\Sigma_1^{-1} - \mu_2^{\mathrm{T}}\Sigma_2^{-1})x,$$

$$K = \ln \left[\ln \frac{L(1|2) \cdot p_2}{L(2|1) \cdot p_1} \right] + \frac{1}{2} \ln \frac{|\Sigma_1|}{|\Sigma_2|} + \frac{1}{2}(\mu_1^{\mathrm{T}}\Sigma_1^{-1}\mu_1 - \mu_2^{\mathrm{T}}\Sigma_2^{-1}\mu_2)$$

显然,判别函数$W(x)$是关于 x的二次函数,它比$\Sigma_1 = \Sigma_2$的情形要复杂得多。如果μ_i和Σ_i未知,仍然可以采用其估计来代替。

对于多总体情形,也要讨论各类的协方差矩阵相等与不等两种情况,与两个总体情形类似。

8.3.3 电视机销售情况的判别分析III—— Bayes判别

在本章,我们前面(电视机销售情况的判别分析I——畅销和滞销,电视机销售情况的判别分析II——畅销、平销和滞销)讨论过电视机销售情况的判别问题。本节将对电视机销售情况进行Bayes判别。

在进行Bayes判别时,以下假设各类的协方差矩阵相等,此时判别函数为线性函数。

(1)先验概率相等

取$p_1 = p_2 = p_3 = 1/3$,此时判别函数等价于Fisher线性判别函数。

有关代码和结果如下:

```
>(ld1=lda(G1~ Q+ C+P,prior=c(1,1,1)/3))
```

运行结果为:

```
Call:
lda(G1 ~ Q + C + P,prior = c(1,1,1)/3)
Prior probabilities of groups:
        1          2          3
0.3333333 0.3333333 0.3333333
Group means:
         Q        C      P
1 8.400000 5.900000 48.200
2 7.712500 7.250000 69.875
3 5.957143 3.714286 34.000
Coefficients of linear discriminants:
          LD1         LD2
Q -0.92307369  0.76708185
C -0.65222524  0.11482179
P  0.02743244 -0.08484154
Proportion of trace:
   LD1    LD2
0.7259 0.2741
```

（2）先验概率不相等

取 $p_1 = 5/20, p_2 = 8/20, p_3 = 7/20$，以下求在先验概率不相等时的 Bayes 判别函数的系数。

```
>(ld2=lda(G1~ Q+ C+P,prior=c(5,8,7)/20))
```

运行结果为:

```
Call:
lda(G1 ~ Q + C + P,prior = c(5,8,7)/20)
Prior probabilities of groups:
   1    2    3
0.25 0.40 0.35
Group means:
         Q        C      P
1 8.400000 5.900000 48.200
2 7.712500 7.250000 69.875
3 5.957143 3.714286 34.000
Coefficients of linear discriminants:
          LD1         LD2
```

```
Q -0.81173396  0.88406311
C -0.63090549  0.20134565
P  0.01579385 -0.08775636
Proportion of trace:
   LD1    LD2
0.7403 0.2597
```

下面是两种情况的比较：

```
>Z1= predict(ld1)
>cbind(G1,Z1$x,Z1$class)
```

运行结果为：

```
   G1        LD1           LD2
1   1 -0.40839476  2.37788417 1
2   1 -2.40289378  0.33402788 1
3   1 -0.50937350  1.41416605 1
4   1 -0.95822294  0.25030363 1
5   1 -1.78725129  0.84259965 1
6   2 -2.54179395  0.85631321 1
7   2  0.74904277 -2.29238928 2
8   2 -2.39414277 -0.96905637 2
9   2 -1.04571568 -0.73175336 2
10  2 -1.34999059 -2.76029783 2
11  2 -0.76437825 -2.78517532 2
12  2  0.04714807 -0.77130282 2
13  2  0.38367004  0.11363494 3
14  3  2.77223326  1.14752615 3
15  3  1.61976965  0.07201330 3
16  3  0.84520688 -0.26990599 3
17  3  3.10535893 -0.11489136 3
18  3  2.30769941  0.14824404 3
19  3  2.31337377 -0.19415269 3
20  3  1.58058919  0.07711606 3
```

```
>table(G1,Z1$class)
```

运行结果为：

```
G1  1 2 3
  1 5 0 0
  2 1 6 1
  3 0 0 7
```

```
>Z2= predict(ld2)
>cbind(G1,Z2$x,Z2$class)
```

运行结果为：

```
     G1       LD1              LD2
1    1  -0.1409984   2.582951755  1
2    1  -2.3918356   0.825366275  1
3    1  -0.3704452   1.641514840  1
4    1  -0.9714835   0.548448277  1
5    1  -1.7134891   1.246681993  1
6    2  -2.4593598   1.361571174  1
7    2   0.3789617  -2.200431689  2
8    2  -2.5581070  -0.467096091  2
9    2  -1.1900285  -0.412972027  2
10   2  -1.7638874  -2.382302324  2
11   2  -1.1869165  -2.485574940  2
12   2  -0.1123680  -0.598883922  2
13   2   0.3399132   0.232863397  3
14   3   2.8456561   0.936722573  3
15   3   1.5592346   0.025668216  3
16   3   0.7457802  -0.209168159  3
17   3   3.0062824  -0.358989534  3
18   3   2.2511708   0.008852067  3
19   3   2.2108260  -0.331206768  3
20   3   1.5210939   0.035984885  3
```

```
>table(G1,Z2$class)
```

运行结果为：

```
G1  1 2 3
  1 5 0 0
  2 1 6 1
  3 0 0 7
```

根据以上计算的判别符合率，应用Bayes判别函数进行判别的效果还是比较好的。
以下计算后验概率：

```
>Z1$post
```

运行结果为：

```
             1              2              3
1  9.825868e-01  0.0055569542  1.185623e-02
2  7.942318e-01  0.2056795353  8.863083e-05
3  9.372086e-01  0.0431043895  1.968700e-02
```

```
 4  6.537085e-01  0.3371446000  9.146940e-03
 5  9.051591e-01  0.0943611123  4.797895e-04
 6  9.278323e-01  0.0721271201  4.054001e-05
 7  3.336193e-03  0.8632226466  1.334412e-01
 8  1.774694e-01  0.8224629811  6.760323e-05
 9  1.846964e-01  0.8105204167  4.783224e-03
10  2.846667e-03  0.9969782280  1.751051e-04
11  2.196368e-03  0.9968539111  9.497206e-04
12  1.112250e-01  0.7798203058  1.089547e-01
13  2.917605e-01  0.3250330167  3.832065e-01
14  7.593656e-04  0.0001977776  9.990429e-01
15  1.210206e-02  0.0227472382  9.651507e-01
16  7.940855e-02  0.2426608653  6.779306e-01
17  7.945077e-05  0.0003790029  9.995415e-01
18  1.392102e-03  0.0028100452  9.957979e-01
19  9.960190e-04  0.0042952808  9.947087e-01
20  1.377258e-02  0.0252493823  9.609780e-01
```

后验概率给出了样品落在各类的概率大小，这也是Bayes判别区别于Fisher判别的主要特点。

8.3.4 气象站有无春旱的判别分析IV——Bayes判别

前面[气象站有无春旱的判别分析I——距离判别，气象站有无春旱的判别分析II——Fisher判别，气象站有无春旱的判别分析III——距离判别（续）]我们讨论过"某气象站有无春旱的判别问题"。本节将对气象站有无春旱的判别进行Bayes判别。

某气象站监测前14年气象的资料，有两项综合预报因子（气象含义），分别用x_1和x_2来表示，见表8-2。有春旱的是6个年份的资料，无春旱的是8个年份的资料。今年测到两方指标的数据为(23.5,-1.6)，请用Bayes判别对数据进行分析，并预报今年是否有春旱。

根据表8-2，有春旱和无春旱的先验概率分别用6/14和8/14来估计。

把表8-2中的相关数据记为$x_j^{(1)}$和$x_j^{(2)}$，得到表8-4。

表 8-4 某气象站有无春旱的数据

序号	$x_j^{(1)}$	有春旱	$x_j^{(1)}$	$x_j^{(2)}$	无春旱	$x_j^{(2)}$
1	24.8		-2.0	22.1		-0.7
2	24.1		-2.4	21.6		-1.4
3	26.6		-3.0	22.0		-0.8
4	23.5		-1.9	22.8		-1.6
5	25.5		-2.1	22.7		-1.5
6	27.4		-3.1	21.5		-1.0

序号	$x_j^{(1)}$	有春旱	$x_j^{(1)}$	$x_j^{(2)}$	无春旱	$x_j^{(2)}$
7				22.1		-1.2
8				21.4		-1.3

（1）通过训练样本（原始数据）建立判别函数

代码和运行结果如下：

```
> x1=c(24.8,24.1,26.6,23.5,25.5,27.4,22.1,21.6,22.0,22.8,22.7,21.5,
     22.1,21.4)
> x2=c(-2.0,-2.4,-3.0,-1.9,-2.1,-3.1,-0.7,-1.4,-.08,-1.6,-1.5,-1.0,
     -1.2,-1.3)
> g=c(1,1,1,1,1,1,2,2,2,2,2,2,2,2)
> library(MASS)
> ld=lda(g~ x1+ x2,prior=c(6,8)/14)
> ld
Call:
lda(g ~ x1 + x2,prior = c(6,8)/14)
Prior probabilities of groups:
    1         2
0.4285714 0.5714286
Group means:
        x1         x2
1 25.31667 -2.416667
2 22.02500 -1.097500


Coefficients of linear discriminants:
        LD1
x1 -0.7332327
x2  0.6638753
```

用函数predict()对原始数据进行回判分类，并与lda()的结果进行比较，代码如下：

```
> z=predict(ld)
> newg=z$class
> cbind(g,newg,z$x)
  g newg        LD1
1 1    1 -1.2241597
2 1    1 -0.9764469
3 1    1 -3.2078538
4 1    2 -0.2045697
5 1    1 -1.8038101
6 1    1 -3.8608275
```

```
7  2    2   1.6186065
8  2    2   1.5205100
9  2    2   2.1035324
10 2    2   0.5078558
11 2    2   0.6475666
12 2    2   1.8593834
13 2    2   1.2866688
14 2    2   1.7335441
> tab=table(g,newg)
> tab
   newg
g   1 2
   1 5 1
   2 0 8
> sum(diag(prop.table(tab)))
[1] 0.9285714
```

以上结果说明,4号数据被误判,回判符合率为0.9285714。

以下计算后验概率:

```
> z$post
              1               2
1  0.9510207984 4.897920e-02
2  0.8957933521 1.042066e-01
3  0.9999244881 7.551193e-05
4  0.4042910205 5.957090e-01
5  0.9924061645 7.593836e-03
6  0.9999911844 8.815559e-06
7  0.0016844564 9.983155e-01
8  0.0023244236 9.976756e-01
9  0.0003422239 9.996578e-01
10 0.0611679970 9.388320e-01
11 0.0395222917 9.604777e-01
12 0.0007636638 9.992363e-01
13 0.0050026247 9.949974e-01
14 0.0011547763 9.988452e-01
```

(2)在(1)的基础上,对原始数据再加上待判数据(23.5,-1.6)的判别

```
> x1=c(24.8,24.1,26.6,23.5,25.5,27.4,22.1,21.6,22.0,22.8,22.7,21.5,22.1,21.4,
      23.5)
> x2=c(-2.0,-2.4,-3.0,-1.9,-2.1,-3.1,-0.7,-1.4,-.08,-1.6,-1.5,-1.0,-1.2,-1.3,
      -1.6)
> g=c(1,1,1,1,1,1,2,2,2,2,2,2,2,2,2)
```

```
> library(MASS)
> ld=lda(g~ x1+ x2,prior=c(6,9)/15)
> ld
Call:
lda(g ~ x1 + x2,prior = c(6,9)/15)
Prior probabilities of groups:
  1   2
0.4 0.6
Group means:
        x1          x2
1 25.31667 -2.416667
2 22.18889 -1.153333
Coefficients of linear discriminants:
LD1
x1 -0.6848645
x2  0.7133866
> z=predict(ld)
> newg=z$class
> cbind(g,newg,z$x)
   g newg         LD1
1  1    1 -1.1749183634
2  1    1 -0.9808678479
3  1    1 -3.1210610895
4  1    2 -0.2132558382
5  1    1 -1.7256621819
6  1    1 -3.7402913591
7  2    2  1.6016184046
8  2    2  1.4446800361
9  2    2  2.1124045513
10 2    2  0.4801653014
11 2    2  0.6199904131
12 2    2  1.7985211295
13 2    2  1.2449251016
14 2    2  1.6529915989
15 2    2  0.0007601435
> tab=table(g,newg)
> tab
  newg
g   1 2
  1 5 1
  2 0 9
> sum(diag(prop.table(tab)))
[1] 0.9333333
```

以上结果说明,4号数据被误判,待判数据(23.5,-1.6)判为第2类,即今年无春旱。

以下计算后验概率:

```
> z$post
            1              2
1  0.9041338312  9.586617e-02
2  0.8393582379  1.606418e-01
3  0.9997161600  2.838400e-04
4  0.3356699931  6.643300e-01
5  0.9805473941  1.945261e-02
6  0.9999568744  4.312564e-05
7  0.0020133370  9.979867e-01
8  0.0032419660  9.967580e-01
9  0.0004260844  9.995739e-01
10 0.0577050798  9.422949e-01
11 0.0384750801  9.615249e-01
12 0.0011067832  9.988932e-01
13 0.0059381362  9.940619e-01
14 0.0017224340  9.982776e-01
15 0.2085024733  7.914975e-01
```

后验概率的计算结果说明:15号数据,即待判数据(23.5,-1.6)属于第2类,即今年无春旱。

8.3.5　根据人文发展指数的判别分析

人文发展指数是联合国开发计划署于1990年5月发表的第一份《人类发展报告》中公布的。该报告建议,目前对人文发展的衡量应当以人生的三大要素为重点,衡量人生三大要素的指标分别为出生时的预期寿命、成人识字率和实际人均GDP,将以上三个指示指标的数值合成为一个复合指数,即为人文发展指数。

从1995年世界各国人文发展指数的排序中选取高发展水平、中等发展水平的国家各五个作为两组样品,另选四个国家作为待判样品做距离判别分析。资料来源:UNDP《人类发展报告》1995年。

第1类:高发展水平国家,如表8-5所示。

表8-5　第1类——高发展水平国家

序号	国家	出生时预期寿命x_1	成人识字率x_2	人均GDPx_3
1	美国	76	99	5374
2	日本	79.5	99	5359
3	瑞士	78	99	5372

序号	国家	出生时预期寿命x_1	成人识字率x_2	人均GDPx_3
4	阿根廷	72.1	95.9	5242
5	阿联酋	73.8	77.7	5370

第2类:中等发展水平国家,如表8-6所示。

表8-6　　第2类——中等发展水平国家

序号	国家	出生时预期寿命x_1	成人识字率x_2	人均GDPx_3
1	保加利亚	71.2	93	4250
2	古巴	75.3	94.9	3412
3	巴拉圭	70	91.2	3390
4	格鲁吉亚	72.8	99	2300
5	南非	62.9	80.6	3799

待判样本,如表8-7所示。

表8-7　　待判样本

序号	国家	出生时预期寿命x_1	成人识字率x_2	人均GDPx_3
1	中国	68.5	79.3	1950
2	罗马尼亚	69.9	96.9	2840
3	希腊	77.6	93.8	5233
4	哥伦比亚	69.3	90.3	5158

以下我们分别应用Fisher判别和Bayes判别进行判别分析。

（1）Fisher判别

```
> TrnX1<- matrix(
+    c(76,79.5,78,72.1,73.8,
+ 71.2,75.3,70,72.8,62.9,
+ 5374,5359,5372,5242,5370),
+    ncol=3)
> TrnX2<- matrix(
+    c(99,99,99,95.9,77.7,
+ 93,94.9,91.2,99,80.6,
+ 4250,3412,3390,2300,3799),
+    ncol=3)
> tst1<- c(68.5,79.3,1590)
> tst2<- c(69.9,96.9,2840)
```

```
> tst3<- c(77.6,93.8,5233)
> tst4<- c(69.3,90.3,5158)
> source( 'discriminiant.fisher.R ' )
```

说明：函数discriminiant.fisher，见本章前面的8.2.5。

协防方差矩阵不同时：

```
> discriminiant.fisher(TrnX1,TrnX2)
      1 2 3 4 5 6 7 8 9 10
blong 1 1 1 1 1 2 2 2 2  2
```

协方差矩阵不同时，全部样本回代正确。

协方差矩阵不同时进行判别：

```
> discriminiant.fisher(TrnX1,TrnX2,tst1)
      1
blong 2
> discriminiant.fisher(TrnX1,TrnX2,tst2)
      1
blong 2
> discriminiant.fisher(TrnX1,TrnX2,tst3)
      1
blong 1
> discriminiant.fisher(TrnX1,TrnX2,tst4)
      1
blong 1
```

结果：

中国、罗马尼亚属于2（中等发展水平国家）；希腊、哥伦比亚属于1（高发展水平国家）。

（2）Bayes判别

```
> source( 'discriminiant.bayes.R ' )
> discriminiant.bayes(TrnX1,TrnX2,rate=5/5,var.equal=TRUE)
      1 2 3 4 5 6 7 8 9 10
blong 1 1 1 1 1 2 2 2 2  2
> discriminiant.bayes(TrnX1,TrnX2,rate=5/5)
      1 2 3 4 5 6 7 8 9 10
blong 1 1 1 1 1 2 2 2 2  1
```

协方差矩阵相同和不同时，全部样本回代都正确。

说明:discriminiant.bayes附后。

协方差矩阵相同和不同时进行判别：

```
> discriminiant.bayes(TrnX1,TrnX2,tst1,rate=5/5)
      1
blong 2
> discriminiant.bayes(TrnX1,TrnX2,tst2,rate=5/5)
      1
blong 2
> discriminiant.bayes(TrnX1,TrnX2,tst3,rate=5/5)
      1
blong 1
> discriminiant.bayes(TrnX1,TrnX2,tst4,rate=5/5)
      1
blong 1


> discriminiant.bayes(TrnX1,TrnX2,tst1,rate=5/5,var.equal=TRUE)
      1
blong 2
> discriminiant.bayes(TrnX1,TrnX2,tst2,rate=5/5,var.equal=TRUE)
      1
blong 2
> discriminiant.bayes(TrnX1,TrnX2,tst3,rate=5/5,var.equal=TRUE)
      1
blong 1
> discriminiant.bayes(TrnX1,TrnX2,tst4,rate=5/5,var.equal=TRUE)
      1
blong 1
```

以上结果说明协方差矩阵相同和不同时，都有如下结果：

中国、罗马尼亚属于2（中等发展水平国家）；希腊、哥伦比亚属于1（高发展水平国家）。

附：函数 discriminiant.bayes

```
discriminiant.bayes <- function
(TrnX1,TrnX2,rate = 1,TstX = NULL,var.equal = FALSE){
if (is.null(TstX) == TRUE) TstX<-rbind(TrnX1,TrnX2)
if (is.vector(TstX) == TRUE) TstX <- t(as.matrix(TstX))
else if (is.matrix(TstX) != TRUE)
TstX <- as.matrix(TstX)
if (is.matrix(TrnX1)!= TRUE) TrnX1 <- as.matrix(TrnX1)
if (is.matrix(TrnX2)!= TRUE) TrnX2 <- as.matrix(TrnX2)
nx <- nrow(TstX)
blong <- matrix(rep(0,nx),nrow=1,byrow=TRUE,
dimnames=list("blong",1:nx))
```

```
mu1 <- colMeans(TrnX1); mu2 <- colMeans(TrnX2)
if (var.equal == TRUE || var.equal == T){
S <- var(rbind(TrnX1,TrnX2)); beta <- 2*log(rate)
w <- mahalanobis(TstX,mu2,S)- mahalanobis(TstX,mu1,S)
}
else{
S1 <- var(TrnX1); S2 <- var(TrnX2)
beta <- 2*log(rate) + log(det(S1)/det(S2))
w <- mahalanobis(TstX,mu2,S2)- mahalanobis(TstX,mu1,S2)
}
for (i in 1:nx){
if (w[i] > beta)
blong[i] <- 1
else
blong[i] <- 2
}
blong
}
```

8.4　判别分析中需要注意的几个问题

（1）训练样本中必须有所有要判别的类型，分类必须清楚，不能有混杂。

（2）在收集数据时，要选择好可能用于判别的变量。这是最重要的一步。当然，在处理现成数据时，选择的余地就不一定那么大了。

（3）要注意数据是否有不寻常的点或者模式存在。还要检查用于预测的变量中是否有些不适宜的，这可以用单变量方差分析（ANOVA）和相关分析来验证。

（4）判别分析是为了正确地分类，但同时也要注意使用尽可能少的预测变量来达到这个目的。使用较少的变量意味着节省资源和易于对结果进行解释。

（5）在计算中需要看关于各个类的有关变量的均值是否显著不同，以确定分类结果是否仅仅由于随机因素所致；这可以从有关的检验结果得到。

（6）此外需要考虑成员的权数。一般来说，加权要按照各类观测值的多少，观测值少的就要按照比例多加权。对于多个判别函数，要弄清各自的重要性。

（7）注意训练样本的正确和错判率。研究被错判的观测值，看是否可以找出原因。

8.5　思考与练习题

1. 判别分析的基本思想是什么？举例并简要说明进行判别分析的意义。

2. 分别叙述距离判别、Fisher判别、Bayes判别的基本思想。

3. 设有两个二元正态总体，从中分别抽取容量为3的训练样本，见表8-8。

表8-8　训练样本

x_1	3	2	4
x_2	7	4	7
x_1	6	5	4
x_2	9	7	8

（1）求两个样本的样本均值、样本协方差矩阵；

（2）假设两个总体的协方差矩阵相等，记为Σ，用两个样本协方差矩阵来估计Σ；

（3）建立距离判别法则；

（4）设有一个新样品$x_0 = (x_1, x_2)^{\mathrm{T}} = (2, 7)^{\mathrm{T}}$，进行距离判别。

4. 设有$n_1 = 11$和$n_2 = 12$个观测值分别取自两个正态随机变量，已知它们的样本均值分别为$\overline{x}_1 = (-1, -1)^{\mathrm{T}}$、$\overline{x}_2 = (2, 1)^{\mathrm{T}}$，且它们有相同的协方差矩阵$\Sigma = \begin{pmatrix} 7.3 & -1.1 \\ -1.1 & 4.8 \end{pmatrix}$。

（1）构造样本的Fisher线性判别函数；

（2）把观测值$x_0 = (0, 1)^{\mathrm{T}}$分配到两个总体。

5. 已知两个总体的概率密度函数分别为$f_1(x)$、$f_2(x)$，且两个总体的先验概率分别为$p_1 = 0.2, p_2 = 0.8$，错判损失分别为$L(2|1) = 50$、$L(1|2) = 100$。

（1）建立 Bayes 判别准则；

（2）设有一个新样品x_0满足$f_1(x_0) = 6.3$、$f_2(x_0) = 0.5$，请判别新样品x_0的归属问题。

6. 请对感兴趣的问题收集数据，并进行判别分析。

7. iris是R软件自带的数据集，请用该数据集进行判别分析。请注意：要求判别方法不同于本章8.1.8，并要求与本章8.1.8进行比较。

第 9 章　主成分分析

本章介绍把变量维数降低以便于描述、理解和分析问题的方法——主成分分析（principal component analysis）。主成分分析是1901年Pearson对非随机变量引入的，1933年Hotelling将此方法推广到随机向量的情形，主成分分析和聚类分析有很大的不同，它有严格的数学理论做基础。主成分分析的主要目的是希望用较少的变量去解释原来资料中的大部分变异，将我们手中许多相关性很高的变量转化成彼此相互独立或不相关的变量。通常是选出比原始变量个数少，能解释大部分资料中的变异的几个新变量，即所谓主成分，并用以解释资料的综合性指标。由此可见，主成分分析实际上是一种降维方法。

多维变量的情况和二维类似，也有高维的椭球，只不过无法直观地看见罢了。首先把高维椭球的各个主轴找出来，再用代表大多数数据信息的最长的几个轴作为新变量。这样，主成分分析就基本完成了。注意，和二维情况类似，高维椭球的主轴也是互相垂直的。这些互相正交的新变量是原先变量的线性组合，叫作主成分（principal component）。

正如二维椭圆有两个主轴，三维椭球有三个主轴一样，有几个变量，就有几个主成分。当然，选择越少的主成分，降维就越好。什么是选择的标准呢？那就是这些被选的主成分所代表的主轴的长度之和占了主轴长度总和的大部分。有些文献建议，所选的主轴总长度占所有主轴长度之和的大约80%（也有的说75%左右等）即可。其实，这只是一个大体的说法；具体选几个，要看实际情况而定。但如果所有涉及的变量都不那么相关，就很难降维。不相关的变量就只有自己代表自己了。

假定你是一个公司的财务经理，掌握了公司的所有主要数据，比如固定资产、流动资金、每一笔借贷的数额和期限、各种税费、工资支出、原料消耗、产值、利润、折旧、职工人数、职工的分工和教育程度等等。如果让你向上面介绍公司状况，你能够把这些指标和数字都原封不动地摆出去吗？当然不能。你必须要把各个方面进行高度概括，用一两个指标简单明了地把情况说清楚。其实，每个人都会遇到有很多变量的数据。比如全国或各个地区的带有许多经济和社会变量的数据，各个学校的研究、教学及各类学生人数及科研经费等各种变量的数据等。这些数据的共同特点是变量很多，在如此多的变量之中，有很多是相关的。人们希望能够找出它们的少数"代表"来对它们进行描述。

在实际问题中，往往会涉及众多有关的变量。但是，变量太多不仅会增加计算的复杂性，而且也给合理地分析问题和解释问题带来困难。一般来说，虽然每个变量都提供了一定的信息，但其重要性有所不同，而在很多情况下，变量间有一定的相关性，从而使得这些变量所提供的信息在一定程度上有所重叠。因而人们希望对这些变量加以"改造"，用为数较少的互不相关的新变量来反映原变量所提供的绝大部分信息，通过对新变量的分析达到解决问题的目的。主成分分析便是在这种降维的思想下产生出来的处理高维数据的方法。

9.1　主成分分析的基本思想及方法

如果用 $x_1, x_2, \cdots, x_p$ 表示 p 门课程，$c_1, c_2, \cdots, c_p$ 表示各门课程的权重，那么加权之和就是

$$s = c_1 x_1 + c_2 x_2 + \cdots + c_p x_p$$

我们希望选择适当的权重能更好地区分学生的成绩。每个学生都对应一个这样的综合成绩，记为 $s_1, s_2, \cdots, s_n$（n 为学生人数）。如果这些值很分散，表明区分得好，就是说，需要寻找这样的加权，能使 $s_1, s_2, \cdots, s_n$ 尽可能地分散，下面来看它的统计定义。设 $X_1, X_2, \cdots, X_p$ 表示以 $x_1, x_2, \cdots, x_p$ 为样本观测值的随机变量，如果能找到 $c_1, c_2, \cdots, c_p$，使得方差

$$\mathrm{Var}(c_1 X_1 + c_2 X_2 + \cdots + c_p X_p) \tag{9.1.1}$$

的值达到最大，则由于方差反映了数据差异的程度，因此也就表明我们抓住了这 p 个变量的最大变异。当然，(9.1.1)式必须加上某种限制，否则权值可选择无穷大而没有意义，通常规定

$$c_1^2 + c_2^2 + \cdots + c_p^2 = 1$$

在此约束下，求(9.1.1)式的最优解。由于这个解是 p 维空间的一个单位向量，它代表一个"方向"，它就是常说的主成分方向。

一个主成分不足以代表原来的 p 个变量，因此需要寻找第二个乃至第三、第四主成分，第二个主成分不应该再包含第一个主成分的信息，统计上的描述就是让这两个主成分的协方差为零，几何上就是这两个主成分的方向正交。具体确定各个主成分的方法如下。

设 Z_i 表示第 i 个主成分（$i = 1, 2, \cdots, p$），可设

$$\begin{cases} Z_1 = c_{11} X_1 + c_{12} X_2 + \cdots + c_{1p} X_p, \\ Z_2 = c_{21} X_1 + c_{22} X_2 + \cdots + c_{2p} X_p, \\ Z_p = c_{p1} X_1 + c_{p2} X_2 + \cdots + c_{pp} X_p. \end{cases} \tag{9.1.2}$$

其中对每一个 i，均有 $c_{i1}^2 + c_{i2}^2 + \cdots + c_{ip}^2 = 1$，且 $(c_{11}, c_{12}, \cdots, c_{1p})$ 使得 $\mathrm{Var}(Z_1)$ 的值达到最大；$(c_{21}, c_{22}, \cdots, c_{2p})$ 不仅垂直于 $(c_{11}, c_{12}, \cdots, c_{1p})$，而且使 $\mathrm{Var}(Z_2)$ 的值达到最大；$(c_{31}, c_{32}, \cdots, c_{3p})$ 同时垂直于 $(c_{11}, c_{12}, \cdots, c_{1p})$ 和 $(c_{21}, c_{22}, \cdots, c_{2p})$，并使 $\mathrm{Var}(Z_3)$

的值达到最大；以此类推可以得到全部 p 个主成分，这项工作用手工做是很烦琐的，但借助于计算机很容易完成。剩下的是如何确定主成分的个数，我们总结在下面几个注意事项中。

（1）主成分分析的结果受量纲的影响，由于各变量的单位可能不一样，如果各自改变量纲，结果会不一样，这是主成分分析的最大问题，回归分析是不存在这种情况的，所以实际中可以先把各变量的数据标准化，然后使用协方差矩阵或相关系数矩阵进行分析。

（2）使方差达到最大的主成分分析不用转轴（由于统计软件常把主成分分析和因子分析放在一起，后者往往需要转轴，使用时应注意）。

（3）主成分的保留。用相关系数矩阵求主成分时，Kaiser主张将特征值小于1的主成分予以放弃（这也是 SPSS 软件的默认值）。

（4）在实际研究中，由于主成分的目的是降维，减少变量的个数，故一般选取少量的主成分（不超过 5 或 6 个），一般只要它们能解释变异的70%~80%（称累计贡献率）就可以了。

9.2　特征值因子的筛选

设有p个指标变量$x_1, x_2, \cdots, x_p$，它在第i次试验中的取值为

$$a_{i1}, a_{i2}, \cdots, a_{ip}, i = 1, 2, \cdots, n,$$

将它们写成矩阵的形式

$$A = \begin{pmatrix} a_{11} & a_{12} & \cdots & a_{1p} \\ a_{21} & a_{22} & \cdots & a_{2p} \\ \vdots & \vdots & & \vdots \\ a_{n1} & a_{n2} & \cdots & a_{np} \end{pmatrix}$$

矩阵A称为设计矩阵。

回到主成分分析，实际中确定（9.1.2）式中的系数就是采用矩阵 $\boldsymbol{A}^{\mathrm{T}}\boldsymbol{A}$ 的特征向量。因此，剩下的问题仅仅是将 $\boldsymbol{A}^{\mathrm{T}}\boldsymbol{A}$ 的特征值按由大到小的次序排列之后，如何筛选这些特征值？一个实用的方法是删去 $\lambda_{r+1}, \lambda_{r+2}, \cdots, \lambda_p$ 后，这些删去的特征值之和占整个特征值之和 $\sum_{i=r+1}^{p} \lambda_i$ 的20%以下，换句话说，余下的特征值所占的比重（定义为累计贡献率）将超过80%，当然这不是一种严格的规定，近年来文献中关于这方面的讨论很多，有很多比较成熟的方法，这里不一一介绍。

注意：使用 $\tilde{x}_i = \dfrac{x_i - \mu_i}{\sigma_i}$ 对数据进行标准化后，得到的标准化数据矩阵记为 $\tilde{\boldsymbol{A}}$，相关系数矩阵 $\boldsymbol{R} = \tilde{\boldsymbol{A}}^{\mathrm{T}}\tilde{\boldsymbol{A}}/(n-1)$。在主成分分析中需要计算相关系数矩阵$R$的特征值和特征向量。

单纯考虑累计贡献率有时是不够的，还需要考虑选择的主成分对原始变量的贡献值。我们用相关系数的平方和来表示，如果选取的主成分为$z_1, z_2, \cdots, z_r$，则它们对原变

量x_i的贡献值为

$$\rho_i = \sum_{j=1}^{r} r^2(z_j, x_i)$$

其中$r(z_j, x_i)$表示z_j与x_i的相关系数。

例9.2.1 设$\boldsymbol{x} = (x_1, x_2, x_3)^{\mathrm{T}}$，且

$$\boldsymbol{A}^{\mathrm{T}}\boldsymbol{A} = \begin{pmatrix} 1 & -2 & 0 \\ -2 & 5 & 0 \\ 0 & 0 & 0 \end{pmatrix}$$

计算协方差矩阵$\boldsymbol{A}^{\mathrm{T}}\boldsymbol{A}$（以下代码中的B）的特征值，代码为

```
B<-matrix(c(1,-2,0, -2,5,0, 0,0,0), 3, 3);
eigen(B)
```

得到$\lambda_1 = 5.8284, \lambda_2 = 0.1716$，如果我们仅取第一个主成分，由于其贡献率已经达到97.14%，似乎很理想了，但如果进一步计算主成分对原变量的贡献值，容易发现

$$\rho_3 = r^2(z_1, x_3) = 0,$$

可见，第一个主成分对第三个变量的贡献值为0，这是因为x_3和x_1、x_2都不相关。由于在第一个主成分中一点也不包含x_3的信息，这时只选择一个主成分就不够了，需要再取第二个主成分。

例9.2.2 设随机向量$\boldsymbol{x} = (x_1, x_2, x_3)^{\mathrm{T}}$的协方差矩阵为

$$\boldsymbol{\Sigma} = \begin{pmatrix} 1 & -2 & 0 \\ -2 & 5 & 0 \\ 0 & 0 & 2 \end{pmatrix}$$

求$\boldsymbol{x}$的各主成分。

计算协方差矩阵$\boldsymbol{\Sigma}$（以下代码中的A）的特征值和特征向量，代码为：

```
A<-matrix(c(1,-2,0, -2,5,0, 0,0,2), 3, 3);
eigen(A)
```

运行结果为：

```
$values
[1] 5.8284271  2.0000000  0.1715729
$vectors
           [,1]    [,2]      [,3]
[1,] -0.3826834    0  0.9238795
[2,]  0.9238795    0  0.3826834
[3,]  0.0000000    1  0.0000000
```

则有 $\lambda_1 = 5.83, \lambda_2 = 2.00, \lambda_3 = 0.17$。相应的正交单位化特征向量分别为：

$$\mathbf{e}_1^{\mathrm{T}} = (-0.383, 0.924, 0), \mathbf{e}_2^{\mathrm{T}} = (0, 0, 1), \mathbf{e}_3^{\mathrm{T}} = (0.924, 0.383, 0)$$

因此$\boldsymbol{x}$的主成分为

$$z_1 = \mathbf{e}_1^{\mathrm{T}}x = -0.383x_1 + 0.924x_2,$$

$$z_2 = \mathbf{e}_2^{\mathrm{T}} x = x_3,$$

$$z_3 = \mathbf{e}_3^{\mathrm{T}} x = 0.924x_1 + 0.383x_2$$

根据 $\mathbf{\Sigma}$ 可知，x_3 与 x_1，x_2 均不相关。

如果只取第一主成分，则贡献率为：

$$\frac{5.83}{5.83 + 2.00 + 0.17} = 0.72875 = 72.875\%$$

如果取前两个主成分，则累计贡献率为：

$$\frac{5.83 + 2.00}{5.83 + 2.00 + 0.17} = 0.97875 = 97.875\%$$

因此，用取前两个主成分代替原来的三个变量，其信息的损失是很小的。

进一步可以得到前两个主成分与各原变量 x_1, x_2, x_3 的相关系数分别为：

$$r(z_1, x_1) = 0.925, r(z_1, x_2) = -0.958, r(z_1, x_3) = 0$$

$$r(z_2, x_1) = 0, r(z_2, x_2) = 0, r(z_2, x_3) = 1$$

以上结果说明，z_1 与 x_1、x_2 高度相关而与 x_3 不相关；z_2 与 x_3 呈线性关系。

9.3　成年男子16项身体指标的主成分分析

对128个成年男子的身材进行测量，每人各测16项指标：身高（x_1）、坐围（x_2）、胸围（x_3）、头高（x_4）、裤长（x_5）、下裆（x_6）、手长（x_7）、领围（x_8）、前胸（x_9）、后背（x_{10}）、肩后（x_{11}）、肩宽（x_{12}）、袖长（x_{13}）、肋围（x_{14}）、腰围（x_{15}）和脚肚（x_{16}）。16项指标的相关系数矩阵 R 见表9-1（由于相关系数矩阵是对称矩阵，所以只列出下三角部分），试从相关系数矩阵出发进行主成分分析，并对16项指标进行分类。

表 9-1　16项身体指标数据的相关矩阵

	x_1	x_2	x_3	x_4	x_5	x_6	x_7	x_8	x_9	x_{10}	x_{11}	x_{12}	x_{13}	x_{14}	x_{15}	x_{16}
x_1	1.00															
x_2	0.79	1.00														
x_3	0.36	0.31	1.00													
x_4	0.96	0.74	0.38	1.00												
x_5	0.89	0.58	0.31	0.90	1.00											
x_6	0.79	0.58	0.30	0.78	0.79	1.00										
x_7	0.76	0.55	0.35	0.75	0.74	0.73	1.00									
x_8	0.26	0.19	0.58	0.25	0.25	0.18	0.24	1.00								
x_9	0.21	0.07	0.28	0.20	0.18	0.18	0.29	0.04	1.00							
x_{10}	0.26	0.16	0.33	0.22	0.23	0.23	0.25	0.49	0.34	1.00						

续表

	x_1	x_2	x_3	x_4	x_5	x_6	x_7	x_8	x_9	x_{10}	x_{11}	x_{12}	x_{13}	x_{14}	x_{15}	x_{16}
x_{11}	0.07	0.21	0.38	0.08	0.02	0.00	0.10	0.44	0.16	0.23	1.00					
x_{12}	0.52	0.41	0.35	0.53	0.48	0.38	0.44	0.30	0.05	0.50	0.24	1.00				
x_{13}	0.77	0.47	0.41	0.79	0.79	0.69	0.67	0.32	0.23	0.31	0.10	0.62	1.00			
x_{14}	0.25	0.17	0.64	0.27	0.27	0.14	0.16	0.51	0.21	0.15	0.31	0.17	0.26	1.00		
x_{15}	0.51	0.35	0.58	0.57	0.51	0.26	0.38	0.51	0.15	0.29	0.28	0.41	0.50	0.63	1.00	
x_{16}	0.21	0.16	0.51	0.26	0.23	0.00	0.12	0.38	0.18	0.14	0.31	0.18	0.24	0.50	0.65	1.00

　　首先输入相关系数矩阵的数据，再用函数 princomp()对相关系数矩阵做主成分分析，最后画出各变量在第一、第二主成分下的散点图，并对16项指标进行分类。

```
x<-c(1.00,
0.79, 1.00,
0.36, 0.31, 1.00,
0.96, 0.74, 0.38, 1.00,
0.89, 0.58, 0.31, 0.90, 1.00,
0.79, 0.58, 0.30, 0.78, 0.79, 1.00,
0.76, 0.55, 0.35, 0.75, 0.74, 0.73, 1.00,
0.26, 0.19, 0.58, 0.25, 0.25, 0.18, 0.24, 1.00,
0.21, 0.07, 0.28, 0.20, 0.18, 0.18, 0.29,-0.04, 1.00,
0.26, 0.16, 0.33, 0.22, 0.23, 0.23, 0.25, 0.49,-0.34, 1.00,
0.07, 0.21, 0.38, 0.08,-0.02, 0.00, 0.10, 0.44,-0.16, 0.23,
1.00,
0.52, 0.41, 0.35, 0.53, 0.48, 0.38, 0.44, 0.30,-0.05, 0.50,
0.24, 1.00,
0.77, 0.47, 0.41, 0.79, 0.79, 0.69, 0.67, 0.32, 0.23, 0.31,
0.10, 0.62, 1.00,
0.25, 0.17, 0.64, 0.27, 0.27, 0.14, 0.16, 0.51, 0.21, 0.15,
0.31, 0.17, 0.26, 1.00,
0.51, 0.35, 0.58, 0.57, 0.51, 0.26, 0.38, 0.51, 0.15, 0.29,
0.28, 0.41, 0.50, 0.63, 1.00,
0.21, 0.16, 0.51, 0.26, 0.23, 0.00, 0.12, 0.38, 0.18, 0.14,
0.31, 0.18, 0.24, 0.50, 0.65, 1.00)
names<-c("X1", "X2", "X3", "X4", "X5", "X6", "X7", "X8", "X9",
"X10", "X11", "X12", "X13", "X14", "X15", "X16")
R<-matrix(0, nrow=16, ncol=16, dimnames=list(names, names))
for (i in 1:16){
for (j in 1:i){
R[i,j]<-x[(i-1)*i/2+j]; R[j,i]<-R[i,j]
}
```

```
}
pr<-princomp(covmat=R); load<-loadings(pr)
plot(load[,1:2]); text(load[,1], load[,2], adj=c(-0.4, 0.3))
```

第一、第二主成分下的散点图，见图9-1。

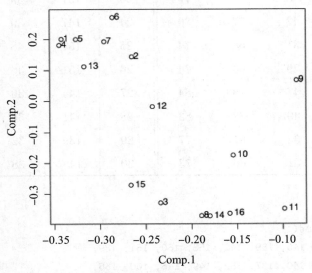

图9-1 第一、第二主成分下的散点图

图9-1的左上角的点看成一类，它们是"长"类，即身高(x_1)、坐围(x_2)、头高(x_4)、裤长(x_5)、下裆(x_6)、手长(x_7)、袖长(x_{13})。

图9-1的右下角的点看成一类，它们是"围"类，即胸围(x_3)、领围(x_8)、前胸(x_9)、后背(x_{10})、肩后(x_{11})、肩宽(x_{12})、肋围(x_{14})、腰围(x_{15})和脚肚(x_{16})。

9.4 学生身体四项指标的主成分分析

在某中学随机抽取某年级30名学生，测得身高(x_1)、体重(x_2)、胸围(x_3)、坐高(x_4)，数据见表9-2。试对这30名学生身体四项指标进行主成分分析。

表 9-2 30名学生身体四项指标

序号	x_1	x_2	x_3	x_4	序号	x_1	x_2	x_3	x_4
1	148	41	72	78	16	152	35	73	79
2	139	34	71	76	17	149	47	82	79
3	160	49	77	86	18	145	35	70	77
4	149	36	67	79	19	160	47	74	87
5	159	45	80	86	20	156	44	78	85
6	142	31	66	76	21	151	42	73	82

序号	x_1	x_2	x_3	x_4	序号	x_1	x_2	x_3	x_4
7	153	43	76	83	22	147	38	73	78
8	150	43	77	79	23	157	39	68	80
9	151	42	77	80	24	147	30	65	75
10	139	31	68	74	25	157	48	80	88
11	140	29	64	74	26	151	36	74	80
12	161	47	78	84	27	144	36	68	76
13	158	49	78	83	28	141	30	67	76
14	140	33	67	77	29	139	32	68	73
15	137	31	66	73	30	148	38	70	78

代码如下：

```
> student<-data.frame(
X1=c(148, 139, 160, 149, 159, 142, 153, 150, 151, 139,
     140, 161, 158, 140, 137, 152, 149, 145, 160, 156,
     151, 147, 157, 147, 157, 151, 144, 141, 139, 148),
X2=c(41, 34, 49, 36, 45, 31, 43, 43, 42, 31,
     29, 47, 49, 33, 31, 35, 47, 35, 47, 44,
     42, 38, 39, 30, 48, 36, 36, 30, 32, 38),
X3=c(72, 71, 77, 67, 80, 66, 76, 77, 77, 68,
     64, 78, 78, 67, 66, 73, 82, 70, 74, 78,
     73, 73, 68, 65, 80, 74, 68, 67, 68, 70),
X4=c(78, 76, 86, 79, 86, 76, 83, 79, 80, 74,
     74, 84, 83, 77, 73, 79, 79, 77, 87, 85,
     82, 78, 80, 75, 88, 80, 76, 76, 73, 78)
)
> student.pr <- princomp(student, cor = TRUE)
> summary(student.pr, loadings=TRUE)
```

计算结果为：

```
Importance of components:
                        Comp.1     Comp.2     Comp.3     Comp.4
Standard deviation     1.8817805 0.55980636 0.28179594 0.25711844
Proportion of Variance 0.8852745 0.07834579 0.01985224 0.01652747
Cumulative Proportion  0.8852745 0.96362029 0.98347253 1.00000000
Loadings:
   Comp.1 Comp.2 Comp.3 Comp.4
X1  0.497  0.543 -0.450  0.506
```

```
X2  0.515 -0.210 -0.462 -0.691
X3  0.481 -0.725  0.175  0.461
X4  0.507  0.368  0.744 -0.232
```

对上述结果做一些说明:

（1）Standard deviation: 表示主成分的标准差,即主成分的方差平方根（相应特征值的开方）;

（2）Proportion of Variance: 表示方差的贡献率;

（3）Cumulative Proportion: 表示方差的累计贡献率。

（4）由于在summary()函数的参数中选择了loadings=TRUE,因此列出了loadings（载荷）的内容,它实际上是主成分对应于原始变量 x_1、x_2、x_3、x_4的系数。因此得到

$$z_1 = 0.497\widetilde{x}_1 + 0.515\widetilde{x}_2 + 0.481\widetilde{x}_3 + 0.507\widetilde{x}_4,$$

$$z_2 = 0.543\widetilde{x}_1 - 0.210\widetilde{x}_2 - 0.725\widetilde{x}_3 + 0.368\widetilde{x}_4.$$

由于前两个主成分的累计贡献率已达96.36%,另外两个主成分可以舍去,达到了降维的目的。

（5）对于主成分的解释: 由z_1的系数都接近于0.5,它反映学生身材的魁梧程度,因此我们称第一主成分为魁梧因子;z_2的系数中体重（x_2）和胸围（x_3）为正值,它反映学生的胖瘦情况,故称第二主成分为胖瘦因子。

以下画碎石图:

```
> screeplot(student.pr,type= ' lines ' )
```

结果见图9-2。

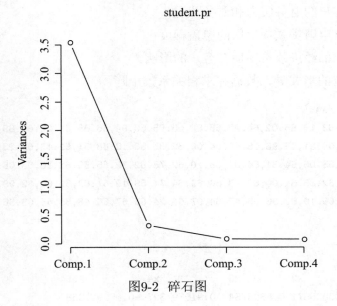

图9-2　碎石图

碎石图（或悬崖碎石图）是一种可以帮助我们确定主成分合适个数的有用的视觉工具，将特征值从大到小排列，选取一个拐点对应的序号，此序号后的特征值全部较小且彼此大小差异不大，这样选出的序号作为主成分的个数。

前面我们选定了两个主成分，其累计方差贡献率为96.36%。另外，从图9-2（碎石图）上可以看出取两个主成分是可以的（从贡献率来看，取一个主成分也可以）。

9.5 贷款客户信用程度的主成分分析

某金融服务公司为了了解贷款客户的信用程度，评价贷款客户的信用等级，采用信用评级中常用的5个指标：能力、品格、担保、资本、环境。请对以上5项指标结合表9-3中12个贷款客户进行主成分分析，并对12个贷款客户违约的可能性进行排名。

表9-3　12个贷款客户5项指标的数据

客户	1	2	3	4	5	6	7	8	9	10	11	12
x_1	61.76	65.26	63.19	65.02	64.23	65.84	65.85	56.94	66.88	61.22	63.89	63.92
x_2	60.82	65.98	64.81	63.93	65.44	64.00	62.85	58.12	68.81	61.13	65.23	63.05
x_3	62.72	65.97	65.06	64.31	64.01	65.10	62.75	62.72	65.50	62.10	63.05	62.98
x_4	61.39	66.52	62.85	64.04	62.93	64.69	64.71	59.12	67.83	61.64	62.98	63.35
x_5	63.88	65.37	65.10	62.36	65.47	64.97	64.24	65.57	64.48	63.45	63.38	63.81

在表9-3中，5个指标（变量）如下：

x_1（品格）：客户的名誉；

x_2（能力）：客户的偿还能力；

x_3（资本）：客户的财务实力和财务状况；

x_4（担保）：对申请贷款项担保的覆盖程度；

x_5（环境）：外部经济政策环境对客户的影响。

（1）以数据框的形式导入数据并求相关系数矩阵

```
isdefault<-data.frame(
x1=c(61.76,65.26,63.19,65.02,64.23,65.84,65.85,56.94,66.88,61.22,63.89,63.92),
x2=c(60.82,65.98,64.81,63.93,65.44,64.00,62.85,58.12,68.81,61.13,65.23,63.05),
x3=c(62.72,65.97,65.06,64.31,64.01,65.10,62.75,62.72,65.50,62.10,63.05,62.98),
x4=c(61.39,66.52,62.85,64.04,62.93,64.69,64.71,59.12,67.83,61.64,62.98,63.35),
x5=c(63.88,65.37,65.10,62.36,65.47,64.97,64.24,65.57,64.48,63.45,63.38,63.81))
cor(isdefault)
```

运行结果如下：

```
            x1          x2          x3          x4          x5
x1   1.0000000  0.83835571  0.5896784   0.910797397 -0.159912938
```

```
x2  0.8383557 1.00000000 0.7439355  0.863875323  0.043035614
x3  0.5896784 0.74393550 1.0000000  0.727676102  0.378063570
x4  0.9107974 0.86387532 0.7276761  1.000000000 -0.001745636
x5 -0.1599129 0.04303561 0.3780636 -0.001745636  1.000000000
```

（2）求特征值、贡献率

```
> eigen(cor(isdefault))
> isdefault.pr<-princomp(isdefault,cor=TRUE)
> summary(isdefault.pr,loading=TRUE)
```

运行结果如下：

```
eigen() decomposition
$values
[1] 3.35215411 1.20087510 0.23284818 0.14724714 0.06687548
$vectors
                  [,1]        [,2]        [,3]        [,4]        [,5]
[1,] -0.49799319  0.27076971  0.43143622 -0.23265214  0.66213467
[2,] -0.51552463  0.03969561 -0.01882747  0.85070282 -0.09278392
[3,] -0.45776254 -0.36031096 -0.74550447 -0.25537587  0.19908722
[4,] -0.52374870  0.10088593  0.21716746 -0.39533865 -0.71558016
[5,] -0.04876357 -0.88606211  0.45887874  0.02584992  0.03575101
Importance of components:
                          Comp.1     Comp.2     Comp.3     Comp.4     Comp.5
Standard deviation      1.8308889  1.0958445  0.48254345  0.38372795  0.2586029
Proportion of Variance  0.6704308  0.2401750  0.04656964  0.02944943  0.0133751
Cumulative Proportion   0.6704308  0.9106058  0.95717548  0.98662490  1.0000000
Loadings:
   Comp.1 Comp.2 Comp.3 Comp.4 Comp.5
x1  0.498  0.271  0.431  0.233  0.662
x2  0.516              -0.851
x3  0.458 -0.360 -0.746  0.255  0.199
x4  0.524  0.101  0.217  0.395 -0.716
x5        -0.886  0.459
```

由此得到的结果如表9-4所示。

表 9-4 特征值、贡献率和累计贡献率

序号	贡献率	累计贡献率	特征值
1	0.6704308	0.6704308	3.35215411
2	0.2401750	0.9106058	1.20087510
3	0.0465696	0.9571755	0.23284818
4	0.0294494	0.9866249	0.14724714
5	0.0133751	1.0000000	0.06687548

从以上结果中可以看出,提取前2个主成分时累计贡献率为0.9106058=91.06058%。

（3）画碎石图

```
screeplot(isdefault.pr,type='lines')
```

运行结果如图9-3所示。

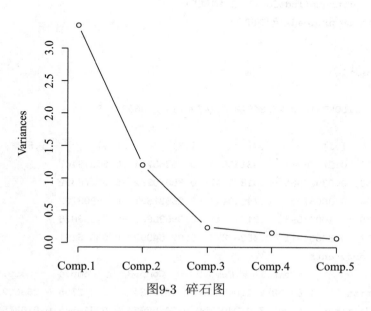

图9-3　碎石图

从图9-3中可以看出,提取前两个主成分是比较合适的。

（4）计算主成分得分

```
isdefault.pr$scores
```

运行结果如下:

```
          Comp.1        Comp.2        Comp.3       Comp.4       Comp.5
[1,]  -1.8603418   0.414916028  -0.048104383   0.14480144   0.092708230
[2,]   2.2915869  -1.225550341  -0.222984815   0.35144200  -0.266882930
[3,]   0.4523057  -1.114454125  -0.506239076  -0.29414199   0.269454416
[4,]   0.5016587   1.873120335  -0.943807259   0.28442381   0.164764436
[5,]   0.4278484  -1.031850687   0.475709936  -0.61190262   0.335307909
[6,]   1.2496503  -0.655660417   0.036770423   0.54288514   0.387056842
[7,]   0.1349705   0.683554889   1.101641413   0.45345864   0.021187598
[8,]  -3.7631652  -1.800152682  -0.247183694   0.12178543  -0.256932591
[9,]   3.2432933   0.006310358   0.010043979  -0.24455657  -0.479564479
[10,] -2.0950022   0.951382176   0.047724661  -0.07359465  -0.252310518
[11,] -0.1252112   1.144488663  -0.004121768  -0.70655477   0.007963266
[12,] -0.4575936   0.753895804   0.300550583   0.03195415  -0.022752180
```

（5）取前两个主成分，12个客户的综合得分及其排名

```
s=isdefault.pr$scores[,1:2]
C=s[1:12,1]*0.7362+s[1:12,2]*0.2638
rank=rank(C)
cbind(s,C,rank)
```

运行结果如下：

```
        Comp.1      Comp.2          C rank
[1,]  -1.8603418   0.414916028  -1.26012876   3
[2,]   2.2915869  -1.225550341   1.36376611  11
[3,]   0.4523057  -1.114454125   0.03899447   5
[4,]   0.5016587   1.873120335   0.86345030  10
[5,]   0.4278484  -1.031850687   0.04277981   6
[6,]   1.2496503  -0.655660417   0.74702935   9
[7,]   0.1349705   0.683554889   0.27968706   8
[8,]  -3.7631652  -1.800152682  -3.24532249   1
[9,]   3.2432933   0.006310358   2.38937724  12
[10,] -2.0950022   0.951382176  -1.29136601   2
[11,] -0.1252112   1.144488663   0.20973559   7
[12,] -0.4575936   0.753895804  -0.13800267   4
```

根据以上结果，12个客户的排名（如下：8，10，1，12，3，5，11，7，6，4，2，9。

需要说明，由于以上排名仅根据信用评级中常用5个指标（能力、品格、担保、资本、环境）进行，可能并非全面，其结果仅供参考。

9.6　首批14个沿海开放城市评价指标的主成分分析

2009年14个首批沿海开放城市（大连市、秦皇岛市、天津市、烟台市、青岛市、连云港市、南通市、上海市、宁波市、温州市、福州市、广州市、湛江市、北海市）实现地区生产总值达到60003.47亿元，全国国内生产总值为335353亿元，首批沿海开放城市地区生产总值占全国的17.9%，大大高出了人口占全国的比重（7.1%）。

在遵循合理性、代表性、系统性、可比性、可操作性及可获得性的原则下，选取了能反映城市综合经济实力的11项统计指标，建立起相应的统计指标体系，应用主成分分析的方法对各城市综合实力进行评价。选取反映经济情况的11项主要指标：地区生产总值x_1、人均地区生产总值x_2、社会消费品零售总额x_3、地方财政一般预算收入x_4、工业总产值x_5、城镇固定资产投资x_6、农村居民人均纯收入x_7、进出口总额x_8、实际外商直接投资x_9、农林牧渔业总产值x_{10}、城镇居民人均可支配收入x_{11}。14个首批沿海开放城市各评价指标数据见9-5。

表 9-5　　14个首批沿海开放城市各评价指标数据

序号	x_1	x_2	x_3	x_4	x_5	x_6	x_7	x_8	x_9	x_{10}	x_{11}
1	941.13	21144	369.53	90.21	1314.27	745.59	6111	38.60	10.40	284.16	16958
2	14900.93	65473	5173.24	2450.30	24091.26	5273.33	12324	2777.31	105.38	283.15	28838
3	7521.85	62574	2430.83	821.40	13083.63	4700.28	10675	639.44	90.20	281.65	21402
4	4348.70	70768	1396.70	400.20	6000.00	2969.90	10725	422.41	60.17	570.58	19014
5	877.01	29552	283.25	56.33	926.04	327.23	5516	33.16	4.57	184.05	15458
6	3701.79	52683	1215.15	189.12	9077.30	1852.55	8642	342.94	10.85	510.89	21125
7	4853.87	57251	1730.22	376.99	9378.60	2458.90	9249	448.51	18.64	408.61	22368
8	2872.80	40231	1068.51	198.99	6042.35	1048.71	8696	162.59	20.05	420.58	21001
9	4329.30	59111	1434.41	432.77	8152.45	1557.63	12641	608.10	22.05	286.37	27368
10	2527.88	31453	1264.72	195.64	3648.71	635.04	10100	132.75	2.34	132.66	28021
11	2524.28	36851	1335.79	195.26	3618.29	1544.60	7669	178.60	10.32	410.88	20289
12	9112.76	88834	3647.76	702.65	12502.08	2576.38	11067	767.37	38.75	295.66	27610
13	1156.17	16639	571.71	52.65	1031.46	282.57	5895	28.18	0.29	397.70	13665
14	335.00	20093	95.20	17.22	236.00	306.61	4740	8.02	1.31	123.95	15200

说明：在表 9-5中序号1～14分别代表：连云港、上海、天津、大连、秦黄岛、烟台、青岛、南通、宁波、温州、福州、广州、湛江、北海.

（1）以数据框的形式导入数据并求相关系数矩阵

```
> x1=c(941.13,14900.93,7521.85,4348.7,877.01,3701.79,4853.87,2872.8,4329.3,
       2527.88, 2524.28,9112.76,1156.17,335)
> x2=c(21144,65473,62574,70768,29552,52683,57251,40231,59111,31453,36851,88834,
       16639,20093)
> x3=c(369.53,5173.24,2430.83,1396.7,283.25,1215.15,1730.22,1068.51,1434.41,
       1264.72,1335.79,3647.76,571.71,95.2)
> x4=c(90.21,2450.3,821.4,400.2,56.33,189.12,376.99,198.99,432.77,195.64,195.26,
       702.65,52.65,17.22)
> x5=c(1314.27,24091.26,13083.63,6000,926.04,9077.3,9378.6,6042.35,8152.45,
       3648.71,3618.29,12502.08,1031.46,236)
> x6=c(745.59,5273.33,4700.28,2969.9,327.23,1852.55,2458.9,1048.71,1557.63,
       635.04,1544.6,2576.38,282.57,306.61)
> x7=c(6111,12324,10675,10725,5516,8642,9249,8696,12641,10100,7669,11067,5895,
       4740)
> x8=c(38.6,2777.31,639.44,422.41,33.16,342.94,448.51,162.59,608.1,132.75,
       178.6,767.37,28.18,8.02)
> x9=c(10.4,105.38,90.2,60.17,4.57,10.85,18.64,20.05,22.05,2.34,10.32,38.75,
```

```
          0.29,1.31)
> x10=c(284.16,283.15,281.65,570.58,184.05,510.89,408.61,420.58,286.37,132.66,
          410.88,295.66,397.7,123.95)
> x11=c(16958,28838,21402,19014,15458,21125,22368,21001,27368,28021,20289,
          27610,13665,15200)
> X=data.frame(x1,x2,x3,x4,x5,x6,x7,x8,x9,x10,x11)
> cor(X)
```

结果如下：

```
              x1          x2         x3          x4          x5         x6         x7
x1   1.00000000  0.7617502  0.9881220   0.94700896  0.9785028  0.8974054  0.7592412
x2   0.76175022  1.0000000  0.7506745   0.55016435  0.7489126  0.7542824  0.8264449
x3   0.98812199  0.7506745  1.0000000   0.92099773  0.9501087  0.8487860  0.7482219
x4   0.94700896  0.5501643  0.9209977   1.00000000  0.9258980  0.8424299  0.6377294
x5   0.97850279  0.7489126  0.9501087   0.92589803  1.0000000  0.9063443  0.7719897
x6   0.89740539  0.7542824  0.8487860   0.84242993  0.9063443  1.0000000  0.7181433
x7   0.75924120  0.8264449  0.7482219   0.63772945  0.7719897  0.7181433  1.0000000
x8   0.93675449  0.5569302  0.9104774   0.99045919  0.9238813  0.8051275  0.6435107
x9   0.86405044  0.6691270  0.8050897   0.85700858  0.8461546  0.9560564  0.6677881
x10  0.06777881  0.3406872  0.0444037  -0.03860995  0.1279014  0.2326146  0.1934075
x11  0.70680144  0.6613873  0.7431497   0.60144169  0.7108765  0.5208197  0.8754239
              x8          x9         x10         x11
x1    0.936754488  0.8640504   0.067778813   0.7068014
x2    0.556930248  0.6691270   0.340687219   0.6613873
x3    0.910477371  0.8050897   0.044403697   0.7431497
x4    0.990459192  0.8570086  -0.038609955   0.6014417
x5    0.923881266  0.8461546   0.127901433   0.7108765
x6    0.805127536  0.9560564   0.232614636   0.5208197
x7    0.643510744  0.6677881   0.193407536   0.8754239
x8    1.000000000  0.8056436  -0.003824759   0.6184071
x9    0.805643593  1.0000000   0.136385061   0.4387356
x10  -0.003824759  0.1363851   1.000000000  -0.1121292
x11   0.618407148  0.4387356  -0.112129168   1.0000000
```

（2）求特征值、贡献率

```
> x<-cor(X)
> eigen(x)
$values
 [1] 8.1332327013 1.2329965765 0.9347879560 0.3506827834 0.2010664631 0.0726607421
 [7] 0.0454840898 0.0181607641 0.0104207425 0.0002843778 0.0002228035


$vectors
```

```
              [,1]         [,2]         [,3]        [,4]        [,5]        [,6]
 [1,]  -0.34570801  -0.06992244  -0.071487607   0.07734061   0.24748281   0.04077064
 [2,]  -0.28275251   0.34428564   0.285127636  -0.36444768   0.58159658  -0.37405413
 [3,]  -0.33850412  -0.09245039  -0.002568947   0.16066540   0.37315242   0.15513259
 [4,]  -0.32447156  -0.22096810  -0.249715977   0.22451260  -0.11671237  -0.23696362
 [5,]  -0.34291033  -0.02117866  -0.064364678   0.14241987   0.09263161   0.37538441
 [6,]  -0.32383893   0.12830437  -0.237303865  -0.35521383  -0.13531438   0.51203719
 [7,]  -0.29535381   0.15927420   0.453832224  -0.10275278  -0.51545591  -0.27441637
 [8,]  -0.32124261  -0.20045228  -0.210673985   0.37611745  -0.06816242  -0.43147917
 [9,]  -0.31063326   0.04174596  -0.327869798  -0.48436681  -0.32807375  -0.13352040
[10,]  -0.04348316   0.84582394  -0.167010930   0.45561558  -0.11452276   0.04897643
[11,]  -0.26343218  -0.13994099   0.636421777   0.21046976  -0.17220283   0.30561877
              [,7]         [,8]         [,9]        [,10]        [,11]
 [1,]  -0.148216779   0.27081359  -0.11320803  -0.328299878   0.76530367
 [2,]   0.216436905  -0.17532518   0.12383090   0.125247941  -0.02494956
 [3,]  -0.628389179   0.07763818  -0.23779280   0.028096626  -0.47906532
 [4,]  -0.036504912  -0.15976597   0.05080653   0.764463151   0.22251024
 [5,]   0.564669182   0.54257900   0.15956906   0.114723081  -0.23701633
 [6,]   0.159067750  -0.50031959  -0.37157571  -0.019467540   0.04018145
 [7,]  -0.008545283   0.30056671  -0.48525085   0.043381159  -0.04596967
 [8,]   0.287694450  -0.30617487  -0.04767784  -0.497172181  -0.23235600
 [9,]  -0.291070234   0.17309492   0.53156269  -0.156780964  -0.11122704
[10,]  -0.119987184  -0.04105908   0.11841288   0.001569552   0.03989819
[11,]  -0.094167538  -0.32237474   0.46354100  -0.064448473   0.08256087
> X.pr<-princomp(X,cor=TRUE)
>  summary(X.pr,loadings=TRUE)
Importance of components:
                          Comp.1     Comp.2      Comp.3     Comp.4     Comp.5
Standard deviation     2.8518823  1.1104038  0.96684433  0.59218475  0.44840435
Proportion of Variance 0.7393848  0.1120906  0.08498072  0.03188025  0.01827877
Cumulative Proportion  0.7393848  0.8514754  0.93645611  0.96833637  0.98661513
                            Comp.6       Comp.7       Comp.8       Comp.9
Standard deviation     0.269556566  0.213269993  0.134761879  0.1020820381
Proportion of Variance 0.006605522  0.004134917  0.001650979  0.0009473402
Cumulative Proportion  0.993220657  0.997355574  0.999006552  0.9999538926
                           Comp.10      Comp.11
Standard deviation     1.686350e-02  1.492660e-02
Proportion of Variance 2.585253e-05  2.025486e-05
Cumulative Proportion  9.999797e-01  1.000000e+00


Loadings:
    Comp.1 Comp.2 Comp.3 Comp.4 Comp.5 Comp.6 Comp.7 Comp.8 Comp.9 Comp.10
x1  -0.346                       0.247         -0.148  0.271 -0.113 -0.328
```

```
x2  -0.283   0.344   0.285  -0.364   0.582  -0.374   0.216  -0.175   0.124   0.125
x3  -0.339                   0.161   0.373   0.155  -0.628          -0.238
x4  -0.324  -0.221  -0.250   0.225  -0.117  -0.237          -0.160           0.764
x5  -0.343                   0.142           0.375   0.565   0.543   0.160   0.115
x6  -0.324   0.128  -0.237  -0.355  -0.135   0.512   0.159  -0.500  -0.372
x7  -0.295   0.159   0.454  -0.103  -0.515  -0.274           0.301  -0.485
x8  -0.321  -0.200  -0.211   0.376          -0.431   0.288  -0.306          -0.497
x9  -0.311          -0.328  -0.484  -0.328  -0.134  -0.291   0.173   0.532  -0.157
x10          0.846  -0.167   0.456  -0.115          -0.120           0.118
x11 -0.263  -0.140   0.636   0.210  -0.172   0.306          -0.322   0.464
    Comp.11
x1   0.765
x2
x3  -0.479
x4   0.223
x5  -0.237
x6
x7
x8  -0.232
x9  -0.111
x10
x11
```

由此得到的结果如表9-6所示。

表 9-6　特征值、贡献率和累计贡献率

序号	贡献率(%)	累计贡献率(%)	特征值
1	73.93848	73.93848	8.1332327013
2	11.20906	85.14754	1.2329965765
3	8.498072	93.645611	0.9347879560
4	3.188025	96.833637	0.3506827834
5	1.827877	98.661513	0.2010664631
6	0.6605522	99.3220657	0.0726607421
7	0.4134917	99.7355574	0.0454840898
8	0.1650979	99.9006552	0.0181607641
9	0.09473402	99.9953893	0.0104207425
10	2.585253e-03	99.997970	0.0002843778
11	2.025486e-03	100.0000	0.0002228035

从表9-6可知，取前两个主成分时累计贡献率就达到了85%以上。

（3）画碎石图

```
> PCA=princomp(X,cor=T)
> screeplot(PCA,type='lines')
```

结果见图9-4。

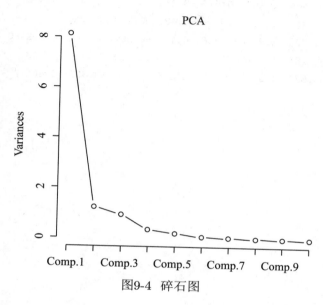

图9-4 碎石图

从图9-4中可以看出，提取前两个主成分是比较合适的。

（4）计算综合得分并进行排名

```
> zz<-PCA$scores
> Comp.1<-PCA$scores[,1]
> Comp.2<-PCA$scores[,2]
> C<-0.86835722*Comp.1+0.1316427*Comp.2
> rank<-rank(C)
> sort<-cbind(Comp.1,Comp.2,C,rank)
> sort
          Comp.1        Comp.2           C rank
[1,]    2.6473296   -0.45799259   2.2385364   11
[2,]   -7.4880354   -1.50884489  -6.7009180    1
[3,]   -2.7356826    0.05800523  -2.3679138    3
[4,]   -0.9002135    2.36452792  -0.4704340    5
[5,]    2.9344338   -0.99871408   2.4166634   12
[6,]    0.2929702    1.43599267   0.4434407    7
[7,]   -0.4783704    0.74047951  -0.3179177    6
[8,]    0.9323170    0.67034375   0.8978301    9
[9,]   -0.8926992   -0.06730956  -0.7840426    4
[10,]   0.9881017   -1.53693438   0.6556991    8
```

```
[11,]   1.2213082   0.52694234   1.1298999   10
[12,]  -2.9503062   0.07825368  -2.5516182    2
[13,]   3.0370735   0.24828444   2.6699496   13
[14,]   3.3917732  -1.55303404   2.7408252   14
```

根据上面的结果,各地区主成分得分及排名如表9-7所示。

表 9-7　各地区主成分得分及排名

地区	上海	广州	天津	宁波	大连	青岛	烟台
名次	1	2	3	4	5	6	7
综合评价值	-6.7009180	-2.5516182	-2.3679138	-0.7840426	-0.4704340	-0.3179177	0.4434407
地区	温州	南通	福州	连云港	秦皇岛	湛江	北海
名次	8	9	10	11	12	13	14
综合评价值	0.6556991	0.8978301	1.1298999	2.2385364	2.4166634	2.6699496	2.7408252

需要说明,由于以上排名仅根据反映经济情况的11项主要指标进行,可能并非全面,其结果仅供参考。

9.7　USJudgeRatings数据集的主成分分析

USJudgeRatings数据集(R自带),该数据集来自psych包,需加载以及调用psych包。

(1)首先查看USJudgeRatings数据集的信息

```
> install.packages("psych")
> library(psych)
> USJudgeRatings
                  CONT INTG DMNR DILG CFMG DECI PREP FAMI ORAL WRIT PHYS RTEN
AARONSON,L.H.      5.7  7.9  7.7  7.3  7.1  7.4  7.1  7.1  7.1  7.0  8.3  7.8
ALEXANDER,J.M.     6.8  8.9  8.8  8.5  7.8  8.1  8.0  8.0  7.8  7.9  8.5  8.7
ARMENTANO,A.J.     7.2  8.1  7.8  7.8  7.5  7.6  7.5  7.5  7.3  7.4  7.9  7.8
BERDON,R.I.        6.8  8.8  8.5  8.8  8.3  8.5  8.7  8.7  8.4  8.5  8.8  8.7
BRACKEN,J.J.       7.3  6.4  4.3  6.5  6.0  6.2  5.7  5.7  5.1  5.3  5.5  4.8
BURNS,E.B.         6.2  8.8  8.7  8.5  7.9  8.0  8.1  8.0  8.0  8.0  8.6  8.6
CALLAHAN,R.J.     10.6  9.0  8.9  8.7  8.5  8.5  8.5  8.5  8.6  8.4  9.1  9.0
COHEN,S.S.         7.0  5.9  4.9  5.1  5.4  5.9  4.8  5.1  4.7  4.9  6.8  5.0
DALY,J.J.          7.3  8.9  8.9  8.7  8.6  8.5  8.4  8.4  8.4  8.5  8.8  8.8
DANNEHY,J.F.       8.2  7.9  6.7  8.1  7.9  8.0  7.9  8.1  7.7  7.8  8.5  7.9
DEAN,H.H.          7.0  8.0  7.6  7.4  7.3  7.5  7.1  7.2  7.1  7.2  8.4  7.7
DEVITA,H.J.        6.5  8.0  7.6  7.2  7.0  7.1  6.9  7.0  7.0  7.1  6.9  7.2
DRISCOLL,P.J.      6.7  8.6  8.2  6.8  6.9  6.6  7.1  7.3  7.2  7.2  8.1  7.7
GRILLO,A.E.        7.0  7.5  6.4  6.8  6.5  7.0  6.6  6.8  6.3  6.6  6.2  6.5
```

HADDEN,W.L.JR.	6.5	8.1	8.0	8.0	7.9	8.0	7.9	7.8	7.8	7.8	8.4	8.0
HAMILL,E.C.	7.3	8.0	7.4	7.7	7.3	7.3	7.3	7.2	7.1	7.2	8.0	7.6
HEALEY.A.H.	8.0	7.6	6.6	7.2	6.5	6.5	6.8	6.7	6.4	6.5	6.9	6.7
HULL,T.C.	7.7	7.7	6.7	7.5	7.4	7.5	7.1	7.3	7.1	7.3	8.1	7.4
LEVINE,I.	8.3	8.2	7.4	7.8	7.7	7.7	7.7	7.8	7.5	7.6	8.0	8.0
LEVISTER,R.L.	9.6	6.9	5.7	6.6	6.9	6.6	6.2	6.0	5.8	5.8	7.2	6.0
MARTIN,L.F.	7.1	8.2	7.7	7.1	6.6	6.6	6.7	6.7	6.8	6.8	7.5	7.3
MCGRATH,J.F.	7.6	7.3	6.9	6.8	6.7	6.8	6.4	6.3	6.3	6.3	7.4	6.6
MIGNONE,A.F.	6.6	7.4	6.2	6.2	5.4	5.7	5.8	5.9	5.2	5.8	4.7	5.2
MISSAL,H.M.	6.2	8.3	8.1	7.7	7.4	7.3	7.3	7.3	7.2	7.3	7.8	7.6
MULVEY,H.M.	7.5	8.7	8.5	8.6	8.5	8.4	8.5	8.5	8.4	8.4	8.7	8.7
NARUK,H.J.	7.8	8.9	8.7	8.9	8.7	8.8	8.9	9.0	8.8	8.9	9.0	9.0
O'BRIEN,F.J.	7.1	8.5	8.3	8.0	7.9	7.9	7.8	7.8	7.8	7.7	8.3	8.2
O'SULLIVAN,T.J.	7.5	9.0	8.9	8.7	8.4	8.5	8.4	8.3	8.3	8.3	8.8	8.7
PASKEY,L.	7.5	8.1	7.7	8.2	8.0	8.1	8.2	8.4	8.0	8.1	8.4	8.1
RUBINOW,J.E.	7.1	9.2	9.0	9.0	8.4	8.6	9.1	9.1	8.9	9.0	8.9	9.2
SADEN.G.A.	6.6	7.4	6.9	8.4	8.0	7.9	8.2	8.4	7.7	7.9	8.4	7.5
SATANIELLO,A.G.	8.4	8.0	7.9	7.9	7.8	7.8	7.6	7.4	7.4	7.4	8.1	7.9
SHEA,D.M.	6.9	8.5	7.8	8.5	8.1	8.2	8.4	8.5	8.1	8.3	8.7	8.3
SHEA,J.F.JR.	7.3	8.9	8.8	8.7	8.4	8.5	8.5	8.5	8.4	8.4	8.8	8.8
SIDOR,W.J.	7.7	6.2	5.1	5.6	5.6	5.9	5.6	5.6	5.3	5.5	6.3	5.3
SPEZIALE,J.A.	8.5	8.3	8.1	8.3	8.4	8.2	8.2	8.1	7.9	8.0	8.0	8.2
SPONZO,M.J.	6.9	8.3	8.0	8.1	7.9	7.9	7.9	7.7	7.6	7.7	8.1	8.0
STAPLETON,J.F.	6.5	8.2	7.7	7.8	7.6	7.7	7.7	7.7	7.5	7.6	8.5	7.7
TESTO,R.J.	8.3	7.3	7.0	6.8	7.0	7.1	6.7	6.7	6.7	6.7	8.0	7.0
TIERNEY,W.L.JR.	8.3	8.2	7.8	8.3	8.4	8.3	7.7	7.6	7.5	7.7	8.1	7.9
WALL,R.A.	9.0	7.0	5.9	7.0	7.0	7.2	6.9	6.9	6.5	6.6	7.6	6.6
WRIGHT,D.B.	7.1	8.4	8.4	7.7	7.5	7.7	7.8	8.2	8.0	8.1	8.3	8.1
ZARRILLI,K.J.	8.6	7.4	7.0	7.5	7.5	7.7	7.4	7.2	6.9	7.0	7.8	7.1

该数据集包含了律师对美国高等法院法官的评分,数据包含43个观测值,12个变量。
12个变量如下:

CONT:律师与法官的接触次数

INTG:法官正直程度

DMNR:风度

DILG:勤勉度

CFMG:案例流程管理水平

DECI:决策效率

PREP:审理前的准备工作

FAMI:对法律的熟稔程度

ORAL:口头裁决的可靠度

WRIT:书面裁决的可靠度

PHYS:体能

RTEN:是否值得保留

（2）计算相关系数矩阵

```
> r<-cor(USJudgeRatings)
> r
            CONT       INTG       DMNR       DILG       CFMG       DECI
CONT  1.00000000 -0.1331909 -0.1536885  0.0123920  0.1369123  0.08653823
INTG -0.13319089  1.0000000  0.9646153  0.8715111  0.8140858  0.80284636
DMNR -0.15368853  0.9646153  1.0000000  0.8368510  0.8133582  0.80411683
DILG  0.01239200  0.8715111  0.8368510  1.0000000  0.9587988  0.95616608
CFMG  0.13691230  0.8140858  0.8133582  0.9587988  1.0000000  0.98113590
DECI  0.08653823  0.8028464  0.8041168  0.9561661  0.9811359  1.00000000
PREP  0.01146921  0.8777965  0.8558175  0.9785684  0.9579140  0.95708831
FAMI -0.02563656  0.8688580  0.8412415  0.9573634  0.9354684  0.94280452
ORAL -0.01199681  0.9113992  0.9067729  0.9544758  0.9505657  0.94825640
WRIT -0.04381025  0.9088347  0.8930611  0.9592503  0.9422470  0.94610093
PHYS  0.05424827  0.7419360  0.7886804  0.8129211  0.8794874  0.87176277
RTEN -0.03364343  0.9372632  0.9437002  0.9299652  0.9270827  0.92499241
            PREP       FAMI       ORAL       WRIT       PHYS       RTEN
CONT  0.01146921 -0.02563656 -0.01199681 -0.04381025  0.05424827 -0.03364343
INTG  0.87779650  0.86885798  0.91139915  0.90883469  0.74193597  0.93726315
DMNR  0.85581749  0.84124150  0.90677295  0.89306109  0.78868038  0.94370017
DILG  0.97856839  0.95736345  0.95447583  0.95925032  0.81292115  0.92996523
CFMG  0.95791402  0.93546838  0.95056567  0.94224697  0.87948744  0.92708271
DECI  0.95708831  0.94280452  0.94825640  0.94610093  0.87176277  0.92499241
PREP  1.00000000  0.98986345  0.98310045  0.98679918  0.84867350  0.95029259
FAMI  0.98986345  1.00000000  0.98133905  0.99069557  0.84374436  0.94164495
ORAL  0.98310045  0.98133905  1.00000000  0.99342943  0.89116392  0.98213227
WRIT  0.98679918  0.99069557  0.99342943  1.00000000  0.85594002  0.96755639
PHYS  0.84867350  0.84374436  0.89116392  0.85594002  1.00000000  0.90654782
RTEN  0.95029259  0.94164495  0.98213227  0.96755639  0.90654782  1.00000000
```

（3）计算贡献率与累计贡献率

```
> PCA<-princomp(USJudgeRatings,cor=TRUE)
> summary(PCA,loadings=TRUE)
Importance of components:
                        Comp.1     Comp.2     Comp.3     Comp.4     Comp.5
Standard deviation     3.1833165 1.05078398  0.5769763 0.50383231 0.290607615
Proportion of Variance 0.8444586 0.09201225  0.0277418 0.02115392 0.007037732
Cumulative Proportion  0.8444586 0.93647089  0.9642127 0.98536661 0.992404341
```

	Comp.6	Comp.7	Comp.8	Comp.9
Standard deviation	0.193095982	0.140295449	0.124158319	0.0885069038
Proportion of Variance	0.003107172	0.001640234	0.001284607	0.0006527893
Cumulative Proportion	0.995511513	0.997151747	0.998436354	0.9990891437
	Comp.10	Comp.11	Comp.12	
Standard deviation	0.0749114592	0.0570804224	0.0453913429	
Proportion of Variance	0.0004676439	0.0002715146	0.0001716978	
Cumulative Proportion	0.9995567876	0.9998283022	1.0000000000	

Loadings:

	Comp.1	Comp.2	Comp.3	Comp.4	Comp.5	Comp.6	Comp.7	Comp.8	Comp.9	Comp.10
CONT		0.933	-0.335							
INTG	-0.289	-0.182	-0.549	-0.174		0.370	-0.450	0.334	-0.275	-0.109
DMNR	-0.287	-0.198	-0.556	0.124	0.229	-0.395	0.467	-0.247	-0.199	
DILG	-0.304		0.164	-0.321	0.302	0.599	0.210	-0.355		0.383
CFMG	-0.303	0.168	0.207		0.448		0.247	0.714	0.143	
DECI	-0.302	0.128	0.298		0.424	-0.393	-0.536	-0.302	-0.258	
PREP	-0.309		0.152	-0.214	-0.203		0.335	-0.154	-0.109	-0.680
FAMI	-0.307		0.195	-0.201	-0.507	-0.102			-0.223	
ORAL	-0.313			-0.246	-0.150			0.300	0.256	
WRIT	-0.311		-0.137	-0.306	-0.238		0.126		0.475	
PHYS	-0.281		0.154	0.841	-0.118	0.299		-0.266		
RTEN	-0.310		-0.173	0.184		-0.256	-0.221	0.756	-0.250	

	Comp.11	Comp.12
CONT		
INTG	0.113	
DMNR	-0.134	
DILG		
CFMG	-0.166	
DECI	0.128	
PREP	0.319	0.273
FAMI	-0.573	-0.422
ORAL	0.639	-0.494
WRIT		0.696
PHYS		
RTEN	-0.286	

　　Standard deviation为主成分的标准差，proportion of variance为贡献率，cumulative of proportion为累计贡献率。从以上计算结果中可以得出每个成分的贡献率、累计贡献率：第一主成分的贡献率为0.8444 586；第二主成分的贡献率为0.09201225，前两个主成分的累计贡献率达0.93647089，因此可以选取两个主成分。

（4）画碎石图

```
> fa.parallel(USJudgeRatings,fa="pc",n.iter=100,show.legend=FALSE,main="screeplot")
```

结果如图9-5所示。

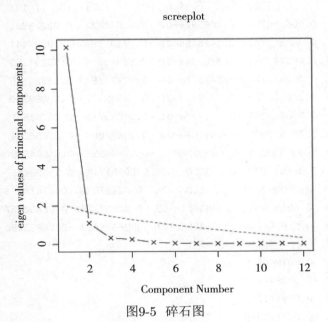

图9-5 碎石图

从图9-5（碎石图）也可以看出选取两个主成分比较合理。

（5）计算特征值以及特征向量

```
> trait<-eigen(r)
> trait
eigen() decomposition
$values
[1] 10.133503726  1.104146980  0.332901600  0.253847001  0.084452786
[6]  0.037286058  0.019682813  0.015415288  0.007833472  0.005611727
[11]  0.003258175  0.002060374


$vectors
              [,1]         [,2]          [,3]          [,4]          [,5]
[1,]  0.003075143  0.932890644 -0.334756548 -0.058576867 -0.093438368
[2,] -0.288550775 -0.182040993 -0.549360126 -0.173977074  0.014543880
[3,] -0.286884206 -0.197565743 -0.556490386  0.124412022  0.228832817
[4,] -0.304354091  0.036304667  0.163629910 -0.321395544  0.301936920
[5,] -0.302572733  0.168393523  0.207341904 -0.012949223  0.448430522
[6,] -0.301891969  0.127877299  0.297902771 -0.030491779  0.424003128
[7,] -0.309406446  0.032230248  0.151869345 -0.213656069 -0.202853400
[8,] -0.306679527 -0.001315183  0.195290454 -0.200651140 -0.507470003
```

```
[9,]  -0.312708348 -0.003625720  0.002150634  0.007441042 -0.246059421
[10,] -0.311061231 -0.031378756  0.056045596 -0.137104995 -0.305562842
[11,] -0.280723624  0.089037698  0.154000444  0.841266046 -0.118424976
[12,] -0.309790218 -0.039381306 -0.172869757  0.184223629 -0.006717911
              [,6]          [,7]          [,8]         [,9]         [,10]
[1,]  -0.004064432  0.005214784 -6.006597e-02 -0.02514533  0.03038881
[2,]   0.369937339 -0.449810741  3.341645e-01 -0.27537794 -0.10897641
[3,]  -0.394724667  0.466747889 -2.470974e-01 -0.19910004  0.07241282
[4,]   0.598676072  0.209710731 -3.548587e-01  0.03977180  0.38339165
[5,]  -0.085728870  0.246903359  7.135261e-01  0.14342471 -0.09850310
[6,]  -0.392609484 -0.536429933 -3.024227e-01 -0.25823773 -0.06743847
[7,]   0.083216652  0.335390036 -1.536754e-01 -0.10876864 -0.67986284
[8,]  -0.101538704 -0.036378004  2.038889e-02 -0.22306628 -0.04004599
[9,]  -0.150272440  0.057580177  9.062990e-02  0.29951714  0.25599455
[10,] -0.238172386 -0.060899994  1.261203e-01  0.02497324  0.47478254
[11,]  0.299281534  0.024959951 -1.364511e-05 -0.26627286  0.05900837
[12,]  0.036126847 -0.256194180 -2.213898e-01  0.75645893 -0.24993250
              [,11]         [,12]
[1,]  -0.0145329260  0.007940919
[2,]   0.1125535650 -0.009848658
[3,]  -0.1343234234 -0.059121657
[4,]  -0.0709517642 -0.053790339
[5,]  -0.1658680927 -0.025082947
[6,]   0.1284999526 -0.044141604
[7,]   0.3187612119  0.273286884
[8,]  -0.5733628652 -0.421739844
[9,]   0.6386061655 -0.494391025
[10,] -0.0004056397  0.696107204
[11,]  0.0181381019  0.053783960
[12,] -0.2855143026  0.080267574
```

可以得到特征值为10.1335、1.1041、0.3329、0.2538、0.0844、0.0373、0.0197、0.0154、0.0078、0.0056、0.0033、0.0021。

综合前面所选取的主成分个数,可以得出两个主成分,分别为:

$$z_1 = 0.0031\widetilde{x}_1 - 0.2886\widetilde{x}_2 - 0.2869\widetilde{x}_3 - 0.3044\widetilde{x}_4 - 0.3026\widetilde{x}_5 - 0.3019\widetilde{x}_6$$
$$- 0.3094\widetilde{x}_7 - 0.3067\widetilde{x}_8 - 0.3127\widetilde{x}_9 - 0.3111\widetilde{x}_{10} - 0.2807\widetilde{x}_{11} - 0.3098\widetilde{x}_{12},$$
$$z_2 = 0.9329\widetilde{x}_1 - 0.1820\widetilde{x}_2 - 0.1976\widetilde{x}_3 + 0.0363\widetilde{x}_4 + 1684\widetilde{x}_5 + 0.1279\widetilde{x}_6$$
$$+ 0.0322\widetilde{x}_7 - 0.0013\widetilde{x}_8 - 0.0036\widetilde{x}_9 - 0.0314\widetilde{x}_{10} - 0.0890\widetilde{x}_{11} - 0.0394\widetilde{x}_{12}.$$

(6)计算主成分得分及主成分排名

```
> score<-PCA$scores
```

```
> C<-(trait$values[1]*score[,1]+trait$values[2]*score[,2])/(trait$values[1]+
    trait$values[2])
> rank(C)
```

AARONSON,L.H.	ALEXANDER,J.M.	ARMENTANO,A.J.	BERDON,R.I.
27	11	24	3
BRACKEN,J.J.	BURNS,E.B.	CALLAHAN,R.J.	COHEN,S.S.
41	10	6	43
DALY,J.J.	DANNEHY,J.F.	DEAN,H.H.	DEVITA,H.J.
4	20	26	32
DRISCOLL,P.J.	GRILLO,A.E.	HADDEN,W.L.JR.	HAMILL,E.C.
29	38	16	28
HEALEY.A.H.	HULL,T.C.	LEVINE,I.	LEVISTER,R.L.
36	30	22	39
MARTIN,L.F.	MCGRATH,J.F.	MIGNONE,A.F.	MISSAL,H.M.
33	37	40	25
MULVEY,H.M.	NARUK,H.J.	O'BRIEN,F.J.	O'SULLIVAN,T.J.
8	2	14	7
PASKEY,L.	RUBINOW,J.E.	SADEN.G.A.	SATANIELLO,A.G.
13	1	19	23
SHEA,D.M.	SHEA,J.F.JR.	SIDOR,W.J.	SPEZIALE,J.A.
9	5	42	12
SPONZO,M.J.	STAPLETON,J.F.	TESTO,R.J.	TIERNEY,W.L.JR.
17	21	34	18
WALL,R.A.	WRIGHT,D.B.	ZARRILLI,K.J.	
35	15	31	

从以上排名结果可以看出:RUBINOW，J.E排名第一，NARUK，H.J.排名第二，BERDON,R.I.排名第三,COHEN,S.S遗憾排名最后。

由于判断法官综合能力的变量有限仅为12个变量,排名结果可能不能完全地体现各位法官的综合能力,因此排名可能并非全面,结果仅供参考。

9.8　swiss数据集的主成分分析

swiss数据集是R自带的,以下对swiss数据集进行主成分分析。
（1）首先查看swiss数据集的信息

```
> swiss
```

结果如下：

	Fertility	Agriculture	Examination	Education	Catholic	Infant.Mortality
Courtelary	80.2	17.0	15	12	9.96	22.2
Delemont	83.1	45.1	6	9	84.84	22.2

Franches-Mnt	92.5	39.7	5	5	93.40	20.2
Moutier	85.8	36.5	12	7	33.77	20.3
Neuveville	76.9	43.5	17	15	5.16	20.6
Porrentruy	76.1	35.3	9	7	90.57	26.6
Broye	83.8	70.2	16	7	92.85	23.6
Glane	92.4	67.8	14	8	97.16	24.9
Gruyere	82.4	53.3	12	7	97.67	21.0
Sarine	82.9	45.2	16	13	91.38	24.4
Veveyse	87.1	64.5	14	6	98.61	24.5
Aigle	64.1	62.0	21	12	8.52	16.5
Aubonne	66.9	67.5	14	7	2.27	19.1
Avenches	68.9	60.7	19	12	4.43	22.7
Cossonay	61.7	69.3	22	5	2.82	18.7
Echallens	68.3	72.6	18	2	24.20	21.2
Grandson	71.7	34.0	17	8	3.30	20.0
Lausanne	55.7	19.4	26	28	12.11	20.2
La Vallee	54.3	15.2	31	20	2.15	10.8
Lavaux	65.1	73.0	19	9	2.84	20.0
Morges	65.5	59.8	22	10	5.23	18.0
Moudon	65.0	55.1	14	3	4.52	22.4
Nyone	56.6	50.9	22	12	15.14	16.7
Orbe	57.4	54.1	20	6	4.20	15.3
Oron	72.5	71.2	12	1	2.40	21.0
Payerne	74.2	58.1	14	8	5.23	23.8
Paysd'enhaut	72.0	63.5	6	3	2.56	18.0
Rolle	60.5	60.8	16	10	7.72	16.3
Vevey	58.3	26.8	25	19	18.46	20.9
Yverdon	65.4	49.5	15	8	6.10	22.5
Conthey	75.5	85.9	3	2	99.71	15.1
Entremont	69.3	84.9	7	6	99.68	19.8
Herens	77.3	89.7	5	2	100.00	18.3
Martigwy	70.5	78.2	12	6	98.96	19.4
Monthey	79.4	64.9	7	3	98.22	20.2
St Maurice	65.0	75.9	9	9	99.06	17.8
Sierre	92.2	84.6	3	3	99.46	16.3
Sion	79.3	63.1	13	13	96.83	18.1
Boudry	70.4	38.4	26	12	5.62	20.3
La Chauxdfnd	65.7	7.7	29	11	13.79	20.5
Le Locle	72.7	16.7	22	13	11.22	18.9
Neuchatel	64.4	17.6	35	32	16.92	23.0
Val de Ruz	77.6	37.6	15	7	4.97	20.0
ValdeTravers	67.6	18.7	25	7	8.65	19.5
V. De Geneve	35.0	1.2	37	53	42.34	18.0

Rive Droite	44.7	46.6	16	29	50.43	18.2
Rive Gauche	42.8	27.7	22	29	58.33	19.3

从以上结果可以看出，这个数据集包含瑞士的47个城市（上述结果的第一列）在6个评价指标（Fertility、Agriculture、Examination、Education、Catholic、Infant.Mortality）上的数据。

（2）计算协方差矩阵

分别记 6 个评价指标（变量）Fertility、Agriculture、Examination、Education、Catholic、Infant.Mortality为 X1，X2、X3、X4、X5、X6，计算协方差矩阵：

```
> swiss1<-data.frame(X1=swiss$Fertility,X2=swiss$Agriculture,X3=swiss$Examination,
X4=swiss$Education,X5=swiss$Catholic,X6=swiss$Infant.Mortality)
> cor(swiss1)
```

结果如下：

```
          X1          X2          X3          X4          X5          X6
X1  1.0000000  0.35307918 -0.6458827 -0.66378886  0.4636847  0.41655603
X2  0.3530792  1.00000000 -0.6865422 -0.63952252  0.4010951 -0.06085861
X3 -0.6458827 -0.68654221  1.0000000  0.69841530 -0.5727418 -0.11402160
X4 -0.6637889 -0.63952252  0.6984153  1.00000000 -0.1538589 -0.09932185
X5  0.4636847  0.40109505 -0.5727418 -0.15385892  1.0000000  0.17549591
X6  0.4165560 -0.06085861 -0.1140216 -0.09932185  0.1754959  1.00000000
```

（3）计算特征值和特征向量

```
> eigen(cor(swiss))
```

结果如下：

```
eigen() decomposition
$values
[1] 3.1997570 1.1883082 0.8476098 0.4389287 0.2045337 0.1208626

$vectors
            [,1]        [,2]         [,3]        [,4]         [,5]         [,6]
[1,] -0.4569876  0.3220284  0.17376638  0.53555794  0.38308893  0.47295441
[2,] -0.4242141 -0.4115132 -0.03834472 -0.64291822  0.37495215  0.30870058
[3,]  0.5097327  0.1250167  0.09123696 -0.05446158  0.81429082 -0.22401686
[4,]  0.4543119  0.1790495 -0.53239316 -0.09738818 -0.07144564  0.68081610
[5,] -0.3501111  0.1458730 -0.80680494  0.09947244  0.18317236 -0.40219666
[6,] -0.1496668  0.8111645  0.16010636 -0.52677184 -0.10453530 -0.07457754
```

（4）计算贡献率和主成分载荷

R中构建主成分模型用函数princomp()，第一个参数表示标准化后的数据swiss1为数据对象，第二个参数cor=TRUE表明用样本的相关系数矩阵做主成分分析，取值为FALSE表示用协方差矩阵做主成分分析。计算贡献率和主成分载荷（loadings）：

```
> swiss1.pr<-princomp(swiss1,cor=TRUE)
> summary(swiss1.pr,loadings=TRUE)
```

结果如下：

```
Importance of components:
                          Comp.1    Comp.2    Comp.3     Comp.4     Comp.5     Comp.6
Standard deviation     1.7887865 1.0900955 0.9206573 0.66251693 0.45225403 0.34765292
Proportion of Variance 0.5332928 0.1980514 0.1412683 0.07315478 0.03408895 0.02014376
Cumulative Proportion  0.5332928 0.7313442 0.8726125 0.94576729 0.97985624 1.00000000
Loadings:
   Comp.1 Comp.2 Comp.3 Comp.4 Comp.5 Comp.6
X1  0.457  0.322  0.174  0.536  0.383  0.473
X2  0.424 -0.412        -0.643  0.375  0.309
X3 -0.510  0.125         0.814 -0.224
X4 -0.454  0.179 -0.532         0.681
X5  0.350  0.146 -0.807         0.183 -0.402
X6  0.150  0.811  0.160 -0.527 -0.105
```

从以上结算结果可以看出，前两个主成分的累计贡献率为0.7313442＝73.13442%，前三个主成分的累计贡献率为0.8726125＝87.26125%。

（5）画出主成分的碎石图

```
> screeplot(swiss1.pr,type="lines")
```

结见图9-6。

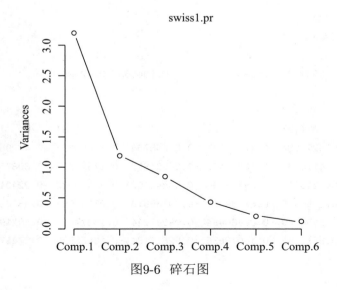

图9-6 碎石图

从图9-6可以看出选取两个或三个主成分比较合理。

（6）计算主成分得分

使用predict()函数，根据前面构建的主成分模型swiss1计算每个城市分别在六个主成分上的得分。

```
> predict(swiss1.pr)
```

结果如下：

	Comp.1	Comp.2	Comp.3	Comp.4	Comp.5	Comp.6
[1,]	-0.36355156	1.39942043	0.8597075	0.910963605	-0.63161039	0.28337042
[2,]	1.63417550	1.02604695	-0.5478672	0.505921909	-0.64635832	0.09123058
[3,]	2.10420020	0.74602360	-0.4726831	1.501911294	-0.40765420	0.08720438
[4,]	0.74760789	0.59589165	0.5791595	1.072298689	-0.22992758	0.30997471
[5,]	-0.38152761	0.44884479	0.6282612	0.246077409	-0.07112802	0.76731497
[6,]	1.36921903	2.29187838	-0.3505274	-0.307782719	-0.83653932	-0.70933512
[7,]	1.72432731	1.12775240	-0.4321727	-0.467113882	0.82572488	-0.07841113
[8,]	2.18253588	1.76414415	-0.3982893	-0.249441795	0.81038447	0.27042035
[9,]	1.51766939	0.62257236	-0.7079726	0.470324290	0.20333070	-0.23034770
[10,]	0.96155561	1.89512185	-0.6647708	-0.001973985	0.30001246	-0.03329330
[11,]	2.01128901	1.54135700	-0.4058252	-0.287603102	0.62698878	-0.12467771
[12,]	-0.80506589	-1.35892381	0.3373395	-0.077269309	0.43968807	0.27674183
[13,]	0.17520904	-0.88187440	0.8329215	-0.504185854	-0.18845018	0.29393399
[14,]	-0.23562425	0.48914597	0.8083984	-0.961529850	0.11736633	0.37875429
[15,]	-0.42035821	-1.07192701	0.9281662	-0.741320000	0.53774346	-0.24555932
[16,]	0.59889560	-0.30086168	0.8578256	-0.896887294	0.41147631	-0.32192730
[17,]	-0.46581609	0.18010264	0.9661629	0.469430116	-0.32477593	-0.02954850
[18,]	-2.78442448	0.63703185	-0.4103685	-0.088366571	-0.25421374	0.24241992
[19,]	-3.42909196	-2.07525184	-0.2448720	1.712934307	0.50503356	-0.24296878
[20,]	-0.15436533	-0.65730064	0.7829503	-0.957702534	0.31825529	0.27298746
[21,]	-0.71390686	-0.89333076	0.6319530	-0.222216266	0.49554378	0.12182041
[22,]	0.25236121	0.15735119	1.1905959	-0.788599650	-0.53396422	-0.34277056
[23,]	-1.29000159	-1.25551410	0.1440459	-0.112175353	0.14726464	-0.26088870
[24,]	-0.94982763	-1.87067448	0.5986589	0.135712308	0.06640493	-0.41608229
[25,]	0.96765998	-0.41301362	1.3210597	-0.639169876	-0.18274004	0.13599047
[26,]	0.48915287	0.83286698	1.0989038	-0.781155988	-0.28389870	0.36523538
[27,]	0.94131433	-1.18635377	0.9760593	0.129231998	-0.85124791	0.40058569
[28,]	-0.55958462	-1.60672774	0.3474346	-0.109333221	-0.18906898	0.13423051
[29,]	-1.96390503	0.60351152	0.0204286	-0.201054029	-0.08290364	-0.25217038
[30,]	-0.12335657	0.41402839	0.9121602	-0.683585317	-0.54601214	-0.09292530
[31,]	2.40893922	-2.04463449	-1.0525424	0.435254058	-0.13443293	-0.01610155
[32,]	1.95527998	-0.72627044	-1.0539122	-0.732645507	-0.13130720	-0.21572130
[33,]	2.58674740	-1.13381204	-0.8384683	-0.193564929	0.07632329	-0.03741754

```
[34,]   1.52334927  -0.60823624  -0.9759511  -0.452038974   0.32125628  -0.38639558
[35,]   2.10281914  -0.04580606  -0.6590874   0.231413249  -0.15043867  -0.31480419
[36,]   1.24475999  -1.15053479  -1.3427985  -0.341854259  -0.16118089  -0.28819025
[37,]   3.01438790  -1.22991180  -0.7999096   0.965963131   0.30940289   0.64810996
[38,]   1.07917226  -0.32825283  -1.2372365   0.515352351   0.43036016   0.26994007
[39,]  -1.16783772   0.37614158   0.7918458   0.134884925   0.60627472  -0.01839639
[40,]  -1.98754750   0.92983063   0.7201498   0.782338582   0.29429897  -0.86160681
[41,]  -1.30711318   0.41467405   0.5717183   1.142289944  -0.02910645  -0.06177060
[42,]  -3.08273842   1.91976852  -0.3432797  -0.263154993   0.80372214   0.46212052
[43,]   0.01142719   0.22331275   1.0431698   0.650169028  -0.27322389   0.21462817
[44,]  -1.35578566   0.33954785   0.9506714   0.788888804   0.16757825  -0.73452003
[45,]  -5.65565803   0.56333827  -2.6557725  -0.321439701  -0.03847105   0.43944741
[46,]  -1.85826599  -0.71488255  -1.6434878  -0.826611433  -0.93783867   0.22876851
[47,]  -2.54870102   0.01438935  -1.6619528  -0.591583605  -0.69794132  -0.37939969
```

（7）画出各个城市主成分得分图和原坐标在前两个主成分上的方向

```
> biplot(swiss1.pr)
```

结果见图9-7。

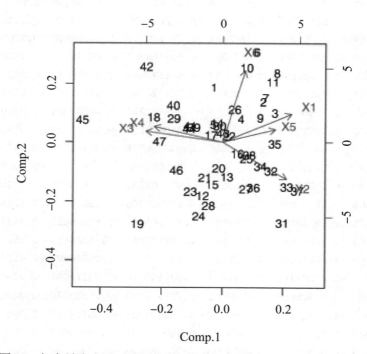

图9-7 各个城市主成分得分图和原坐标在前两个主成分上的方向

在图9-7中,箭头代表变量Xi在前两个主成分上的方向。

(8)选取两个主成分的排名

```
> s=swiss1.pr$scores[,1:2]
> C=s[1:47,1]*0.7291954+s[1:47,2]*0.2708046
> rank=rank(C)
> cbind(s,C,rank)
```

结果如下：

```
            Comp.1      Comp.2            C rank
 [1,]  -0.36355156  1.39942043  0.11386937   25
 [2,]   1.63417550  1.02604695  1.46949149   39
 [3,]   2.10420020  0.74602360  1.73639973   44
 [4,]   0.74760789  0.59589165  0.70652244   33
 [5,]  -0.38152761  0.44884479 -0.15665895   20
 [6,]   1.36921903  2.29187838  1.61907943   43
 [7,]   1.72432731  1.12775240  1.56277208   41
 [8,]   2.18253588  1.76414415  2.06923348   47
 [9,]   1.51766939  0.62257236  1.27527300   38
[10,]   0.96155561  1.89512185  1.21436964   36
[11,]   2.01128901  1.54135700  1.88402926   46
[12,]  -0.80506589 -1.35892381 -0.95505316   11
[13,]   0.17520904 -0.88187440 -0.11105402   21
[14,]  -0.23562425  0.48914597 -0.03935314   22
[15,]  -0.42035821 -1.07192701 -0.59680604   17
[16,]   0.59889560 -0.30086168  0.35523719   27
[17,]  -0.46581609  0.18010264 -0.29089833   18
[18,]  -2.78442448  0.63703185 -1.85787837    3
[19,]  -3.42909196 -2.07525184 -3.06246583    2
[20,]  -0.15436533 -0.65730064 -0.29056252   19
[21,]  -0.71390686 -0.89333076 -0.76249568   15
[22,]   0.25236121  0.15735119  0.22663206   26
[23,]  -1.29000159 -1.25551410 -1.28066222    7
[24,]  -0.94982763 -1.87067448 -1.19919719    9
[25,]   0.96765998 -0.41301362  0.59376722   30
[26,]   0.48915287  0.83286698  0.58223223   29
[27,]   0.94131433 -1.18635377  0.36513202   28
[28,]  -0.55958462 -1.60672774 -0.84315579   13
[29,]  -1.96390503  0.60351152 -1.26863682    8
[30,]  -0.12335657  0.41402839  0.02216975   23
[31,]   2.40893922 -2.04463449  1.20289098   35
[32,]   1.95527998 -0.72627044  1.22910379   37
[33,]   2.58674740 -1.13381204  1.57920279   42
[34,]   1.52334927 -0.60823624  0.94610611   34
```

```
[35,]   2.10281914 -0.04580606  1.52096155   40
[36,]   1.24475999 -1.15053479  0.59610315   31
[37,]   3.01438790 -1.22991180  1.86501202   45
[38,]   1.07917226 -0.32825283  0.69803507   32
[39,]  -1.16783772  0.37614158 -0.74972102   16
[40,]  -1.98754750  0.92983063 -1.19750808   10
[41,]  -1.30711318  0.41467405 -0.84084528   14
[42,]  -3.08273842  1.91976852 -1.72803653    5
[43,]   0.01142719  0.22331275  0.06880677   24
[44,]  -1.35578566  0.33954785 -0.89668155   12
[45,]  -5.65565803  0.56333827 -3.97152522    1
[46,]  -1.85826599 -0.71488255 -1.54863249    6
[47,]  -2.54870102  0.01438935 -1.85460436    4
```

（9）选取三个主成分的排名

```
> s=swiss1.pr$scores[,1:3]
> C=s[1:47,1]*0.6111451+s[1:47,2]*0.2269637+s[1:47,3]*0.1618912
> rank=rank(C)
> cbind(s,C,rank)
```

结果如下：

```
           Comp.1      Comp.2      Comp.3           C rank
 [1,]  -0.36355156  1.39942043  0.8597075  0.23461396   25
 [2,]   1.63417550  1.02604695 -0.5478672  1.14289888   39
 [3,]   2.10420020  0.74602360 -0.4726831  1.37876869   44
 [4,]   0.74760789  0.59589165  0.5791595  0.68590350   33
 [5,]  -0.38152761  0.44884479  0.6282612 -0.02958729   20
 [6,]   1.36921903  2.29187838 -0.3505274  1.30021740   43
 [7,]   1.72432731  1.12775240 -0.4321727  1.23980808   42
 [8,]   2.18253588  1.76414415 -0.3982893  1.66976326   47
 [9,]   1.51766939  0.62257236 -0.7079726  0.95420300   38
[10,]   0.96155561  1.89512185 -0.6647708  0.91015333   37
[11,]   2.01128901  1.54135700 -0.4058252  1.51332198   46
[12,]  -0.80506589 -1.35892381  0.3373395 -0.74582616   11
[13,]   0.17520904 -0.88187440  0.8329215  0.04176733   21
[14,]  -0.23562425  0.48914597  0.8083984  0.09789036   22
[15,]  -0.42035821 -1.07192701  0.9281662 -0.34992643   17
[16,]   0.59889560 -0.30086168  0.8578256  0.43660185   29
[17,]  -0.46581609  0.18010264  0.9661629 -0.08739119   19
[18,]  -2.78442448  0.63703185 -0.4103685 -1.62353933    4
[19,]  -3.42909196 -2.07525184 -0.2448720 -2.60632221    2
[20,]  -0.15436533 -0.65730064  0.7829503 -0.11677023   18
```

[21,]	-0.71390686	-0.89333076	0.6319530	-0.53674669	15
[22,]	0.25236121	0.15735119	1.1905959	0.38268932	27
[23,]	-1.29000159	-1.25551410	0.1440459	-1.05001452	8
[24,]	-0.94982763	-1.87067448	0.5986589	-0.90814009	9
[25,]	0.96765998	-0.41301362	1.3210597	0.71150949	34
[26,]	0.48915287	0.83286698	1.0989038	0.66587681	32
[27,]	0.94131433	-1.18635377	0.9760593	0.46403582	30
[28,]	-0.55958462	-1.60672774	0.3474346	-0.65040967	12
[29,]	-1.96390503	0.60351152	0.0204286	-1.05994852	7
[30,]	-0.12335657	0.41402839	0.9121602	0.16625136	23
[31,]	2.40893922	-2.04463449	-1.0525424	0.83775624	35
[32,]	1.95527998	-0.72627044	-1.0539122	0.85950364	36
[33,]	2.58674740	-1.13381204	-0.8384683	1.18780318	41
[34,]	1.52334927	-0.60823624	-0.9759511	0.63494201	31
[35,]	2.10281914	-0.04580606	-0.6590874	1.16803085	40
[36,]	1.24475999	-1.15053479	-1.3427985	0.28221208	26
[37,]	3.01438790	-1.22991180	-0.7999096	1.43358474	45
[38,]	1.07917226	-0.32825283	-1.2372365	0.38473166	28
[39,]	-1.16783772	0.37614158	0.7918458	-0.50015494	16
[40,]	-1.98754750	0.92983063	0.7201498	-0.88705621	10
[41,]	-1.30711318	0.41467405	0.5717183	-0.61216369	13
[42,]	-3.08273842	1.91976852	-0.3432797	-1.50385668	6
[43,]	0.01142719	0.22331275	1.0431698	0.22654757	24
[44,]	-1.35578566	0.33954785	0.9506714	-0.59761140	14
[45,]	-5.65565803	0.56333827	-2.6557725	-3.75851656	1
[46,]	-1.85826599	-0.71488255	-1.6434878	-1.56398876	5
[47,]	-2.54870102	0.01438935	-1.6619528	-1.82341581	3

从两个主成分的排名和三个主成分的排名的结果对比看,47个城市的排名还是有一些不同的。

说明:47个城市的排名序号与本章开始时的(1)"首先查看swiss数据集的信息"中的城市名称对应。

由于前两个主成分的累计贡献率为0.7313442=73.13442%,前三个主成分的累计贡献率为0.8726125 = 87.26125%,可能选取三个主成分更合理一些。

需要说明,由于以上排名仅根据6个评价指标进行,可能并非全面,47个城市的排名结果仅供参考。

9.9　主成分分析中需要注意的几个问题

主成分分析依赖于原始变量,也只能反映原始变量的信息。所以原始变量的选择很重要,一定要符合进行分析所要达到的目标。

另外,如果原始变量基本上互相独立,那么降维就可能失败,这是因为很难把很多独立变量用少数综合的变量概括。数据越相关,降维效果就越好。那些选出的主成分代表了一些相关的信息(从相关性和线性组合的形式可以看出来)。

在用主成分分析进行排序时要特别小心,特别是对于敏感问题。由于原始变量不同,主成分的选取不同,排序结果可能不同。

9.10　思考与练习题

1. 主成分分析的基本思想是什么?举例并简要说明"主成分分析"在我们日常生活中的意义。

2. 结合本章中的例子(或选择其他例子),说明"碎石图"的意义与作用。

3. 设随机向量$x = (x_1, x_2)^T$的协方差矩阵为

$$\Sigma = \begin{pmatrix} 1 & 4 \\ 4 & 100 \end{pmatrix}$$

相应的相关矩阵为

$$R = \begin{pmatrix} 1 & 0.4 \\ 0.4 & 1 \end{pmatrix}$$

分别从Σ和R出发,求x的各主成分,并加以比较。

4. 表2-5是"我国各(部分)部分地区城镇居民平均每人全年消费性支出的数据"。根据表2-5对"我国各(部分)地区人均消费水平"的数据进行主成分分析,并对各地区进行综合排名。

5. 表7-6是我国各地区普通高等教育发展状况数据(在第7章的思考与练习题中)。根据表7-6,对我国各地区普通高等教育发展状况进行主成分分析,并对各地区进行综合排名。

6. 在本章第6节"首批14个沿海开放城市评价指标的主成分分析",在取前两个主成分时进行了主成分分析。请取前三个主成分进行主成分分析,并与取前两个主成分的情况进行比较,你能得出什么结论?

第 10 章　因子分析

实际上主成分分析可以说是因子分析（factor analysis）的一个特例。主成分分析从原理上是寻找椭球的所有主轴。因此，原先有几个变量就有几个主成分。而因子分析是事先确定要找几个成分（component），也称为因子（factor）（从数学模型本身来说是事先确定因子个数，但统计软件是事先确定因子个数，或者把符合某些标准的因子都选入）。变量和因子个数的不一致使得不仅在数学模型上，而且在计算方法上，因子分析和主成分分析有不少区别。因子分析的计算要复杂一些。根据因子分析模型的特点，它还多一道工序:因子旋转（factor rotation），这个步骤可以使结果更加使人满意。当然，对于计算机来说，因子分析并不比主成分分析多费多少时间（可能多一两个选项罢了）。和主成分分析类似，也根据相应特征值大小来选择因子。

因子分析是由英国心理学家Spearman在1904年提出来的，他成功地解决了智力测验得分的统计分析，长期以来，教育心理学家不断丰富、发展了因子分析理论和方法，并应用这一方法在行为科学领域进行了广泛的研究。因子分析可以看成主成分分析的推广，它也是多元统计分析中常用的一种降维方式,因子分析所涉及的计算与主成分分析也很类似，但差别也是很明显的:

（1）主成分分析把方差划分为不同的正交成分，而因子分析则把方差划归为不同的起因因子;

（2）主成分分析仅仅是变量变换,而因子分析需要构造因子模型;

（3）主成分分析中原始变量的线性组合表示新的综合变量,即主成分。而因子分析中潜在的假想变量和随机影响变量的线性组合表示原始变量。

因子分析与回归分析不同，因子分析中因子是一个比较抽象的概念，而回归变量有非常明确的实际意义。

因子分析有确定的模型，观察数据在模型中被分解为公共因子、特殊因子和误差三部分。

根据研究对象的不同，因子分析可分为R型和Q型两种。当研究对象是变量时，属于R型因子分析；当研究对象是样品时,属于Q型因子分析。

10.1　因子分析模型

初学因子分析的最大困难在于理解它的模型,我们先看如下几个例子。

例10.1.1　为了解学生的知识和能力,对学生进行了抽样命题考试,考题包括的面很广,但总的来讲可归结为学生的语文水平、数学推导、艺术修养、历史知识、生活知识等五个方面,我们把每一个方面称为一个(公共)因子,显然每个学生的成绩均可由这五个因子来确定,即可设想第i个学生考试的分数X_i能用这五个公共因子 $F_1, F_2, \cdots, F_5$的线性组合表示出来

$$X_i = \mu_i + a_{i1}F_1 + a_{i2}F_2 + \cdots + a_{i5}F_5 + \varepsilon_i, i = 1, 2, \cdots, n$$

线性组合系数$a_{i1}, a_{i2}, \cdots, a_{i5}$称为因子载荷(loadings),它分别表示第$i$个学生在这五个因子方面的能力,$\mu_i$是总平均,$\varepsilon_i$是第$i$个学生的能力和知识不能被这五个因子包含的部分,称为特殊因子,常假定$\varepsilon_i \sim N(0, \sigma_i^2)$。不难发现,这个模型与回归模型在形式上是很相似的,但这里$F_1, F_2, \cdots, F_5$的值却是未知的,有关参数的意义也有很大的差异。

因子分析的首要任务就是估计因子载荷a_{ij}和方差 σ_i^2,然后给因子F_i一个合理的解释,若难以进行合理的解释,则需要进一步做因子旋转,希望旋转后能发现比较合理的解释。

例10.1.2　诊断时,医生检测了病人的五个生理指标:收缩压、舒张压、心跳间隔、呼吸间隔和舌下温度,但依据生理学知识,这五个指标是受植物神经支配的,植物神经又分为交感神经和副交感神经,因此这五个指标可用交感神经和副交感神经两个公共因子来确定,从而也构成了因子模型。

例10.1.3　Holjinger和Swineford在芝加哥郊区对145名七、八年级学生进行了24个心理测验,通过因子分析,这24个心理指标被归结为4个公共因子,即词语因子、速度因子、推理因子和记忆因子(这个问题的详细讨论,将在本章的第8节——10.8 Harman74.cor数据集的因子分析)。

特别需要说明的是这里的因子和试验设计里的因子(或因素)是不同的,它比较抽象和概括,往往是不可以单独测量的。

10.1.1　数学模型

设有p个原始变量$\boldsymbol{X}_i(i = 1, 2, \cdots, p)$可以表示为

$$\boldsymbol{X}_i = \mu_i + a_{i1}F_1 + a_{i2}F_2 + \cdots + a_{im}F_m + \varepsilon_i, m \leqslant p, \tag{10.1.1}$$

或

$$\boldsymbol{X} - \boldsymbol{\mu} = \boldsymbol{\Lambda F} + \boldsymbol{\varepsilon},$$

其中

$$\boldsymbol{X} = \begin{pmatrix} X_1 \\ X_2 \\ \vdots \\ X_p \end{pmatrix}, \boldsymbol{\mu} = \begin{pmatrix} \mu_1 \\ \mu_2 \\ \vdots \\ \mu_p \end{pmatrix}, \boldsymbol{\Lambda} = \begin{pmatrix} a_{11} & a_{12} & \dots & a_{1m} \\ a_{21} & a_{22} & \dots & a_{2m} \\ \vdots & \vdots & & \vdots \\ a_{p1} & a_{p2} & \dots & a_{pm} \end{pmatrix},$$

$$\boldsymbol{F} = \begin{pmatrix} F_1 \\ F_2 \\ \vdots \\ F_m \end{pmatrix}, \boldsymbol{\varepsilon} = \begin{pmatrix} \varepsilon_1 \\ \varepsilon_2 \\ \vdots \\ \varepsilon_p \end{pmatrix}.$$

称$F_1, F_2, \cdots, F_m$为公共因子，是不可观测的变量，它们的系数a_{ij}称为载荷因子。ε_i是一个特殊因子，是不能被前m个公共因子包含的部分。并且满足

$$E(\boldsymbol{F}) = 0, E(\boldsymbol{\varepsilon}) = 0, \text{Cov}(\boldsymbol{F}) = I_m,$$

$$\text{Var}(\boldsymbol{\varepsilon}) = \text{Cov}(\boldsymbol{\varepsilon}) = \text{diag}(\sigma_1^2, \sigma_2^2, \cdots, \sigma_m^2), \text{Cov}(\boldsymbol{F}, \boldsymbol{\varepsilon}) = 0.$$

$\text{Cov}(\boldsymbol{F}) = \boldsymbol{I}_m$说明$\boldsymbol{F}$的各分量方差为1，且互不相关。即在因子分析中，要求公共因子彼此不相关且具有单位方差。

10.1.2 因子分析模型的性质

（1）原始变量$\boldsymbol{X}$协方差矩阵的分解

由$\boldsymbol{X} - \boldsymbol{\mu} = \boldsymbol{\Lambda} \boldsymbol{F} + \boldsymbol{\varepsilon}$，得 $\text{Cov}(\boldsymbol{X} - \boldsymbol{\mu}) = \boldsymbol{\Lambda}\text{Cov}(F)\boldsymbol{\Lambda}^T + \text{Cov}(\boldsymbol{\varepsilon})$，即$\text{Cov}(\boldsymbol{X}) = \boldsymbol{\Lambda}\boldsymbol{\Lambda}^T + \text{diag}(\sigma_1^2, \sigma_2^2, \cdots, \sigma_m^2)$。

$\sigma_1^2, \sigma_2^2, \cdots, \sigma_m^2$的值越小，则公共因子共享的成分越多。

（2）载荷矩阵$\boldsymbol{\Lambda} = (a_{ij})_{p \times m}$不是唯一的

设$\boldsymbol{B}$是一个$p \times p$正交矩阵，令$\widetilde{\boldsymbol{\Lambda}} = \boldsymbol{\Lambda}\boldsymbol{B}$，$\widetilde{\boldsymbol{F}} = \boldsymbol{B}^T F$，则有

$$\boldsymbol{X} - \boldsymbol{\mu} = \widetilde{\boldsymbol{\Lambda}}\widetilde{\boldsymbol{F}} + \boldsymbol{\varepsilon}$$

10.1.3 因子载荷矩阵中的几个统计性质

（1）因子载荷a_{ij}的统计意义

因子载荷a_{ij}是第i个变量与第j个公共因子的相关系数，它反映了第i个变量与第j个公共因子的相关重要性。绝对值越大，相关的密切程度越高。

（2）变量共同度的统计意义

变量X_i的共同度是因子载荷矩阵的第i行的元素的平方和，记为$h_i^2 = \sum\limits_{j=1}^{m} a_{ij}^2$。

对（10.1.1）式两边求方差，得

$$\text{Var}(X_i) = a_{i1}^2\text{Var}(F_1) + a_{i2}^2\text{Var}(F_2) + \cdots + a_{im}^2\text{Var}(F_m) + \text{Var}(\varepsilon_i),$$

即

$$1 = \sum_{j=1}^{m} a_{ij}^2 + \sigma_i^2,$$

其中特殊因子的方差 $\sigma_i^2 (i = 1, 2, \cdots, p)$ 称为特殊方差。

可以看出所有公共因子和特殊因子对变量 X_i 的贡献为1。如果 $\sum_{j=1}^{m} a_{ij}^2$ 非常接近1, σ_i^2 非常小,则因子分析的效果好,从原始变量空间的转化效果好。

(3)公共因子 F_j 方差贡献的统计意义

因子载荷矩阵中各列元素的平方和 $s_j = \sum_{i=1}^{p} a_{ij}^2$ 称为 $F_j(j = 1, 2, \cdots, m)$ 对所有的 X_i 的方差贡献和,用于衡量 F_j 的相对重要性。

因子分析的一个基本问题是如何估计因子载荷,即如何求解因子模型(10.1.1)。

以下介绍常用的因子载荷矩阵的估计方法。

10.2 因子载荷矩阵的估计方法

10.2.1 主成分分析法

设 $\lambda_1 \geqslant \lambda_2 \geqslant \cdots \geqslant \lambda_p$ 为样本相关系数矩阵 $\boldsymbol{R}$ 的特征值, $\eta_1, \eta_2, \cdots \eta_p$ 为相应的标准正交化特征向量。设 $m < p$,则样本相关系数矩阵 $\boldsymbol{R}$ 的主成分因子分析的载荷矩阵为

$$\boldsymbol{\Lambda} = (\sqrt{\lambda_1}\eta_1, \sqrt{\lambda_2}\eta_2, \cdots, \sqrt{\lambda_m}\eta_m) \tag{10.2.1}$$

特殊因子的方差用 $\boldsymbol{R} - \boldsymbol{\Lambda}\boldsymbol{\Lambda}^{\mathrm{T}}$ 的对角元来估计,即 $\sigma_i^2 = 1 - \sum_{j=1}^{m} a_{ij}^2$。

10.2.2 男子径赛成绩的因子分析

对55个国家和地区的男子径赛成绩做统计,每位运动员记录8项指标:100米跑(x_1)、200米跑(x_2)、400米跑(x_3)、800米跑(x_4)、1500米跑(x_5)、5000米跑(x_6)、10000米跑(x_7)、马拉松(x_8)。8项指标的相关矩阵R如表10-1。取 $m = 2$,用主成分分析法估计因子载荷和共线性方差等指标。

表 10-1　运动员8项指标数据的相关矩阵

	x_1	x_2	x_3	x_4	x_5	x_6	x_7	x_8
x_1	1.000							
x_2	0.923	1.000						
x_3	0.7947	0.3685						
x_4	0.841	0.851	1.000					
x_5	0.700	0.775	0.835	0.918	1.000			
x_6	0.619	0.695	0.779	0.864	0.928	1.000		

续表

	x_1	x_2	x_3	x_4	x_5	x_6	x_7	x_8
x_7	0.633	0.697	0.787	0.869	0.935	0.975	1.000	
x_8	0.520	0.596	0.705	0.806	0.866	0.932	0.943	1.000

输入相关系数矩阵,用函数factor.analy1(附后)计算主成分法估计载荷和相关指标。

```
x<-c(1.000,
0.923,1.000,
0.841,0.851,1.000,
0.756,0.807,0.870,1.000,
0.700,0.775,0.835,0.918,1.000,
0.619,0.695,0.779,0.864,0.928,1.000,
0.633,0.697,0.787,0.869,0.935,0.975,1.000,
0.520,0.596,0.705,0.806,0.866,0.932,0.943,1.000)
names<-c("X1","X2","X3","X4","X5","X6","X7","X8")
R<-matrix(0,nrow=8,ncol=8,dimnames=list(names,names))
for (i in 1:8){
for (j in 1:i){
R[i,j]<-x[(i-1)*i/2+j]; R[j,i]<-R[i,j]
}
}
source("factor.analy1.R")
fa<-factor.analy1(R,m=2); fa
```

运行结果为:

```
$method
[1] "Principal Component Method"

$loadings
      Factor1      Factor2
X1 -0.8171700 -0.53109531
X2 -0.8672869 -0.43271347
X3 -0.9151671 -0.23251311
X4 -0.9487413 -0.01184826
X5 -0.9593762  0.13147503
X6 -0.9376630  0.29267677
X7 -0.9439737  0.28707618
X8 -0.8798085  0.41117192

$var
      common   spcific
```

```
X1 0.9498290 0.05017099
X2 0.9394274 0.06057257
X3 0.8915931 0.10840689
X4 0.9002505 0.09974954
X5 0.9376883 0.06231171
X6 0.9648716 0.03512837
X7 0.9734990 0.02650100
X8 0.9431254 0.05687460


$B
                Factor1    Factor2
SS loadings     6.6223580  0.8779264
Proportion Var  0.8277947  0.1097408
Cumulative Var  0.8277947  0.9375355
```

根据以上的计算结果可以得出：因子载荷估计，见表10-2；共线性方差和特殊方差，见表10-3。

表 10-2　因子载荷估计（两个因子）

变量	因子载荷估计F_1	因子载荷估计F_2
1	-0.8171700	-0.53109531
2	-0.8672869	-0.43271347
3	-0.9151671	-0.23251311
4	-0.9487413	-0.01184826
5	-0.9593762	0.13147503
6	-0.9376630	0.29267677
7	-0.9439737	0.28707618
8	-0.8798085	0.41117192
累计贡献	0.8277947	0.9375355

从表10-2可以看出，两个因子的累计贡献为0.9375355。

表 10-3　共线性方差和特殊方差（两个因子）

变量	共线性方差	特殊方差
1	0.9498290	0.05017099
2	0.9394274	0.06057257
3	0.8915931	0.10840689
4	0.9002505	0.09974954

续表

变量	共线性方差	特殊方差
5	0.9376883	0.06231171
6	0.9648716	0.03512837
7	0.9734990	0.02650100
8	0.9431254	0.05687460

从表10-3可以看出，共线性方差比较靠近1，特殊方差比较靠近0。

附：函数factor.analy1

```
factor.analy1<-function(S,m){
p<-nrow(S); diag_S<-diag(S); sum_rank<-sum(diag_S)
rowname<-paste("X",1:p,sep="")
colname<-paste("Factor",1:m,sep="")
A<-matrix(0,nrow=p,ncol=m,
dimnames=list(rowname,colname))
eig<-eigen(S)
for (i in 1:m)
A[,i]<-sqrt(eig$values[i])*eig$vectors[,i]
h<-diag(A%*%t(A))
rowname<-c("SS loadings","Proportion Var","Cumulative Var")
B<-matrix(0,nrow=3,ncol=m,
dimnames=list(rowname,colname))
for (i in 1:m){
B[1,i]<-sum(A[,i]^2)
B[2,i]<-B[1,i]/sum_rank
B[3,i]<-sum(B[1,1:i])/sum_rank
}
method<-c("Principal Component Method")
list(method=method,loadings=A,
var=cbind(common=h,spcific=diag_S-h),B=B)
}
```

函数输入值S是样本协方差矩阵或相关矩阵，m是因子个数。函数输出值是列表形式，其内容有参数估计的方法（主成分法——Principal Component Method），因子载荷（loadings），共线性方差和特殊方差，以及因子对变量的贡献、贡献率和累计贡献率。

画因子载荷图，代码如下：

```
plot(fa$loadings,xlab='Factor1',ylab='Factor2')
```

结果如图10-1所示。

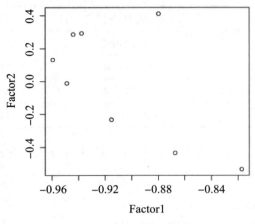

图10-1　因子载荷图

10.2.3　主因子法

主因子方法是对主成分方法的修正,假定我们首先对变量进行标准化变换,则

$$\boldsymbol{R} = \boldsymbol{\Lambda}\boldsymbol{\Lambda}^{\mathrm{T}} + \boldsymbol{D},$$

其中$\boldsymbol{D} = \mathrm{diag}\{\sigma_1^2, \sigma_2^2, \cdots, \sigma_m^2\}$.

称$\boldsymbol{R}^* = \boldsymbol{\Lambda}\boldsymbol{\Lambda}^{\mathrm{T}} = \boldsymbol{R} - \boldsymbol{D}$ 为约相关系数矩阵,$\boldsymbol{R}^*$的对角线上的元素是h_i^2。

在实际应用中,特殊因子的方差一般都是未知的,可以通过一组样本来估计。估计的方法有如下几种:

(1)取$h_i^2 = 1$,在这个情况下主因子解与主成分解等价。

(2)$h_i^2 = \max_{j \neq i}|r_{ij}|$,这意味着取$\boldsymbol{X}_i$与其余的$\boldsymbol{X}_j$的简单相关系数的绝对值最大者。记

$$\boldsymbol{R}^* = \begin{pmatrix} \widehat{h}_1^2 & r_{12} & \cdots & r_{1p} \\ r_{21} & \widehat{h}_2^2 & \cdots & r_{2p} \\ \vdots & \vdots & & \vdots \\ r_{p1} & r_{p2} & \cdots & \widehat{h}_p^2 \end{pmatrix},$$

直接求$\boldsymbol{R}^*$的前p个特征值$\lambda_1^* \geqslant \lambda_2^* \geqslant \cdots \geqslant \lambda_p^*$ 和对应的正交特征向量$u_1^*, u_2^*, \cdots, u_p^*$,得到如下的因子载荷矩阵:

$$\boldsymbol{\Lambda} = (\sqrt{\lambda_1^*}u_1^*, \sqrt{\lambda_2^*}u_2^*, \cdots, \sqrt{\lambda_p^*}u_p^*). \tag{10.2.2}$$

10.2.4　求因子载荷矩阵的例子

假定某地固定资产投资率x_1、通货膨胀率x_2,失业率x_3,相关系数矩阵为

$$\begin{pmatrix} 1 & 1/5 & -1/5 \\ 1/5 & 1 & -2/5 \\ -1/5 & -2/5 & 1 \end{pmatrix},$$

要求：（1）用"主成分分析法"求因子载荷矩阵；（2）用"主因子法"求因子载荷矩阵。

（1）主成分分析法

由相关系数矩阵（记为 A 计算特征值及其对应的特征向量，代码如下：

```
> A<-matrix(c(1,1/5,-1/5,1/5,1,-2/5,-1/5,-2/5,1),3,3);
> eigen(A)
```

结果如下：

```
eigen() decomposition
$values
[1] 1.5464102 0.8535898 0.6000000
$vectors
           [,1]        [,2]         [,3]
[1,] -0.4597008  0.8880738 -3.271026e-16
[2,] -0.6279630 -0.3250576  7.071068e-01
[3,]  0.6279630  0.3250576  7.071068e-01
```

根据以上结果，特征值为 $\lambda_1 = 1.5464, \lambda_2 = 0.8536, \lambda_3 = 0.6$，对应的特征向量

$$\boldsymbol{u}_1 = \begin{pmatrix} -0.4597 \\ -0.628 \\ 0.628 \end{pmatrix}, \boldsymbol{u}_2 = \begin{pmatrix} 0.8881 \\ -0.3251 \\ 0.3251 \end{pmatrix}, \boldsymbol{u}_3 = \begin{pmatrix} 0 \\ 0.7071 \\ 0.7071 \end{pmatrix},$$

记特征向量 $\boldsymbol{u}_1, \boldsymbol{u}_2, \boldsymbol{u}_3$ 构成的矩阵为 $\boldsymbol{B}$，以下求因子载荷矩阵的第1、2列：

```
> B<-matrix(c(-0.4597008,0.8880738,-3.271026e-16,-0.6279630,-0.3250576,7.071068e-01,
0.6279630,0.3250576,7.071068e-01),3,3);
> B[1,1:3]*sqrt(1.5464102)
[1] -0.5716597 -0.7809018  0.7809018
> B[2,1:3]*sqrt(0.8535898)
[1]  0.8204907 -0.3003205  0.3003205
> B[3,1:3]*sqrt(0.6000000)
[1] -2.533726e-16  5.477226e-01  5.477226e-01
```

所以因子载荷矩阵为：

$$\boldsymbol{\Lambda} = (\sqrt{\lambda_1}u_1, \sqrt{\lambda_2}u_2, \sqrt{\lambda_3}u_3) = \begin{pmatrix} -0.5717 & 0.8205 & 0 \\ -0.7809 & -0.3003 & 0.5447 \\ 0.7809 & 0.3003 & 0.5447 \end{pmatrix}$$

（2）主因子法

根据主因子法，用 $\widehat{h}_i^2 = \max_{j \neq i}|r_{ij}|$ 代替 h_i^2，则有，$h_1^2 = \frac{1}{5}, h_2^2 = \frac{2}{5}, h_3^2 = \frac{2}{5}$。

$$\boldsymbol{R}^* = \begin{pmatrix} 1/5 & 1/5 & -1/5 \\ 1/5 & 2/5 & -2/5 \\ -1/5 & -2/5 & 2/5 \end{pmatrix},$$

求矩阵 R^* 的特征值及其对应的特征向量，代码如下：

```
> B<-matrix(c(1/5,1/5,-1/5,1/5,2/5,-2/5,-1/5,-2/5,2/5),3,3);
> eigen(B)
```

结果如下：

```
eigen() decomposition
$values
[1] 9.123106e-01 8.768944e-02 5.551115e-17
$vectors
[,1]         [,2]         [,3]
[1,]  0.3690482   0.9294103  1.962616e-16
[2,]  0.6571923  -0.2609565  7.071068e-01
[3,] -0.6571923   0.2609565  7.071068e-01
```

根据以上结果，$\boldsymbol{R}^*$的特征值为$\lambda_1 = 0.9123, \lambda_2 = 0.0877, \lambda_3 = 0$，非零特征值对应的特征向量为

$$\boldsymbol{u}_1 = \begin{pmatrix} 0.3690 \\ 0.6572 \\ -0.6572 \end{pmatrix}, \boldsymbol{u}_2 = \begin{pmatrix} 0.9294 \\ -0.2610 \\ 0.2610 \end{pmatrix}$$

记特征向量构成的矩阵为$\boldsymbol{C}$，以下求因子载荷矩阵的第1、2、3列：

```
> C<-matrix(c(0.3690482,0.9294103,1.962616e-16,0.6571923,-0.2609565,7.071068e-01,
-0.6571923,0.2609565,7.071068e-01),3,3);
> C[1,1:3]*sqrt(0.9123)
[1]  0.3524942   0.6277133  -0.6277133
> C[2,1:3]*sqrt(0.0877)
[1]  0.27523729 -0.07728014   0.07728014
> C[3,1:3]*sqrt(0)
[1] 0 0 0
```

取两个主因子，因子载荷矩阵为

$$\boldsymbol{\Lambda} = (\sqrt{\lambda_1^*}u_1^*, \sqrt{\lambda_2^*}u_2^*) = \begin{pmatrix} 0.3525 & 0.2752 \\ 0.6277 & -0.0773 \\ -0.6277 & 0.0773 \end{pmatrix}$$

10.3　因子旋转

建立因子分析模型的目的不仅仅要找出公共因子以及对变量进行分组，更重要的要知道每个公共因子的意义，以便进行进一步的分析，如果每个公共因子的含义不清，则不便于进行实际背景的解释。由于因子载荷阵是不唯一的，所以应该对因子载荷阵进行旋转。目的是使因子载荷阵的结构简化，使载荷矩阵每列或行的元素平方值向0和1 两极分化。有三种主要的正交旋转法：方差最大法、四次方最大法和等量最大法。

（1）方差最大法

　　方差最大法从简化因子载荷矩阵的每一列出发,使和每个因子有关的载荷的平方的方差最大。当只有少数几个变量在某个因子上有较高的载荷时,对因子的解释最简单。方差最大的直观意义是希望通过因子旋转后,使每个因子上的载荷尽量拉开距离,一部分的载荷趋于±1,另一部分趋于0。

　　(2)四次方最大法

　　四次方最大旋转是从简化载荷矩阵的行出发,通过旋转初始因子,使每个变量只在一个因子上有较高的载荷,而在其他的因子上有尽可能低的载荷。如果每个变量只在一个因子上有非零的载荷,这时的因子解释是最简单的。四次方最大法通过使因子载荷矩阵中每一行的因子载荷平方的方差达到最大。

　　(3)等量最大法

　　等量最大法把四次方最大法和方差最大法结合起来,求它们的加权平均最大。

　　对两个因子的载荷矩阵

$$\boldsymbol{\Lambda} = (a_{ij})_{p \times 2}, i = 1, 2, \cdots, p; j = 1, 2$$

取正交矩阵

$$\boldsymbol{B} = \begin{pmatrix} \cos\phi & -\sin\phi \\ \sin\phi & \cos\phi \end{pmatrix},$$

这是逆时针旋转,如果做正时针旋转,只需将矩阵B的次对角线上的两个元素对调即可。记 $\widetilde{\boldsymbol{\Lambda}} = \boldsymbol{\Lambda}\boldsymbol{B}$为旋转因子的载荷矩阵,此时模型由$\boldsymbol{X} - \boldsymbol{\mu} = \boldsymbol{\Lambda}\boldsymbol{F} + \boldsymbol{\varepsilon}$变为

$$\boldsymbol{X} - \boldsymbol{\mu} = \widetilde{\boldsymbol{\Lambda}}(\boldsymbol{B}^{\mathrm{T}}\boldsymbol{F}) + \boldsymbol{\varepsilon},$$

同时公因子$\boldsymbol{F}$也随之变为$\boldsymbol{B}^{\mathrm{T}}\boldsymbol{F}$,现在希望通过旋转,使因子的含义更加明确。

　　当公因子数$m > 2$时,可以考虑不同的两个因子的旋转,从m个因子中每次选取两个旋转,共有$m(m-1)/2$种选择,这样共有$m(m-1)/2$ 次旋转,做完这$m(m-1)/2$次旋转就完成了一个循环,然后可以重新开始第二次循环,直到每个因子的含义都比较明确为止。

10.4　因子得分

10.4.1　因子得分的概念

　　前面我们主要解决了用公共因子的线性组合来表示一组观测变量的有关问题。如果我们要使用这些因子做其他的研究,比如把得到的因子作为自变量来做回归分析,对样本进行分类或评价,这就需要我们对公共因子进行度量,即给出公共因子的值。前面已给出了因子分析的模型:

$$\boldsymbol{X} = \boldsymbol{\mu} + \boldsymbol{\Lambda}\boldsymbol{F} + \boldsymbol{\varepsilon},$$

其中

$$
\boldsymbol{X} = \begin{pmatrix} X_1 \\ X_2 \\ \vdots \\ X_p \end{pmatrix}, \boldsymbol{\mu} = \begin{pmatrix} \mu_1 \\ \mu_2 \\ \vdots \\ \mu_p \end{pmatrix}, \boldsymbol{\Lambda} = \begin{pmatrix} a_{11} & a_{12} & \dots & a_{1m} \\ a_{21} & a_{22} & \dots & a_{2m} \\ \vdots & \vdots & & \vdots \\ a_{p1} & a_{p2} & \dots & a_{pm} \end{pmatrix},
$$

$$
\boldsymbol{F} = \begin{pmatrix} F_1 \\ F_2 \\ \vdots \\ F_m \end{pmatrix}, \boldsymbol{\varepsilon} = \begin{pmatrix} \varepsilon_1 \\ \varepsilon_2 \\ \vdots \\ \varepsilon_p \end{pmatrix}
$$

原变量被表示为公共因子的线性组合,当载荷矩阵旋转之后,公共因子可以做出解释,通常的情况下,我们还想反过来把公共因子表示为原变量的线性组合。因子得分函数

$$
F_j = c_j + b_{j1}X_1 + b_{j2}X_2 + \dots + b_{jp}X_p, j = 1, 2, \cdots, m,
$$

可见,要求得每个因子的得分,必须求得分函数的系数,而由于 $p > m$,所以不能得到精确的得分,只能通过估计。

10.4.2 加权最小二乘法

把 $X_i - \mu_i$ 看作因变量,把因子载荷矩阵

$$
\begin{pmatrix} a_{11} & a_{12} & \dots & a_{1m} \\ a_{21} & a_{22} & \dots & a_{2m} \\ \vdots & \vdots & & \vdots \\ a_{p1} & a_{p2} & \dots & a_{pm} \end{pmatrix},
$$

看成自变量的观测。

$$
\begin{cases} X_1 - \mu_1 = a_{11}F_1 + a_{12}F_2 + \dots + a_{1m}F_m + \varepsilon_1 \\ X_2 - \mu_2 = a_{21}F_1 + a_{22}F_2 + \dots + a_{2m}F_m + \varepsilon_2, \\ \vdots \qquad\qquad\qquad\qquad\qquad\qquad\qquad \vdots \\ X_p - \mu_p = a_{p1}F_1 + a_{p2}F_2 + \dots + a_{pm}F_m + \varepsilon_p \end{cases}
$$

由于特殊因子的方差相异 $Var(\varepsilon_i) = \sigma_i^2$,所以用加权最小二乘法求得分,使

$$
\sum_{i=1}^{p} \frac{\varepsilon_i^2}{\sigma_i^2} = \sum_{i=1}^{p} \left[(X_i - \mu_i) - (a_{i1}F_1 + a_{i2}F_2 + \dots + a_{im}F_m) \right]^2 / \sigma_i^2
$$

最小的 $\widehat{F}_1, \widehat{F}_2, \cdots, \widehat{F}_m$ 是相应的因子得分。

用矩阵表达为

$$
\boldsymbol{\varepsilon}^{\mathrm{T}} \boldsymbol{D}^{-1} \boldsymbol{\varepsilon} = \boldsymbol{X} - \boldsymbol{\mu} = \boldsymbol{\Lambda} \boldsymbol{F} + \boldsymbol{\varepsilon},
$$

则要使

$$
(\boldsymbol{X} - \boldsymbol{\mu} - \boldsymbol{\Lambda} \boldsymbol{F})^{\mathrm{T}} \boldsymbol{D}^{-1} (\boldsymbol{X} - \boldsymbol{\mu} - \boldsymbol{\Lambda} \boldsymbol{F})
$$

达到最小,其中 $\boldsymbol{D} = \mathrm{diag}\{\sigma_1^2, \sigma_2^2, \cdots, \sigma_m^2\}$,使上式取得最小值的 F 是相应的因子得分。

则得到F的加权最小二乘估计为

$$\widehat{F} = (\Lambda^{\mathrm{T}} D^{-1} \Lambda)^{-1} \Lambda^{\mathrm{T}} D^{-1}(X - \mu)$$

这个估计也称为巴特莱特因子得分。

10.5　因子分析的步骤

（1）选择分析的变量

用定性分析和定量分析的方法选择变量，因子分析的前提条件是观测变量间有较强的相关性，因为如果变量之间无相关性或相关性较小的话，它们不会有共享因子，所以原始变量间应该有较强的相关性。

（2）计算所选原始变量的相关系数矩阵

相关系数矩阵描述了原始变量之间的相关关系。可以帮助判断原始变量之间是否存在相关关系，这对因子分析是非常重要的，因为如果所选变量之间无关系，做因子分析是不恰当的。并且相关系数矩阵是估计因子结构的基础。

（3）提出公共因子

这一步要确定因子求解的方法和因子的个数。需要根据研究者的设计方案或有关的经验或知识事先确定。因子个数的确定可以根据因子方差的大小。只取方差大于1（或特征值大于1）的那些因子，因为方差小于1的因子其贡献可能很小；按照因子的累计方差贡献率来确定，一般认为至少要达到80%才能符合要求。

（4）因子旋转

通过坐标变换使每个原始变量在尽可能少的因子之间有密切的关系，这样因子解的实际意义更容易解释，并为每个潜在因子赋予有实际意义的名字。

（5）计算因子得分

求出各样本的因子得分，有了因子得分值，则可以在许多分析中使用这些因子，例如以因子的得分做聚类分析的变量，做回归分析中的回归因子。

10.6　学生六门课程的因子分析

15名学生六门课程：数学、物理、化学、语文、历史、英语的成绩如表10-4。目前的问题是，能不能把这个数据的6个变量用一两个综合变量来表示呢？这一两个综合变量包含有多少原来的信息呢？怎么解释它们呢？

表 10-4　15名学生六门课程的数据

学生代码	1	2	3	4	5	6	7	8	9	10	11	12	13	14	15
数学	65	77	67	80	74	78	66	77	83	76	64	69	64	70	69
物理	61	77	63	69	70	84	71	71	100	77	59	79	65	76	73

学生代码	1	2	3	4	5	6	7	8	9	10	11	12	13	14	15
化学	72	76	49	75	80	75	67	57	79	69	50	76	77	58	62
语文	84	64	65	74	84	62	52	72	41	67	87	80	70	89	80
历史	81	70	67	74	81	71	65	86	67	74	85	76	70	88	75
英语	79	55	57	63	74	64	57	71	50	75	77	82	78	90	88

（1）不进行因子旋转，代码如下：

```
> x1=c(65,77,67,80,74,78,66,77,83,76,64,69,64,70,69)
> x2=c(61,77,63,69,70,84,71,71,100,77,59,79,65,76,73)
> x3=c(72,76,49,75,80,75,67,57,79,69,50,76,77,58,62)
> x4=c(84,64,65,74,84,62,52,72,41,67,87,80,70,89,80)
> x5=c(81,70,67,74,81,71,65,86,67,74,85,76,70,88,75)
> x6=c(79,55,57,63,74,64,57,71,50,75,77,82,78,90,88)
> student =data.frame(x1,x2,x3,x4,x5,x6)
> names(student)=c("math","phi","chem","lit","his","eng")
> fa<-factanal(student,factors=2,rotation='none')
> fa
```

结果为：

```
Call:
factanal(x = student,factors = 2,rotation = "none")
Uniquenesses:
 math   phi  chem   lit   his   eng
0.475 0.005 0.774 0.005 0.295 0.260
Loadings:
Factor1 Factor2
math -0.656   0.308
phi  -0.892   0.447
chem -0.424   0.214
lit   0.899   0.432
his   0.641   0.542
eng   0.664   0.546
            Factor1 Factor2
SS loadings    3.066   1.119
Proportion Var 0.511   0.186
Cumulative Var 0.511   0.697


Test of the hypothesis that 2 factors are sufficient.
The chi square statistic is 8.27 on 4 degrees of freedom.
The p-value is 0.0823
```

（2）进行因子旋转,代码如下:

```
> fa1<-factanal(student,factors=2)
> fa1
```

结果为:

```
Call:
factanal(x = student,factors = 2)
Uniquenesses:
 math  phi chem  lit  his  eng
0.475 0.005 0.774 0.005 0.295 0.260
Loadings:
Factor1 Factor2
math -0.179   0.702
phi  -0.222   0.973
chem -0.105   0.463
lit   0.905  -0.420
his   0.826  -0.151
eng   0.844  -0.166
              Factor1 Factor2
SS loadings     2.305   1.879
Proportion Var  0.384   0.313
Cumulative Var  0.384   0.697
Test of the hypothesis that 2 factors are sufficient.
The chi square statistic is 8.27 on 4 degrees of freedom.
The p-value is 0.0823
```

比较以上两种情况,我们发现经过因子旋转以后,因子的解释性更好了。

结果说明:

（1）我们用x_1、x_2、x_3、x_4、x_5、x_6来表示math（数学）, phys（物理）, chem（化学）、literat（语文）、history（历史）、english（英语）变量。这样因子F_1和F_2与这些原变量之间的关系如下（经过因子旋转后）:

$$x_1 = -0.179F_1 + 0.702F_2,$$

$$x_2 = -0.222F_1 + 0.973F_2,$$

$$x_3 = -0.105F_1 + 0.463F_2,$$

$$x_4 = 0.905F_1 - 0.420F_2,$$

$$x_5 = 0.826F_1 - 0.151F_2,$$

$$x_6 = 0.844F_1 - 0.166F_2。$$

这里, 第一个因子主要和语文、历史、英语三科有很强的正相关, 相关系数分别为0.905、0.826、0.844;而第二个因子主要和数学、物理、化学三科有较强的正相关系数分别为0.702、0.973、0.463。因此可以给第一个因子起名为"文科因子",而给第二个因子起名为"理科因子"。

（2）Proportion Var 是方差贡献率,Cumulative Var是累计方差贡献率,检验表明两个因子已经充分。

从这个例子可以看出,因子分析比主成分分析解释性更强,它把不同性质的变量区分得更清楚。

画因子载荷图,代码如下:

```
plot(fa$loadings,xlab='Factor1',ylab='Factor2')
```

结果如图10-2所示。

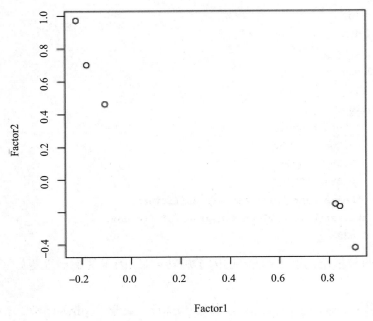

图10-2　因子载荷图

10.7　ability.cov数据集的因子分析

ability.cov数据集是R软件自带的数据集,以下对该数据集进行因子分析。

10.7.1　查看ability.cov数据集中的信息

查看ability.cov数据集中的信息,代码如下:

```
> ability.cov
$cov
        general picture  blocks   maze reading   vocab
general  24.641   5.991  33.520  6.023  20.755  29.701
```

picture	5.991	6.700	18.137	1.782	4.936	7.204
blocks	33.520	18.137	149.831	19.424	31.430	50.753
maze	6.023	1.782	19.424	12.711	4.757	9.075
reading	20.755	4.936	31.430	4.757	52.604	66.762
vocab	29.701	7.204	50.753	9.075	66.762	135.292

　　ability.cov数据集提供了Ability and Intelligence Tests（能力和智力测试）中，112个人参加的六个测试指标general、picture、blocks、maze、reading、vocab（普通、画图、积木、迷津、阅读、词汇）的协方差矩阵。

10.7.2　求相关系数矩阵

　　以下用cov2cor()函数将ability.cov（协方差矩阵）转化为相关系数矩阵，其代码和结果如下：

```
> options(digits = 2)
> covariances <- ability.cov$cov
> correlations <- cov2cor(covariances)
> correlations
```

	general	picture	blocks	maze	reading	vocab
general	1.00	0.47	0.55	0.34	0.58	0.51
picture	0.47	1.00	0.57	0.19	0.26	0.24
blocks	0.55	0.57	1.00	0.45	0.35	0.36
maze	0.34	0.19	0.45	1.00	0.18	0.22
reading	0.58	0.26	0.35	0.18	1.00	0.79
vocab	0.51	0.24	0.36	0.22	0.79	1.00

10.7.3　判断需提取的公共因子数

　　代码如下：

```
> library(psych)
> fa.parallel(correlations,n.obs=112,fa="both",n.iter=100,
main="Scree plots with parallel analysis")
```

　　以上代码中使用fa="both"，可以使图10-1展示主成分分析和因子分析的结果，我们可以借助图10-2来判断提取公共因子数。

　　如图10-3所示，通过实际数据（Actual Data）和模拟数据（Simulated Data）的可视化结果，提取两个公共因子比较合理。

结果如图10-3所示。

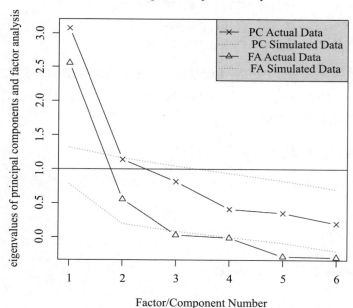

图10-3　判断提取公共因子数

10.7.4　提取公共因子——未旋转

用fa()函数(其调用格式附后)提取公共因子,其代码和结果如下:

```
> fa<-fa(correlations,nfactors=2,rotate="none",fm="pa")
> fa
Factor Analysis using method =  pa
Call: fa(r = correlations,nfactors = 2,rotate = "none",fm = "pa")
Standardized loadings (pattern matrix) based upon correlation matrix
          PA1   PA2   h2    u2   com
general  0.75  0.07 0.57 0.432 1.0
picture  0.52  0.32 0.38 0.623 1.7
blocks   0.75  0.52 0.83 0.166 1.8
maze     0.39  0.22 0.20 0.798 1.6
reading  0.81 -0.51 0.91 0.089 1.7
vocab    0.73 -0.39 0.69 0.313 1.5

                     PA1  PA2
SS loadings          2.75 0.83
Proportion Var       0.46 0.14
Cumulative Var       0.46 0.60
Proportion Explained 0.77 0.23
```

```
Cumulative Proportion 0.77 1.00

Mean item complexity =  1.5
Test of the hypothesis that 2 factors are sufficient.

The degrees of freedom for the null model are 15 and the objective function was 2.5
The degrees of freedom for the model are 4 and the objective function was 0.07

The root mean square of the residuals (RMSR) is  0.03
The df corrected root mean square of the residuals is  0.06

Fit based upon off diagonal values = 0.99
Measures of factor score adequacy
                                                   PA1  PA2
Correlation of (regression) scores with factors   0.96 0.92
Multiple R square of scores with factors           0.93 0.84
Minimum correlation of possible factor scores      0.86 0.68
```

从以上结果可以看到,两个因子解释了六个测试指标60%的方差。此时因子载荷矩阵的意义不好解释,这时可以考虑使用因子旋转,它将有助于因子的解释。

附:fa()函数的调用格式如下:

fa(r,nfactors=,n.obs=,rotate=,scores=,fm=) 其中:r是相关系数矩阵或者原始数据矩阵;nfactors设定提取的因子数(默认为1);n.obs是观测数(输入相关系数矩阵时需要填写);rotate设定旋转的方法(默认变异系数最小法);scores设定是否计算因子得分(默认不计算);fm设定因子化方法(默认极小残差法)。

提取公共因子的方法很多,包括极大似然法(ml)、主迭代法(pa)、加权最小二乘法(wls)、广义加权最小二乘法(gls)和极小残差法(minres)。在上面的代码中,使用了主迭代法(fm="a")提取未旋转的公共因子。

10.7.5　提取公共因子——正交旋转

结合上面 10.7.4 提取公共因子——未旋转的结果,可以看到(未旋转时),两个因子解释了6个测量指标的60%的变异,解释的效果并不好,且因子载荷矩阵的意义并不太好解释。因此可以考虑进行因子旋转,使因子有一个更好的解释。

正交旋转的代码和结果如下:

```
> fa.varimax<-fa(correlations,nfactors=2,rotate="varimax",fm="pa")
> fa.varimax
Factor Analysis using method =  pa
Call: fa(r = correlations,nfactors = 2,rotate = "varimax",fm = "pa")
Standardized loadings (pattern matrix) based upon correlation matrix
        PA1  PA2   h2   u2 com
```

```
general 0.49 0.57 0.57 0.432 2.0
picture 0.16 0.59 0.38 0.623 1.1
blocks  0.18 0.89 0.83 0.166 1.1
maze    0.13 0.43 0.20 0.798 1.2
reading 0.93 0.20 0.91 0.089 1.1
vocab   0.80 0.23 0.69 0.313 1.2


                         PA1  PA2
SS loadings             1.83 1.75
Proportion Var          0.30 0.29
Cumulative Var          0.30 0.60
Proportion Explained    0.51 0.49
Cumulative Proportion   0.51 1.00


Mean item complexity =  1.3
Test of the hypothesis that 2 factors are sufficient.


The degrees of freedom for the null model are 15 and the objective function was 2.5
The degrees of freedom for the model are 4  and the objective function was 0.07


The root mean square of the residuals (RMSR) is  0.03
The df corrected root mean square of the residuals is  0.06


Fit based upon off diagonal values = 0.99
Measures of factor score adequacy
                                              PA1  PA2
Correlation of (regression) scores with factors   0.96 0.92
Multiple R square of scores with factors      0.91 0.85
Minimum correlation of possible factor scores 0.82 0.71
```

10.7.6 正交旋转效果图

使用factor.plot()或fa.diagram()函数,可以绘制正交或斜交结果的图形。画正交旋转效果图,代码和结果如下:

```
> factor.plot(fa.varimax,labels=rownames(fa.varimax$loadings))
> fa.diagram(fa.varimax,simple=TRUE)
```

从图10-4和图10-5,我们看到:reading(阅读)与vocab(词汇)在第一因子上载荷较大;picture(画图)、blocks(积木)、maze(迷津)在第二个因子上载荷较大; general(普通)在两个因子上的载荷比较平均。这表明存在一个"语言"智力因子和一个"非语言"智力因子。

正交旋转结果见图10-4和图10-5。

Factor Analysis

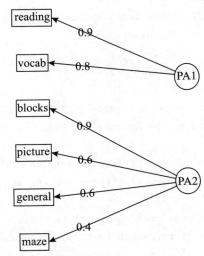

图10-4 正交旋转效果图-1　　　　图10-5 正交旋转效果图-2

10.7.7 提取公共因子——斜交旋转

使用正交旋转将人为地强制两个因子不相关。如果想允许两个因子相关该如何呢？这时可用斜交旋转法,代码和结果如下:

```
> fa.promax<-fa(correlations,nfactors=2,rotate="promax",fm="pa")
> fa.promax
Factor Analysis using method =  pa
Call: fa(r = correlations,nfactors = 2,rotate = "promax",fm = "pa")

Warning: A Heywood case was detected.
Standardized loadings (pattern matrix) based upon correlation matrix
          PA1   PA2   h2    u2    com
general   0.37  0.48  0.57  0.432 1.9
picture  -0.03  0.63  0.38  0.623 1.0
blocks   -0.10  0.97  0.83  0.166 1.0
maze      0.00  0.45  0.20  0.798 1.0
reading   1.00 -0.09  0.91  0.089 1.0
vocab     0.84 -0.01  0.69  0.313 1.0


                     PA1  PA2
SS loadings          1.83 1.75
Proportion Var       0.30 0.29
Cumulative Var       0.30 0.60
Proportion Explained 0.51 0.49
```

```
Cumulative Proportion 0.51 1.00

With factor correlations of
     PA1  PA2
PA1 1.00 0.55
PA2 0.55 1.00

Mean item complexity =  1.2
Test of the hypothesis that 2 factors are sufficient.

The degrees of freedom for the null model are 15 and the objective function was 2.5
The degrees of freedom for the model are 4  and the objective function was 0.07

The root mean square of the residuals (RMSR) is  0.03
The df corrected root mean square of the residuals is  0.06

Fit based upon off diagonal values = 0.99
Measures of factor score adequacy
                                                   PA1  PA2
Correlation of (regression) scores with factors   0.97 0.94
Multiple R square of scores with factors           0.93 0.88
Minimum correlation of possible factor scores      0.86 0.77
```

根据以上结果,我们可以看出正交旋转和斜交旋转的不同之处。对于正交旋转,因子分析的重点在于因子结构矩阵(变量与因子的相关系数),而对于斜交旋转,因子分析会考虑三个矩阵:因子结构矩阵、因子模式矩阵和因子关联矩阵。

因子模式矩阵即标准化的回归系数矩阵,它列出了因子的预测变量的权重;因子关联矩阵即因子相关系数矩阵;因子结构矩阵(或称因子载荷阵)。

在上面的结果中,PA1和PA2栏中的值组成了因子模式矩阵。它们是标准化的回归系数,而不是相关系数。因子关联矩阵显示两个因子的相关系数为0.55,相关性很大。如果因子间的关联性很低,我们可能需要重新使用正交旋转来简化问题。

因子结构矩阵(或称因子载荷矩阵)没有被列出来,但我们可以使用公式F=P*Phi得到它,其中F是因子载荷阵,P是因子模式矩阵,Phi是因子关联矩阵。下面的函数即可进行该乘法运算:

```
> fsm<-function(oblique){
+   if(class(oblique)[2]=="fa"&is.null(oblique$Phi)){
+     warning("Object doesn't look like oblique EFA")
+   }else{
+     P<-unclass(oblique$loading)
+     F<-P%*%oblique$Phi
```

```
+      colnames(F)<-c("PA1","PA2")
+      return (F)
+    }
+ }
> fsm(fa.promax)
        PA1  PA2
general 0.64 0.69
picture 0.32 0.61
blocks  0.43 0.91
maze    0.25 0.45
reading 0.95 0.46
vocab   0.83 0.45
```

现在我们可以看到变量与因子间的相关系数。将它们与正交旋转所得因子载荷阵相比，我们会发现该载荷阵列的噪声比较大，这是因为之前我们允许潜在因子相关。虽然斜交旋转方法更为复杂，但因子的解释更好一些。

10.7.8　斜交旋转效果图

使用factor.plot()或fa.diagram()函数，可以绘制正交或斜交结果的图形。画斜交旋转效果图，其代码和结果如下：

```
> factor.plot(fa.promax,labels=rownames(fa.promax$loadings))
> fa.diagram(fa.promax,simple=TRUE)
```

斜交旋转效果图见图10-6和图10-7。

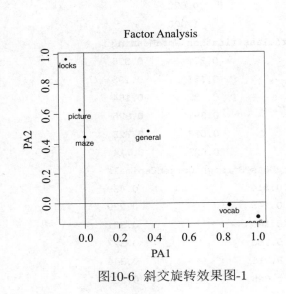

图10-6　斜交旋转效果图-1

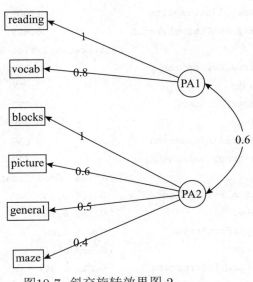

图10-7　斜交旋转效果图-2

从图10-7（斜交旋转的因子载荷矩阵）我们可以看到：因子1支配的指标有reading（阅读）、vocab（词汇），代表的是"语言智力"因子；因子2支配的指标有general（常识）、picture（画图）、blocks（积木）、maze（迷津），代表的是"非语言智力"因子。

10.8 Harman74.cor数据集的因子分析

Harman74.cor数据集是R软件自带的数据集，以下对该数据集进行因子分析。

10.8.1 查看Harman74数据集中（前面）部分信息

查看Harman74数据集中（前面）部分信息，其代码如下：

```
> library(psych)
> correlations <- Harman74.cor$cov
> head(correlations)
```

	VisualPerception	Cubes	PaperFormBoard	Flags
VisualPerception	1.000	0.318	0.403	0.468
Cubes	0.318	1.000	0.317	0.230
PaperFormBoard	0.403	0.317	1.000	0.305
Flags	0.468	0.230	0.305	1.000
GeneralInformation	0.321	0.285	0.247	0.227
PargraphComprehension	0.335	0.234	0.268	0.327

	GeneralInformation	PargraphComprehension
VisualPerception	0.321	0.335
Cubes	0.285	0.234
PaperFormBoard	0.247	0.268
Flags	0.227	0.327
GeneralInformation	1.000	0.622
PargraphComprehension	0.622	1.000

	SentenceCompletion	WordClassification	WordMeaning
VisualPerception	0.304	0.332	0.326
Cubes	0.157	0.157	0.195
PaperFormBoard	0.223	0.382	0.184
Flags	0.335	0.391	0.325
GeneralInformation	0.656	0.578	0.723
PargraphComprehension	0.722	0.527	0.714

	Addition	Code	CountingDots	StraightCurvedCapitals
VisualPerception	0.116	0.308	0.314	0.489
Cubes	0.057	0.150	0.145	0.239
PaperFormBoard	-0.075	0.091	0.140	0.321
Flags	0.099	0.110	0.160	0.327
GeneralInformation	0.311	0.344	0.215	0.344
PargraphComprehension	0.203	0.353	0.095	0.309

	WordRecognition	NumberRecognition	FigureRecognition
VisualPerception	0.125	0.238	0.414
Cubes	0.103	0.131	0.272
PaperFormBoard	0.177	0.065	0.263
Flags	0.066	0.127	0.322
GeneralInformation	0.280	0.229	0.187
PargraphComprehension	0.292	0.251	0.291

	ObjectNumber	NumberFigure	FigureWord	Deduction
VisualPerception	0.176	0.368	0.270	0.365
Cubes	0.005	0.255	0.112	0.292
PaperFormBoard	0.177	0.211	0.312	0.297
Flags	0.187	0.251	0.137	0.339
GeneralInformation	0.208	0.263	0.190	0.398
PargraphComprehension	0.273	0.167	0.251	0.435

	NumericalPuzzles	ProblemReasoning	SeriesCompletion
VisualPerception	0.369	0.413	0.474
Cubes	0.306	0.232	0.348
PaperFormBoard	0.165	0.250	0.383
Flags	0.349	0.380	0.335
GeneralInformation	0.318	0.441	0.435
PargraphComprehension	0.263	0.386	0.431

	ArithmeticProblems
VisualPerception	0.282
Cubes	0.211
PaperFormBoard	0.203
Flags	0.248
GeneralInformation	0.420
PargraphComprehension	0.433

Harman74.cor数据集,包含了对芝加哥郊区145名七年级和八年级儿童进行的24项心理测试指标的相关系数矩阵。其中的24项心理测试指标包括:VisualPerception、Cubes、PaperFormBoard、Flags、GeneralInformation、PargraphComprehension、SentenceCompletion、WordClassification、WordMeaning、Addition、Code、CountingDots、StraightCurvedCapitals、WordRecognition、NumberRecognition、FigureRecognition、ObjectNumber、NumberFigure、FigureWord、Deduction、NumericalPuzzles、ProblemReasoning、SeriesCompletion、ArithmeticProblems。

为了研究如何用一组较少的、潜在的心理学因素(因子)来解释原来的24项心理测试指标(达到降维的目的),以下对该数据集进行因子分析。

10.8.2 利用相关系数矩阵数据画相关系数图

利用相关系数矩阵数据画相关系数图,其代码如下:

```
> install.packages('corrplot')
> library(corrplot)
> cor_matr<-correlations
> names(cor_matr)<-NULL
> symnum(correlations)
> corrplot(correlations,type="upper",order="hclust",tl.col="black",tl.srt=45)
```

从图10-7可以发现部分变量之间没有较为明显的相关性甚至几乎没有相关性,部分变量之间存在着较强的相关性。

结果如图10-8所示。

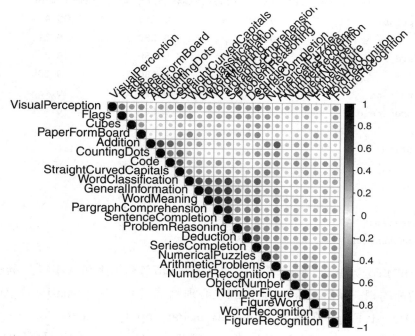

图10-8　相关系数图

10.8.3 因子个数的确定

因子个数的确定,其代码和结果如下:

```
> fa.parallel(correlations,n.obs=112,fa="fa",n.iter=100)
```

如图10-9所示,通过实际数据(Actual Data)和模拟数据(Simulated Data)的分析,可以考虑提取4个公共因子。

结果如图10-9所示。

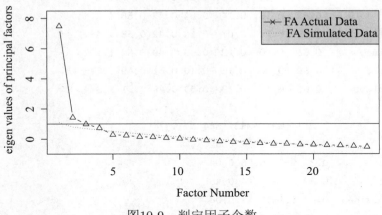

图10-9　判定因子个数

10.8.4　取公共因子——未旋转

取公共因子——未旋转（rotate=none）。

用fa()函数提取公共因子，其代码和结果如下：

```
> fa<-fa(Harman74.cor$cov,nfactors = 4,rotate="none",fm="fa")
> fa
Factor Analysis using method =  minres
Call: fa(r = Harman74.cor$cov,nfactors = 4,rotate = "none",fm = "fa")
Standardized loadings (pattern matrix) based upon correlation matrix
```

	MR1	MR2	MR3	MR4	h2	u2	com
VisualPerception	0.60	0.03	0.38	-0.22	0.55	0.45	2.0
Cubes	0.37	-0.03	0.26	-0.15	0.23	0.77	2.2
PaperFormBoard	0.42	-0.12	0.36	-0.13	0.34	0.66	2.3
Flags	0.48	-0.11	0.26	-0.19	0.35	0.65	2.0
GeneralInformation	0.69	-0.30	-0.27	-0.04	0.64	0.36	1.7
PargraphComprehension	0.69	-0.40	-0.20	0.08	0.68	0.32	1.8
SentenceCompletion	0.68	-0.41	-0.30	-0.08	0.73	0.27	2.1
WordClassification	0.67	-0.19	-0.09	-0.11	0.51	0.49	1.3
WordMeaning	0.70	-0.45	-0.23	0.08	0.74	0.26	2.0
Addition	0.47	0.53	-0.48	-0.10	0.74	0.26	3.1
Code	0.56	0.36	-0.16	0.09	0.47	0.53	2.0
CountingDots	0.47	0.50	-0.14	-0.24	0.55	0.45	2.6
StraightCurvedCapitals	0.60	0.26	0.01	-0.29	0.51	0.49	1.9
WordRecognition	0.43	0.06	0.01	0.42	0.36	0.64	2.0
NumberRecognition	0.39	0.10	0.09	0.37	0.31	0.69	2.2
FigureRecognition	0.51	0.09	0.35	0.25	0.45	0.55	2.3

ObjectNumber	0.47	0.21	-0.01	0.39	0.41	0.59	2.4
NumberFigure	0.52	0.32	0.16	0.14	0.41	0.59	2.1
FigureWord	0.44	0.10	0.10	0.13	0.23	0.77	1.4
Deduction	0.62	-0.13	0.14	0.04	0.42	0.58	1.2
NumericalPuzzles	0.59	0.21	0.07	-0.14	0.42	0.58	1.4
ProblemReasoning	0.61	-0.10	0.12	0.03	0.40	0.60	1.1
SeriesCompletion	0.69	-0.06	0.15	-0.10	0.51	0.49	1.2
ArithmeticProblems	0.65	0.17	-0.19	0.00	0.49	0.51	1.3

	MR1	MR2	MR3	MR4
SS loadings	7.65	1.69	1.22	0.92
Proportion Var	0.32	0.07	0.05	0.04
Cumulative Var	0.32	0.39	0.44	0.48
Proportion Explained	0.67	0.15	0.11	0.08
Cumulative Proportion	0.67	0.81	0.92	1.00

Mean item complexity = 1.9
Test of the hypothesis that 4 factors are sufficient.

The degrees of freedom for the null model are 276 and the objective function was 11.44
The degrees of freedom for the model are 186 and the objective function was 1.72

The root mean square of the residuals (RMSR) is 0.04
The df corrected root mean square of the residuals is 0.05

Fit based upon off diagonal values = 0.98
Measures of factor score adequacy

	MR1	MR2	MR3	MR4
Correlation of (regression) scores with factors	0.97	0.91	0.87	0.79
Multiple R square of scores with factors	0.94	0.82	0.75	0.62
Minimum correlation of possible factor scores	0.89	0.65	0.50	0.24

结合上述信息，可以看到，4个因子解释了24个测量指标的48%的变异，解释的效果并不好，且因子载荷矩阵的意义并不太好解释。因此可以考虑进行因子旋转，使因子有一个更好的解释。

10.8.5　取公共因子——正交旋转

取公共因子——正交旋转。
正交旋转的代码和结果如下：

```
> fa.varimax <- fa(correlations,nfactors=4,rotate="varimax",fm="pa")
> fa.varimax
Factor Analysis using method =  pa
```

```
Call: fa(r = correlations,nfactors = 4,rotate = "varimax",fm = "pa")
Standardized loadings (pattern matrix) based upon correlation matrix
                         PA1    PA3    PA2   PA4   h2    u2   com
VisualPerception         0.15   0.68   0.20  0.15  0.55  0.45  1.4
Cubes                    0.11   0.45   0.08  0.08  0.23  0.77  1.3
PaperFormBoard           0.15   0.55  -0.01  0.11  0.34  0.66  1.2
Flags                    0.23   0.53   0.09  0.07  0.35  0.65  1.5
GeneralInformation       0.73   0.19   0.22  0.14  0.64  0.36  1.4
PargraphComprehension    0.76   0.21   0.07  0.23  0.68  0.32  1.4
SentenceCompletion       0.81   0.19   0.15  0.07  0.73  0.27  1.2
WordClassification       0.57   0.34   0.23  0.14  0.51  0.49  2.2
WordMeaning              0.81   0.20   0.05  0.22  0.74  0.26  1.3
Addition                 0.17  -0.10   0.82  0.16  0.74  0.26  1.2
Code                     0.18   0.10   0.54  0.37  0.47  0.53  2.1
CountingDots             0.02   0.20   0.71  0.09  0.55  0.45  1.2
StraightCurvedCapitals   0.18   0.42   0.54  0.08  0.51  0.49  2.2
WordRecognition          0.21   0.05   0.08  0.56  0.36  0.64  1.3
NumberRecognition        0.12   0.12   0.08  0.52  0.31  0.69  1.3
FigureRecognition        0.07   0.42   0.06  0.52  0.45  0.55  2.0
ObjectNumber             0.14   0.06   0.22  0.58  0.41  0.59  1.4
NumberFigure             0.02   0.31   0.34  0.45  0.41  0.59  2.7
FigureWord               0.15   0.25   0.18  0.35  0.23  0.77  2.8
Deduction                0.38   0.42   0.10  0.29  0.42  0.58  2.9
NumericalPuzzles         0.18   0.40   0.43  0.21  0.42  0.58  2.8
ProblemReasoning         0.37   0.41   0.13  0.29  0.40  0.60  3.0
SeriesCompletion         0.37   0.52   0.23  0.22  0.51  0.49  2.7
ArithmeticProblems       0.36   0.19   0.49  0.29  0.49  0.51  2.9

                       PA1   PA3   PA2   PA4
SS loadings            3.64  2.93  2.67  2.23
Proportion Var         0.15  0.12  0.11  0.09
Cumulative Var         0.15  0.27  0.38  0.48
Proportion Explained   0.32  0.26  0.23  0.19
Cumulative Proportion  0.32  0.57  0.81  1.00

Mean item complexity =  1.9
Test of the hypothesis that 4 factors are sufficient.

The degrees of freedom for the null model are 276 and the objective function was 11.44
The degrees of freedom for the model are 186  and the objective function was  1.72

The root mean square of the residuals (RMSR) is  0.04
The df corrected root mean square of the residuals is  0.05
```

```
Fit based upon off diagonal values = 0.98
Measures of factor score adequacy
                                              PA1  PA3  PA2  PA4
Correlation of (regression) scores with factors   0.93 0.87 0.91 0.82
Multiple R square of scores with factors          0.87 0.76 0.82 0.68
Minimum correlation of possible factor scores     0.74 0.52 0.65 0.36
```

　　结果显示因子变得比未旋转之前变得更加好解释了。变量SentenceCompletion、ParagraphComprehension、WordMeaning在第一因子上载荷较大，但第二因子的解释性仍然不强。使用正交旋转将人为地强制4个因子不相关，但也可以允许因子之间相关，因此可以使用斜交转法，即promax方法。

10.8.6　取公共因子——斜交旋转

　　取公共因子——斜交旋转。

　　斜交旋转的代码和结果如下：

```
> install.packages('GPArotation')
> library(GPArotation)
> fa.24tests <- fa(Harman74.cor$cov,nfactors=4,rotate="promax")
> fa.24tests
Factor Analysis using method =  minres
Call: fa(r = Harman74.cor$cov,nfactors = 4,rotate = "promax")
Standardized loadings (pattern matrix) based upon correlation matrix
                         MR1   MR3   MR2   MR4   h2   u2  com
VisualPerception        -0.08  0.78  0.06 -0.05 0.55 0.45 1.0
Cubes                   -0.02  0.53 -0.02 -0.05 0.23 0.77 1.0
PaperFormBoard           0.00  0.66 -0.16 -0.01 0.34 0.66 1.1
Flags                    0.10  0.60 -0.03 -0.10 0.35 0.65 1.1
GeneralInformation       0.79 -0.02  0.10 -0.05 0.64 0.36 1.0
PargraphComprehension    0.82  0.00 -0.11  0.09 0.68 0.32 1.1
SentenceCompletion       0.91 -0.02  0.03 -0.14 0.73 0.27 1.0
WordClassification       0.54  0.22  0.11 -0.06 0.51 0.49 1.4
WordMeaning              0.89 -0.02 -0.13  0.08 0.74 0.26 1.1
Addition                 0.09 -0.39  0.97 -0.01 0.74 0.26 1.3
Code                     0.03 -0.11  0.53  0.29 0.47 0.53 1.7
CountingDots            -0.15  0.09  0.81 -0.11 0.55 0.45 1.1
StraightCurvedCapitals   0.00  0.38  0.55 -0.17 0.51 0.49 2.0
WordRecognition          0.11 -0.15 -0.07  0.65 0.36 0.64 1.2
NumberRecognition       -0.01 -0.03 -0.07  0.61 0.31 0.69 1.0
FigureRecognition       -0.15  0.39 -0.14  0.54 0.45 0.55 2.2
ObjectNumber             0.00 -0.15  0.11  0.66 0.41 0.59 1.2
```

```
NumberFigure        -0.21  0.21  0.25  0.42 0.41 0.59 2.8
FigureWord           0.01  0.16  0.07  0.32 0.23 0.77 1.6
Deduction            0.27  0.35 -0.07  0.18 0.42 0.58 2.5
NumericalPuzzles     0.00  0.34  0.38  0.03 0.42 0.58 2.0
ProblemReasoning     0.26  0.33 -0.03  0.17 0.40 0.60 2.5
SeriesCompletion     0.23  0.48  0.09  0.04 0.51 0.49 1.5
ArithmeticProblems   0.27 -0.03  0.45  0.14 0.49 0.51 1.9

                          MR1  MR3  MR2  MR4
SS loadings               3.70 2.95 2.72 2.11
Proportion Var            0.15 0.12 0.11 0.09
Cumulative Var            0.15 0.28 0.39 0.48
Proportion Explained      0.32 0.26 0.24 0.18
Cumulative Proportion     0.32 0.58 0.82 1.00


With factor correlations of
MR1  MR3  MR2  MR4
MR1 1.00 0.59 0.47 0.53
MR3 0.59 1.00 0.53 0.59
MR2 0.47 0.53 1.00 0.56
MR4 0.53 0.59 0.56 1.00


Mean item complexity =  1.5
Test of the hypothesis that 4 factors are sufficient.


The degrees of freedom for the null model are 276 and the objective function was 11.44
The degrees of freedom for the model are 186  and the objective function was  1.72


The root mean square of the residuals (RMSR) is  0.04
The df corrected root mean square of the residuals is  0.05


Fit based upon off diagonal values = 0.98
Measures of factor score adequacy
                                              MR1  MR3  MR2  MR4
Correlation of (regression) scores with factors   0.96 0.93 0.94 0.90
Multiple R square of scores with factors          0.92 0.86 0.89 0.81
Minimum correlation of possible factor scores     0.85 0.72 0.77 0.61
```

　　根据以上结果,可以看出正交与斜交的不同之处。对于正交旋转,因子分析的重点在于因子结构矩阵(变量与因子的相关系数),而对于斜交旋转,因子分析会考虑三个矩阵:因子结构矩阵、因子模式矩阵和因子关联矩阵。从计算结果可以发现,不同因子之间的相关系数在0.47~0.59。

因子模式矩阵即标准化的回归系数矩阵，它列出了因子的预测变量的权重；因子关联矩阵即因子相关系数矩阵；因子结构矩阵（或称因子载荷阵）。

在上面的结果中，PA1和PA2栏中的值组成了因子模式矩阵。它们是标准化的回归系数，而不是相关系数。如果因子间的关联性很低，我们可能需要重新使用正交旋转来简化问题。因子结构矩阵（或称因子载荷矩阵）没有被列出来，但我们可以使用公式F=P*Phi得到它，其中F是因子载荷阵，P是因子模式矩阵，Phi是因子关联矩阵。下面的函数即可进行该乘法运算：

因子结构矩阵（或称因子载荷阵）：

```
> fsm <- function(oblique) {
+   if (class(oblique)[4]=="fa" & is.null(oblique$Phi)) {
+     warning("Object doesn't look like oblique EFA")
+   } else {
+     P <- unclass(oblique$loading)
+     F <- P %*% oblique$Phi
+     colnames(F) <- c("PA1","PA2","PA3","PA4")
+     return(F)
+   }
+ }
> fsm(fa.24tests)
```

	PA1	PA2	PA3	PA4
VisualPerception	0.3835995	0.7373692	0.4092120	0.4018056
Cubes	0.2525928	0.4758996	0.2229414	0.2353330
PaperFormBoard	0.3014706	0.5640550	0.1769192	0.2818875
Flags	0.3818552	0.5818893	0.2716409	0.2816405
GeneralInformation	0.7952638	0.4646687	0.4295971	0.4092193
PargraphComprehension	0.8168589	0.4785358	0.3280404	0.4637707
SentenceCompletion	0.8460170	0.4557440	0.3718885	0.3509821
WordClassification	0.6851995	0.5545050	0.4428934	0.4081032
WordMeaning	0.8552659	0.4750284	0.3148161	0.4579334
Addition	0.3102667	0.1694249	0.8048603	0.3520698
Code	0.3636379	0.3534478	0.6474523	0.5344435
CountingDots	0.2194503	0.3617352	0.7244780	0.3106806
StraightCurvedCapitals	0.3881250	0.5670408	0.6526306	0.3572921
WordRecognition	0.3357672	0.2609097	0.2699170	0.5869398
NumberRecognition	0.2643117	0.2866487	0.2527273	0.5501113
FigureRecognition	0.2949544	0.5401098	0.2941312	0.6081212
ObjectNumber	0.3080044	0.2908475	0.3940382	0.6308723
NumberFigure	0.2546896	0.4682467	0.5019149	0.5751056
FigureWord	0.3037623	0.3880350	0.3374322	0.4575218
Deduction	0.5413167	0.5813091	0.3448556	0.4915487
NumericalPuzzles	0.3899952	0.5585644	0.5761920	0.4388176

```
ProblemReasoning      0.5293952 0.5699385 0.3627674 0.4872367
SeriesCompletion      0.5694098 0.6784395 0.4653427 0.4844426
ArithmeticProblems    0.5331406 0.4486512 0.6373491 0.5136821
```

　　从上述计算结果看到变量与因子间的相关系数。将它们与正交旋转所得因子载荷阵相比,会发现该载荷阵列的噪声比较大,这是因为之前允许潜在因子相关。虽然斜交旋转更为复杂,但因子的解释性更好。

10.8.7　斜交旋转效果图

　　使用factor.plot()或fa.diagram()函数,可以绘制正交或斜交结果的图形。画斜交效果、其代码和结果如下:

```
> factor.plot(fa.24tests,labels=rownames(fa.24tests$loadings))
> fa.diagram(fa.24tests,simple=FALSE)
```

　　结果如图10-10所示。

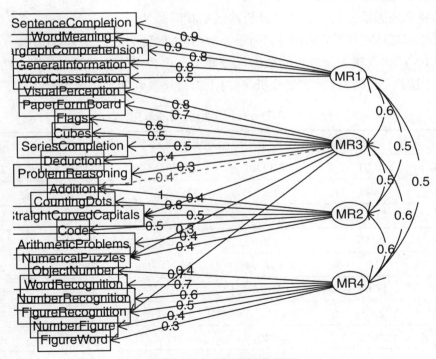

图10-10　斜交旋转效果图

　　根据图10-10,可以看出:

　　因子1支配的指标有:SentenceCompletion、WordMeaning、PargraphComprehension、GeneralInformation、WordClassification（句子填空、词义、句式理解、一般信息、词类分类）,代表的是"词语"因子。

因子2支配的指标有:Addition、CountingDots、StraightCurvedCapitals、Code、ArithmeticProblems、NumericalPuzzles(加法,计算点数、大写字母、代码、算术问题、数字谜题),代表的是"速度"因子。

因子3支配的指标有:VisualPerception、PaperFormBoard、Flags、Cubes、SeriesCompletion、Deduction、ProblemReasoning(视觉感知、纸板、旗帜、立方体、序列完成、演绎、问题推理),代表的是"推理"因子。

因子4支配的指标有:ObjectNumber、WordRecognition、NumberRecognition、FigureRecognition、NumberFigure、FigureWord(对象数量、文字认知、数字识别、形象识别、数字图形、图字),代表的是"记忆"因子。

综合以上结果,可以得到以下结论: 24个心理指标可以归结为4个公共因子即词语因子、速度因子、推理因子和记忆因子。

10.9　思考与练习题

1. 简要叙述因子分析的基本思想,并举例说明因子分析的意义与作用。
2. 简要叙述因子分析与主成分分析的区别和联系。
3. 简要叙述R型因子分析和Q型因子分析,并举例说明它们意义与作用。
4. 表10-5是"我国上市公司的数据",是我国上市公司的盈利能力与资本结构。根据表10-5,应用因子分析法进行实证分析,并对上市公司盈利能力进行综合排名。

表 10-5　我国上市公司的数据

公司名称	销售净利润率	资产净利润率	净资产收益率	销售毛利率	资产负利率
歌华有线	43.31	7.39	8.73	54.89	15.35
五粮液	17.11	12.1	17.29	44.25	29.69
用友软件	21.11	6.03	7	89.37	13.82
太太药业	29.55	8.62	10.13	73	14.88
浙江阳光	11	8.41	11.83	25.22	25.49
烟台万华	17.63	13.86	15.41	36.44	10.03
方正科技	2.73	4.22	17.16	9.96	74.12
红河光明	29.11	5.44	6.09	56.26	9.85
贵州茅台	20.29	9.48	12.97	82.23	26.73
中铁二局	3.99	4.64	9.35	13.04	50.19
红星发展	22.65	11.13	14.3	50.51	21.59
伊利股份	4.43	7.3	14.36	29.04	44.74
青岛海尔	5.4	8.9	12.53	65.5	23.27

续表

公司名称	销售净利润率	资产净利润率	净资产收益率	销售毛利率	资产负利率
湖北宜化	7.06	2.79	5.24	19.79	40.68
雅戈尔	19.82	10.53	18.55	42.04	37.19
福建南纸	7.26	2.99	6.99	22.72	56.58

5. 对swiss数据集进行因子分析,并把结果与第9章中"swiss数据集的主成分分析"进行比较,你能得到什么结论?

6. 在第9章(9.5)中"贷款客户信用程度的主成分分析",请对该问题中的数据进行因子分析,并与第9章中对应的结果进行比较,你能得到什么结论?

第 11 章 对应分析

对应分析（correspondence analysis）是因子分析的进一步推广，该方法已成为多元统计分析中同时对样品和变量进行分析，从而研究多变量内部关系的重要方法，它是在R型和Q型因子分析基础上发展起来的一种多元统计方法。而且我们研究样品之间或指标之间的关系，归根结底是为了研究样品与指标之间的关系，而因子分析没有办法做到这一点，对应分析则是为解决这个问题而出现的统计分析方法。

11.1 对应分析简介

因子分析是用少数几个公共因子去提出研究对象的绝大部分信息，既减少了因子的数目，又把握住了研究对象的相互关系。在因子分析中根据研究对象的不同，分为R型和Q型，如果研究变量的相互关系时则采用R型因子分析，如果研究样品间相互关系时则采用Q型因子分析。但无论是R型或Q型都未能很好地揭示变量和样品间的双重关系，另一方面当样品容量n很大（如$1000 > n$），进行Q型因子分析时，计算n阶方阵的特征值和特征向量对于普通的计算机而言，其容量和速度都是难以胜任的。还有进行数据处理时，为了将数量级相差很大的变量进行比较，常常先对变量做标准化处理，然而这种标准化处理对样品就不好进行了，换言之，这种标准化处理对于变量和样品是非对等的，这给寻找R型和Q型之间的联系带来一定的困难。

针对上述问题，在20世纪70年代初，由法国统计学家Benzecri提出了对应分析方法，这个方法是在因子分析的基础上发展起来的，它对原始数据采用适当的标度方法。把R型和Q型分析结合起来，同时得到两方面的结果——在同一因子平面上对变量和样品一起进行分类，从而揭示所研究的样品和变量间的内在联系。对应分析由R型因子分析的结果，可以很容易地得到Q型因子分析的结果，这不仅克服了样品量大时做Q型因子分析所带来计算上的困难，且把R型和Q型因子分析统一起来，把样品点和变量点同时反映到相同的因子轴上，这就便于我们对研究的对象进行解释和推断。

基本思想：由于R型和Q型因子分析都是反映一个整体的不同侧面，因而它们之间一定存在内在的联系。对应分析就是通过对应变换后的标准化矩阵将两者有机地结合起来。

具体地说，首先给出变量间的协方差矩阵 $\boldsymbol{S}_R = \boldsymbol{B}^{\mathrm{T}}\boldsymbol{B}$ 和样品间的协方差矩阵

$S_Q = BB^{\mathrm{T}}$，由于 $B^{\mathrm{T}}B$ 和 BB^{T} 有相同的非零特征值，记为$\lambda_1 \geqslant \lambda_2 \geqslant \cdots \geqslant \lambda_m > 0$，如果$S_R$ 的特征值λ_i对应的标准化特征向量v_i，则S_Q对应的特征值λ_i的标准化特征向量为

$$u_i = \frac{1}{\sqrt{\lambda_i}} B v_i.$$

由此可以很方便地由R型因子分析而得到Q型因子分析的结果。

由S_R的特征值和特征向量即可写出R型因子分析的因子载荷矩阵（记为A_R）和Q型因子分析的因子载荷矩阵（记为A_Q）：

$$A_R = (\sqrt{\lambda_1}v_1, \sqrt{\lambda_2}v_2, \cdots, \sqrt{\lambda_m}v_m) = \begin{pmatrix} v_{11}\sqrt{\lambda_1} & v_{12}\sqrt{\lambda_2} & \ldots & v_{1m}\sqrt{\lambda_m} \\ v_{21}\sqrt{\lambda_1} & v_{22}\sqrt{\lambda_2} & \ldots & v_{2m}\sqrt{\lambda_m} \\ \vdots & \vdots & & \vdots \\ v_{p1}\sqrt{\lambda_1} & v_{p2}\sqrt{\lambda_2} & \ldots & v_{pm}\sqrt{\lambda_m} \end{pmatrix},$$

$$A_Q = (\sqrt{\lambda_1}u_1, \sqrt{\lambda_2}u_2, \cdots, \sqrt{\lambda_m}u_m) = \begin{pmatrix} u_{11}\sqrt{\lambda_1} & u_{12}\sqrt{\lambda_2} & \ldots & u_{1m}\sqrt{\lambda_m} \\ u_{21}\sqrt{\lambda_1} & u_{22}\sqrt{\lambda_2} & \ldots & u_{2m}\sqrt{\lambda_m} \\ \vdots & \vdots & & \vdots \\ u_{p1}\sqrt{\lambda_1} & u_{p2}\sqrt{\lambda_2} & \ldots & u_{pm}\sqrt{\lambda_m} \end{pmatrix}.$$

由于bmS_R 和S_Q具有相同的非零特征值，而这些特征值又正是各个公共因子的方差，因此可以用相同的因子轴同时表示变量点和样品点，即把变量点和样品点同时反映在具有相同坐标轴的因子平面上，以便对变量点和样品点一起考虑进行分类。

11.2 对应分析的原理

11.2.1 对应分析的数据变换方法

设有n 个样品，每个样品观测p个指标，原始数据阵为

$$A = \begin{pmatrix} a_{11} & a_{12} & \ldots & a_{1p} \\ a_{21} & a_{22} & \ldots & a_{2p} \\ \vdots & \vdots & & \vdots \\ a_{n1} & a_{n2} & \ldots & a_{np} \end{pmatrix}.$$

为了消除量纲或数量级的差异，经常对变量进行标准化处理，如标准化变换、极差标准化变换等，这些变换对变量和样品是不对称的。这种不对称性是导致变量和样品之间关系复杂化的主要原因。在对应分析中，采用数据的变换方法即可克服这种不对称性（假设所有数据$a_{ij} > 0$，否则对所有数据同加一适当常数，便会满足以上要求）。数据变换方法的具体步骤如下：

（1）化数据矩阵为规格化的"概率"矩阵P，令

$$P = \frac{1}{\mathrm{T}}A = (p_{ij})_{n \times p}, \tag{11.2.1}$$

其中$T = \sum\limits_{i=1}^{n}\sum\limits_{j=1}^{p}a_{ij}, p_{ij} = \frac{1}{T}a_{ij}, i = 1, 2, \cdots, n; j = 1, 2, \cdots, p$。

可以看出$0 \leqslant p_{ij} \leqslant 1$，且$\sum\limits_{i=1}^{n}\sum\limits_{j=1}^{p}p_{ij} = 1$。因而$p_{ij}$可理解为数据$a_{ij}$出现的"概率"，并称$\boldsymbol{P}$为对应矩阵。

记$p_{\cdot j} = \sum\limits_{i=1}^{n}p_{ij}$可理解为第$j$个变量的边缘概率$(j = 1, 2, \cdots, p)$；$p_{i \cdot} = \sum\limits_{j=1}^{p}p_{ij}$可理解为第$i$个样品的边缘概率$(i = 1, 2, \cdots, n)$。

记

$$\boldsymbol{r} = \begin{pmatrix} p_{1\cdot} \\ p_{2\cdot} \\ \vdots \\ p_{n\cdot} \end{pmatrix}, \boldsymbol{c} = \begin{pmatrix} p_{\cdot 1} \\ p_{\cdot 2} \\ \vdots \\ p_{\cdot p} \end{pmatrix},$$

则

$$\boldsymbol{r} = \boldsymbol{P}\boldsymbol{1}_p \quad \boldsymbol{c} = \boldsymbol{P}^{\mathrm{T}}\boldsymbol{1}_n \tag{11.2.2}$$

其中：$\boldsymbol{1}_p = (1, 1, \cdots, 1)^{\mathrm{T}}$为元素全为1的$p$维常数向量。

（2）进行数据的对应变换，令

$$\boldsymbol{B} = (b_{ij})_{n \times p},$$

其中

$$b_{ij} = \frac{p_{ij} - p_{i\cdot}p_{\cdot j}}{\sqrt{p_{i\cdot}p_{\cdot j}}} = \frac{a_{ij} - a_{i\cdot}a_{\cdot j}/T}{\sqrt{a_{i\cdot}a_{\cdot j}}}, i = 1, 2, \cdots, n; j = 1, 2, \cdots, p \tag{11.2.3}$$

这里$a_{i\cdot} = \sum\limits_{j=1}^{p}a_{ij}, a_{\cdot j} = \sum\limits_{i=1}^{n}a_{ij}$。

（11.2.3）就是我们从同时研究R型和Q型因子分析的角度导出的数据对应变换公式。

（3）计算有关矩阵，记

$$\boldsymbol{S}_R = \boldsymbol{B}^{\mathrm{T}}\boldsymbol{B}, \boldsymbol{S}_Q = \boldsymbol{B}\boldsymbol{B}^{\mathrm{T}},$$

考虑R型因子分析时应用$\boldsymbol{S}_R$，Q型因子分析时应用$\boldsymbol{S}_Q$。

如果把所研究的p个变量看成一个属性变量的p个类目，而把n个样品看成另一个属性变量的n个类目，这时原始数据阵A就可以看成一张由观测得到的频数表或计数表。首先由双向频数表A矩阵得到对应矩阵

$$\boldsymbol{P} = (p_{ij}), p_{ij} = \frac{1}{T}a_{ij}, i = 1, 2, \cdots, n; j = 1, 2, \cdots, p$$

设$n > p$，且$\mathrm{rank}(\boldsymbol{P}) = p$。以下从代数学角度由对应矩阵$\boldsymbol{P}$来导出数据对应变换的公式。

引理11.2.1 数据标准化矩阵

$$\boldsymbol{B} = \boldsymbol{D}_r^{-1/2}(\boldsymbol{P} - \boldsymbol{r}\boldsymbol{c}^{\mathrm{T}})\boldsymbol{D}_c^{-1/2},$$

其中$\boldsymbol{D}_r = \mathrm{diag}(p_{1\cdot}, p_{2\cdot}, \cdots, p_{n\cdot})$，$\boldsymbol{D}_c = \mathrm{diag}(p_{\cdot 1}, p_{\cdot 2}, \cdots, p_{\cdot p})$，这里$\mathrm{diag}(p_{1\cdot}, p_{2\cdot}, \cdots, p_{n\cdot})$表

示对角线元素为$p_1., p_2., \cdots, p_n.$的对角矩阵。

因此，经过变换后所得到的新数据矩阵$\boldsymbol{B}$，可以看成是由对应矩阵P经过中心化和标准化后得到的矩阵。

设用于检验行与列是否不相关的χ^2统计量为

$$\chi^2 = \sum_{i=1}^{n} \sum_{j=1}^{p} \frac{(a_{ij} - m_{ij})^2}{m_{ij}} = \sum_{i=1}^{n} \sum_{j=1}^{p} \chi_{ij}^2,$$

其中χ_{ij}^2表示第(i, j)单元在检验行与列两个属性变量否不相关时对总χ^2统计量的贡献，有

$$\chi_{ij}^2 = \frac{(a_{ij} - m_{ij})^2}{m_{ij}} = T b_{ij}^2,$$

其中$\chi^2 = T \sum_{i=1}^{n} \sum_{j=1}^{p} b_{ij}^2 = T[tr(\boldsymbol{B}^{\mathrm{T}}\boldsymbol{B})] = T[tr(\boldsymbol{S}_R)] = T[tr(\boldsymbol{S}_Q)], tr(\boldsymbol{S}_Q)$表示方阵$\boldsymbol{S}_Q$的迹。

11.2.2 对应分析的原理和依据

将原始数据矩阵$\boldsymbol{A}$变换为$\boldsymbol{B}$矩阵后，记$\boldsymbol{S}_R = \boldsymbol{B}^{\mathrm{T}}\boldsymbol{B}, \boldsymbol{S}_Q = \boldsymbol{B}\boldsymbol{B}^{\mathrm{T}}, \boldsymbol{S}_R$和$\boldsymbol{S}_Q$这两个矩阵存在明显的简单的对应关系，而且将原始数据a_{ij}变换为b_{ij}后，b_{ij}关于i, j是对等的，即b_{ij}对变量和样品是对等的。

为了进一步研究R型与Q型因子分析，我们利用矩阵代数的一些结论。

引理11.2.2 设$\boldsymbol{S}_R = \boldsymbol{B}^{\mathrm{T}}\boldsymbol{B}, \boldsymbol{S}_Q = \boldsymbol{B}\boldsymbol{B}^{\mathrm{T}}$, 则$\boldsymbol{S}_R$和$\boldsymbol{S}_Q$的非零特征值相同。

引理11.2.3 若v是$\boldsymbol{B}^{\mathrm{T}}\boldsymbol{B}$相应于特征值$\lambda$的特征向量，则$\boldsymbol{u} = \boldsymbol{B}\boldsymbol{v}$是$\boldsymbol{B}\boldsymbol{B}^{\mathrm{T}}$相应于特征值$\lambda$的特征向量。

定义11.2.1 （矩阵的奇异值分解）设$\boldsymbol{B}$为$n \times p$矩阵，且

$$\mathrm{rank}(\boldsymbol{B}) = m \leqslant \min(n-1, p-1),$$

$\boldsymbol{B}^{\mathrm{T}}\boldsymbol{B}$的非零特征值为$\lambda_1 \geqslant \lambda_2 \geqslant \cdots \geqslant \lambda_m > 0$, 令$d_i = \sqrt{\lambda_i}(i = 1, 2, \cdots, m)$, 则称$d_i$为$B$的奇异值。

如果存在分解式

$$\boldsymbol{B} = \boldsymbol{U}\boldsymbol{\Lambda}\boldsymbol{V}^{\mathrm{T}}, \tag{11.2.4}$$

其中$\boldsymbol{U}$为$n \times n$正交矩阵，$\boldsymbol{V}$为$p \times p$正交矩阵，$\boldsymbol{\Lambda} = \begin{pmatrix} \boldsymbol{\Lambda}_m & 0 \\ 0 & 0 \end{pmatrix}$, 这里$\boldsymbol{\Lambda}_m = \mathrm{diag}(d_1, d_2, \cdots, d_m)$, 则称分解式$\boldsymbol{B} = \boldsymbol{U}\boldsymbol{\Lambda}\boldsymbol{V}^{\mathrm{T}}$为矩阵$B$的奇异值分解。

记$\boldsymbol{U} = (\boldsymbol{U}_1 \vdots \boldsymbol{U}_2), V = (\boldsymbol{V}_1 \vdots \boldsymbol{V}_2), \boldsymbol{\Lambda}_m = \mathrm{ding}(d_1, d_2, \cdots, d_m)$, 其中$\boldsymbol{U}_1$为$m \times n$的列正交矩阵，$\boldsymbol{V}_1$为$p \times m$的列正交矩阵，则奇异值分解式（11.2.4）等价于

$$\boldsymbol{B} = \boldsymbol{U}_1 \boldsymbol{\Lambda}_m \boldsymbol{V}_1^{\mathrm{T}} \tag{11.2.5}$$

引理11.2.4 任意非零矩阵$\boldsymbol{B}$的奇异值分解必存在。

引理11.2.4的证明就是具体求出矩阵B的奇异值分解式[见高惠璇《统计计算》（1995）]从证明过程中可以看出：列正交矩阵V_1的m个列向量分别是B^TB的非零征值为$\lambda_1,\lambda_2,\cdots,\lambda_m$对应的特征向量；而列正交矩阵$U_1$的$m$个列向量分别是$BB^T$的非零征值为$\lambda_1,\lambda_2,\cdots,\lambda_m$对应的特征向量，且$U_1=BV_1\Lambda_m^{-1}$。

矩阵代数的这几个结论为我们建立了因子分析中R型与Q型的关系。借助以上引理11.2.2和引理11.2.3，我们从R型因子分析出发可以直接得到Q型因子分析的结果。

由于S_R和S_Q有相同的非零特征值，而这些非零特征值又表示各个公共因子所提供的方差，因此变量空间R^p中的第一公共因子、第二公共因子、$\cdots$、直到第m个公共因子，它们与样本空间R^p中对应的各个公共因子在总方差中所占的百分比全部相同。

从几何的意义上看，即R^p中诸样品点与R^p中各因子轴的距离平方和，以及R^p中诸变量点与R^p中相对应的各因子轴的距离平方和是完全相同的。因此可以把变量点和样品点同时反映在同一因子轴所确定的平面上（即取同一个坐标系），根据接近程度，可以对变量点和样品点同时考虑进行分类。

11.2.3　对应分析的计算步骤

对应分析的具体计算步骤如下：

（1）由原始数据矩阵A出发计算对应矩阵P和对应变换后的新数据矩阵B，计算公式见（11.2.1）和（11.2.3）。

（2）计算行轮廓分布（或行形象分布），记

$$R=\left(\frac{a_{ij}}{a_{i\cdot}}\right)_{n\times p}=\left(\frac{p_{ij}}{p_{i\cdot}}\right)_{n\times p}=D_r^{-1}P\stackrel{\text{def}}{=}\left(\begin{array}{c}R_1^T\\\vdots\\R_n^T\end{array}\right),$$

R矩阵由A矩阵（或对应矩阵P）的每一行除以行和得到，其目的在于消除行点（即样品点）出现"概率"不同的影响。

记$N(R)=\{R_i,i=1,2,\cdots,n\}$，$N(R)$表示$n$个行形象组成的p维空间的点集，则点集$N(R)$的重心（每个样品点及$p_{i\cdot}$为权重）为

$$\sum_{i=1}^n p_{i\cdot}R_i=\sum_{i=1}^n p_{i\cdot}\left(\begin{array}{c}\frac{p_{i1}}{p_{i\cdot}}\\\vdots\\\frac{p_{ip}}{p_{i\cdot}}\end{array}\right)=\left(\begin{array}{c}\sum_{i=1}^n p_{i1}\\\vdots\\\sum_{i=1}^n p_{ip}\end{array}\right)=\left(\begin{array}{c}p_{\cdot1}\\\vdots\\p_{\cdot p}\end{array}\right)=c,$$

由（11.2.2）式可知，c是p个列向量的边缘分布。

（3）计算列轮廓分布（或列形象分布），记

$$C=\left(\frac{a_{ij}}{a_{\cdot j}}\right)_{n\times p}=\left(\frac{p_{ij}}{p_{\cdot j}}\right)_{n\times p}=PD_c^{-1}\stackrel{\text{def}}{=}(C_1,\cdots,C_p),$$

C矩阵由A矩阵（或对应矩阵P）的每一列除以列和得到，其目的在于消除列点（即变量

点）出现"概率"不同的影响。

（4）计算总惯量和χ^2统计量，第k个与第l个样品间的加权平方距离（或称χ^2距离）为

$$D^2(k,l) = \sum_{j=1}^{p} \left(\frac{p_{kj}}{p_{k\cdot}} - \frac{p_{lj}}{p_{l\cdot}} \right)^2 / p_{\cdot j} = (R_k - R_l)^T D_c^{-1}(R_k - R_l),$$

我们把n个样品点（即行点）到重心c的加权平方距离的总和定义为行形象点集 $N(R)$ 的总惯量

$$Q = \sum_{i=1}^{n} p_{i\cdot} D^2(i,c) = \sum_{i=1}^{n} p_{i\cdot} \sum_{j=1}^{p} \left(\frac{p_{ij}}{p_{i\cdot}} - p_{\cdot j} \right)^2$$

$$= \sum_{i=1}^{n}\sum_{j=1}^{p} \frac{p_{i\cdot}}{p_{\cdot j}} \frac{(p_{ij} - p_{i\cdot}p_{\cdot j})^2}{p_{i\cdot}^2} = \sum_{i=1}^{n}\sum_{j=1}^{p} \frac{(p_{ij} - p_{i\cdot}p_{\cdot j})^2}{p_{i\cdot}p_{\cdot j}} = \sum_{i=1}^{n}\sum_{j=1}^{p} b_{ij}^2 = \frac{\chi^2}{T}, \quad (11.2.6)$$

其中χ^2统计量是检验行点和列点是否互不相关的检验统计量。

（5）对标准化后的新数据阵$\boldsymbol{B}$做奇异值分解，由（11.2.5）式知

$$\boldsymbol{B} = \boldsymbol{U}_1 \boldsymbol{\Lambda}_m \boldsymbol{V}_1^T, m = \text{rank}(\boldsymbol{B}) \leqslant \min(n-1, p-1),$$

其中$\boldsymbol{\Lambda}_m = \text{diag}(d_1, d_2, \cdots, d_m)$, $V_1^T V_1 = \boldsymbol{I}_m, \boldsymbol{U}_1^T \boldsymbol{U}_1 = \boldsymbol{I}_m$，即$\boldsymbol{V}_1, \boldsymbol{U}_1$分别为$p \times m$和$n \times m$列正交矩阵，求$B$的奇异值分解式其实是通过求 $\boldsymbol{S}_R = \boldsymbol{B}^T\boldsymbol{B}$矩阵的特征值和标准化特征向量得到。设特征值为$\lambda_1 \geqslant \lambda_2 \geqslant \cdots \geqslant \lambda_m > 0$相应标准化特征向量为$v_1, v_2, \cdots, v_m$。在实际应用中常按累计贡献率

$$\frac{\lambda_1 + \lambda_2 + \cdots + \lambda_l}{\lambda_1 + \lambda_2 + \cdots + \lambda_l + \cdots + \lambda_m} \geqslant 0.80(or 0.70, 0.85)$$

确定所取公共因子个数$l(l \leqslant m)$，B的奇异值$d_j = \sqrt{\lambda_j}(j = 1, 2, \cdots, m)$。以下我们仍用$m$表示选定的因子个数。

（6）计算行轮廓的坐标G 和列轮廓的坐标F。令$\alpha_i = D_c^{-1/2} v_i(i = 1, 2, \cdots, m)$，则$\alpha_i^T D_r \alpha_i = 1$。R 型因子分析的"因子载荷矩阵"（或列轮廓坐标）为

$$\boldsymbol{F} = (d_1\alpha_1, d_2\alpha_2, \cdots, d_m\alpha_m) = \boldsymbol{D}_c^{-1/2}\boldsymbol{V}_1\boldsymbol{\Lambda}_m = \begin{pmatrix} \frac{d_1}{\sqrt{p_{\cdot 1}}}v_{11} & \frac{d_2}{\sqrt{p_{\cdot 1}}}v_{12} & \cdots & \frac{d_m}{\sqrt{p_{\cdot 1}}}v_{1m} \\ \frac{d_1}{\sqrt{p_{\cdot 2}}}v_{21} & \frac{d_2}{\sqrt{p_{\cdot 2}}}v_{22} & \cdots & \frac{d_m}{\sqrt{p_{\cdot 2}}}v_{2m} \\ \vdots & \vdots & & \vdots \\ \frac{d_1}{\sqrt{p_{\cdot p}}}v_{p1} & \frac{d_2}{\sqrt{p_{\cdot p}}}v_{p2} & \cdots & \frac{d_m}{\sqrt{p_{\cdot p}}}v_{pm} \end{pmatrix},$$

其中$\boldsymbol{D}_c^{-1/2}$为p阶矩阵，$\boldsymbol{V}_1$为$p \times m$矩阵，有

$$\boldsymbol{V}_1 = (v_1, v_2, \cdots, v_m) = \begin{pmatrix} v_{11} & \cdots & v_{1m} \\ \vdots & & \vdots \\ v_{p1} & \cdots & v_{pm} \end{pmatrix}.$$

令 $\beta_i = \boldsymbol{D}_r^{-1/2}u_i$，则 $\boldsymbol{\beta}_i^{\mathrm{T}}\boldsymbol{D}_r\boldsymbol{\beta}_i = 1$ Q型因子分析的"因子载荷矩阵"（或行轮廓坐标）为

$$\boldsymbol{G} = (d_1\beta_1, d_2\beta_2, \cdots, d_m\beta_m) = \boldsymbol{D}_r^{-1/2}\boldsymbol{U}_1\boldsymbol{\Lambda}_m =$$

$$\begin{pmatrix} \dfrac{d_1}{\sqrt{p_{1\cdot}}}u_{11} & \dfrac{d_2}{\sqrt{p_{1\cdot}}}u_{12} & \cdots & \dfrac{d_m}{\sqrt{p_{1\cdot}}}u_{1m} \\ \dfrac{d_1}{\sqrt{p_{2\cdot}}}u_{21} & \dfrac{d_2}{\sqrt{p_{2\cdot}}}u_{22} & \cdots & \dfrac{d_m}{\sqrt{p_{2\cdot}}}u_{2m} \\ \vdots & \vdots & & \vdots \\ \dfrac{d_1}{\sqrt{p_{n\cdot}}}u_{n1} & \dfrac{d_2}{\sqrt{p_{n\cdot}}}u_{n2} & \cdots & \dfrac{d_m}{\sqrt{p_{n\cdot}}}u_{nm} \end{pmatrix},$$

其中 $\boldsymbol{D}_r^{-1/2}$ 为 n 阶矩阵，$\boldsymbol{U}_1$ 为 $n \times m$ 矩阵，有

$$\boldsymbol{U}_1 = (u_1, u_2, \cdots, u_m) = \begin{pmatrix} u_{11} & \cdots & u_{1m} \\ \vdots & & \vdots \\ u_{p1} & \cdots & u_{pm} \end{pmatrix}$$

常把 α_i 或 $\beta_i(i = 1, 2, \cdots, m)$ 称为加权意义下有单位长度的特征向量。

注意：行轮廓的坐标 G 和列轮廓的坐标 F 的定义与 Q 型和 R 型因子载荷矩阵稍有差别。G 的前两列包含了数据最优二维表示中的各对行点（样品点）的坐标，而 F 的前两列则包含了数据最优二维表示中的各对列点（变量点）的坐标。

（7）在相同二维平面上用行轮廓的坐标 G 和列轮廓的坐标 F（取 $m = 2$）绘制出点的平面图，也就是把 n 个行点（样品点）和 p 个列点（变量点）在同一个平面坐标系中绘制出来，对一组行点或一组列点，二维图中的欧氏距离与原始数据中各行（或列）轮廓之间的加权距离是相对应的。但需要注意，对应行轮廓的点与对应列轮廓的点之间没有直接的距离关系。

（8）求总惯量 Q 和 χ^2 统计量的分解式。由（11.2.6）式可知

$$Q = \sum_{i=1}^{n}\sum_{j=1}^{p}b_{ij}^2 = tr(\boldsymbol{B}^{\mathrm{T}}\boldsymbol{B}) = \sum_{i=1}^{m}\lambda_i = \sum_{i=1}^{m}d_i^2, \tag{11.2.7}$$

其中 $\lambda_i(i = 1, 2, \cdots, m)$ 是 $\boldsymbol{B}^{\mathrm{T}}\boldsymbol{B}$ 的特征值，称为第 i 个主惯量；$d_i = \sqrt{\lambda_i}(i = 1, 2, \cdots, m)$ 是 B 的奇异值。（11.2.7）给出Q的分解式，第 i 个因子（$i = 1, 2, \cdots, m$）轴末端的惯量 $Q_i = d_i^2$。相应地，有

$$\chi^2 = TQ = T\sum_{i=1}^{m}d_i^2,$$

即给出总 χ^2 统计量的分解式。

（9）对样品点和变量点进行分类，并结合专业知识进行成因解释。

11.3 文化程度和就业观点的对应分析

利用20世纪90年代初期对某市若干个郊区已婚妇女的调查资料,主要调查她们对
"应该男人在外工作,妇女在家操持家务"的态度,依据文化程度和就业观点(分为非常
同意、同意、不同意、非常不同意)两个变量进行分类汇总,数据见表11-1。

表11-1 文化程度和就业观点的调查数据

文化程度	非常同意	同意	不同意	非常不同意
小学以下	2	17	17	5
小学	6	65	79	6
初中	41	220	327	48
高中	72	224	503	47
大学	24	61	300	41

首先我们要用指令library(MASS)加载MASS宏包,再用corresp()函数就可完成对应
分析。该问题的R程序如下:

```
>x.df=data.frame(HighlyFor=c(2,6,41,72,24),
For =c(17,65,220,224,61),
Against=c(17,79,327,503,300),
HighlyAgainst=c(5,6,48,47,41))
>rownames(x.df)<-c("BelowPrimary","Primary",
"Secondary","HighSchool","College")
>library(MASS)
>biplot(corresp(x.df,nf=2))
```

结果见图11-1。

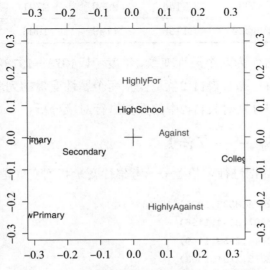

图11-1 文化程度和就业观点的对应分析图

说明：biplot做出的对应分析图，可以直观地来展示两个变量各个水平之间的关系。
结果说明：

（1）对于该图（图11-1），主要看横坐标的两种点（就业观点与文化程度）的距离，纵坐标的距离对于分析贡献意义不大。

（2）对于该图可以看出对该观点持赞同态度的是小学以下、小学、初中，而大学文化程度的妇女主要持不同意或者非常不同意的观点，高中文化程度的持有非常不赞同或者非常同意两种观点。

11.4 美国授予哲学博士学位的对应分析

对应分析处理的数据可以是二维频数表（或称双向列联表）或者是两个或多个属性变量的原始类目响应数据。

对应分析是列联表的一类加权主成分分析，它用于寻求列联表的行和列之间联系的低维图形表示法。每一行或每一列用单元频数确定的欧氏空间中的一个点表示。

表11-2的数据是美国在1973—1978年间授予哲学博士学位的数目（美国人口调查局，1979年），试用对应分析方法分析该组数据。

表11-2 美国1973—1978年间授予哲学博士学位的数据

学科／年	1973	1974	1975	1976	1977	1978
L(生命科学)	4489	4303	4402	4350	4266	4361
P(物理学)	4101	3800	3749	3572	3410	3234
S(社会学)	3354	3286	3344	3278	3137	3008
B(行为科学)	2444	2587	2749	2878	2960	3049
E(工程学)	3338	3144	2959	2791	2641	2432
M(数学)	1222	1196	1149	1003	959	959

如果把年度和学科作为两个属性变量，年度考虑1973—1978年这6年的情况（6个类目），学科也考虑6种学科，那么表11-2就是一张两个属性变量的列联表。

以下采用两种方法分别对表11-2中的数据进行对应分析。

11.4.1 对应分析——方法1

（1）根据表11-2的数据进行χ^2检验——考察行变量和列变量是否独立，其代码如下：

```
> x1=c(4489,4101,3354,2444,3338,1222)
> x2=c(4303,3800,3286,2587,3144,1196)
> x3=c(4402,3749,3344,2749,2959,1149)
> x4=c(4350,3572,3278,2878,2791,1003)
> x5=c(4266,3410,3137,2960,2641,959)
```

```
> x6=c(4361,3234,3008,3049,2432,959)
> X=data.frame(x1,x2,x3,x4,x5,x6)
> rownames(X)=c("L","P","S","B","E","M")
> chisq.test(X)
```

结果如下：

```
Pearson's Chi-squared test
data:  X
X-squared = 383.86,df = 25,p-value < 2.2e-16
```

由于 p 值远小于0.05，所以行变量和列变量不独立，即6个行点（学科）和6个列点（年份）有密切关系，可以进一步进行对应分析。

（2）计算行列得分，其代码和结果如下：

```
> library(MASS)
> ca2=corresp(X,nf=2)
> rownames(X)=c("L","P","S","B","E","M")
> ca2
First canonical correlation(s): 0.058450758 0.008607615
Row scores:
          [,1]        [,2]
L -0.44161119 -0.9406850
P  0.70611037  0.2811495
S -0.02312518  1.3259163
B -1.88202045  0.1509552
E  1.20407604  0.4264787
M  1.09394057 -2.6444499
Column scores:
        [,1]        [,2]
x1  1.4375724 -0.37777944
x2  0.8707006 -0.34143862
x3  0.2535958 -0.09209639
x4 -0.4147327  1.50165779
x5 -0.8767878  0.95149997
x6 -1.4783974 -1.65850669
```

（3）作对应分析图，代码如下：

```
> biplot(ca2); abline(v=0,h=0,lty=3)
```

在图11-1中 x_1、x_2、x_3、x_4、x_5、x_6 分别代表1973、1974、1975、1976、1977、1978年的数据。

分析行点和列点的散点图时主要看两种散点的横坐标之间的距离（纵坐标的距离对于分析意义不大）。

结果见图11-2。

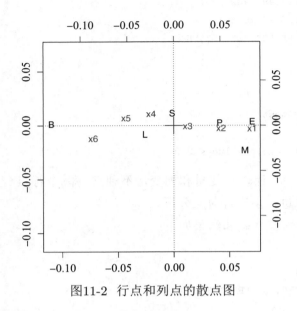

图11-2 行点和列点的散点图

由图11-2可看出，6个行点（学科）和6个列点（年份）可以分为三类（其对应关系如下）：第一类包括"行为科学（B）"，它在1978年授予的博士学位数目的比例最大；第二类包括"社会学（S）"和"生命科学（L）"，它们在1975—1977年授予的博士学位数目的比例都是随年度下降；第三类包括"物理学（P）""工程学（E）"和"数学（M）"，它们在1973和1974年这两年授予的博士学位数目的比例最大。

以上结果与韩明（2016）用MATLAB给出的结果是一致的。

11.4.2 对应分析——方法2

（如果已导入数据）进行对应分析，其代码如下：

```
> library(ca)
> a<-ca(X)
> a
```

结果如下：

```
Principal inertias (eigenvalues):
              1         2        3        4       5
Value     0.003416 7.4e-05 4.8e-05 1.7e-05 1e-06
Percentage 96.06%    2.08%   1.35%   0.48%   0.03%
Rows:
              L        P         S          B          E          M
Mass      0.242540 0.202643 0.179854   0.15446  0.160374   0.060128
ChiDist   0.028057 0.041826 0.014029   0.11018  0.070832   0.070263
Inertia   0.000191 0.000355 0.000035   0.00187  0.000805   0.000297
```

```
Dim. 1  -0.441611  0.706110  -0.023125  -1.88202  1.204076   1.093941
Dim. 2  -0.940685  0.281149   1.325916   0.15096  0.426479  -2.644450
Columns:
             x1        x2         x3        x4         x5        x6
Mass     0.17560  0.169743  0.170077  0.165629  0.161004   0.15795
ChiDist  0.08478  0.052191  0.017941  0.027724  0.052149   0.08763
Inertia  0.00126  0.000462  0.000055  0.000127  0.000438   0.00121
Dim. 1   1.43757  0.870701  0.253596 -0.414733 -0.876788  -1.47840
Dim. 2  -0.37778 -0.341439 -0.092096  1.501658  0.951500  -1.65851
```

在以上结果中:Dim.1和Dim.2是提取的两个因子对行、列变量的因子载荷(行列得分)。

(2)使用函数plot()提取对应分析的结果——画散点图。

```
> plot(a)
```

结果见图11-3。

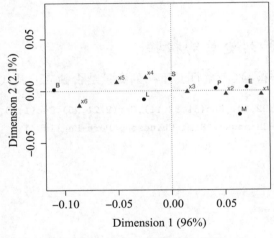

图11-3 行点和列点的散点图

在图11-3中x_1、x_2、x_3、x_4、x_5、x_6分别代表1973、1974、1975、1976、1977、1978年的数据。

由图11-3可看出,6个行点(学科)和6个列点(年份)可以分为三类,其对应关系与对应分析——方法1相同。

以上的对应分析——方法1和对应分析——方法2的结果是一致的于(方法1中的行列得分与方法2中的Dim.1和Dim.2是一致的,图11-2和图11-3也是一致的)。

11.5 汉字读写能力与数学成绩的对应分析

在研究读写汉字能力与数学的关系的研究时,人们取得了232个美国亚裔学生的数学成绩和汉字读写能力的数据。关于汉字读写能力的变量有三个水平:"纯汉字"意味着可以完全自由使用纯汉字读写,"半汉字"意味着读写中只有部分汉字(比如日文),而"纯英文"意味着只能够读写英文而不会汉字。而数学成绩有4个水平(A、B、C、F)。这里只选取亚裔学生是为了消除文化差异所造成的影响。这项研究是为了考察汉字具有的抽象图形符号的特性是否会促进儿童空间和抽象思维能力。汉字读写能力与数学成绩(列联表形式数据)如表11-3所示。

表11-3　汉字读写能力与数学成绩的关系

y/x	A	B	C	F	合计
纯汉字	47	31	2	1	81
半汉字	22	32	21	10	85
纯英文	10	11	25	20	66
合计	79	74	48	31	232

说明:在表11-3中y表示汉字读写能力(分为纯汉字、半汉字和纯英文),x表示数学成绩(分为A、B、C和F)。

11.5.1　行变量和列变量的检验

根据表11-3进行χ^2检验(考察行变量和列变量是否独立),其代码如下:

```
> ch=data.frame(A=c(47,22,10),B=c(31,32,11),C=c(2,21,25),F=c(1,10,20))
> rownames(ch)=c("Pure-Chinese","Semi-Chinese","Pure-English")
> chisq.test(ch)
```

结果如下

```
Pearson's Chi-squared test
data:  ch
X-squared = 75.312,df = 6,p-value = 3.31e-14
```

由于p值远小于0.05,所以行变量和列变量不独立,即汉字读写能力和数学成绩有密切关系,可以进一步进行对应分析。

11.5.2　行变量和列变量的对应分析

进行对应分析,其代码如下:

```
> library(MASS)
> ch.ca=corresp(ch,nf=2)
> options(digits=4)
> ch.ca
```

结果如下：

```
First canonical correlation(s): 0.5521 0.1409

Row scores:
                 [,1]     [,2]
Pure-Chinese   1.2069   0.6383
Semi-Chinese  -0.1368  -1.3079
Pure-English  -1.3051   0.9010

Column scores:
     [,1]      [,2]
A  0.9325   0.9196
B  0.4573  -1.1655
C -1.2486  -0.5417
F -1.5346   1.2773
```

分析结果给出了两个因子对应行变量、列变量的载荷系数（也就是行列得分）。

11.5.3 对应分析的散点图

使用函数biplot()提取对应分析的散点图，其代码如下：

```
> biplot(corresp(ch,nf=2))
```

结果见图11-4。

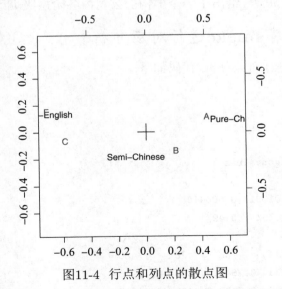

图11-4 行点和列点的散点图

从图11-4可以看出，"Pure-Chinese"（纯汉字）和数学成绩A最接近，说明数学好的人可以自如地进行纯汉字读写；"Pure-English"（纯英文）与数学成绩F非常接近，说明数学差的人不会汉字只会英文；而"Semi-Chinese"（半汉字）介于数学成绩B和C之间，说明会部分汉字的学生数学成绩一般。

11.6 smoke数据集的对应分析

以下对smoke数据集进行对应分析。

11.6.1 查看smoke数据集的信息

查看smoke数据集的信息,代码如下:

```
> library(ca)
> data("smoke")
> smoke
```

结果如下:

```
   none light medium heavy
SM    4     2      3     2
JM    4     3      7     4
SE   25    10     12     4
JE   18    24     33    13
SC   10     6      7     2
```

这个数据集来自Greenacre(1984),被应用于多个统计软件作为对应分析的说明案例数据。它的内容是一个5行(阶层:SM、JM、SE、JE和SC)4列(吸烟习惯:none、light、medium和heavy)的列联表,给出了一个虚构的公司内各阶层吸烟习惯的频数。

11.6.2 对数据集smoke进行对应分析

对数据集smoke进行对应分析,代码如下:

```
> ca(smoke)
```

结果如下:

```
Principal inertias (eigenvalues):
             1          2          3
Value    0.074759  0.010017  0.000414
Percentage 87.76%    11.76%     0.49%
Rows:
             SM        JM        SE        JE        SC
Mass     0.05699   0.0933    0.2642    0.4560    0.12953
ChiDist  0.21656   0.3569    0.3808    0.2400    0.21617
Inertia  0.00267   0.0119    0.0383    0.0263    0.00605
Dim. 1  -0.24054   0.9471   -1.3920    0.8520   -0.73546
Dim. 2  -1.93571  -2.4310   -0.1065    0.5769    0.78843
Columns:
```

```
           none   light medium   heavy
Mass     0.3161 0.23316 0.3212  0.1295
ChiDist  0.3945 0.17400 0.1981  0.3551
Inertia  0.0492 0.00706 0.0126  0.0163
Dim. 1  -1.4385 0.36375 0.7180  1.0744
Dim. 2  -0.3047 1.40943 0.0735 -1.9760
```

11.6.3　行的标准坐标

求行的标准坐标,其代码如下:

```
> ca(smoke)$rowcoord
```

结果如下:

```
      Dim1   Dim2   Dim3
SM -0.241 -1.936  3.490
JM  0.947 -2.431 -1.657
SE -1.392 -0.107 -0.254
JE  0.852  0.577  0.163
SC -0.735  0.788 -0.397
```

11.6.4　提取有关计算结果

提取有关计算结果,其代码如下

```
> summary(ca(smoke))
```

结果如下:

```
Principal inertias (eigenvalues):

dim    value      %    cum%   scree plot
1    0.074759   87.8   87.8   **********************
2    0.010017   11.8   99.5   ***
3    0.000414    0.5  100.0
-------- -----
Total: 0.085190 100.0
```

```
Rows:
    name   mass  qlt  inr    k=1  cor ctr    k=2  cor ctr
1 |   SM |   57  893   31 |   -66   92   3 |  -194  800 214 |
2 |   JM |   93  991  139 |   259  526  84 |  -243  465 551 |
3 |   SE |  264 1000  450 |  -381  999 512 |   -11    1   3 |
4 |   JE |  456 1000  308 |   233  942 331 |    58   58 152 |
5 |   SC |  130  999   71 |  -201  865  70 |    79  133  81 |
```

```
Columns:
     name  mass  qlt   inr   k=1 cor ctr    k=2 cor ctr
1 | none |  316 1000   577 | -393 994 654 |  -30   6  29 |
2 | lght |  233  984    83 |   99 327  31 |  141 657 463 |
3 | medm |  321  983   148 |  196 982 166 |    7   1   2 |
4 | hevy |  130  995   192 |  294 684 150 | -198 310 506 |
```

11.6.5　绘制对应分析的散点图

绘制对应分析的散带点图,其代码如下:

```
> plot(ca(smoke))
```

结果见图11-5。

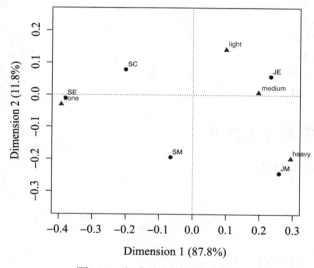

图11-5　行点和列点的散点图

从图11-5(在纵向零点线)的左右可以看出,左边是SE、SC和SM三个阶层与吸烟习惯none对应,右边是JE和JM两个阶层与吸烟习惯light、medium和heavy对应。

从图11-5还可以看出,SE阶层的吸烟习惯更接近于none,JE阶层的吸烟习惯更接近于medium,JM阶层的吸烟习惯是更接近于heavy。

11.6.6　行作为主坐标列作为标准坐标的情形

行作为主坐标列作为标准坐标的情形,代码如下:

```
> plot(ca(smoke),mass = TRUE,contrib = "absolute",map = "rowgreen",arrows =
    c(FALSE,TRUE))
```

结果见图11-6。

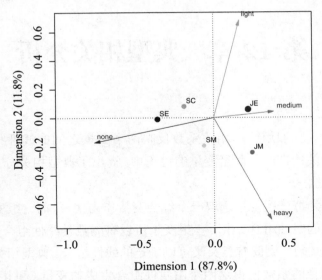

图11-6 行点和列点的散点图(行作为主坐标列作为标准坐标)

当我们从中心向任意两个点(相同类别)做向量的时候,它们的夹角越小越相似。从图11-6可以看出,JE和JM两个阶层的吸烟习惯相似(或接近),SE和SC两个阶层的吸烟习惯相似(或接近),SM和JM两个阶层的吸烟习惯相似(或接近)。

从图11-5和图11-6(或前面的计算)看到,第一维度Dimension1解释了列联表的87.8%,第二维度 Dimension2 解释了列联表的11.8%,说明在两个维度上已经能够说明数据的99.6%,效果是比较理想的。

11.7 思考与练习题

1. 举例并简要说明对应分析和因子分析有什么不同。

2. 简要叙述对应分析的基本思想,并举例说明对应分析的意义与作用。

3. 举例并简要说明对应分析的原理、依据、计算步骤。

4. 结合本章中的"文化程度和就业观点",收集近些年的有关数据进行对应分析。

5. 结合本章中的"美国授予哲学博士学位的对应分析",收集我国近些年博士学位的有关数据进行对应分析。

6. 结合本章中的"对应分析在品牌定位研究中的应用研究",收集你感兴趣问题的数据,并完成该问题的对应分析。

7. caith 是R软件自带的数据集,请对该数据集进行展示和描述,并研究可否对该数据集进行对应分析。如果可以,请对该数据集进行对应分析。

第 12 章 典型相关分析

在统计分析中,我们用简单相关系数反映两个变量之间的线性相关关系。1936年Hotelling将线性相关性推广到两组变量的讨论中,提出了典型相关分析(canonical correlation analysis)方法。

现在的问题是为每一组变量选取一个综合变量作为代表,而一组变量最简单的综合形式就是该组变量的线性组合。由于一组变量可以有无数种线性组合(线性组合由相应的系数确定),因此必须找到既有意义又可以确定的线性组合。典型相关分析就是要找到这两组变量线性组合的系数使得这两个由线性组合生成的变量(和其他线性组合相比)之间的相关系数最大。

12.1 典型相关分析的基本思想

典型相关分析是仿照主成分分析法中把多变量与多变量之间的相关化为两个变量之间相关的做法,首先在每组变量内部找出具有最大相关性的一对线性组合,然后再在每组变量内找出第二对线性组合,使其本身具有最大的相关性,并分别与第一对线性组合不相关。如此下去,直到两组变量内各变量之间的相关性被提取完毕为止。有了这些最大相关的线性组合,则讨论两组变量之间的相关,就转化为研究这些线性组合的最大相关,从而减少了研究变量的个数。

通常情况下,为了研究两组变量

$$(x_1, x_2, \cdots x_p), (y_1, y_2, \cdots y_q)$$

的相关关系,可以用最原始的方法,分别计算两组变量之间的全部相关系数,一共有pq个简单相关系数,这样又烦琐又不能抓住问题的本质。如果能够采用类似于主成分分析的思想,分别找出两组变量的各自的某个线性组合,讨论线性组合之间的相关关系,则更简洁。

首先分别在每组变量中找出第一对线性组合,使其具有最大相关性,即

$$\begin{cases} u_1 = \alpha_{11}x_1 + \alpha_{21}x_2 + \cdots + \alpha_{p1}x_p \\ v_1 = \beta_{11}y_1 + \beta_{21}y_2 + \cdots + \beta_{q1}y_q \end{cases}$$

然后再在每组变量中找出第二对线性组合,使其分别与本组内的第一对线性组合不

相关,第二对本身具有次大的相关性,有

$$\begin{cases} u_2 = \alpha_{12}x_1 + \alpha_{22}x_2 + \cdots + \alpha_{p2}x_p \\ v_2 = \beta_{12}y_1 + \beta_{22}y_2 + \cdots + \beta_{q2}y_q \end{cases}$$

u_2 与 u_1、v_2 与 v_1 不相关,但 u_2 和 v_2 相关。如此继续下去,直至进行到 r 步,两组变量的相关性被提取完为止,可以得到 r 组变量,这里 $r \leqslant \min(p,q)$。

12.2   典型相关的数学描述

实际问题中,需要考虑两组变量之间的相关关系的问题很多,例如,考虑几种主要产品的价格(作为第一组变量)和相应这些产品的销售量(作为第二组变量)之间的相关关系;考虑投资性变量(如劳动者人数、货物周转量、生产建设投资等)与国民收入变量(如工农业国民收入、运输业国民收入、建筑业国民收入等)之间的相关关系。

复相关系数描述两组随机变量 $\boldsymbol{X} = (x_1, x_2, \cdots x_p)^{\mathrm{T}}$、$\boldsymbol{Y} = (y_1, y_2, \cdots y_q)^{\mathrm{T}}$ 之间的相关程度。其思想是先将每一组随机变量做线性组合,成为两个随机变量:

$$\boldsymbol{u} = \boldsymbol{\rho}^{\mathrm{T}}\boldsymbol{X} = \sum_{i=1}^{p} \rho_i x_i, \quad \boldsymbol{v} = \boldsymbol{\gamma}^{\mathrm{T}}\boldsymbol{Y} = \sum_{j=1}^{q} \gamma_j y_j$$

再研究 $\boldsymbol{u}$ 与 $\boldsymbol{v}$ 的相关系数。由于 v, u 与投影向量 $\boldsymbol{\rho}$, $\boldsymbol{\gamma}$ 有关,所以 $r_{uv} = r_{uv}(\boldsymbol{\rho}, \boldsymbol{\gamma})$。取在 $\boldsymbol{\rho}^{\mathrm{T}}\boldsymbol{\Sigma}_{XX}\boldsymbol{\rho} = 1$ 和 $\boldsymbol{\gamma}^{\mathrm{T}}\boldsymbol{\Sigma}_{YY}\boldsymbol{\gamma} = 1$ 的条件下使 r_{uv} 达到最大的 $\boldsymbol{\rho}, \boldsymbol{\gamma}$ 作为投影向量,这样得到的相关系数为复相关系数。

将两组变量的协方差矩阵分块得:

$$\mathrm{Cov}\begin{pmatrix} \boldsymbol{X} \\ \boldsymbol{Y} \end{pmatrix} = \begin{pmatrix} \mathrm{Var}(\boldsymbol{X}) & \mathrm{Cov}(\boldsymbol{X}, \boldsymbol{Y}) \\ \mathrm{Cov}(\boldsymbol{Y}, \boldsymbol{X}) & \mathrm{Var}(\boldsymbol{Y}) \end{pmatrix} = \begin{pmatrix} \boldsymbol{\Sigma}_{XX} & \boldsymbol{\Sigma}_{XY} \\ \boldsymbol{\Sigma}_{YX} & \boldsymbol{\Sigma}_{YY} \end{pmatrix}$$

此时

$$r_{uv} = \frac{\mathrm{Cov}(\boldsymbol{\rho}^{\mathrm{T}}\boldsymbol{X}, \boldsymbol{\gamma}^{\mathrm{T}}\boldsymbol{Y})}{\sqrt{\mathrm{Var}(\boldsymbol{\rho}^{\mathrm{T}}\boldsymbol{X})}\sqrt{\mathrm{Var}(\boldsymbol{\gamma}^{\mathrm{T}}\boldsymbol{Y})}} = \frac{\boldsymbol{\rho}^{\mathrm{T}}\boldsymbol{\Sigma}_{XY}\boldsymbol{\gamma}}{\sqrt{\boldsymbol{\rho}^{\mathrm{T}}\boldsymbol{\Sigma}_{XX}\boldsymbol{\rho}}\sqrt{\boldsymbol{\gamma}^{\mathrm{T}}\boldsymbol{\Sigma}_{YY}\boldsymbol{\gamma}}} = \boldsymbol{\rho}^{\mathrm{T}}\boldsymbol{\Sigma}_{XY}\boldsymbol{\gamma}$$

因此问题转化为在 $\boldsymbol{\rho}^{\mathrm{T}}\boldsymbol{\Sigma}_{XX}\boldsymbol{\rho} = 1$ 和 $\boldsymbol{\gamma}^{\mathrm{T}}\boldsymbol{\Sigma}_{YY}\boldsymbol{\gamma} = 1$ 的条件下求 $\boldsymbol{\rho}^{\mathrm{T}}\boldsymbol{\Sigma}_{XY}\boldsymbol{\gamma}$ 的极大值。

根据条件极值法引入Lagrange乘数,可将问题转化为求

$$S(\boldsymbol{\rho}, \boldsymbol{\gamma}) = \boldsymbol{\rho}^{\mathrm{T}}\boldsymbol{\Sigma}_{XY}\boldsymbol{\gamma} - \frac{\lambda}{2}(\boldsymbol{\rho}^{\mathrm{T}}\boldsymbol{\Sigma}_{XX}\boldsymbol{\rho} - 1) - \frac{\omega}{2}(\boldsymbol{\gamma}^{\mathrm{T}}\boldsymbol{\Sigma}_{YY}\boldsymbol{\gamma} - 1)$$

的极大值,其中 λ, ω 是Lagrange乘数。

由极值的必要条件得方程组:

$$\begin{cases} \dfrac{\partial S}{\partial \rho} = \boldsymbol{\Sigma}_{XY}\boldsymbol{\gamma} - \lambda\boldsymbol{\Sigma}_{XX}\boldsymbol{\rho} = 0 \\ \dfrac{\partial S}{\partial \gamma} = \boldsymbol{\Sigma}_{YX}\boldsymbol{\rho} - \omega\boldsymbol{\Sigma}_{YY}\boldsymbol{\gamma} = 0 \end{cases} \tag{12.2.1}$$

将上两式分别左乘 $\boldsymbol{\rho}^{\mathrm{T}}$ 与 $\boldsymbol{\gamma}^{\mathrm{T}}$,则得:

$$\begin{cases} \boldsymbol{\rho}^{\mathrm{T}}\boldsymbol{\Sigma}_{XY}\boldsymbol{\gamma} = \lambda\boldsymbol{\rho}^{\mathrm{T}}\boldsymbol{\Sigma}_{XX}\boldsymbol{\rho} = \lambda \\ \boldsymbol{\gamma}^{\mathrm{T}}\boldsymbol{\Sigma}_{YX}\boldsymbol{\rho} = \omega\boldsymbol{\gamma}^{\mathrm{T}}\boldsymbol{\Sigma}_{YY}\boldsymbol{\gamma} = \omega \end{cases}$$

注意$\Sigma_{XY} = \Sigma_{YX}^{\mathrm{T}}$，所以$\lambda = \omega = \boldsymbol{\rho}^{\mathrm{T}}\Sigma_{XY}\boldsymbol{\gamma}$。代入（12.2.1）得到

$$\begin{cases} \Sigma_{XY}\boldsymbol{\gamma} - \lambda\Sigma_{XX}\boldsymbol{\rho} = 0 \\ \Sigma_{YX}\boldsymbol{\rho} - \lambda\Sigma_{YY}\boldsymbol{\gamma} = 0 \end{cases} \tag{12.2.2}$$

用Σ_{YY}^{-1}左乘方程组（12.2.2）的第二式，得$\lambda\boldsymbol{\gamma} = \Sigma_{YY}^{-1}\Sigma_{YX}\boldsymbol{\rho}$，所以

$$\boldsymbol{\gamma} = \frac{1}{\lambda}\Sigma_{YY}^{-1}\Sigma_{YX}\boldsymbol{\rho}$$

代入方程组（12.2.2）的第一式，得

$$(\Sigma_{XY}\Sigma_{YY}^{-1}\Sigma_{YX} - \lambda^2\Sigma_{XX})\boldsymbol{\rho} = 0$$

同理可得

$$(\Sigma_{YX}\Sigma_{XX}^{-1}\Sigma_{XY} - \lambda^2\Sigma_{YY})\boldsymbol{\gamma} = 0$$

记

$$\boldsymbol{M}_1 = \Sigma_{XX}^{-1}\Sigma_{XY}\Sigma_{YY}^{-1}\Sigma_{YX}, \quad \boldsymbol{M}_2 = \Sigma_{YY}^{-1}\Sigma_{YX}\Sigma_{XX}^{-1}\Sigma_{XY}, \tag{12.2.3}$$

则有

$$\boldsymbol{M}_1\boldsymbol{\rho} = \lambda^2\boldsymbol{\rho}, \quad \boldsymbol{M}_2\boldsymbol{\gamma} = \lambda^2\boldsymbol{\gamma} \tag{12.2.4}$$

（12.2.4）说明λ^2既是$\boldsymbol{M}_1$又是$\boldsymbol{M}_2$的特征根，$\boldsymbol{\rho}$、$\boldsymbol{\gamma}$就是其相应于$\boldsymbol{M}_1$和$\boldsymbol{M}_2$的特征向量。$\boldsymbol{M}_1$和$\boldsymbol{M}_2$的特征根非负，均在$[0,1]$上，非零特征根的个数等于$\min(p,q)$，不妨设为q。

设$\boldsymbol{M}_1\boldsymbol{\rho} = \lambda^2\boldsymbol{\rho}$的特征根排序为$\lambda_1^2 \geqslant \lambda_2^2 \geqslant \cdots \geqslant \lambda_q^2$，其余$p - q$个特征根为0，称$\lambda_1\lambda_2, \cdots \lambda_q$为典型相关系数。相应地，从$\boldsymbol{M}_1\boldsymbol{\rho} = \lambda^2\boldsymbol{\rho}$解出的特征向量为$\boldsymbol{\rho}^{(1)}, \boldsymbol{\rho}^{(2)} \cdots, \boldsymbol{\rho}^{(q)}$，从$\boldsymbol{M}_2\boldsymbol{\gamma} = \lambda^2\boldsymbol{\gamma}$解出的特征向量为$\boldsymbol{\gamma}^{(1)}, \boldsymbol{\gamma}^{(2)} \cdots, \boldsymbol{\gamma}^{(q)}$，从而可得$q$对线性组合

$$u_i = \boldsymbol{\rho}^{(i)\mathrm{T}}\boldsymbol{X}, \quad v_i = \boldsymbol{\gamma}^{(i)\mathrm{T}}\boldsymbol{Y}, i = 1, 2, \cdots, q$$

称每一对变量为典型变量。求典型相关系数和典型变量归结为求$\boldsymbol{M}_1$和$\boldsymbol{M}_2$的特征根和特征向量。

还可以证明，当$i \neq j$时，有

$$\mathrm{Cov}(u_i, u_j) = \mathrm{Cov}(\boldsymbol{\rho}^{(i)\mathrm{T}}\boldsymbol{X}, \boldsymbol{\rho}^{(j)\mathrm{T}}\boldsymbol{X}) = \boldsymbol{\rho}^{(i)\mathrm{T}}\Sigma_{XX}\boldsymbol{\rho}^{(j)} = 0$$

$$\mathrm{Cov}(v_i, v_j) = \mathrm{Cov}(\boldsymbol{\gamma}^{(i)\mathrm{T}}\boldsymbol{Y}, \boldsymbol{\gamma}^{(j)\mathrm{T}}\boldsymbol{Y}) = \boldsymbol{\gamma}^{(i)\mathrm{T}}\Sigma_{YY}\boldsymbol{\gamma}^{(j)} = 0$$

表示一切典型变量都是不相关的，并且其方差为1，即

$$\mathrm{Cov}(u_i, u_j) = \delta_{ij}$$

$$\mathrm{Cov}(v_i, v_j) = \delta_{ij}$$

其中

$$\delta_{ij} = \begin{cases} 1, & i = j \\ 0 & i \neq j \end{cases}$$

$\boldsymbol{X}$与$\boldsymbol{Y}$的同一对典型变量u_i和v_i之间的相关系数为λ_i，不同对的典型变量u_i和$v_j(i \neq j)$之

间不相关，也就是说协方差为0，即：

$$\operatorname{Cov}(u_i, v_j) = \begin{cases} \lambda_i, & i = j \\ 0 & i \neq j \end{cases}$$

当总体的均值向量$\boldsymbol{\mu}$和协差矩阵$\boldsymbol{\Sigma}$未知时，无法求总体的典型相关系数和典型变量，因而需要给出样本的典型相关系数和典型变量。

设$X_{(1)}, X_{(2)}, \cdots X_{(n)}, Y_{(1)}, Y_{(2)}, \cdots Y_{(n)}$为来自总体容量为$n$的样本，这时协方差矩阵的无偏估计为：

$$\widehat{\Sigma}_{\boldsymbol{XX}} = \frac{1}{n-1} \sum_{i=1}^{n} (X_{(i)} - \overline{\boldsymbol{X}})(X_{(i)} - \overline{\boldsymbol{X}})^{\mathrm{T}},$$

$$\widehat{\Sigma}_{\boldsymbol{YY}} = \frac{1}{n-1} \sum_{i=1}^{n} (Y_{(i)} - \overline{\boldsymbol{Y}})(Y_{(i)} - \overline{\boldsymbol{Y}})^{\mathrm{T}},$$

$$\widehat{\Sigma}_{\boldsymbol{XY}} = \widehat{\Sigma}_{\boldsymbol{XY}}^{\mathrm{T}} = \frac{1}{n-1} \sum_{i=1}^{n} (X_{(i)} - \overline{X})(Y_{(i)} - \overline{\boldsymbol{Y}})^{\mathrm{T}}$$

其中$\overline{\boldsymbol{X}} = \frac{1}{n} \sum_{i=1}^{n} \boldsymbol{X}_{(i)}, \overline{\boldsymbol{Y}} = \frac{1}{n} \sum_{i=1}^{n} \boldsymbol{Y}_{(i)}$，用$\widehat{\Sigma}$代替$\Sigma$并按（12.2.3）和（12.2.4）求出$\widehat{\lambda}_i$和$\widehat{\rho}$、$\widehat{\gamma}$，称$\widehat{\lambda}_i$为样本的典型相关系数，称$\widehat{u}_i = \widehat{\rho}^{(i)\mathrm{T}} X$、$\widehat{v}_i = \widehat{\gamma}^{(i)\mathrm{T}} \boldsymbol{Y}(i = 1, 2, \cdots, q)$为样本的典型变量。

计算时也可从样本的相关系数矩阵出发求样本的典型相关系数和典型变量，将相关系数矩阵取代协方差阵，计算过程是一样的。

如果复相关系数中的一个变量是一维的，那么也可以称为偏相关系数。偏相关系数是描述一个随机变量y与多个随机变量（一组随机变量）$\boldsymbol{X} = (x_1, x_2, \cdots x_p)^{\mathrm{T}}$之间的关系。其思想是先将那一组随机变量做线性组合，成为一个随机变量

$$\boldsymbol{u} = \boldsymbol{c}^{\mathrm{T}} X = \sum_{i=1}^{p} c_i x_i$$

再研究y与u的相关系数。由于$\boldsymbol{u}$与投影向量$\boldsymbol{c}$有关，所以 $r_{yu} = r_{yu}(c)$ 与$\boldsymbol{c}$有关。我们取在$c^{\mathrm{T}} \Sigma_{XX} c = 1$的条件下使$r_{yu}$达到最大的$\boldsymbol{c}$作为投影向量得到的相关系数为偏相关系数

$$r_{yu} = \max r_{yu}(\boldsymbol{c})$$

其余推导、计算过程与复相关系数类似。

12.3　原始变量与典型变量之间的相关性

（1）原始变量与典型变量之间的相关系数

设原始变量相关系数矩阵

$$\boldsymbol{R} = \begin{pmatrix} R_{11} & R_{12} \\ R_{21} & R_{22} \end{pmatrix}$$

X 典型变量系数矩阵

$$\boldsymbol{\Lambda} = (\rho^{(1)}, \rho^{(2)} \cdots, \rho^{(s)})_{p \times s} = \begin{pmatrix} \alpha_{11} & \alpha_{12} & \dots & \alpha_{1s} \\ \alpha_{21} & \alpha_{22} & \dots & \alpha_{2s} \\ \vdots & \vdots & & \vdots \\ \alpha_{p1} & \alpha_{p2} & \dots & \alpha_{ps} \end{pmatrix}$$

Y 典型变量系数矩阵

$$\boldsymbol{\Gamma} = (\gamma^{(1)}, \gamma^{(2)} \cdots, \gamma^{(s)})_{q \times s} = \begin{pmatrix} \beta_{11} & \beta_{12} & \dots & \beta_{1s} \\ \beta_{21} & \beta_{22} & \dots & \beta_{2s} \\ \vdots & \vdots & & \vdots \\ \beta_{s1} & \beta_{q2} & \dots & \beta_{qs} \end{pmatrix}$$

则有

$$\mathrm{Cov}(x_i, u_j) = \mathrm{Cov}(x_i, \sum_{k=1}^{p} \alpha_{kj} x_k) = \sum_{k=1}^{p} \alpha_{kj} \mathrm{Cov}(x_i, x_k), j = 1, 2, \cdots, s$$

x_i 与 u_j 的相关系数

$$r(x_i, u_j) = \sum_{k=1}^{p} \alpha_{kj} \frac{\mathrm{Cov}(x_i, x_k)}{\sqrt{\mathrm{Var}(x_i)}}, j = 1, 2, \cdots, s$$

同理可计算得：

$$r(x_i, v_j) = \sum_{k=1}^{q} \beta_{kj} \frac{\mathrm{Cov}(x_i, y_k)}{\sqrt{\mathrm{Var}(x_i)}}, j = 1, 2, \cdots, s$$

$$r(y_i, u_j) = \sum_{k=1}^{p} \alpha_{kj} \frac{\mathrm{Cov}(y_i, x_k)}{\sqrt{\mathrm{Var}(y_i)}}, j = 1, 2, \cdots, s$$

$$r(y_i, v_j) = \sum_{k=1}^{q} \beta_{kj} \frac{\mathrm{Cov}(y_i, y_k)}{\sqrt{\mathrm{Var}(y_i)}}, j = 1, 2, \cdots, s$$

（2）各组原始变量被典型变量所解释的方差

X 组原始变量被 u_i 解释的方差比例

$$m_{u_i} = \sum_{k=1}^{p} r^2(u_i, x_k)/p$$

X 组原始变量被 v_i 解释的方差比例

$$m_{v_i} = \sum_{k=1}^{p} r^2(v_i, x_k)/p$$

Y 组原始变量被 u_i 解释的方差比例

$$n_{u_i} = \sum_{k=1}^{q} r^2(u_i, y_k)/q$$

Y 组原始变量被v_i解释的方差比例

$$n_{v_i} = \sum_{k=1}^{q} r^2(v_i, y_k)/q$$

12.4　典型相关系数的检验

在实际应用中,总体的协方差矩阵常常是未知的,需要从总体中抽出一个样本,根据样本对总体的协方差或相关系数矩阵进行估计,然后利用估计得到的协方差或相关系数矩阵进行分析。由于估计中抽样误差的存在,所以估计以后还需要进行有关的假设检验。

（1）计算样本的协方差矩阵

假设有X组和Y组变量,样本容量为n,观测值矩阵为

$$\begin{pmatrix} a_{11} & \dots & a_{1p} & b_{11} & \dots & b_{1q} \\ a_{21} & \dots & a_{2p} & b_{21} & \dots & b_{2q} \\ \vdots & & \vdots & \vdots & & \vdots \\ a_{n1} & \dots & a_{np} & b_{n1} & \dots & b_{nq} \end{pmatrix}_{n \times (p+q)}$$

对应的标准化数据矩阵为

$$\boldsymbol{C} = \begin{pmatrix} \dfrac{a_{11}-\overline{x}_1}{\sigma_x^1} & \cdots & \dfrac{a_{1p}-\overline{x}_p}{\sigma_x^p} & \dfrac{b_{11}-\overline{y}_1}{\sigma_y^1} & \cdots & \dfrac{b_{1q}-\overline{y}_q}{\sigma_y^q} \\ \dfrac{a_{21}-\overline{x}_1}{\sigma_x^1} & \cdots & \dfrac{a_{2p}-\overline{x}_p}{\sigma_x^p} & \dfrac{b_{21}-\overline{y}_1}{\sigma_y^1} & \cdots & \dfrac{b_{2q}-\overline{y}_q}{\sigma_y^q} \\ \vdots & & \vdots & \vdots & & \vdots \\ \dfrac{a_{n1}-\overline{x}_1}{\sigma_x^1} & \cdots & \dfrac{a_{np}-\overline{x}_p}{\sigma_x^p} & \dfrac{b_{n1}-\overline{y}_1}{\sigma_y^1} & \cdots & \dfrac{b_{nq}-\overline{y}_q}{\sigma_y^q} \end{pmatrix}_{n \times (p+q)}$$

样本的协方差矩阵

$$\widehat{\boldsymbol{\Sigma}} = \frac{1}{n-1} \boldsymbol{C}^{\mathrm{T}} \boldsymbol{C} = \begin{pmatrix} \widehat{\boldsymbol{\Sigma}}_{XX} & \widehat{\boldsymbol{\Sigma}}_{XY} \\ \widehat{\boldsymbol{\Sigma}}_{YX} & \widehat{\boldsymbol{\Sigma}}_{YY} \end{pmatrix}$$

（2）整体检验（$H_0: \boldsymbol{\Sigma}_{XY} = 0, H_1: \boldsymbol{\Sigma}_{XY} \neq 0$）

$H_0: \lambda_1 = \lambda_2 = \cdots = \lambda_s = 0, s = min(p, q)$,　$H_0: \lambda_i(i = 1, 2, \cdots s)$至少有一个非零。

记

$$\Lambda_1 = \frac{|\widehat{\boldsymbol{\Sigma}}|}{|\widehat{\boldsymbol{\Sigma}}_{XX}||\widehat{\boldsymbol{\Sigma}}_{YY}|}$$

经计算得

$$\Lambda_1 = |I_p - \widehat{\boldsymbol{\Sigma}}_{XX}^{-1}\widehat{\boldsymbol{\Sigma}}_{XY}\widehat{\boldsymbol{\Sigma}}_{YY}^{-1}\widehat{\boldsymbol{\Sigma}}_{YX}| = \prod_{i=1}^{s}(1-\lambda_i)^2$$

在原假设为真的情况下,检验的统计量

$$Q_1 = -\left[n - 1 - \frac{1}{2}(p + q + 1)\right] \ln \Lambda_1$$

近似服从自由度为pq 的χ^2分布。在给定的显著水平α下,如果$Q_1 \geqslant \chi_\alpha^2(pq)$,则拒绝原假设,认为至少第一对典型变量之间的相关性显著。

(3)部分总体典型相关系数为零的检验

$$H_0: \lambda_2 = \lambda_3 = \cdots = \lambda_s = 0, \quad H_1: \lambda_i(i = 2, 3, \cdots s)至少有一个非零。$$

若原假设H_0被接受,则认为只有第一对典型变量是有用的;若原假设H_0被拒绝,则认为第二对典型变量也是有用的,并进一步检验假设

$$H_0: \lambda_3 = \lambda_4 = \cdots = \lambda_s = 0 \quad H_1: \lambda_i(i = 3, 4, \cdots, s)至少有一个非零。$$

如此进行下去,直至对某个k

$$H_0: \lambda_k = \lambda_{k+1} = \cdots = \lambda_s = 0, \quad H_1: \lambda_i(i = k, k + 1, \cdots, s)至少有一个非零。$$

记

$$\Lambda_k = \prod_{i=k}^{s} (1 - \lambda_i)^2$$

在原假设为真的情况下,检验的统计量

$$Q = -\left[n - k - \frac{1}{2}(p + q + 1)\right] \ln \Lambda_k$$

近似服从自由度为$(p - k + 1)(q - k + 1)$ 的χ^2分布。在给定的显著水平α下,如果$Q \geqslant \chi_\alpha^2[(p - k + 1)(q - k + 1)]$,则拒绝原假设,认为至少第$k$对典型变量之间的相关性显著。

12.5　康复俱乐部数据的典型相关分析

某康复俱乐部对20名中年人测量了三个生理指标:体重(x_1)、腰围(x_2)、脉搏(x_3)和三个训练指标:引体向上(y_1)、起从次数(y_2)、跳跃次数(y_3)。其相关系数矩阵数据见表12-1,试对这组数据进行典型相关分析。

表12-1　相关系数矩阵数据

序号	x_1	x_2	x_3	y_1	y_2	y_3	序号	x_1	x_2	x_3	y_1	y_2	y_3
1	191	36	50	5	162	60	11	189	37	52	2	110	60
2	193	38	58	12	101	101	12	162	35	62	12	105	37
3	189	35	46	13	155	58	13	182	36	56	4	101	42
4	211	38	56	8	101	38	14	167	34	60	6	125	40
5	176	31	74	15	200	40	15	154	33	56	17	251	250
6	169	34	50	17	120	38	16	166	33	52	13	210	115
7	154	34	64	14	215	105	17	247	46	50	1	50	50

续表

序号	x_1	x_2	x_3	y_1	y_2	y_3	序号	x_1	x_2	x_3	y_1	y_2	y_3
8	193	36	46	6	70	31	18	202	37	62	12	210	120
9	176	37	54	4	60	25	19	157	32	52	11	230	80
10	156	33	54	15	225	73	20	138	33	68	2	110	43

12.5.1 典型相关系数、典型载荷的计算

用数据框输入数据,为了消除数据量级的影响,先将数据标准化,再调用函数cancor()进行计算,其代码如下:

```
> test<-data.frame(
X1=c(191,193,189,211,176,169,154,193,176,156,
189,162,182,167,154,166,247,202,157,138),
X2=c(36,38,35,38,31,34,34,36,37,33,
37,35,36,34,33,33,46,37,32,33),
X3=c(50,58,46,56,74,50,64,46,54,54,
52,62,56,60,56,52,50,62,52,68),
Y1=c( 5,12,13,8,15,17,14,6,4,15,
2,12,4,6,17,13,1,12,11,2),
Y2=c(162,101,155,101,200,120,215,70,60,225,
110,105,101,125,251,210,50,210,230,110),
Y3=c(60,101,58,38,40,38,105,31,25,73,
60,37,42,40,250,115,50,120,80,43)
)
> test<-scale(test)
> ca<-cancor(test[,1:3],test[,4:6])
> ca
```

计算结果为:

```
$cor
[1] 0.79560815 0.20055604 0.07257029

$xcoef
          [,1]          [,2]          [,3]
X1 -0.17788841 -0.43230348 -0.04381432
X2  0.36232695  0.27085764  0.11608883
X3 -0.01356309 -0.05301954  0.24106633

$ycoef
          [,1]          [,2]          [,3]
```

```
Y1 -0.08018009 -0.08615561 -0.29745900
Y2 -0.24180670  0.02833066  0.28373986
Y3  0.16435956  0.24367781 -0.09608099


$xcenter
          X1            X2            X3
2.289835e-16  4.315992e-16 -1.778959e-16


$ycenter
          Y1            Y2            Y3
1.471046e-16 -1.776357e-16  4.996004e-17
```

其中cor是典型相关系数，xcoef 是关于数据x的系数，也称关于数据x的典型载荷，即样本典型变量u系数矩阵A的转置。ycoef 是关于数据x的系数，也称关于数据y的典型载荷，即样本典型变量v系数矩阵B的转置。xcenter是数据x的中心，即样本x的均值。ycenter是数据y的中心，即样本y的均值。由于数据已做了标准化处理，因此这里计算出来的样本均值为0。

对于康复俱乐部数据，与计算结果相对应的统计意义是：

$$\begin{cases} u_1 = -0.178x_1^* + 0.362x_2^* - 0.0136x_3^* \\ u_2 = -0.432x_1^* + 0.271x_2^* - 0.0530x_3^* \\ u_3 = -0.0438x_1^* + 0.116x_2^* + 0.241x_3^*. \end{cases}$$

$$\begin{cases} v_1 = -0.0801y_1^* - 0.2418y_2^* + 0.1643y_3^* \\ v_2 = -0.0861y_1^* + 0.0283y_2^* + 0.2436y_3^* \\ v_3 = -0.2974y_1^* + 0.2837y_2^* - 0.096y_3^*. \end{cases}$$

其中 $x_i^*, y_i^* (i = 1, 2, 3)$ 是标准化后的数据。相应的相关系数为：

$$\rho(u_1, v_1) = 0.7956, \rho(u_2, v_2) = 0.2006, \rho(u_3, v_3) = 0.0726$$

12.5.2　计算样本在典型变量下的得分

下面计算样本在典型变量下的得分。由于 $u = Ax, v = Bv$，所以得分的R程序为：

```
> U<-as.matrix(test[,1:3])%*% ca$xcoef
> V<-as.matrix(test[,4:6])%*% ca$ycoef
```

运行结果如下：

```
> U
              [,1]          [,2]          [,3]
[1,] -0.009969788 -0.121501078 -0.20419401
[2,]  0.186887139 -0.046163013  0.13223387
[3,] -0.101193522 -0.141661215 -0.37063341
[4,]  0.060964112 -0.346616669  0.03342558
[5,] -0.512831098 -0.458299483  0.44354554
```

```
[6,]  -0.077780541   0.094512914  -0.23766491
[7,]   0.003955674   0.254201102   0.25701898
[8,]  -0.016855040  -0.127105942  -0.34147617
[9,]   0.203734347   0.196310283  -0.00758741
[10,] -0.104800666   0.208124774  -0.11711820
[11,]  0.113834968  -0.016598895  -0.09752299
[12,]  0.063237343   0.213427257   0.21221151
[13,]  0.043586465  -0.008040409   0.01237648
[14,] -0.082181602   0.055998387   0.10021686
[15,] -0.094153311   0.228436101  -0.04670258
[16,] -0.173085857   0.047742282  -0.20173015
[17,]  0.718139369  -0.256090676   0.05898572
[18,]  0.001362964  -0.317746855   0.21374067
[19,] -0.221400693   0.120731486  -0.22201469
[20,] -0.001450263   0.420339649   0.38288931
> V
            [,1]          [,2]          [,3]
[1,]  -0.02909460   0.031027608   0.344302062
[2,]   0.23190170   0.084158321  -0.403047146
[3,]  -0.12979237  -0.112030106  -0.133855684
[4,]   0.09063830  -0.150034732  -0.059921010
[5,]  -0.39173848  -0.209788233  -0.008592976
[6,]  -0.11930102  -0.288113119  -0.480186091
[7,]  -0.22619839   0.122191086  -0.006091381
[8,]   0.21834490  -0.164740837  -0.074849953
[9,]   0.26809619  -0.165185828   0.003582504
[10,] -0.38258341  -0.041647344   0.042948559
[11,]  0.21737727   0.056375494   0.277291769
[12,]  0.01130349  -0.218167527  -0.264987331
[13,]  0.16412985  -0.065834278   0.157664098
[14,]  0.03462910  -0.097067107   0.157711712
[15,]  0.05393456   0.778658842  -0.283334468
[16,] -0.15965387   0.183746435   0.008766141
[17,]  0.43237930  -0.002016448   0.080198839
[18,] -0.12845980   0.223805116   0.055667431
[19,] -0.31879992   0.059073577   0.277587462
[20,]  0.16288721  -0.024410919   0.309145462
```

12.5.3 相关变量为坐标的散点图

画出相关变量u_1、v_1和u_3、v_3为坐标的数据散点图, 其R程序为:

```
> plot(U[,1],V[,1],xlab="U1",ylab="V1")
> plot(U[,3],V[,3],xlab="U3",ylab="V3")
```

散点图见图12-1和图12-2。

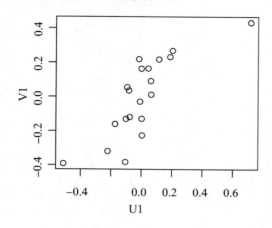 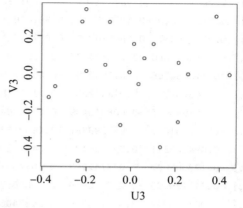

图12-1　第一典型变量为坐标的散点图　　　　图12-2　第三典型变量为坐标的散点图

从以上两个图中我们可以看出,图12-1中的点基本上在一条直线附近,而图12-2中的点基本上分布很散。这是为什么呢?事实上,图12-1画的是第一典型变量的散点图,其相关系数为0.796,与1比较接近,所以在一条直线附近;而图12-2画的是第三典型变量的散点图,其相关系数为0.0726,与0比较接近,所以很分散。

12.6　投资性变量与国民经济变量的典型相关分析

研究投资性变量与反映国民经济变量之间的相关关系。投资性变量选6个,分别为x_1、x_2、x_3、x_4、x_5、x_6,反映国民经济的变量选5个,分别为y_1、y_2、y_3、y_4、y_5。抽取1989—2002年共计14年的统计数据,见表12-2,采用典型相关分析的方法来分析投资性变量与反映国民经济的变量的相关性。

表12-2　　1989—2002年的投资性变量与反映国民经济的变量

序号	x_1	x_2	x_3	x_4	x_5	x_6	y_1	y_2	y_3	y_4	y_5
1989	171.83	92.79	56.85	85.35	38.58	27.03	78.7	112.4	72.9	61.4	4067
1990	171.36	92.53	58.39	87.09	38.23	27.04	73.9	118.4	73.0	62.3	4421
1991	171.24	92.61	57.69	83.98	39.04	27.07	75.7	116.3	74.2	51.8	4284
1992	170.49	92.03	57.56	87.18	38.54	27.57	72.5	114.8	71.0	55.1	4289
1993	169.43	91.67	57.22	83.87	38.41	26.60	76.7	117.5	72.7	51.6	4097
1994	168.57	91.40	55.96	83.02	38.74	26.97	77.0	117.9	71.6	52.4	4063
1995	170.43	92.38	57.87	84.87	38.78	27.37	76.0	116.8	72.3	58.0	4334
1996	169.88	91.89	56.87	86.34	38.37	27.19	74.2	115.4	73.1	60.4	4301
1997	167.94	90.91	55.97	86.77	38.17	27.16	76.2	110.9	68.5	56.8	4141

续表

序号	x_1	x_2	x_3	x_4	x_5	x_6	y_1	y_2	y_3	y_4	y_5
1998	168.82	91.30	56.07	85.87	37.61	26.67	77.2	113.8	71.0	57.5	3905
1999	168.02	91.26	55.28	85.63	39.66	28.07	74.5	117.2	74.0	63.8	3943
2000	167.87	90.96	55.79	84.92	38.20	26.53	74.3	112.3	69.3	50.2	4195
2001	168.15	91.50	54.56	84.81	38.44	27.38	77.5	117.4	75.3	63.6	4039
2002	168.99	91.52	55.11	86.23	38.30	27.14	77.7	113.3	72.1	52.8	4238

12.6.1 典型相关系数、典型载荷的计算

根据表12-2的数据计算典型相关系数、典型载荷,其代码如下:

```
> x1=c(171.83,171.36,171.24,170.49,169.43,168.57,170.43,169.88,167.94,
168.82,168.02,167.87,168.15,168.99)
> x2=c(92.79,92.53,92.61,92.03,91.67,91.40,92.38,91.89,90.91,91.30,
91.26,90.96,91.50,91.52)
> x3=c(56.85,58.39,57.69,57.56,57.22,55.96,57.87,56.87,55.97,56.07,
55.28,55.79,54.56,55.11)
> x4=c(85.35,87.09,83.98,87.18,83.87,83.02,84.87,86.34,86.77,85.87,
85.63,84.92,84.81,86.23)
> x5=c(38.58,38.23,39.04,38.54,38.41,38.74,38.78,38.37,38.17,37.61,
39.66,38.20,38.44,38.30)
> x6=c(27.03,27.04,27.07,27.57,26.60,26.97,27.37,27.19,27.16,26.67,
28.07,26.53,27.38,27.14)
> y1=c(78.7,73.9,75.7,72.5,76.7,77.0,76.0,74.2,76.2,77.2,74.5,
74.3,77.5,77.7)
> y2=c(112.4,118.4,116.3,114.8,117.5,117.9,116.8,115.4,110.9,113.8,
117.2,112.3,117.4,113.3)
> y3=c(72.9,73.0,74.2,71.0,72.7,71.6,72.3,73.1,68.5,71.0,74.0,
69.3,75.3,72.1)
> y4=c(61.4,62.3,51.8,55.1,51.6,52.4,58.0,60.4,56.8,57.5,63.8,50.2,
63.6,52.8)
> y5=c(4067,4421,4284,4289,4097,4063,4334,4301,4141,3905,3943,4195,
4039,4238)
> invest=data.frame(x1,x2,x3,x4,x5,x6,y1,y2,y3,y4,y5)
> names(invest)=c("x1","x2","x3","x4","x5","x6","y1","y2","y3","y4",
"y5")
> ca<-cancor(invest[,1:6],invest[,7:11])
> ca
```

注:利用R语言的cancor()函数可完成典型相关分析,其基本调用格式如下:

cancor(x,y,xcenter = TRUE,ycenter = TRUE)

其中：x、y是两组变量的数据矩阵，xcenter和ycenter是逻辑变量，TRUE表示将数据中心化（默认选项）。

运行的结果如下：

```
$cor
[1] 0.9618325 0.9124805 0.7821878 0.5986030 0.5123412


$xcoef
          [,1]        [,2]        [,3]         [,4]         [,5]         [,6]
x1 -0.70513375  0.18816929 -0.5645692 -0.007245531 -0.31215998 -1.32233117
x2  1.84850303  0.11153463  0.9603699  0.204009094  0.58525970  2.53065228
x3 -0.02407962 -0.29638054  0.3351241 -0.005397728  0.07024492  0.05720455
x4  0.24339573 -0.15674696 -0.1549007  0.106312567 -0.16292179  0.40706335
x5  0.17409913 -0.14048207 -0.3040079  0.092441746 -1.17273320  0.93684006
x6 -0.36190073  0.02819711  0.3069331 -0.781884297  0.96407895 -1.70761652


$ycoef
          [,1]          [,2]          [,3]         [,4]          [,5]
y1  0.013898755  0.0961838175  0.0518997849  0.100066059  0.1411344515
y2 -0.043468523 -0.0275253867  0.1414084429 -0.024448836  0.0884284149
y3  0.080174777  0.1199513739 -0.0711618702 -0.040877943 -0.2000972017
y4  0.036345198 -0.0230722612 -0.0083349077 -0.014195180  0.0539479202
y5  0.001250642 -0.0002413652  0.0006350609  0.001603569  0.0002903627


$xcenter
       x1        x2        x3        x4        x5        x6
169.50143  91.76786  56.51357  85.42357  38.50500  27.12786


$ycenter
      y1        y2        y3        y4        y5
75.86429 115.31429  72.21429  56.97857 4165.50000
```

以上结果说明：

（1）cor给出了典型相关系数；xcoef是对应于数据x的典型载荷；ycoef为关于数据y的典型载荷；xcenter与ycenter是数据x与y的中心（样本均值）。

（2）对于该问题，第一对典型变量的表达式为：

$$\begin{cases} u_1 = -0.70513375x_1 + 1.84850303x_2 - 0.02407962x_3 + 0.036345198x_4 \\ \quad +0.17409913x_5 - 0.36190073x_6 \\ v_1 = 0.013898755y_1 - 0.043468523y_2 + 0.080174777y_3 + 0.036345198y_4 \\ \quad +0.001250642y_5 \end{cases}$$

（3）第一对典型变量的相关系数为0.9618325。

12.6.2　典型相关系数的显著性检验

调用函数corcoef.test（附后）进行典型相关系数的显著性检验,其代码和结果如下:

```
> corcoef.test(r=ca$cor,n=14,p=6,q=5)
[1] 1
```

说明:函数corcoef.test附后。

以上结果说明,经检验也只有第一组典型变量通过显著性检验。

附:函数 corcoef.test

```
corcoef.test<-function(r,n,p,q,alpha=0.1){
m<-length(r); Q<-rep(0,m); lambda <- 1
for (k in m:1){
lambda<-lambda*(1-r[k]^2);
Q[k]<- -log(lambda)
}
s<-0; i<-m
for (k in 1:m){
Q[k]<- (n-k+1-1/2*(p+q+3)+s)*Q[k]
chi<-1-pchisq(Q[k],(p-k+1)*(q-k+1))
if (chi>alpha){
i<-k-1; break
}
s<-s+1/r[k]^2
}
i
}
```

12.6.3　计算得分并画得分平面图

以下计算得分并画得分平面图,其代码如下:

```
ca=cancor(invest[,1:6],invest[,7:11])
u<-as.matrix(invest[,1:6]) %*%ca$xcoef
v<-as.matrix(invest[,7:11]) %*%ca$ycoef
plot(u[,1],v[,1],xlab="u1",ylab="v1")
```

计算得分结果如下:

```
> u
          [,1]      [,2]       [,3]      [,4]       [,5]      [,6]
 [1,] 66.69893 7.797210 -5.498415 8.883991 -28.42915 35.58441
 [2,] 66.87160 7.000057 -5.126727 8.970852 -28.18981 35.99935
 [3,] 66.49416 7.568404 -4.972033 8.712610 -28.56900 35.76209
```

```
[4,] 66.46487 6.983866 -5.339399 8.503458 -28.13641 35.25899
[5,] 66.07781 7.354767 -4.946113 8.834046 -28.28353 35.91740
[6,] 65.93214 7.633575 -4.997232 8.442838 -28.15341 35.63059
[7,] 66.69861 7.242465 -4.642035 8.506603 -27.98899 35.86784
[8,] 66.55630 7.202805 -5.295536 8.675139 -28.10653 35.81955
[9,] 66.21510 6.955044 -5.458059 8.544807 -28.00215 35.89225
[10,] 66.17387 7.340419 -5.387566 8.853129 -27.71061 35.66702
[11,] 66.47489 7.208670 -5.395407 7.924382 -28.55508 36.01063
[12,] 66.14416 7.268801 -5.346765 8.855168 -28.30482 36.45188
[13,] 66.68192 7.753759 -5.193477 8.315834 -27.60666 36.10641
[14,] 66.52144 7.541362 -5.715251 8.636533 -28.11707 35.93443
> v
          [,1]      [,2]      [,3]      [,4]      [,5]
[1,] 9.370665 10.82200 16.86215 7.797278 10.95286
[2,] 9.526596 10.10095 17.67168 7.721067 10.93731
[3,] 9.186144 10.75115 17.38326 7.832836 10.15931
[4,] 9.076504 10.02346 17.20845 7.641281 10.39482
[5,] 8.786480 10.68413 17.59450 7.667852 10.64161
[6,] 8.671624 10.55978 17.71665 7.667180 10.97272
[7,] 9.304120 10.38322 17.58482 7.920468 10.97504
[8,] 9.450055 10.29718 17.19553 7.654888 10.55701
[9,] 8.973712 10.18331 16.91874 7.947610 11.12113
[10,] 8.792279 10.54036 17.04711 7.486201 10.98770
[11,] 9.123983 10.39241 17.14590 6.981769 10.65791
[12,] 8.778244 10.19723 17.05047 7.870835 10.47632
[13,] 9.374005 10.81283 17.30001 7.380718 10.85596
[14,] 9.154796 10.76223 17.17472 8.104199 10.63709
```

得分平面图见图12-3。

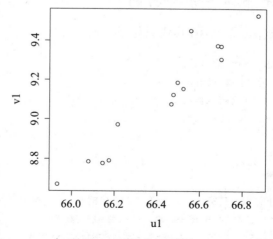

图12-3 得分平面图

从图12-3可以看出,第一对典型变量的得分散点大体上在一条直线(附近)上分布,虽有偏离情况发生,但总体上还是呈现出了线性相关关系。

12.7　科学研究、开发投入与产出的典型相关分析

近些年来,我国科学技术创新取得了重大进展,从研发投入、研发人员、论文、专利数量以及重大科技成果产出来看,我国科技实力得到巨大提升。无论是科学研究还是技术创新,都表现出很强的跟进和创新能力,追赶的步伐不断加快,在一些重要科研领域正在从"量变"走向"质变",在一些新的科技竞争制高点上也占有一席之地。但是,我国与发达国家的科技实力还存在一定的差距,产生这种差距的原因何在? 我们以下从科技投入与产出方面来具体了解我国科研与开发机构的科技活动情况,以期找到原因所在。

表12-3给出了我国科研与开发机构科技投入与产出的部分代表指标(费宇,2014)。其中,科技投入指标为R&D人员全时当量x_1(单位:万人年)、R&D经费支出x_2(单位:亿元)、政府资金x_3(单位:亿元)、企业资金x_4(单位: 亿元);科技产出指标为:发表科研论文y_1(单位:篇)、专利申请受理y_2(单位:件)、发明专利y_3(单位:件)。应用这些数据进行典型相关分析来研究我国科研与开发机构科技投入与产出的关系。

表12-3　我国科学研究与开发机构科技投入与产出情况表

年份	2003	2004	2005	2006	2007	2008	2009	2010	2011	2012
x_1	20.4	20.3	21.5	23.1	25.5	26.0	27.7	29.3	31.6	34.4
x_2	399.0	431.7	513.1	567.3	687.9	811.3	996.0	1186.4	1306.7	1548.9
x_3	320.3	344.3	424.7	481.2	592.9	699.7	849.5	1036.5	1106.1	1292.7
x_4	20.8	22.4	17.6	17.3	26.2	28.2	29.8	34.2	39.9	47.4
y_1	97500	104699	109995	118211	126527	132072	138119	140818	148039	158647
y_2	4836	5464	6814	8026	9802	12536	15773	19192	24059	30418
y_3	1393	1972	2088	2191	2467	3102	4077	5249	7862	10935

12.7.1　典型相关系数、典型载荷的计算

根据表12-3计算典型相关系数、典型载荷,其代码如下:

把表12-3的数据转换成数据框:

```
> x1=c(20.4,20.3,21.5,23.1,25.5,26.0,27.7,29.3,31.6,34.4)
> x2=c(399.0,431.7,513.1,567.3,687.9,811.3,996.0,1186.4,1306.7,1548.9)
> x3=c(320.3,344.3,424.7,481.2,592.9,699.7,849.5,1036.5,1106.1,1292.7)
> x4=c(20.8,22.4,17.6,17.3,26.2,28.2,29.8,34.2,39.9,47.4)
> y1=c(97500,104699,109995,118211,126527,132072,138119,140818,148039,158647)
> y2=c(4836,5464,6814,8026,9802,12536,15773,19192,24059,30418)
```

```
> y3=c(1393,1972,2088,2191,2467,3102,4077,5249,7862,10935)
> X=data.frame(x1,x2,x3,x4,y1,y2,y3)
```

求相关系数矩阵：

```
> R=cor(X);R
          x1        x2        x3        x4        y1        y2        y3
x1 1.0000000 0.9908577 0.9911238 0.9505148 0.9843831 0.9840599 0.9364292
x2 0.9908577 1.0000000 0.9988833 0.9584427 0.9692086 0.9931717 0.9510008
x3 0.9911238 0.9988833 1.0000000 0.9503264 0.9739012 0.9869920 0.9362998
x4 0.9505148 0.9584427 0.9503264 1.0000000 0.9037212 0.9679480 0.9547135
y1 0.9843831 0.9692086 0.9739012 0.9037212 1.0000000 0.9516937 0.8849569
y2 0.9840599 0.9931717 0.9869920 0.9679480 0.9516937 1.0000000 0.9796435
y3 0.9364292 0.9510008 0.9362998 0.9547135 0.8849569 0.9796435 1.0000000
```

把数据标准化后求典型相关系数：

```
> xy=scale(X)
> ca=cancor(xy[,1:4],xy[,5:7])
> ca$cor
[1] 0.9996747 0.9248488 0.6972691
```

x的典型载荷：

```
> ca$xcoef
           [,1]        [,2]        [,3]       [,4]
x1 -0.08757217  0.32692826  2.4864928  0.524618
x2 -0.59606053 -6.83479718  1.9962794 -5.520643
x3  0.34044881  6.58971261 -4.0022759  3.761405
x4  0.01026854 -0.06369698 -0.4955637  1.295746
```

y的典型载荷：

```
> ca$ycoef
           [,1]       [,2]       [,3]
y1 -0.02214505  0.2468566  1.678157
y2 -0.41100108  1.0591554 -3.767517
y3  0.10183423 -1.3475464  2.214958
```

12.7.2 相关系数的检验

相关系数的检验，其代码如下：

```
> corcoef.test<-function(r,n,p,q,alpha=0.05){
+ m<-length(r); Q<-rep(0,m); lambda <- 1
+ for (k in m:1){
```

```
+ lambda<-lambda*(1-r[k]^2);
+ Q[k]<- -log(lambda)
+ }
+ s<-0; i<-m
+ for (k in 1:m){
+ Q[k]<- (n-k+1-1/2*(p+q+3)+s)*Q[k]
+ chi<-1-pchisq(Q[k],(p-k+1)*(q-k+1))
+ if (chi>alpha){
+ i<-k-1; break
+ }
+ s<-s+1/r[k]^2
+ }
+ i
+ }
> corcoef.test(r=ca$cor,n=10,p=4,q=3)
[1] 2
```

以上结果说明,前两对典型相关变量通过了相关系数的检验。

根据x和y的典型载荷的结果,前两对典型相关变量的表达式为:

$$\begin{cases} u_1 = -0.08757217x_1 - 0.59606053x_2 + 0.34044881x_3 + 0.01026854x_4 \\ v_1 = -0.02214505y_1 - 0.41100108y_2 + 0.10183423y_3 \end{cases}$$

$$\begin{cases} u_2 = 0.32692826x_1 - 6.83479718x_2 + 6.58971261x_3 - 0.06369698x_4 \\ v_2 = 0.2468566y_1 + 1.0591554y_2 - 1.3475464y_3 \end{cases}$$

经过典型相关系数的显著性检验,可知需要前两对典型变量,即在显著性水平为0.05时,前两个典型相关是显著的。我们利用前两对典型变量分析问题,达到了降维的目的,第一对典型变量的相关系数为0.9996747,第二对典型变量的相关系数为0.9248488,说明u_1和v_1以及u_2和v_2之间具有高度的线性相关关系。

在第一对典型变量u_1和v_1中,u_1为我国科研与开发机构科技投入指标的线性组合,其中x_2(R&D经费支出)和 x_3(政府资金)相对其他变量有较大的载荷,说明科技经费和政府资金在科技投入中占主导地位;x_3(政府资金)相对x_4(企业资金)有较大的载荷,说明我国科研与开发机构的科技活动中,政府资金所做的贡献大于企业资金,政府资金的激励作用更大;同时x_2(R&D经费支出)相对x_1(R&D人员全时当量)有较大的载荷,说明科技投入过程中,经费所起的作用大于人员的作用。v_1为我国科研与开发机构科技产出指标的线性组合,其中y_2(专利申请受理)和y_3(发明专利)相对其他变量有较大的载荷,说明专利申请受理和发明专利对科研与开发机构科技产出贡献很大。

在第二对典型变量u_2和v_2中,u_2为我国科研与开发机构科技投入指标的线性组合,其中仍然是x_2(R&D经费支出)和 x_3(政府资金)有较大的载荷,v_2为我国科研与开发机构科技产出指标的线性组合,其中y_2(专利申请受理)和y_3(发明专利)有较大的载荷。

第二对典型变量与第一对典型变量载荷比重情况相似,但符号有较大差异。

12.7.3 得分平面图

以下画得分平面图,代码如下:

```
> u<-as.matrix(xy[,1:4])%*%ca$xcoef
> v<-as.matrix(xy[,5:7])%*%ca$ycoef
> par(mfrow=c(1,2))
> plot(u[,1],v[,1],xlab="u1",ylab="v1")
> abline(0,1)
> plot(u[,2],v[,2],xlab="u2",ylab="v2")
> abline(0,1)
```

运行的结果见图12-4。

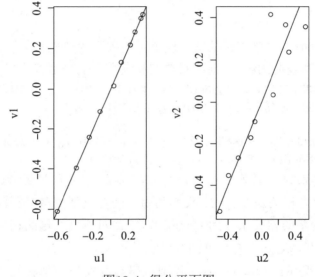

图12-4 得分平面图

从图12-4可以看出,第一对典型变量的得分散点近似在一条直线上分布,两者之间呈高度线性相关关系,散点图上没有离开群体的差异点。第二对典型变量的得分散点也近似在一条直线上分布,虽有偏离情况发生,但总体上还是呈现出了线性相关关系。

综合第一对和第二对典型变量来看,我国科研与开发机构的科技投入与产出之间的关系很稳定,整体平稳。

12.8 思考与练习题

1. 简要叙述典型相关分析的基本思想。
2. 举出实际中可能应用典型相关分析的例子。

3. 收集你感兴趣问题中的数据，结合本章中"康复俱乐部数据的典型相关分析"的过程完成该问题的典型相关分析。

4. 收集你感兴趣问题中的数据，结合本章中"投资性变量与国民经济变量的典型相关分析"的过程完成该问题的典型相关分析。

5. 收集你感兴趣问题中的数据，结合本章中"科学研究、开发投入与产出的典型相关分析"的过程完成该问题的典型相关分析。

第 13 章　高维数据分析简介

随着科技的飞速发展,获取数据的成本不断降低,许多领域都产生了海量复杂数据,其中比较典型的是高维数据,即观测数据的维数p比较大,它们中大部分的维数甚至比观测数据的个数n还要大,这使得传统的统计方法遭受了较大的冲击。对于统计学家来说,传统的统计方法在高维情况下具有各种缺点,迫切需要创造新的方法来处理高维数据。高维数据分析与建模的相关问题涉及生物信息、生物医学、气象、地理、计量经济学和机器学习等领域,如化学计量学上的光谱分析、遗传学上的基因表示、生物医学图像处理、功能性磁共振成像、肿瘤分类、信号处理、图像分析、金融上的时间序列分析等。

通常来说,高维数据一般具有如下特点:第一,"$p >> n$"。其中p是数据的变量数即维数,n是数据所含的样本的数量,即变量数远远大于样本数,有时候变量有成千上万个,而样本却只有几十个。第二,维数很高。由于变量数很多,变量空间的维数必然很高。第三,强相关性和多维共线性并存。变量与变量之间并不是独立的,它们之间的相关性可能很高。第四,存在大量的冗余信息和噪声。由于观察时考虑的因素较多,数据会变得很庞大。对于某个特定的问题来说,数据集中的一些信息必然是无用的。某些数据集可能同时具有上述四个特点,而任何一点都会大大增加数据分析的难度。在这种情形下,传统的多元线性回归方法已经失去了它的作用。由于X-矩阵是方形的(列数多于行数),其矩阵必然是非常巨大而且是奇异的。响应变量和预测变量之间可能存在很强的伪相关性,这是因为在维数很高的情况下,那些对响应变量来说无用的变量可能跟那些对响应变量来说重要的变量是有关联的。样本的协方差矩阵随着样本数的增加也有可能会变成病态矩阵。基于上述原因,统计学家们提出了许多高维数据的变量选择和数据降维方法。

13.1　基于罚函数的正则化方法

从20世纪60年代开始,统计学家们提出了许多回归选元的准则,并提出了许多行之有效的选择变量的方法,如逐步回归法、岭回归等。

早期的变量选择理论,主要集中在$p < n$的情形。假设现有数据$(\boldsymbol{X}_i^{\mathrm{T}}, y_i)_{i=1}^n$,其中$y_i$是相应变量的第$i$个观测,而$\boldsymbol{X}_i$是相应的$p$维自变量向量。一般地,我们认为这些数据是某个总体$(\boldsymbol{X}_i, y_i)$的一个随机样本,且该总体满足$E(Y|X) = \boldsymbol{\beta}^{\mathrm{T}} \boldsymbol{X}$,其中$\boldsymbol{\beta} = (\beta_1, \beta_2, \ldots, \beta_p)^{\mathrm{T}}$。在考虑变量选择问题时,我们通常假设大部分系数$\beta_j$是零,即这些系数对应的变量是与

模型不相关的变量。变量选择的目的就是将所有系数非零的变量鉴别出来,并且给出这些非零系数有效的估计。变量选择考虑的角度主要从下面两个方面:(1)预测精确度,对于普通的最小二乘法,很多情况下具有小的偏差但是具有比较大的方差,通过变量选择可以去掉一些影响微弱的变量,这样通过牺牲一些偏差达到更加稳定的效果;(2)模型的可解释性,对于解释变量比较多的模型,我们希望通过找到一个比较小的变量子集,即影响比较显著的变量集,这样更加容易控制和解释。

上面提到的两种比较经典的方法,逐步回归法以及岭回归法,在一定程度上都改善了最小二乘估计,但是也都有各自的缺点。对于逐步回归法总是可以选择出便于解释的模型,但是选择结果并不稳定,数据小的改变就会改变选择结果,这也会影响其预测精确度。子集回归法都是根据选择准则选择出变量,然后在对子模型进行系数的估计,而不是同时进行变量选择和参数估计。如果变量选择不正确,那么模型的系数估计以及可应用性就会减弱很多。对于岭回归,只是会使得所有的变量系数都成比例地变小,但不会使得任何一个变量系数为0,因此不会自动选择出便于解释的模型。另外也有一些基于似然方法提出的信息准则,例如AIC准则、BIC准则,也有一些基于最小化预测误差提出的C_p准则,但它们只是惩罚了选择的变量个数。高维情形下,传统的变量选择方法在具体执行上遇到了瓶颈,具体表现为,随着变量个数的增加,计算量急剧增加。因此,在保证模型选择准确率的前提下,提高执行效率,成为高维变量选择问题研究的关键。

13.1.1　经典回归模型

近20多年来,关于高维数据的变量选择方法主要集中在基于罚函数的正则化方法。基本原理是在极大似然或最小二乘目标函数的基础上,添加一个关于模型复杂度的惩罚函数,构建一个惩罚目标函数,可以同时进行变量选择和参数估计。其一般形式是

$$\min_{\beta} Q(\beta) = \min_{\beta} \left\{ l_n(\beta) + n \sum_{j=1}^{p} p_\lambda(|\beta_j|) \right\} \tag{13.1.1}$$

其中$l_n(\beta)$为损失函数,$p_\lambda(\cdot)$为罚函数,$\beta = (\beta_1, \beta_2, \ldots, \beta_p)'$为待估计的参数向量,$\lambda$为正则化参数,该方法可以同时进行变量选择和参数估计。为讨论问题方便,本章以线性回归模型为例介绍正则化方法,即

$$\min_{\beta} \left\{ \frac{1}{2n} \|y - X\beta\|^2 + \sum_{j=1}^{p} p_\lambda(|\beta_j|) \right\} \tag{13.1.2}$$

上式中罚函数的形式决定了估计量的表现。一个很自然的问题是具有什么性质的罚函数更适合于变量选择,Fan和Li(2001)提出了选择罚函数的准则:

- 稀疏性:选择方法以及罚函数要使得系数比较小的参数自动压缩到0,减少模型的复杂性;

- 无偏性:保证估计参数的无偏性,特别是对真实系数比较大的参数,要保证模型的

无偏性；

- 连续性：保证选择和估计方法是连续的，也就是要保证模型选择的稳定性。

13.1.2 罚函数

（1）Lasso方法

假设变量y与变量$X_1, X_2, \cdots, X_p$之间有线性关系

$$y = \beta_0 + \beta_1 X_1 + \cdots + \beta_p X_p + \varepsilon, \ \varepsilon \sim N(0, \sigma^2) \tag{13.1.3}$$

其中$\beta_0, \beta_1, \cdots, \beta_p (p \geqslant 2)$和$\sigma^2$为未知参数。

若$(x_{i1}, x_{i2}, \cdots, x_{ip}, y_i), (i = 1, 2, \cdots, n)$是$(X_1, X_2, \cdots, X_p, y)$的一组$n$次独立观测值，则多元线性回归模型可以表示为

$$y_i = \beta_0 + \beta_1 x_{i1} + \cdots + \beta_p x_{ip} + \varepsilon_i, \varepsilon_i \sim N(0, \sigma^2), i = 1, 2, \cdots, n \tag{13.1.4}$$

其中各ε_i相互独立。

Tibshirani（1996）在NNG（non-negative garrote）方法的启发下提出了Lasso（Least Absolute Shrinkage and Selection Operator）。首先介绍NNG方法，NNG方法是一种系数压缩的方法，可以同时进行选择变量和参数估计，基本思想为：令$\{\hat{\beta}\}$为原始全模型最小二乘估计，在约束条件

$$c_j \geqslant 0, \sum_j c_j \leqslant \lambda$$

下对$\{c_j\}$极小化

$$\sum_{i=1}^{n} \left(y_i - \sum_j c_j \hat{\beta}_j x_{ij}\right)^2$$

取满足条件的$\{c_j\}$，将$\tilde{\beta}_j(\lambda) = c_j \hat{\beta}_j$作为新的预测系数。通过减小$\lambda$使得更多的$\{c_j\}$变为0，则其相应的自变量被删除，从而达到变量选择的目的。特别地，在设计矩阵为正交矩阵的情况下，NNG方法有显式表达式：

$$\hat{\beta}_j^{NNG} = \left(1 - \frac{\lambda}{\hat{\beta}_j^2}\right)_+$$

其中，$(\cdot)_+$表示非负项，$j = 1, 2, \ldots, p$。

NNG方法开创了同时进行参数估计和变量选择的先河，但该方法的一个缺陷是依赖于最小二乘估计。当样本量小或变量间存在多重共线性时，最小二乘估计表现不好，从而导致NNG估计受到牵连，并且它不适合于$p > n$的高维数据结构。

Lasso估计正则化方法克服了NNG方法过度依赖最小二乘的缺陷。该方法对参数的L_1范数进行惩罚，其形式为

$$\min_{\beta} \|y - X\beta\|^2 \ s.t. \ \|\beta\|_1 \leqslant t, \tag{13.1.5}$$

其中 $\|\beta\|_1 = \sum_{j=1}^{p} |\beta_j|$，上式也等价于下述罚最小二乘

$$\hat{\beta} = \arg\min_{\beta} \left\{ \frac{1}{2n} \|y - X\beta\|^2 + \lambda\|\beta\|_1 \right\} \tag{13.1.6}$$

由于其在零处的不可导性质，使其具有变量选择的能力，并且可以同时估计参数。当设计矩阵为正交矩阵时，Lasso 估计具有如下显式表达式：

$$\hat{\beta}_j^{Lasso} = sign(\hat{\beta}_j)(|\hat{\beta}_j| - \frac{\lambda}{2})_+, \quad j = 1, 2, \ldots, p$$

Lasso 方法是一个有序连续的过程，以牺牲无偏性换取较小的估计方差。Lasso 方法的计算快速，适用于高维数据的处理。但本身也有一些缺陷，如 Lasso 估计不具备 Oracle 性质（变量选择的一致性和参数估计的渐近正态性）。R 程序包中 LARS 算法是计算 Lasso 的经典方法。

（2）自适应 Lasso

自适应 Lasso 定义如下（Zou, 2006）

$$\hat{\beta} = \arg\min_{\beta} \left\{ \frac{1}{2n} \|y - X\beta\|^2 + \lambda\hat{\omega}_j\|\beta\|_1 \right\}, \tag{13.1.7}$$

即在 LASSO 的惩罚项前对每个不同的变量给定不同的权重，通常情况下取 $\hat{\omega}_j = \frac{1}{|\beta_j|^\gamma}$，其中 λ、γ 为调整参数。自适应 Lasso 是 Lasso 方法的改进，该估计方法就具有 Oracle 性质。需要指出，自适应 Lasso 是一种凸优化问题，可以迅速得到全局最优解。计算方面可使用 R 程序包 msgps，其中不仅包括自适应 Lasso，还包括弹性网（elastic net）等方法。

（3）Elastic net

高维数据经常遇到变量之间的共线性问题，使得 Lasso 方法表现不够理想，并且 Lasso 方法还存在如下几个问题：①对于 $p > n$ 的情形，由于凸优化问题的本质，Lasso 只能选择至多 n 个变量，这在很多问题上的应用受到了限制；②对于相关性比较高的变量组，Lasso 只是不确定选择其中的一个变量，这样不利于实际的案例分析和预测；③对于 $n > p$ 的情形，变量之间存在相关性的情形下，表现不如岭回归。针对上面的弱点，Zou（2005）提出的弹性网（Elastic Net）方法成功解决了上面三个问题。对于固定的非负的 λ_1, λ_2，Elastic Net 方法定义为

$$\min_{\beta} \left\{ \|y - X\beta\|_2^2 + \lambda_1 \sum_{j=1}^{p} |\beta_j| + \lambda_2 \sum_{j=1}^{p} \beta_j^2 \right\} \tag{13.1.8}$$

如果令 $\alpha = \frac{\lambda_2}{\lambda_1 + \lambda_2}$，Elastic 方法等价于如下它也等价于最优化问题

$$\hat{\beta} = \arg\min_{\beta} \|y - X\beta\|^2 \quad s.t. \quad (1-\alpha)\sum_{j=1}^{p} |\beta_j| + \alpha\sum_{j=1}^{p} \beta_j^2 \leqslant t$$

特别地，当 $\alpha = 1$ 时，Elastic Net 方法变成岭回归；当 $\alpha = 0$ 时，Elastic Net 方法退化为 Lasso 回归。当设计矩阵为正交矩阵时，Elastic Net 方法的参数估计为：

$$\hat{\beta} = \frac{(|\hat{\beta}_j| - \lambda_1/2)_+}{1 + \lambda_2} \text{sign}(\hat{\beta}_j)$$

事实上Elastic Net是Lasso与岭回归的线性组合，是一个严格的凸优化问题。LARS-EN算法和坐标下降算法可有效地解决Elastic Net估计问题。R软件包glmnet可有效求解Elastic Net估计最优解。

（4）Fused Lasso

有时数据变量呈现有序的结构，在这种情况下我们希望相邻变量之间的系数估计相差不要太大。Fused Lasso可有效解决此类问题，其要求最小化如下式子：

$$\|Y - X\beta\|_2^2 + \lambda_1 \sum_{j=1}^{p} |\beta_j| + \lambda_2 \sum_{j=1}^{p} |\beta_j - \beta_{j-1}|, \tag{13.1.9}$$

其中，λ_1, λ_2为调整参数。在有序变量数据结构中，人们通常希望相邻变量的系数估计值相差较小。为了达到这个目的，Fused Lasso方法将系数差分的惩罚与Lasso的惩罚相结合，不但达到了模型系数的稀疏性，而且实现了系数差分的稀疏性，产生一个分段平台式的解。R软件包penalized可求解Fused Lasso估计及相关问题。

（5）组Lasso

在很多回归问题中，协变量本身具有组结构。人们希望组内的所有参数同时不为0，或者同时为0。因此设计了不同的组Lasso惩罚来实现这一目标。下面给出组Lasso的定义。考虑一个线性回归模型，包含J组协变量，其中$j = 1, 2, \ldots, J$，向量$\boldsymbol{X}_j \in R^{p_j}$表示第$j$组协变量。这里的目标是基于协变量集合$(X_1, X_2, \ldots, X_J)$预测响应变量$y \in \boldsymbol{R}$。线性回归的形式为$\beta_0 + \sum_{j=1}^{J} \boldsymbol{X}_j^{\mathrm{T}} \beta_j$，其中$\beta_j \in R^{p_j}$表示一组回归系数$p_j$。

给定一组样本为N的样本集$\{(y_i, x_{i1}, x_{i2}, \ldots, x_{iJ})\}_{i=1}^{N}$组Lasso需要求解下面的凸优化问题：

$$\min_{\beta_0 \in R, \beta_j \in R^{p_j}} \left\{ \frac{1}{2} \sum_{i=1}^{N} (y_i - \beta_0 - \sum_{j=1}^{J} x_{ij}^{\mathrm{T}} \beta_j)^2 + \lambda \sum_{j=1}^{J} \|\beta_j\|_2 \right\}, \tag{13.1.10}$$

其中$\|\beta_j\|_2$是向量β_j的欧几里得范数。相关算法可见R软件包"grplasso"。

（6）非凸罚

Fan和Li（2001）针对Lasso以及之前的罚似然方法都不能同时满足无偏性、稀疏性和连续性，提出了SCAD（smoothly clipped absolute deviation）方法。与岭回归相比，SCAD降低了模型的预测方差；与Lasso相比，SCAD缩小了参数估计的偏差，因而受到广泛关注。SCAD罚定义如下：

$$p_{\lambda,a}(|\theta|) = \begin{cases} \lambda|\theta|, & |\theta| < \lambda, \\ \dfrac{a\lambda|\theta| - 0.5(\theta^2 + \lambda^2)}{a - 1}, & \lambda \leqslant |\theta| < a\lambda, \\ \dfrac{\lambda^2(a^2 - 1)}{2(a - 1)}, & |\theta| \geqslant a\lambda, \end{cases} \tag{13.1.11}$$

其中 $a > 2$ 和 $\lambda > 0$ 为调整参数。Fan和Li在文献中建议$a = 3.7$。SCAD估计满足Oracle性质,即同时满足下面两条性质:(1)变量选择的一致性,即能够选择正确的变量子集;(2)参数估计具有渐进正态性,并且可以通过控制参数使得变量估计具有无偏性。

MCP是另外一种较为常用的非凸罚函数,其定义为(Zhang,2010)

$$p_{\lambda,a}(|\theta|) = \begin{cases} \lambda|\theta| - \dfrac{\theta^2}{2a}, & |\theta| \leqslant a\lambda, \\ \dfrac{1}{2}a\lambda^2, & |\theta| > a\lambda, \end{cases} \tag{13.1.12}$$

其中$a > 1$和$\lambda > 0$为调整参数。坐标下降(CD)算法可有效地解决SCAD和MCP估计问题,可见R软件包ncvreg。

13.1.3 算法

(1)LARS算法

Lasso方法提出之后,出现了各种有关算法研究的文献。如二次规划的方法、shooting方法等。然而真正使LASSO方法广泛流行的是由Efron(2004)等人提出的最小角回归算法(least angle regression,简记为LARS)。最小角回归是一种同伦算法,结合了逐步向前法和逐段向前法的优点,运算步骤十分简便,且在R软件及MATLAB中均有LARS的软件包。下面给出最小角回归算法的具体步骤。

第1步: 对训练样本进行归一化处理使其样本均值为0,L_2范数为1,令所有变量系数为0;

第2步: 找出与初始残差相关性最大的自变量x_j;

第3步: 将x_j的系数β_j从0开始沿着只有变量x_j的最小二乘估计(LSE)的方向改变,直到出现另一个新的变量x_k,其与当前残差的相关性大于或等于x_j与残差的相关性;

第4步: 将x_j和x_k的系数β_j和β_k一起沿着加入了新变量的最小二乘估计的方向进行移动,直到再次有新的变量被选入模型;

第5步: 重复步骤2~4,直到所有变量被选入模型为止。

(2)其他算法

当罚函数是非凸函数时,求解这样一种具有非凸罚的正则化问题具有一定的挑战性。最早,Fan和Li (2001)提出了局部二次逼近(Local equadratic approximation,简称LQA)算法来优化非凸罚似然问题。基本思想是用二次函数局部地逼近目标函数,从而将罚似然估计问题转换成罚最小二乘问题,使得原问题有封闭形式的解。

对给定的参数初值 $\beta^{(0)}$,罚函数 $p_\lambda(|\beta_j|)$ 可用下面的二次函数局部逼近

$$p_\lambda(|\beta_j|) \approx p_\lambda(|\beta_{j0}|) + \frac{1}{2}\{p'_\lambda(|\beta_{j0}|)/|\beta_{j0}|\}(\beta_j^2 - \beta_{j0}^2), \quad \beta_j \approx \beta_{j0}$$

如果 $\beta_j^{(0)}$ 非常接近于 0,则令$\hat{\beta}_j = 0$。利用局部二次逼近,且给定初值$\beta^{(0)}$,罚最小二乘问题的解可转化为迭代的岭回归问题的解。

另外一种常用的逼近方法是局部线性逼近（local linear approximation，简记为LLA）。给定参数一个初始估计 $\hat{\beta}^{(0)} = (\hat{\beta}_1^{(0)}, \ldots, \hat{\beta}_p^{(0)})^{\mathrm{T}}$，则有

$$p_{\lambda,a}(|\beta_j|) \approx (p_{\lambda,a}(|\hat{\beta}_j^{(0)}|) - p'_{\lambda,a}(|\hat{\beta}_j^{(0)}|)|\hat{\beta}_j^{(0)}|) + p'_{\lambda,a}(|\hat{\beta}_j^{(0)}|)|\beta_j|.$$

因此，原问题转化为加权的 L_1 估计问题：

$$Q_n(\beta) = \frac{1}{2n}\|y - X\beta\|^2 + \sum_{j=1}^{p} p'_{\lambda,a}(|\hat{\beta}_j^{(0)}|)|\beta_j|,$$

LLA算法可参考R软件包SIS（http://cran.r-project.org/web/packages/SIS/index.html）。另外，其他常用算法包括坐标下降算法（Coordinate descent algorithm，简称CD）算法、交替方向乘子法（Alternating Direction Method of Multiplier，ADMM）等。

13.1.4　正则化参数选择

前面所提到的罚方法中，正则化参数也称为调整参数扮演非常重要的角色。选择合适的调整参数直接影响模型参数估计的相合性，同时调整参数控制选择模型的复杂度。若参数 $\lambda = 0$，所有的参数被选择；若参数 $\lambda = \infty$，所有参数估计为0。因此调整参数取值过大则模型较为简单，反之调整参数过小，模型越复杂。但是参数的大小又直接影响模型的方差和估计有偏性。调整参数选择方法大致可以分为三大类：第一类方法为CV及GCV方法；第二类为信息准则方法，主要包括AIC准则、BIC型准则及GIC准则等；第三类为Lasso重构方法。下面简单介绍几种常用的正则化参数选择方法。

首先，交叉验证（CV）方法是一种数据驱动的方法，如今广泛用于处理Lasso问题的程序包，如Lars、glmnet等，仍然默认用CV选择调整参数。但面对高维数据，CV方法倾向于选择过多的变量。广义交叉验证（generalized cross-validation，简记为GCV）是另一种常用的参数选择方法。以SCAD估计为例，GCV定义为：

$$\mathrm{GCV}(\lambda) = \frac{\|Y - X\hat{\beta}_\lambda\|^2}{n(1 - \widehat{DF}/n)^2}$$

其中 $\widehat{DF}$ 为SCAD估计的自由度，其定义为：

$$\widehat{DF} = tr\{X(X^{\mathrm{T}}X + n\Sigma_\lambda)^{-1}X^{\mathrm{T}}\},$$

其中 $\Sigma_\lambda = diag\{p'_\lambda(|\hat{\beta}_1|)/|\hat{\beta}_1|, \ldots, p'_\lambda(|\hat{\beta}_p|)/|\hat{\beta}_p|\}$。GCV方法容易选择过多的变量，不适合处理 $p > n$ 的高维情形。

BIC准则满足变量选择的一致性，定义为：

$$\mathrm{BIC}(\lambda) = \log\left(\frac{\|Y - X\hat{\beta}_\lambda\|^2}{n}\right) + \frac{\log(n)}{n}\widehat{DF}$$

BIC准则适合处理确定维数情形，在发散维数情况下可利用修正的BIC准则，定义如下：

$$\mathrm{MBIC}(\lambda) = \log\left(\frac{\|Y - X\hat{\beta}_\lambda\|^2}{n}\right) + \hat{p}_0\frac{\log(n)}{n}C_n,$$

其中$\hat{p}_0 = |\{j : \hat{\beta}_j \neq 0\}|$ 表示备选模型$S = \{j : \hat{\beta}_j \neq 0\}$的大小，$C_n > 0$ 为实数，通常选$C_n = \log\{\log(p)\}$。

然而，当维数 p 大于样本量 n时，BIC和MBIC准则不再适用，EBIC（extension BIC，简记为EBIC)准则被提出，表达式为：

$$\text{EBIC}(\lambda) = n \log(\frac{\|Y - X\hat{\beta}_\lambda\|^2}{n}) + \{\log(n) + 2\gamma \log(p)\}\hat{p}_0,$$

其中$\gamma \in [0,1]$。对于给定的常数κ，且$\gamma > 1 - (2\kappa)^{-1}$，如果 $p = O(n^\kappa)$，那么 EBIC 准则满足变量选择的一致性。

在超高维情形下，即对于$0 < \kappa < 1$有$\log(p) = O(n^\kappa)$，那么HBIC（high dimensional BIC，简记为HBIC)准则适合选择调节参数，定义如下：

$$\text{HBIC}(\lambda) = n \log(\frac{\|Y - X\hat{\beta}_\lambda\|^2}{n}) + 2\gamma \log(p)\hat{p}_0,$$

其中$\gamma \geqslant 1$。感兴趣的读者可以查阅相关文献了解更多内容，此处不再赘述。

13.2 Dantzig selector方法及算法

以下分别介绍Dantzig selector方法和DASSO算法。

13.2.1 Dantzig selector方法

针对变量数大于样本量的高维数据，Candes和Tao（2007）提出了Dantzig selector（DS）方法。DS方法的参数估计为下述凸优化问题的解：

$$\hat{\boldsymbol{\beta}}^D = \arg\min_{\boldsymbol{\beta}} \|\boldsymbol{\beta}\|_1, \quad s.t. \quad \|\boldsymbol{X}^{\mathrm{T}}(\boldsymbol{Y} - \boldsymbol{X}\boldsymbol{\beta})\|_\infty \leqslant \lambda, \tag{13.2.1}$$

其中$\|\boldsymbol{X}^{\mathrm{T}}(\boldsymbol{Y} - \boldsymbol{X}\boldsymbol{\beta})\|_\infty = \sup_{1 \leqslant j \leqslant p} |[\boldsymbol{X}^{\mathrm{T}}(\boldsymbol{Y} - \boldsymbol{X}\boldsymbol{\beta})]_j|$是$l_\infty$范数，$\lambda$为调整参数。Candes等建议 $\lambda = (1 + t^{-1})\sigma\sqrt{2\log p}$，其中$t > 0$, σ是真实模型误差的标准差。Candes指出，采用全路径搜索的调整参数较固定形式的调整参数所选择的变量有更高的预测精度。

Candes 和Tao（2007）指出Dantzig selector方法限制相关残差向量$\boldsymbol{X}^T(\boldsymbol{Y} - \boldsymbol{X}\hat{\boldsymbol{\beta}})$而不是残差$\boldsymbol{Y} - \boldsymbol{X}\hat{\boldsymbol{\beta}}$，主要是因为相关残差具有正交变换不变性，而残差没有这种不变性。即$\boldsymbol{X}^{\mathrm{T}}(\boldsymbol{Y} - \boldsymbol{X}\hat{\boldsymbol{\beta}}) = (U\boldsymbol{X})^{\mathrm{T}}(U\boldsymbol{X}\boldsymbol{\beta}) - \hat{\boldsymbol{U}}\boldsymbol{Y}$，其中$\boldsymbol{U}$是正交矩阵。另外，相关残差有助于选取与响应变量$Y$具有高相关性的变量。Dantzig selector方法也具有较好的理论性质，该方法是在设计矩阵满足"一致不确定原则"（uniform uncertainty principle，简记为UUP）的条件下，其参数估计与真实参数之间的误差能够得到很好的控制。用数学语言描述为：假设$\beta \in R^p$是真实的回归系数，且只有S个分量非零。若设计矩阵满足$\delta_S + \theta_{S,2S} < 1$，模型误差满足正态性且调整参数 $\lambda = \sqrt{2(1 + a)\log p}$，$a$为任意非负常数，那么Dantzig selector 的参数估计$\hat{\beta}^D$以超过$1 - (p^a\sqrt{\pi \log p})^{-1}$ 的概率满足

$$\|\hat{\beta}^D - \beta\|_2^2 \leqslant C_1^2 (2\log p)S\sigma^2,$$

其中,$C_1 = 4/(1 - \delta_S - \theta_{S,2S})$,具体细节可见Candes和Tao(2007)相关论述。

13.2.2　DASSO算法

　　DS 方法为解决高维数据结构问题提供了很好的理论支撑。但要得到很好的应用需要算法的支撑。James 等提出的 DASSO 算法完美地解决了DS求解问题。类似于LARS算法,DASSO算法采用分段线性步骤的算法。DASSO算法的步骤如下:

　　第1步: 初始化$\boldsymbol{\beta}^l$为p维零向量,令$l = 1$。

　　第2步: 令$\boldsymbol{B}$为向量$\boldsymbol{\beta}^l$中非零系数的索引集合,假设$\boldsymbol{c} = \boldsymbol{X}^{\mathrm{T}}(\boldsymbol{Y} - \boldsymbol{X}\boldsymbol{\beta}^l)$,令$\boldsymbol{A}$为c中绝对值最大的协变量的有效索引集合,$\boldsymbol{s}_A$ 为$\boldsymbol{A}$中协变量没有去绝对值之前的向量集。

　　第3步: 标记每一个加入$\boldsymbol{B}$集合或者从$\boldsymbol{A}$集合中剔除的协变量。用新的$\boldsymbol{A}$或者$\boldsymbol{B}$集合计算$|\boldsymbol{B}|$ 维方向向量$\boldsymbol{h}_B = (\boldsymbol{X}_A^{\mathrm{T}}\boldsymbol{X}_B)^{-1}\boldsymbol{s}_A$,令$\boldsymbol{h}$为$p$ 维向量,且与$\boldsymbol{B}$对应的位置为h_B,其余部分设为0。

　　第4步: 计算在方向向量$\boldsymbol{h}$上的距离γ 直到一个新的变量进入活动集或者一个系数趋于零,令$\beta^{l+1} \leftarrow \beta^l + \gamma h, l \leftarrow l + 1$。

　　第5步: 重复2~4步直到$\|c\|_\infty \rightarrow 0$。

　　上述DS方法都是在一般线性模型框架下讨论的,事实上,在广义线性模型、Cox模型DS方法都有广泛的应用。

13.3　超高维数据的特征筛选

　　前面所述惩罚类的变量选择方法,通常情况下协变量的选择方法比样本量要小或略大于样本量。但近十多年大数据的兴起,经常遇到协变量的维数远远超过样本量,即所谓的超高维数据。所谓超高维,通常指协变量的维数p随着样本量呈指数型增长,即存在常数$\alpha \in (0, 1/2)$,使得$\log(p) = O(n^\alpha)$。此时惩罚类的变量选择方法效果大打折扣,计算的复杂性、统计的准确性和算法的稳定性方面受到挑战。即便是Dantzig 方法的计算量还是较大,而且当维数增大时,UUP条件不容易被满足,因此需要提出新的统计方法处理超高维数据的变量相关问题。

　　将超高维情况,Fan和Lv(2008)提出了确定独立筛选(sure independence screening,简记为SIS)方法。该方法根据响应变量和单个协变量之间的皮尔逊相关系数来度量各个协变量的重要程度,从而将协变量的维数降低,从而使得惩罚类方法可以有效使用。也就是说,先通过SIS对超高维数据维数p降到d使得$d < n$,再利用比较经典的变量选择方法如Lasso、SCAD、MCP或DS进一步处理。其实对超高维数据进行了两次变量选择的同时也得到了入选模型变量的估计系数,如图13-1所示。

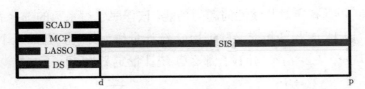

图13-1　SIS-Lasso、SIS-SCAD、SIS-MCP、SIS-DS方法示意图

考虑线性回归模型

$$y = X\beta + \varepsilon, \tag{13.3.1}$$

其中$\beta_1, \beta_2, \cdots, \beta_p$ 是p维未知参数。我们先按列标准化X和y，标准化后的数据仍用原来的记号。按照SIS方法的思想，首先计算y与每一个自变量$\boldsymbol{X}_j$的相关系数ω_j，记

$$\omega = \boldsymbol{X}^{\mathrm{T}} y$$

其中$\boldsymbol{\omega} = (\omega_1, \omega_2, \ldots, \omega_p)^{\mathrm{T}}$。$|\omega_j|$ 的大小反映协变量X_j与响应变量y的边际线性相关程度。所以，可以根据$|\omega_j|$ 的大小进行选择变量。具体地说，对于任意给定的常数$\gamma \in (0,1)$，我们选择前面最大的γn个ω_j构成如下集合：

$$M_\gamma = \{1 \leqslant j \leqslant p : \omega\}$$

这里，我们注意到γ的大小直接决定最终选取模型协变量维数的高低。如果γ选得越大，最终的模型包含所有重要变量的概率也就越大，但有可能会选进去很多冗余变量。如果γ选得太小，可能会导致一些重要协变量没有选入到最终的模型中。此外，广义线性模型中最大边际似然估计确定独立筛选办法（MMLE-SIS）、条件确定性独立筛选（CSIS）相继被提出，此处不再赘述。确定独立筛选方法可见R软件包SIS。

13.4　案例分析

本节介绍几种常用的罚方法的应用，包括Lasso、自适应Lasso、SCAD及Elastic net等方法。以下分别介绍几个应用案例。

13.4.1　前列腺癌数据——Lasso方法

前列腺癌数据（Prostate）取自UCI标准数据库中关于前列腺病人的数据，该数据收集了97个病例，主要目的是考察准备做前列腺根治手术的病人的前列腺特殊抗原水平与肿瘤体积记录（lcavol）、前列腺重量记录（lweight）、年龄（age）、良性前列腺增生量（lbph）、精囊侵润（svi）、包膜穿透记录（lcp）、Gleason积分（gleason）和gleason4或gleason5 所占的百分比等8个临床指标之间的关系。如果把这8个临床指标看作特征输入向量，而把前列腺特殊抗原水平看作输出向量，那么此问题就是一个回归问题。

这里的计算主要用R程序包LARS算法中的函数lars()，该程序包除了Lasso方法之

外,还有最小角回归具有应对共线性问题的功能。该程序包对系数的选择有k折交叉验证（k-fold CV)及C_p两种方法。k折交叉验证用C_p统计量作为评价回归的一个准则。如果从k个自变量中选取p个$(k > p)$参与回归,那么C_p统计量定义为:

$$C_P = \frac{SSE_p}{S^2} - n + 2p; \quad SSE_p = \sum_{i=1}^{n}(Y_i - y_{pi})^2$$

据此,选取C_p最小的模型。对于前列腺病人数据,计算代码如下:

```
library(lars)
Prostate = read.csv("Prostate.csv")
X <- Prostate$X
y <- Prostate$y
laa = lars(X,y)
plot(laa)
summary(laa)
cva=cv.lars(X,y,K=10)
best=cva$index[which.min(cva$cv)]
coef=coef.lars(laa,mode="fraction",s=best)
min(laa$Cp)
coef1=coef.lars(laa,mode="step",s=6)
```

下面是相应的R程序和计算结果。

```
> summary(laa)
LARS/LASSO
Call: lars(x = X, y = y)
   Df      Rss        Cp
0   1  127.918  166.4298
1   2   76.392   63.1249
2   3   70.247   52.5663
3   4   50.244   13.6861
4   5   49.257   13.6683
5   6   46.308    9.6411
6   7   44.621    8.1927
7   8   44.053    9.0321
8   9   43.058    9.0000
```

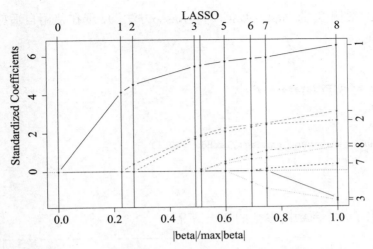

图13-2 前列腺数据在Lasso回归中系数随参数的变化

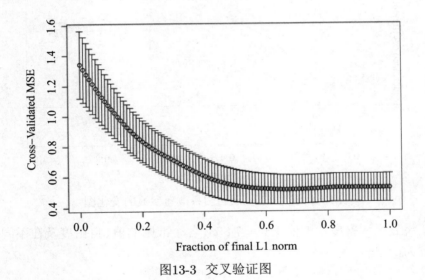

图13-3 交叉验证图

图13-2给出了不同参数下系数的增减情况，最左边只有截距，最右边的保留了所有变量。图13-3给出了CV的变化图，从图中可以看出在什么比率时达到最小值，这里的比率是0.8787879。值得注意的是由于交叉验证的随机性等原因，用CV和C_p所选的结果会有所不同，数值会比较接近。本例CV方法选择了7个变量，C_p选择了5个变量。

13.4.2 前列腺癌数据——自适应Lasso方法

本案例使用自适应Lasso方法分析前列腺癌数据，使用程序包msgps。该软件包不仅包括Lasso、自适应Lasso，还包括弹性网（elastic net）等方法。该程序包求解最优参数基于广义路径搜索方法，确定最优模型的准则包括Mallows C_p、偏差纠正的AIC（AICc）、GCV及BIC等。

对于前面的案例（"前列腺癌数据—— Lasso方法"），现在使用自适应Lasso方法分析,计算代码为：

```
library(msgps)
Prostate = read.csv("Prostate.csv")
X <- Prostate$X
y <- Prostate$y
a=msgps(X,y,penalty="alasso",gamma=1,lambda = 0.1)
summary(a)
plot(a)
```

图13-4给出了各个系数随参数的变化情况。

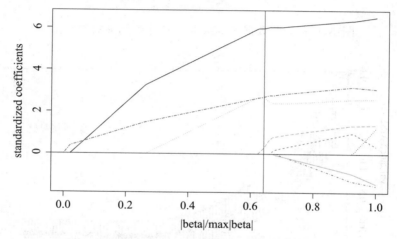

图13-4　自适应Lasso回归系数随参数的变化图

输出结果显示调整参数取值是$\gamma = 7.853$，各个准则的值、自由度及在不同准则下系数的估计值为：

```
ms.tuning:
      Cp AICC GCV  BIC
[1,] 3.01 3.01 3.01 2.625
ms.df:
       Cp  AICC  GCV  BIC
[1,] 2.767 2.767 2.767 2.129


ms.coef:
                Cp      AICC      GCV      BIC
(Intercept) -0.68278 -0.68278 -0.68278 -0.4407
lcavol       0.51789  0.51789  0.51789  0.4962
lweight      0.63802  0.63802  0.63802  0.5822
age          0.00000  0.00000  0.00000  0.0000
```

lbph	0.01975	0.01975	0.01975	0.0000
svi	0.66831	0.66831	0.66831	0.6311
lcp	0.00000	0.00000	0.00000	0.0000
gleason	0.00000	0.00000	0.00000	0.0000
pgg45	0.00000	0.00000	0.00000	0.0000

13.4.3　糖尿病数据 —— SCAD方法

糖尿病数据来源于Efron（2004），包含在R程序包lars中。该数据是关于糖尿病人的血液等化验指标的。该数据除了因变量y之外，还有两个自变量矩阵x和x_2，前者是标准化的，为442×10矩阵；后者是442×64矩阵，包含前者及一些交互作用。我们只用y和x_2。

这里利用SCAD方法，调用R程序包ncvreg中的函数cv.ncvreg，计算代码如下：

```
library(ncvreg)
data("diabetes")
w = as.matrix(diabetes)
X <- w[,12:75]
y <- w[,11]
cvfit <- cv.ncvreg(X, y,penalty="SCAD",gamma=3.7)
plot(cvfit)
summary(cvfit)
fit <- cvfit$fit
plot(fit)
beta <- fit$beta[,cvfit$min]
```

图13-5给出了CV的变化图，结果显示最优调整参数值为$\lambda = 2.7710$，此时SCAD方法选择了12个变量，图13-6给出了SCAD方法中系数的路径图。

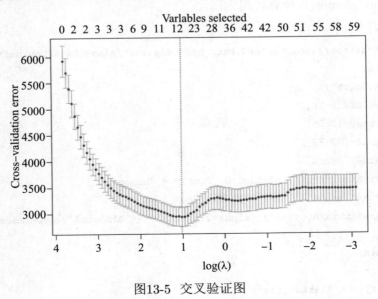

图13-5　交叉验证图

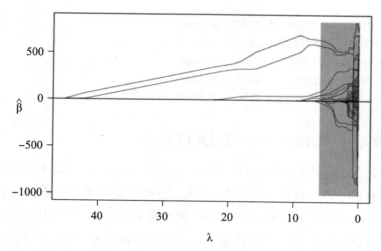

图13-6 糖尿病数据在SCAD回归中系数随参数的变化

13.4.4 白血病数据集—— Elastic net 方法

白血病数据集（Leukemia）来源于Trevor Hastie's网站（"https://web.stanford.edu/hastie/glmnet/glmnetData/Leukemia. RData", "Leukemia.RData"）。

该数据由 7129 个基因和 72 个样本组成（Golub 等.,1999）。在训练数据集中,共38个样本,其中27个为I型白血病（急性淋巴细胞白血病）,11 人为II型白血病（急性髓性白血病）。数据分析的目标是根据这7219个基因的表达水平,利用38个样本来构建一个预测白血病类型的诊断规则。其余34个样本用于测试诊断规则的预测准确性。我们利用弹性网（Elastic net）方法分析该数据集,这里的计算主要用R程序包glmnet算法中的函数glmnet()和cv.glmnet(),计算代码为:

```
library(glmnet)
download.file("https://web.stanford.edu/~hastie/glmnet/glmnetData/Leukemia.RData",
"Leukemia.RData")
load("Leukemia.Rdata")
xtrain = Leukemia$x[1:38,]
ytrain = Leukemia$y[1:38]
xtest = Leukemia$x[39:72,]
ytest = Leukemia$y[39:72]
fit = glmnet(xtrain, ytrain, alpha=0.8, family = "binomial")
plot(fit, xvar = "lambda", label = TRUE)
cvfit = cv.glmnet(xtrain, ytrain, alpha=0.8,family = "binomial", type.measure = "class")
plot(cvfit)
cvfit$lambda.min
cvfit$lambda.1se
coef=coef(cvfit, s = "lambda.1se")
```

```
coef[coef!=0]
y1 = predict(cvfit, xtest, s = "lambda.1se", type = "class")
(tab = table(ytest,y1))
```

图13-7给出了各个系数随参数的变化情况。

图13-8给出了CV的变化图。本例取$\alpha = 0.8$，λ的取值有两种方式。程序中的lambda.1se是指在一个标准差范围内得到的最简单模型的那一个λ值。因为λ值达到一定大小之后，继续增加模型自变量个数及缩小lambda值，并不能显著提高模型性能，lambda.lse给出的就是一个具备优良性能但是自变量个数最少的模型。 本例选用lambda.1se作为λ值选择变量，程序结果为lambda.1se=0.1392549，在此参数下共选取了18个重要变量。

利用选择的稀疏模型进行预测，并与测试集对比得到混淆矩阵如下：

```
> (tab = table(ytest,y1))
     y1
ytest  0  1
    0 20  0
    1  2 12
```

分类的正确率为$(20 + 12)/34 = 94.12\%$

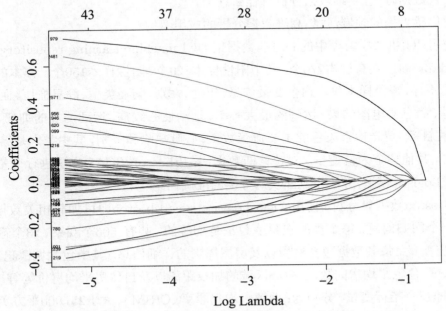

图13-7 Elastic net回归系数随参数的变化图

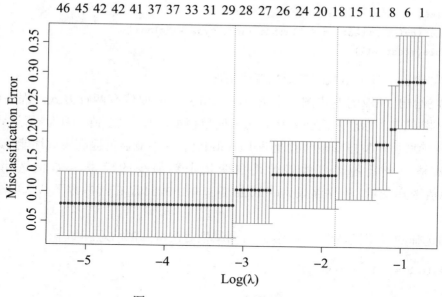

图13-8　Elastic net交叉验证图

13.5　思考与练习题

1.在大数据时代,高维数据分析有什么意义?

2.对你感兴趣的领域,收集高维数据分析的应用案例。

3.使用UCI机器学习库中的心脏病数据集[UCI machine learning repository：statlog（heart）data set]，共有样本270个，其中阳性样本120个、阴性样本150个。样本的民族和国家信息不详，每个样本包含14个变量信息：年龄、性别、胸痛类型、静息血压、血清胆汁、空腹血糖、静息心电图结果、达到的最大心率、运动性心绞痛、运动诱发的抑郁、峰值运动ST段的斜率、荧光检查染色的主要血管数量、心脏缺陷和类别，其中类别是结果变量，即因变量，其他13个为自变量。对该诊断数据，试用Lasso或SCAD方法进行变量选择并建立分类Logistic模型，并给出判断疾病分类的准确性。

4.（Boston数据集分析）使用sklearn.datasets.load-boston即可加载相关数据。该数据集是一个回归问题，每个类的观察值数量是均等的，共有 506个观察、13个输入变量和1个输出变量。每条数据包含房屋以及房屋周围的详细信息。其中包含城镇犯罪率，一氧化氮浓度,住宅平均房间数,到中心区域的加权距离以及自住房平均房价等等。13个相关属性（即13个指标变量）分别为：城镇人均犯罪率（CRIM）、大于25,000平方英尺的地块划分为住宅用地的比例（ZN）；每个城镇非零售业务的比例（INDUS）；查尔斯河虚拟变量（如果=1则为河、=0则不为河）（CHAS）、一氧化氮浓度（每千万）（NOX）、每间住宅的平均房间数（RM）；自住房屋是在1940年之前建造的比例（AGE）、到加州五个就业中心的加权距离（DIS）、对径向高速公路的可达性指数（RAD）、每10000美元的全价物业税

（TAX）、城镇的学生与教师比例（PTRATIO）、$1000(Bk-0.63)^2$（其中Bk是城镇的黑人的比例）、低社会阶层人口比例（LSTAT）。相应变量 MEDV为1000美元为单位的自住房屋的中位数价格。试用Elastic net方法分析该数据集。

参考文献

[1] Afifi A A, Clark V A, May S. Computer-Aided Multivariate Analysis [M].4th ed. Chapman and Hall, 2004.

[2] Anderson T W. An Introduction to Multivariate Statistical Analysis [M].3rd ed. John Wiley & Sons, 2003 (中译本,多元统计分析导论[M]. 张润楚, 程秩, 等, 译. 北京: 人民邮电出版社, 2010).

[3] Bryan F J M. Multivariate Statistical Methods: A Primer [M]. Chapman Hall, 1986.

[4] Candes E, Tao T. The Dantzig selector: statistical estimation when p is much larger than[J]. Annals of Statistics, 2007, 35: 2313-2351.

[5] Cryer J D, Chan K S. Time Series Analysis with Applications in R[M].2nd ed. Springer Science +Business Media,2008.

[6] Efron B, Hastie T, Johnstone I, Tibshirani R. Least angle regression[J]. Annals of Statistics, 2004, 32: 407-489.

[7] Everitt B S, Dunn G. Applied Multivariate Data Analysis [M].2nd ed. London: Arnold, 2001.

[8] Everitt B S, Landau S, Leese M. Cluster Analysis [M].4th ed. London: Arnold, 2001.

[9] Everitt B S. Modern Medical Statistics: A Practical Guide[M]. London: Arnold, 2002.

[10] Fan J, Li R. Variable selection via nonconcave penalized likelihood and its oracle properties[J]. Journal of the American Statistical Association,2001, 96: 1348-1360.

[11] Fan J, Lv J. Sure independence screening for ultrahigh dimensional feature space (with discussion)[J]. Journal of the Royal Statistical Society. Series B, 2008, 70: 849-911.

[12] Freedman D A. Statistical Models: Theory and Practice [M].2nd ed. Cambridge University Press.2009 (中译本, 统计模型——理论和实践[M]. 吴喜之, 译. 北京: 机械工业出版社, 2010).

[13] Golub T R, Slonim et al. Molecular classification of cancer: class discovery and class prediction by gene expression monitoring[J]. Science, 1999, 286: 513-536.

[14] James G, Witten D, Hastie T, Tibshirani R. An Introduction to Statistical Learning: with Applications in R[M]. New York：Springer-Verlag，2013(中译本: 统计学习导论——基于R应用王星, 等, 译. 北京: 机械工业出版社, 2015).

[15] Johnson R A, Wichern D W. Applied Multivariate Statistical Analysis [M].6th ed. Pearson Education：Prentice Hall, 2007 (中译本: 实用多元统计分析[M]. 陆璇, 叶俊, 等, 译. 北京: 清华大学出版社, 2008).

[16] Joseph F H, Rolph E A, Ronald L T, William C B. Multivariate Data Analysis [M].5th ed. Prentice Hall,1998.

[17] Mardia K V, Kent J T, Bibby J M. Multivariate Analysis [M]. London: Academic Press，1979.

[18] Kabacoff R I. R语言实战[M]. 高涛, 肖楠, 陈钢, 译, 北京:人民邮电出版社, 2013.

[19] Tsay R S. 金融数据分析导论：基于R语言[M]. 李洪成, 尚秀芬, 郝瑞丽, 译, 北京:机械工业出版社, 2013.

[20] Tibshirani R. Regression shrinkage and selection via the LASSO[J]. Journal of the Royal Statistical Society. Series B, 1996, 58: 267-288.

[21] Zhang C H. Nearly unbiased variable selection under minimax concave penalty[J]. Annals of Statistics, 2010, 38: 894-942.

[22] Zou H, and Hastie T. Regularization and variable selection via the elastic net[J]. Journal of the Royal Statistical Society. Series B, 2005, 67: 301-320.

[23] Zou H. The adaptive Lasso and its oracle properties[J]. Journal of the American Statistical Association, 2006, 101: 1418-1429.

[24] 阿里巴巴集团. 马云：未来已来[M]. 北京: 红旗出版社, 2017.

[25] 安百国. 高维数据分析中的稀疏建模[M]. 北京: 首都经济贸易大学出版社, 2020.

[26] 边馥苓,孟小帝,崔晓晖. 时空大数据的技术与方法[M], 北京:测绘出版社,2016.

[27] 程乾,刘永,高博. R语言数据分析与可视化从入门到精通[M]. 北京: 北京大学出版社, 2020.

[28] 范金城, 梅长林. 数据分析方法[M]. 2版. 北京: 高等教育出版社, 2018.

[29] 费宇. 多元统计分析——基于R [M]. 北京: 中国人民大学出版社, 2014.

[30] 郭洪伟. 数据分析方法与应用[M]. 北京: 首都经济贸易大学出版社, 2021.

[31] 高惠璇. 应用多元统计分析[M]. 北京: 北京大学出版社, 2005.

[32] 管宇. 应用多元统计分析[M]. 杭州: 浙江大学出版社, 2011.

[33] 韩明. 数据挖掘及其对统计学的挑战[J]. 统计研究, 2001,18(8): 55-57.

[34] 韩明. 多元统计分析教学研究与实践[J]. 数学学习与研究, 2014, 21: 12-13.

[35] 韩明. 多元统计分析：从数据到结论[M]. 上海: 上海财经大学出版社, 2016.

[36] 韩明. 贝叶斯统计——基于R和BUGS的应用[M]. 上海: 同济大学出版社, 2017.

[37] 韩明. 概率论与数理统计教程[M] . 2版.上海: 同济大学出版社, 2018.

[38] 韩明. 应用多元统计分析——基于R的实验[M]. 上海: 同济大学出版社, 2019.

[39] 何晓群. 多元统计分析[M]. 3版. 北京: 中国人民大学出版社, 2012.

[40] 贾俊平. 数据可视化分析——基于R语言[M]. 北京: 中国人民大学出版社, 2019.

[41] 贾俊平. 统计学:基于R[M]. 4版. 北京: 中国人民大学出版社, 2021.

[42] 林元震, 陈晓阳. R与ASReml-R统计分析教程[M]. 北京: 中国林业出版社, 2014.

[43] 李娟莉,赵静,王学文,等. 设计调查[M], 北京:国防工业出版社, 2015.

[44] 李仁钟. R语言数据分析从入门到实战[M]. 北京: 清华大学出版社,2021.

[45] 李红松, 邓旭东. 统计数据分析方法与技术[M]. 北京: 经济管理出版社, 2014.

[46] 刘强. 大数据时代的统计学思维[M]. 北京: 水利水电出版社, 2018.

[47] 汤银才. R语言与统计分析[M].北京: 高等教育出版社, 2008.

[48] 陶皖. 云计算与大数据[M]. 西安: 电子科技大学出版社, 2017.

[49] 王斌会. 多元统计分析及R语言建模 [M].广州: 暨南大学出版社,2010.

[50] 吴喜之, 田茂再. 现代回归模型诊断[M]. 北京: 中国统计出版社, 2003.

[51] 吴喜之. 统计学: 从数据到结论[M]. 4版. 北京: 中国统计出版社, 2013.

[52] 吴喜之. 复杂数据统计方法——基于R的应用[M]. 3版. 北京: 中国人民大学出版社, 2015.

[53] 吴喜之. 应用回归及分类——基于R[M]. 北京: 中国统计出版社, 2016.

[54] 吴浪, 邱瑾. Applied Multivariate Statistical Analysis and Related Topics with R[M]. 北京: 科学出版社, 2014.

[55] 肖枝洪, 朱强, 苏理云, 等. 多元数据分析及其R实现[M]. 北京: 科学出版社, 2013.

[56] 薛薇. 基于R的统计分析与数据挖掘 [M]. 北京: 中国人民大学出版社, 2014.

[57] 薛毅, 陈立萍. 统计建模与R软件[M]. 北京: 清华大学出版社,2007.

[58] 徐宗本. 人工智能的10个重大数理基础问题[J]. 中国科学, 2021,51(12): 1967-1978.

[59] 徐杰, 郭海玲. 数据分析方法[M]. 北京: 科学出版社, 2022.

[60] 杨旭, 汤海京. 数据科学导论[M], 北京:北京理工大学出版社, 2014

[61] 杨轶莘. 大数据时代下的统计学[M]. 2版. 北京: 电子工业出版社, 2019.

[62] 张润楚. 多元统计分析[M]. 北京: 科学出版社, 2010.

[63] 张尧庭, 谢邦昌, 朱世武.数据采掘入门及应用:从统计技术看数据采掘 [M]. 北京: 中国统计出版社, 2001.

[64] 张尧庭. 多元统计分析选讲[M]. 北京: 中国统计出版社, 2002.

[65] 朱建平. 应用多元统计分析[M]. 北京: 科学出版社, 2009.

[66] 赵凯, 李玮瑶. 大数据与云计算技术漫谈[M], 北京: 光明日报出版社, 2016.

[67] 赵守香, 唐胡鑫, 熊海涛. 大数据分析与应用[M], 北京: 航空工业出版社,2015.

[68] 赵鹏, 谢益辉, 黄湘云. 现代统计图形[M], 北京: 人民邮电出版社, 2021.